赵建 编著

写给未来工程师的

XIEGEI WEILAI GONGCHENGSHI DE WULI SHU

物理书

天津大学出版社

TIANJIN UNIVERSITY PRESS

内 容 简 介

本书面向未来工程师，为年轻一代提供有深度、成体系、接前沿的物理学科普知识。

本书以体系化的观点和整体视角，将五大物理学理论构成一个有机整体。在每个理论内部，又围绕其内在的逻辑或特征形成自身的体系。同时，重点剖析了各个理论形成过程中的重大突破和创新环节，以加深读者对物理学理论发展中原始性创新的理解。

在体系化介绍物理学理论知识的同时，剖析了这些重大创新成果、创新过程中蕴含的科学精神、科学素养和科学方法，同时把物理学理论自然延伸到物理学应用的前沿，重点介绍了量子应用、宇宙与天体等与时代紧密相连的应用成果，激发青年读者对物理学的兴趣，增强他们的科学精神、科学素养和创新意识，并且以物理学与马克思主义哲学的互动，促进青年读者科学世界观和方法论的形成。

除面向未来工程师，本书还可为各类管理、工程技术人员系统地、快速地了解近现代物理学理论和前沿应用提供帮助。

图书在版编目（CIP）数据

写给未来工程师的物理书／赵建编著. －－天津：
天津大学出版社，2021.7

ISBN 978－7－5618－6994－9

Ⅰ.①写… Ⅱ.①赵… Ⅲ.①物理学-青年读物
Ⅳ.①O4－49

中国版本图书馆 CIP 数据核字（2021）第 139735 号

出版发行	天津大学出版社
地　　址	天津市卫津路 92 号天津大学内（邮编：300072）
电　　话	发行部：022－27403647
网　　址	www. tjupress. com. cn
印　　刷	廊坊市海涛印刷有限公司
经　　销	全国各地新华书店
开　　本	184mm×260mm
印　　张	27.75
字　　数	533 千
版　　次	2021 年 7 月第 1 版
印　　次	2021 年 7 月第 1 次
定　　价	86.00 元

开启一扇窗

留下一片蓝天

　　我和本书作者都不是物理学领域的专业人士。我们曾一起在无线移动通信领域共事了近十年，一起参与和见证了我国移动通信技术、标准与产业，从 3G 突破，到 4G 与欧美并驾齐驱，再到 5G 引领的发展历程。

　　2014 年我俩合作的一篇关于 5G 的论文发表在国际著名学术期刊 *IEEE Communications Magazine* 上，该论文结合了理论研究、产业趋势和工程难题，引发了业界高度关注，成为 SCI 高被引论文。几年前，当本书作者由于个人原因离开移动通信领域时，我曾经深感遗憾。近期当本书作者把他潜心写作的书稿放到我面前时，我终于释然，尽管移动通信领域少了一位优秀的技术专家，但社会上却多了一位有责任感的科普工作者。

　　作者对本书的定位是一本为未来工程师提供有深度、成体系、接前沿的基础物理学理论知识的科普书籍。对常人而言，基础物理学理论是一个极其庞大、复杂而且深奥的知识体系。我在物理学方面很外行，但读完书稿我仍感到受益匪浅。我认为本书是非常值得一读的，它具有以下特色。

　　一是通过系统思维和内在逻辑的梳理，将几大物理学理论构建成一个相互联系的有机整体，从而勾勒出物理学理论演进和发展的清晰脉络和相互关系，并且在保持理论体系相对完整的前提下，对每一个物理理论的介绍又做到各具特色。这样可以助力未来的工程师更深入地了解基础物理学理论，助力他们迈入相对论、量子理论等现代物理学的门槛，保证他们对基础物理学理论的认识是完整的、成体系的，而不是零散化的、碎片化的。

　　二是抓住各个物理学理论发展过程中的关键创新环节，详细剖析了物理学各个理论发展过程中具有里程碑意义的重大创新背后的发现过程和细节，打通了理论突破的关键路径，帮助青年读者理解孕育其中的创新精神、创新意识和创新方法。

　　三是将物理学理论延伸到物理学应用的前沿，重点介绍了量子技术、宇宙与天体等前沿成果，使读者能快速了解与当今时代相关联的基础物理学发展的最新成果和应用。同时本书作者尝试以大科学的思维，在电磁波、地磁场及其相关应用等的介绍中，融入和结合物理学、化学、生物学、地理学等跨学科知识，拓展青年读者的跨学科思维。此外，在每一部分还结合物理内容分析科学精神、科学思想、科学方法等，使青年读者在学习知识的同时，培养科学、工程、思维素养。

以上这些方面对于我们未来工程师的成长都是十分有益的。能写出一本有特色的物理科普书的作者，首先要具有系统化思维和归纳总结能力，其次要具有良好的物理学素养和技术创新工程实践，最后要具有强烈的社会责任感和国际视野。以上三点是和本书作者的工作经历密切相关的。本书作者曾在无线移动通信国家重点实验室的国家级技术创新平台上，作为核心人员长期参与无线移动通信国际标准研究与博弈的一线工作。从 3G、4G 到 5G，通过移动通信标准国际领域的竞争、博弈与合作，我们早已认识到国与国之间的竞争就是高技术、标准、产业和人才的竞争，深刻感受到高素质工程师人才的重要性。而国家队的使命使得"匹夫有责，舍我其谁"的社会责任感融入我们无线移动通信领域每一位工程师的血液中。

未来国与国之间实力的竞争终究是高技术与产业的竞争，而高技术与产业的竞争又终究是高水平人才的竞争。培养更多高素质的未来工程师不仅需要学校的努力，而且需要全社会的共同努力。普及科技知识，倡导科学方法，传播科学思想，弘扬科学精神，提升公民科学素质，需要"众人拾柴"，这样才能保证我国未来的科技事业人才辈出，才能实现我国高水平科技的自立自强，才能保证我国在世界科技舞台上立于不败之地。

我相信本书将成为为未来工程师和物理学爱好者提供基础物理学理论方面有价值的系统性导读的科普书籍。作为物理学的外行，愧勉为序。

陈山枝
2021 年 7 月 1 日于北京

前　言

　　物理是我们了解物质世界的窗口。物理学是工程师需要了解的一门基础学科。物理学为每一个希望了解物质世界组成和运动规律的人打开了一扇窗，开辟了一片广阔的天空。物理学是一个人了解物质世界，认识物质世界，进而改造物质世界的有力支撑。物理学和人类历史上历次工业革命息息相关，是人类社会生产力发展的底层驱动力。物理学是第一个被创立的现代科学理论，它推动了现代科学精神、科学思想、科学方法的确立和发展进程。物理学和哲学几乎是同枝而生的，它们互相影响、互相促进。例如，物理学可以影响一个人的世界观和方法论，影响一个人看待世界的基本观点和改造世界的基本方法。

　　牛顿力学、经典电磁学和热力学理论直接推动了人类社会发展的第一、二次工业技术革命。而100多年以来，相对论和量子理论作为驱动人类生产力发展的两个基础物理学理论再一次深刻地改变了世界。特别是近些年来，以量子力学理论为基础的量子技术风起云涌，很可能成为推动下一次工业技术革命的底层引擎。因此，了解物理学基本理论、基本体系、基本思想，了解建立在物理学理论基础上的重大应用，特别是量子技术应用等，对于一个现代人是十分有益的，对于我们未来的工程师更是具有重要而现实的意义。

　　基础物理学理论历经300多年的发展，汇聚了无数物理学巨匠、学者、工程师等优秀人才的智慧，形成了一个内容庞大的体系，要想对它有一个全面的了解不是一件容易的事情。尤其是现代发展起来的相对论和量子理论，往往是"反人们常识和经验"的，人们理解起来更有难度。

　　本书是作者几年里潜心于基础物理学和应用研究的一个总结。如果说本书有什么特别的话，主要体现在三个方面。一是在物理学理论方面，采用系统性分析的方法突出物理学理论作为一个整体的统一性，在整体中认识每一个理论；对每一个物理学理论，围绕理论内在逻辑或特征层层展开，既对物理学理论体系进行了系统描述，又描绘了物理学理论各自的特色，便于读者理解；对每个物理学理论中的原始性创新环节进行了细节剖析，打通了理论突破的关键路径；突出了物理学和科学思想、科学素养、科学方法的结合，有利于培养读者的科学素养；突出了物理学和哲学的互动，使读者站在哲学的高度更好地理解物理学难点，同时以物理学的内容滋补读者的哲学素养。二是在物理学理论应用方面，紧贴时代需求，重点介绍了目前的科技热点——量子技术，形成从量子力学理论到量子特性再到量子技术的相对完整的体系，结合电磁场理论介绍了各类电磁波的应用，结合相对论介绍了宇宙学与天体物理学的应用成果。三是在研究的环境与心境方面，也具有一些特别之处。以下是对以上三个特点的具体描述。

一、物理学理论方面

1. 将物理学理论作为一个统一的整体，在整体中认识每一个理论

古人云："不谋全局者，不足谋一域。"系统论认为，对于一个系统的描述不仅包括系统自身结构和功能的描述，还应包括系统对外联系的描述。作为认识上的"后来者"，我们完全可以利用"后来者"的优势，站在高处去领略基础物理学的理论发展和基础物理学理论体系的大致面貌，看清各个基础物理学理论在整个体系中大体的位置和相互的关系，在整体和相互联系中对各个物理学理论有一个粗略的理解，然后再深入每个物理学理论内部分别进行研究。

为此，本书首先从以下两个视角将牛顿力学、经典电磁学、热力学、相对论和量子理论五个基础物理学理论构造成一个统一的整体。

第一个视角是物理学研究的基本问题，即物质运动和组成的问题。典型的描述物质运动规律的理论有三个：宏观低速条件下的经典牛顿力学理论、高速运动条件下的狭义相对论、微观条件下的经典量子力学理论。直接回答物质的组成规律的有原子物理、原子核物理和粒子理论，它们的理论基础是量子理论和相对论。其实，围绕物质运动，还有一个更基本的问题，即时间和空间从哪里来，可以认为这是物质运动的前提。广义相对论回答了这个问题：时间和空间来源于物质，质量的存在可以产生时空的弯曲。由于物质的运动形式和能量可以在空间中向周围传播，于是产生了波和场的概念，物理学研究了典型的场——电场、磁场，发现了电场、磁场变化时所产生的波——电磁波，形成了相

关理论，这就是电磁场理论。后来人们发现，当数量巨大的热分子个体聚集时，其运动规律的描述方式不同于以往以个体为对象的描述方式，这时需要采用统计性的方法对所有热分子的运动进行整体描述，于是产生了经典热力学理论。由此看出，五大物理学理论各自从不同方面对物理学研究的基本问题进行不同侧重的回答，它们构成了一个有机的整体。

第二个视角是物理学理论发展的演进过程。17—18 世纪，经典牛顿力学提出了力、动能、动量、功等力学的基本概念，解决了宏观低速场景下质点粒子性运动的问题。后来人们把牛顿力学的基本概念和原理应用于电和磁现象的研究，进一步提出电场、磁场、电磁波等概念。19 世纪发展起来的电磁场理论，提出了物质运动的波动性观点。19 世纪，人们还把牛顿力学的基本概念和原理应用于热分子运动的研究，形成经典热力学理论。20 世纪初，在黑体实验中，普朗克发现只能用离散的能量值才能对实验结果做出合理的解释，于是开启了量子化世界的大门。20 世纪 20—30 年代，当粒子性和波动性在描述微观粒子运动时不可避免地交汇碰撞在一起的时候，人们发现只有用波粒二象性（即粒子性和波动性的对立统一关系）才能对微观粒子的运动规律做出合理的解释，于是从波粒二象性出发，产生了几种对微观粒子运动进行定量化描述的理论，这就是量子力学理论。20 世纪初，在量子化概念刚刚被提出以后，爱因斯坦在拓展伽利略开创的相对性原理的基础上，打破了孤立的绝对时间和绝对空间的概念，提出时间和空间随运动速度改变，时间和空间不是相互孤立而是相互联系的，以及质量和能量也可以相互转化的理论，即狭义相对论，并进一步利用演绎思想建立了时间、空间、质量、惯性、引力等有关物质运动基本量之间的关系，即广义相对论。而在量子理论方面，借助狭义相对论的支撑，量子力学理论也得到进一步发展，凭借众多物理学大家的创造和贡献，将自然界中的相互作用归结为四种基本相互作用，利用规范场理论实现除引力外三种基本相互作用规律的统一，并且将物质世界的组成由原子级别拓展到亚原子以下级别，建立了解释全部物质世界组成的粒子物理标准模型。自 20 世纪 30 年代起，热力学的研究也发生了重大改变，普里戈金（I. Ilya Prigogine）对不可逆热力学的研究从根本上改造了这门科学，使之重新充满活力，他所创立的耗散结构理论打破了化学领域、生物学领域和社会科学领域之间的隔断，使它们建立起了新的联系。尽管几大现代物理学理论

（特别是广义相对论和量子理论），还没有得到最终的统一（它们在理论上的统一还在探索中），但它们有密切关联的关系，这是确定无疑的。一个典型的例子是，20 世纪 70 年代，霍金综合运用现代热力学、广义相对论、量子理论提出了著名的"霍金辐射"，使黑洞从"恒星生命的死亡归宿"变成"充满生命力的活跃之星"，彻底改变了人类对黑洞的认知，从而引发人类对于宇宙发展和演变的新的认知。另外，关于宇宙起源等重大基本问题的解释同样也离不开广义相对论和现代量子理论的紧密结合。因此，从物理学理论发展的演进过程看，五大物理学理论也是一个有机的整体，只不过在演进过程中表现出各自不同的特点。其特点大致可归纳为：牛顿力学在物理学发展中的奠基性地位，电磁场理论在物理学发展中的承前启后作用，热力学在内涵上的深藏若虚，相对论在逻辑上的高屋建瓴，量子理论在设计上的神奇精妙。

把五大物理学理论作为一个有机的整体看待，我们可以得到以下认识上的优势。其一，在整体和联系中认识局部，认识每一个物理学理论，有助于破除物理学理论间的隔阂，融会贯通地理解物理学理论。例如，对牛顿力学，我们的介绍不仅包括牛顿力学的核心内容，还包括牛顿力学如何"向前演进"到相对论和量子理论的内容，以及站在现代相对论的角度"向后回望"牛顿力学的局限性的内容。通过"向前演进"和"向后回望"，我们可以更加全面、客观地理解牛顿力学的地位和作用。其二，将其作为一个整体看待，我们就不会对相对论和量子理论的提出和发展感到特别突兀，而会将其看作人们探索物理学基本问题时的一种自然发展与演化。例如，量子理论是人们对物质世界的组成以及对微观粒子运动规律不断探索的必然结果，相对论则是人们对与物质运动相关的基本物理量（如时间、空间、能量、质量、惯性、引力等）之间关系不断探索的必然结果。只是由于上述情况下表现出的规律性和我们在宏观低速环境下获得的"经验"很不相符，我们才会感到有一些难以理解。其三，将其作为一个整体看待，我们才能建立不同物理学理论间的支撑。例如，在量子力学理论的建立过程中，牛顿力学提供了力学的基本概念和粒子观点，电磁场理论提供了场和波的理论，普朗克在突破能量子屏障时借助了热力学的理论，德布罗意提出物质波是基于狭义相对论。所以，离开物理学理论的大体系和其他理论的支撑，我们就会难以理解量子力学的建立过程。其四，将其作为一个整体看待，我们还可以更好地理解适用于不同物

1　最小作用量原理是指对于所有的自然现象，作用量趋向于最小值，它是物理学中的一个基本原理。有很多具体的例子，最典型的如费马原理（光线移动的路径是需时最少的路径）以及哈密顿原理。它在经典力学、相对论、量子力学里都有广泛的用途。

2　对称－守恒－变换不变性关系是物理学中一个重要关系，在经典力学、相对论、量子力学里也都有显著的体现。

理学理论的一般性的物理原理。例如，最小作用量原理[1]、对称－守恒－变换不变性关系等[2]。

另外，把物理学作为一个整体，我们还可以分析它与外部的联系，例如它与数学、哲学、其他自然学科的联系，以及物理学与人的成长、物理学与生产力水平（产业革命）的联系。

2. 围绕每个理论的内在逻辑和特征，构建理论的体系化结构

尽管每个物理学理论各自都是内容庞大的体系，但每个物理学理论都具有统领其主体内容的内在逻辑和特征。抓住每个物理学理论的内在逻辑和特征，我们就能纲举目张，梳理出每个物理学理论的内部框架，构建起每个物理学理论的体系化结构，而且使理论展开各具特色。

牛顿力学的内在特征表现在其开创性和奠基性上。牛顿力学是牛顿（Isaac Newton）在继承前人（特别是伽利略）成果的基础上提出的一系列力和运动的基本概念、基本原理、基本假设，并且借助数学的手段，用严密的演绎结构建立的第一个物理学理论。因此，在内容上，牛顿力学可以分为既相对独立又相互关联的三个部分。一部分是由伽利略（Galileo Galilei）提出的内容，包括落体定律、惯性概念、相对性原理以及理想实验方法，这部分内容不仅支持了牛顿力学的创立，而且成为牛顿力学的一部分；另一部分是由牛顿完成的与运动有关的定义（如力、时间、空间、动量等）、牛顿力学三大定律和万有引力定律、圆周运动等核心内容；再有一部分是由其他物理学家完善的内容，如能量守恒定律、动量守恒定律，以及简谐运动和机械波等。以上三部分构成牛顿力学的一个有机整体。

同时，牛顿力学又是近现代科学精神、科学思想、科学方法的创立和奠基学科。在科学精神、科学思想、科学方法上都留下了宝贵的遗产，时至今日，仍熠熠生辉。在科学精神方面，牛顿力学创立了实事求是的精神，崇尚理性的精神，严谨和创新相统一的精神，谦虚谨慎、不故步自封的精神等。在科学思想方面，牛顿力学开创了现代科学理论体系，完善和发展了科学思想，成为创立后续自然科学理论的范式。在科学方法方面，牛顿力学形成了一系列行之有效的科学研究方法，包括归纳-演绎、分析-综合、实体-抽象、数学-物理等方法，它们也都沿用至今。

经典电磁场理论的内在特征则表现为"两翼齐飞"，"一翼"

是麦克斯韦方程组，"另一翼"是洛伦兹力公式。麦克斯韦方程组揭示了电磁场运动变化的规律，洛伦兹力公式揭示了电磁作用的规律。根据麦克斯韦方程组，人们预测了电磁波的存在，揭示了电、磁和光的统一性。洛伦兹力公式描述了带电粒子在电磁场中受到的电场力和磁场力，成为解决带电粒子在电磁场中受力相关问题的基石。两者中，麦克斯韦方程组表述高度抽象，是学习和理解的难点。为此，我们抓住麦克斯韦方程组的特点，引入哲学视角，运用总览、类比、分解、图示的方法，从介绍必要的数学矢量工具开始，抽丝剥茧，一步步地把高度抽象化的数学公式变成具体、形象化的描述。通过上述过程，我们就可以对麦克斯韦方程组有一个深刻而全面的理解，并且能够重温从麦克斯韦方程组中预测电磁波存在的神奇一幕。之后，介绍了电磁波的发现过程以及电磁波对于人类的巨大作用。对于洛伦兹力公式，我们从分析洛伦兹力的特征入手，分析了洛伦兹力在理论实验和应用上的重要意义。我们选择了电子的发现过程作为分析的实例，一则是因为电子的发现过程充分体现了洛伦兹力的综合应用；二则是因为电子的发现意义重大，它使原子丧失了曾经具有的作为世界万物不可分割的最小单元的地位，从而打开了人类通向微观粒子世界的大门。最后，我们还介绍了电磁场理论在自然界中的一个生动案例——地球磁场及其作用。

相对论是物理学乃至自然科学知识中的一个"高峰"，特别是广义相对论，以"海拔"高、"跨度"大、难以理解而著称。不过如果我们抓住相对论的内在逻辑，就会发现相对论的发展是一个相对自然的过程，相对论也是一个清晰的体系。我们可以从两个内在逻辑来看相对论。一个内在逻辑是相对论反映了时空、物质和运动的统一性，反映了时间、空间、质量、能量、惯性、引力这些和物质运动相关的基本物理量是如何从相互孤立走向相互联系和统一的过程。狭义相对论突破了牛顿力学绝对、孤立的时间、空间概念，实现了时间和空间的关联，突破了能量和质量相对独立的观念，实现了能量和质量的统一；而广义相对论进一步实现了质量、惯性和引力的统一，并最终完成时空、物质和运动到物质的大统一。另一个内在逻辑是相对性原理的不断推广。物理规律应该在所有参考系都相同，这就是相对性原理的基本思想。爱因斯坦（Albert Einstein）依据电磁场理论的结论和实验结果提出光速不变原理。他首先利用相对性原理把光速不变原理推广到所有惯性系，认为所有的惯性系都是平权的，认为在所有的惯性系中光速不变原理都是成立的，没有哪一个惯性系特殊。在此基础上，他导出了洛伦兹变换，并发现随着运动速度的改变，物体的长度是可伸缩的，时间是可伸缩的，质量也是变化的，时间和空间不再相对独立，质量和能量不再相互独立，这就是狭义相对性原理上的狭义相对论基本内容。进而他又把光速不变原理利用相对性原理推广到所有惯性系和非惯性系，认为所有惯性系和非惯性系也都是平权的，即在所有的惯性系和非惯性系中光速不变原理都成立，没有哪一个成员特殊，这样就引入了弯曲的时间和空间。爱因斯坦进一步提出，弯曲的时间和空间是由物质的质量引起的，惯性、质量、引力的作用可以相互转化，这就是广义相对性原理上的广义相对论基本内容。上述的两个内在逻辑可以说是殊途同归，抓住它们，就可以理解相对论发展的基本逻辑和相对论的基本内容。在相对论的最后，我们介绍了广义相对论在宇宙学及天体物理学上的应用成果。

　　量子理论和相对论并称 20 世纪物理学理论的最伟大的两项成果，它同样以难以理解而著称。如果说相对论是一座相对孤立的高峰的话，量子理论则是重峦叠嶂、鬼斧神工的群峰。在量子理论中，理论多、内容庞大、概念抽象，而且认识过程中分支多、曲折多、争论多。我们选择避开最初的探索者所经历的弯路和迷途，借助各个时代前人在这个领域留下的阶梯，进一步厘清脉络，调整一些顺序，按不断演进的内在逻辑将量子理论的发展整理为四个相对清晰的阶段。①从普朗克打破物理量的连续性，对能量进行量子化，提出能量子概念，到量子化概念和波粒二象性在科学界被一定程度地接受，这可视为"开天辟地，初试锋芒"的阶段。②随后玻尔将量子化思想应用于核外电子的分布，提出玻尔原子模型，开启旧量子学研究，再到后来的德布罗意波、不确定原理[1]、玻尔互补原理，分别从波动性、粒子性、哲学三个不同的角度对波粒二象性做出进一步阐释，为量子理论的创立完成必要的积累，这可视为"发展孕育，承前启后"的阶段。③在经过量子化思想的突破、普及和孕育积累之后，开始形成相对完整的量子力学理论。一般认为，量子力学的理论有三个，分别是波动力学、矩阵力学和费曼积分量子力学，另外还有相对论量子力学方程，这可视为"创立理论，各具特色"的阶段。④再后来，人们提出通过交换粒子实现物质相互作用的机制，引入"真空不空"和"反粒子"的概念，引入场的量子化理论以及原子核的质子 - 中子模型；之后又提出电磁相互作用理论、弱相互作用理论、强相互作用理论以及夸克模

[1]　不确定原理提出的时间较晚，但从逻辑角度看，它与德布罗意波、玻尔互补原理在量子理论体系中处于相同的位置。将这些理论放在一起，可以使量子理论的逻辑体系更加清晰。后面有详细的讨论。

型，基于规范不变性实现电弱作用理论的统一和电强弱作用理论的大统一；最终形成一个至关重要的成果——粒子物理标准模型，它表明丰富多彩的物质世界其实是由种类极为有限的基本粒子组成的。引力作用和电强弱三种作用（即电磁相互作用、强相互作用、弱相互作用）的统一还在探索中。这就是"粒子世界，探索统一"的阶段。沿着上述思路，我们就可以"透过群山峻岭"对量子理论的轮廓有一个清晰的印象。

热力学的发展特征可简要地归结为首先基于热交换等热现象形成几个基本的热力学定律，然后产生了两次理论认识上的飞跃。冷热不同的两物体经过热交换可以达到热平衡，表明不同物体之间存在一个共同的宏观性质，它超越了各种物质的具体类型和形态的差异，这就产生了温度的概念，温度是大量分子热运动的集体表现。热交换过程遵循能量守恒定律，并且热量自发地从热的物体传到冷的物体，而不是相反的。以上就是热力学定律的基本内容。随着蒸汽机的发展，人们开始研究理想气体下的热力学定律（特别是热力学第一定律）的应用问题，进行了等温、绝热等过程的分析，为研究和提高热机做功效率提出了卡诺循环。人们对"熵"本质理解的不断深入带来理论认识上的第一次飞跃，熵的一个含义是混乱程度的度量[1]。在一个孤立系统中，遵循熵增加原理，这就是用熵概念表述的热力学第二定律。时间方向本身由熵增加原理所决定，因此是单向的，这样就解决了"时间箭头"的问题。根据熵的含义，熵有正熵和负熵之分。在一个开放的系统中，系统可以通过吸收负熵，使系统的熵减小，表现为更加有序，呈现出从低等向高等发展的趋势。这样就解释了自然界为什么从低级向高级演化的问题。同时，人们还发现信息也是一种熵，不过是一种负熵。人们还把熵的概念应用于社会学研究，提出社会熵的概念。以非平衡状态和不可逆过程为特征的现代热力学理论可以认为是人们理论认识上的第二次飞跃。通过热传递和热做功是不可逆过程的事实，以及"破镜难圆""覆水难收"等不可逆的自然现象，人们认识到不可逆过程的重要性，对热力学的研究也发生了重大改变，从研究平衡状态和可逆过程转向研究非平衡状态和不可逆过程，产生了耗散结构理论等现代热力学理论，这些理论成功解释了为什么在一个熵递增的宇宙里还能产生像人这样的高等生物的演化问题。追随上述热力学理论的发展进程，我们会体会到热力学在内涵上深藏若虚的特点。

1　熵还有另外一个含义，即系统可变的能力（或者说做功能力），这里我们先不讨论。

3. 抓住原始性创新环节进行细节剖析，打通理论突破的关键路径

一个物理学理论的突破往往建立在一个或者若干个关键路径的基础之上。有人把关键路径比作在一块布匹上找到的线头，一旦线头被找到，一块布匹就可能被"突破"。也有人把关键路径比作探险路上的葫芦口，一旦突破，就会别有洞天。因此，一方面，理解这些关键路径对理解其带来的物理学理论具有重要的先导作用；另一方面，这些具有开创性和革命性的突破往往是物理学的科学巨匠在理性与感性之间，甚至在后人看来是带着一些"运气"的成分才获得的，是不容易被理解和说明的，所以往往在叙述中被一带而过，归为"天才般的构想"。本书则选择了各个物理学理论中一些重要的关键路径，在查阅相关资料的基础上，对这些"天才般的构想"进行了一些细节上的剖析，以便我们能利用"后来人"的优势，揣摩和理解科学巨匠在实现重点突破时的心路历程，看到他们的成功还是建立在科学的逻辑、合理的猜想和论证基础上的，这样才能对后续发展的整个理论有更深一层的理解。下表列出了本书在各个物理学理论中重点剖析的关键点。

物理学理论	重点剖析的关键点
牛顿力学	相对性原理
	牛顿发现万有引力的过程
电磁学	利用数学矢量工具剖析麦克斯韦方程组及求解电磁波过程
	电子的发现过程
相对论	爱因斯坦导出洛伦兹变换的过程
	爱因斯坦提出质能方程的过程
	引力场引起时空的弯曲
量子理论	普朗克常数的发现过程
	海森堡导出不确定原理基本关系的说明
	薛定谔方程的导出和求解说明
热力学	熵概念被发现和提出的过程
	用熵表示的卡诺循环及推广模型
	麦克斯韦妖的熵解释

例如，在牛顿力学中，我们重点分析了牛顿发现万有引力的过程。作为牛顿时代最富有想象力和创造力的理论，万有引力定律的创立远非传说中牛顿在看到落地的苹果后灵感闪现即可完成那么简

单，而应当是经历了一个十分漫长、持续积累、非常严密的发现过程，大致经历了四个阶段。第一阶段，牛顿对月地检验的探究。看到偶然落地的苹果，牛顿开始思考一个问题：吸引苹果落向地球的引力（即"地上"的引力）和吸引月亮绕地球转动的引力（即"天上"的引力）是相同的一种力吗？利用微分工具经过计算和比对，他初步验证"地上"的引力和"天上"的引力是同一种力，并且发现这种引力与物体间距离的平方成反比。第二阶段，牛顿利用数学和物理手段，在理论上证明了"如果物体沿椭圆轨道运动，其所受的向心力与物体到椭圆的一个焦点的距离平方成反比，反之亦然"。于是推测引力不仅存在，而且"引力的距离平方反比关系"恰好提供天体运动（如月亮绕地球运动）所需的向心力。第三阶段，在完成理论上的猜想后，牛顿将引力的范畴从地球和月亮推广到太阳和行星，利用天文观测的实践结果和总结的实验定律对理论推测进行检验。根据"引力的距离平方反比关系"，可以导出太阳系的行星应当围绕太阳作椭圆运动，而这正是第谷长期天文观测的结果。而另一个结论"行星的运动周期和半径的3/2次方成正比"，也和根据天文观测数据总结得到的多普勒第三定律一致。于是利用天体观测实践得出的观测定律验证了牛顿在理论上提出的"引力的距离平方反比关系"，并进一步将引力的适用范围扩大到太阳系。第四阶段，牛顿将质量因素考虑进去，最终得到万有引力公式，并把它拓展到宇宙中任何两个物体之间。在这个过程中，牛顿既有深入的思考和严密的推理，又结合了实践定律，还充分利用了他所创立的微分思想，采用了分析与综合、归纳与演绎、理论推导与实验相验证的方式方法，最后才令人信服地得到万有引力公式。

在相对论部分，我们重点分析了爱因斯坦导出洛伦兹变换的过程细节和爱因斯坦从洛伦兹变换出发提出质能方程的过程细节；在量子理论部分，我们重点分析了普朗克发现和提出普朗克常数及能量子的过程细节、海森堡导出不确定原理基本关系的过程细节；在热力学部分，我们重点分析了熵概念被发现和提出的过程细节。限于篇幅，这里不再展开。可以说，通过对这些革命性创新过程细节的分析，我们既能体会到那些物理学巨匠的"天才般智慧"，又能看到这些"天才般智慧"所蕴含的严谨、科学的内在逻辑，它们绝不是无源之水、无本之木。通过对这些关键环节细节的了解，我们又能进一步加深对有关物理学理论的理解。

4. 不回避公式，但力求用浅显的道理来解释公式

本书并不回避公式，但力求用浅显的道理来解释公式。

在一定程度上，公式是对知识的最简洁、最准确的表达方式，只是它往往不能贴近平常人的理解方式，过于抽象而显得"离群索居""阳春白雪"，从而使人产生一种畏惧感。但如果我们能用相对通俗、便于人们理解的话来描述它，或许就没有那么让人敬而远之了，反而可能使人领会到它的简洁、丰满与美感。

比如，麦克斯韦方程组是典型的难以理解的"高大上"公式。如果我们采用通俗化的表述，进行逐级的过渡，或许就不难理解了。

首先，我们看一下麦克斯韦方程组的结构。如下图所示，可以使用简单的四句话分别对应麦克斯韦方程组的四个方程：电场是物质的，表现为电场源于电荷（方程一）；实践发现，有磁场没有磁荷（方程二），磁场需要其他的物质来源；于是发现电流产生了磁场（方程四），这样磁场也是物质的，源于与电流的联系；实践中还发现变化的磁场又产生电场（方程三），说明联系又是相互的。这样我们就大致理解了麦克斯韦方程组的整体逻辑和各个方程的大致含义。

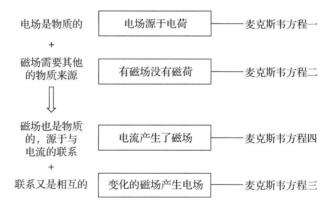

接下来是方程的具体表达形式。以方程一为例（即以电场源于电荷为例），方程的右边是源电荷除以介电常数（电荷有一个极化过程），左边是产生的电场的情况（以场强的积分表示），等式揭示了源（电荷）和流（电场）的关系，如下图所示。

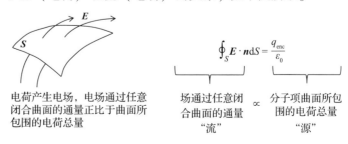

还有一些公式和上面的情形一样，我们可以先跳开公式的细节，通过挖掘公式的宏观表达内涵，从而深入浅出地理解抽象公式中包含的物理学含义，如著名的引力场方程等，这里先不展开。

5. 与哲学，特别是马克思主义哲学相结合

钱学森曾说过一句经典的话："没有科学的哲学是跛子，没有哲学的科学是瞎子。"这句话用在物理学和哲学的关系上是最恰当不过的了。

从发展进程看，哲学和物理学最初具有密切的血缘关系，后随着科学的发展而分开，但二者始终处于相互促进、相互影响的关系中。

16—18 世纪建立起来的以牛顿力学、机械运动为基础的经典物理学勾画了一幅世界的机械图景，形成近代的机械唯物主义，打破了中世纪以来占统治地位的唯心主义，推动了社会的发展和人性的解放。

后来，机械唯物主义的"孤立""形而上学"的缺陷逐步暴露出来，它已无法指导物理学和其他自然科学继续前进。于是，从 19 世纪末开始，一批物理学家自觉或不自觉地突破机械唯物主义在思想上的限制，着手探索新的物理学理论。他们先是打破绝对时间、绝对空间的概念，在相对时间、相对空间的基础上，提出了狭义相对论；而后在物质粒子性和波动性辩证统一的基础上创立了量子力学理论，表明微观粒子遵循和宏观物体不同的物理学定律，有不同的运动方式。狭义相对论和量子力学理论都打破了机械论的藩篱。再后来他们通过研究时间、空间、质量、惯性、引力等看似相互孤立的基本物理量间的关系，创立了广义相对论，将看似没有联系的基本物理量统一成了有机的整体，表明时间、空间、质量、惯性、引力都源于物质，统一于物质，由此解释了时间和空间的真正来源，彻底否定了绝对时间、绝对空间的存在。可以说，现代物理学关键环节上的突破都有唯物辩证法思想的影子。除了相对论、量子理论，我们上面提到的麦克斯韦方程组其实也体现了唯物辩证法的物质和联系的观点。另外，典型的例子还有物理学中对称－守恒－变换的矛盾运动推动物理学理论的发展。而耗散结构理论所描述的在远离平衡态下的稳态取得则可以说是唯物辩证法中量变质变规律的生动体现。具体的细节我们在本书相应的章节中有具体的描述。

此外，现代物理学也从科学的角度生动地说明了辩证唯物主义关于世界的唯物观、运动观、联系观，典型的支撑关系有：广义相对论和现代量子理论支撑了唯物观而非唯心观；狭义相对论、现代热力学支撑了运动观而非静止观；广义相对论支撑了联系观而非孤立观。因此，了解现代物理可以帮助我们树立辩证唯物主义的世界观，也即是正确的世界观。

6. 以丰富的图表提供直观、可视化的呈现效果

一个好的图示胜过几倍的语言描述，特别是在表述体系结构和相互联系方面。为此，本书采用图示化的呈现方式，通过几十个结构图，以简洁、直观、可视化的方式提供了基础物理学理论从整体到局部各个层面上的结构和联系。

除在上面的结构和联系中体现外，图示化基本覆盖全书所有的章节，共计 100 多个图表，力图为对应的内容提供直观化、形象化的表达。

二、应用上重点介绍量子技术——下一次技术革命的希望之翼

1. 量子技术是什么

量子力学理论的诞生和发展深刻地改变了世界。量子力学理论为人类社会发展带来了革命性技术，即量子技术，量子技术又可以分为以下两类。

第一类量子技术是基于量子规律的被动观测技术，或者说是应用到量子力学基本原理的经典技术。最典型的代表成果是激光技术和晶体管技术。激光由很多单个光子组成，光子由受激辐射过程产生，受激辐射过程是量子过程。激光自 20 世纪 50—60 年代诞生以来，已广泛应用于尖端科学研究、工业、农业、医学、通信、计算、军事、家庭生活等众多领域。20 世纪给人类社会带来最大冲击的科学技术是信息技术，而信息技术的发端是晶体管的发明。晶体管的工作原理来源于能带理论，而能带理论来源于量子力学理论。但激光和晶体管都有一个共同的特点，即它们的工作信号都是经典信号，符合经典规律。激光是由大量光子构成的一个光束[1]，光束符合麦克斯韦方程组规律。晶体管工作时依赖由很多很多电子组成的电流，电流满足的也是经典物理学规律。因此，激光技术和晶体管技术被认为是应用到量子力学基本原理的经典技术。这类应用到量子力学基本原理的经典技术的产生和发展又被称作第一次量子技术革命。第一类量子技术对人类生产力做出了巨大的贡献。可

[1] 例如激光笔每秒钟发出的能量大概是 10^{18} 个单光子。

以说，从 20 世纪上半叶以来，它已经深刻地改变了人类社会的生产和生活方式。

目前，量子技术正在向第二类量子技术发展，即对单个量子的状态进行主动和精准操控，从而直接利用单个量子所产生的信息进行传递和处理（即直接基于量子特性开发新技术）。目前，量子技术的方向主要包括量子计算机、量子通信、量子精密测量等。这类新技术将给人类的生产、生活带来又一次的巨大变革，有人把它们的到来称为第二次量子技术革命。本书将主要讨论这类量子技术。

2. 为什么重点介绍量子技术

量子科技发展具有重大科学意义和战略价值，是一项对传统技术体系产生冲击、进行重构的重大颠覆性技术创新，将引领新一轮科技革命和产业变革方向[1]。我们以下从计算、通信、测量三个影响人类技术进步的方向，从"不得不做"和"值得去做"两个角度说明未来量子技术的重要性，从而说明本书为什么在物理学应用中重点介绍量子技术。

1）"不得不做"

"不得不做"的第一个原因是，随着集成度的不断提高，现代大规模集成电路技术的发展可能遭遇天花板。大规模集成电路依据的是来自量子力学的能带理论，但实现上依赖的是由众多电子组成的电流信号。当芯片上线条的宽度达到足够小时（如达到 1 nm（10^{-9} m）时，这已相当于分子的大小），集成电路中电子的量子效应将会显现出来（如电子发生量子隧穿效应），现行工艺的半导体器件不再能很精准地表示 0 和 1，其工作机制将被破坏，芯片将不能正常工作。大规模集成电路技术是现代计算机和现代通信的基础，几十年来给人类社会发展带来巨大"红利"的摩尔定律将可能无法延续。技术的发展将不得不从操纵群体粒子（如电流）转向操纵单个粒子（也就是量子）。

"不得不做"的第二个原因是，作为构建现代信息化社会基石的现代信息安全体系将可能受到威胁。现代密码的设计主要依赖破译密码所需要的计算复杂度，也就是假设敌手拥有的计算能力在可见的时间内无法将密码破解。但随着未来量子计算机的出现，在采用特定算法（如后面介绍的 Shor 算法），充分发挥量子技术的并行处理能力以后，现行信息安全中的主要密码体系（如 RSA 体系）的破译时间将可能从数百年级别缩短至秒级，这样现代信息系统的

1　央广网：中央政治局为何集体学习量子？ 2020 -10 -19, http://news.cnr.cn/native/gd/20201019/t20201019_525300631.shtml

信息安全性将受到极大威胁。

"不得不做"的第三个原因是，传统的测量手段难以实现现代的精密测量。测量与人类的进步息息相关。仅以长度测量为例，以各种机械加工的机床和光学显微镜为代表的经典光学的测量精度可以达到 10^{-7} m，它不仅为人类的第一次工业革命做出了贡献，而且使人们观察到了微小颗粒、细胞、染色体等，促进了近代化学、生物学的发展。随后，人们发现了电子，利用电子的波动性发明了电子显微镜，它的测量精度可以达到 10^{-10} m。利用电子显微镜，人们可以观察组织细胞、生物大分子、病毒、细菌等的结构，带动了现代生物学的发展，也为人类的第二次工业革命做出了贡献。在原子尺寸（10^{-10} m）以下，量子效应开始显现。人们利用量子隧穿效应发明了扫描隧道显微镜。扫描隧道显微镜可以让科学家观察和定位单个原子，精度可以达到 10^{-11} m，使人类第一次能够实时地观察单个原子在物质表面的排列状态和与表面电子行为有关的物化性质，在表面科学、材料科学、生命科学等领域的研究中有着广泛的应用。但扫描隧道显微镜还属于应用到量子力学基本原理的经典技术。如果再往更高精度（例如现代科技和应用所需要的 10^{-15} m 的精度级别）发展，传统的测量手段已经无能为力，只有量子测量才可能达到这个级别的精度。

2）"值得去做"

从理论上的计算能力讲，基于并行化的数据输入和并行处理机制，未来的量子计算机的处理能力将比现在最先进的超级计算机还要高出十几个数量级，它能在秒级时间内完成现代超级计算机数十年、数百年的运行量。量子计算机的超级计算能力和人工智能、大数据的结合使其能在短时间内完成现在难以想象的事情。此外，热能耗是现代计算机不可避免的问题，这是因为现代计算机是不可逆过程，不可避免存在热损耗。量子计算机从理论上说是完全可逆的，因此可以避免（至少是减少）热能耗问题。

在未来通信技术方面，一般认为量子技术可以提供以下两方面的提升。一是近阶段在保密通信方面，利用量子态不可克隆性、量子纠缠等特性，理论上可以设计出最高等级的无条件安全加密算法，具有现代保密通信所不具备的优势。二是在更远的未来，利用量子隐形传态技术，在确保安全性的基础上，还可以极大地增大传输信息的容量，形成超大容量、超级安全的通信方式。

为了满足科技和生产进步的需要，人类必须向更高测量精度迈进。例如，人类要进行深空探索和航行，时间精度可能需要达到 10^{-15} s 乃至 10^{-18} s 的级别；如果需要对质子内部的夸克进行测量，长度精度需要达到 10^{-18} m 的级别；目前人类探测引力波最先进的设备 LIGO 也需要 10^{-18} m 级别的测量精度。在以上精度级别上的时间、长度等基础物理量的测量只有基于单个量子状态变化的量子测量才能达到。

因此，从计算、通信、测量三个基础性支撑的技术方向看，尽管有很长的路要走，发展量子技术仍是值得的。

3. 如何介绍量子技术

了解量子技术的有关知识，对于未来的工程师，甚至对于现代人都是很有意义的。但量子力学理论本身已经十分复杂、抽象、"反经验"，还需要用到大量的数学工具，而量子技术方兴未艾，很多过程和方向还在探索中。认识量子力学理论已经不易，认识量子技术就更困难了。为此，本书尝试用以下方法来介绍量子技术，以便非物理专业的人能对量子技术有一个全面、快速的了解。

1）从量子力学理论核心思想出发，以量子特性为过渡，打通理论到技术的通道

量子的波粒二象性是量子理论的出发点和核心思想，它既是量子理论的基础，也是我们认识量子技术的基础。因为它本身并不需要高深的数学工具作支撑，所以成为我们理解量子技术最好的切入点。

于是我们从量子的波粒二象性出发，在量子态概念和概率诠释的基础上介绍量子态叠加原理，说明量子态叠加原理是波粒二象性原理的自然延伸。进而说明，当存在两个或两个以上的量子体系，并且它们之间的量子态发生关系时，就自然地引入了量子纠缠态的概念。利用量子态叠加原理和量子纠缠态进一步导出量子态不可克隆定理和量子隐形传态等量子特性。以这些量子特性为基础，经过组合就构成了量子计算机（包括通用量子计算、专用量子计算、量子模拟）、量子通信的基础。从量子的波粒二象性出发，还生成了量子的另一个重要特性——量子隧穿效应，量子隧穿效应和量子态叠加原理等组合又构成一种特殊的专用计算——量子退火计算机的基础。以量子态叠加原理、量子纠缠态为基础，还形成量子精密测量、

量子传感等技术。以上，就构成了量子技术的主要方向。由此打通了从最基本的量子力学理论到量子技术的通道，增加借助体系，借助整体性认识量子技术的效果，从而降低认识量子技术的难度。

2）对于量子特性的介绍抓住核心思想，尽量避免复杂的专业性的数学工具

从物理学专业的角度看，量子态叠加原理和量子纠缠态等诸多量子特性本身就是量子力学理论的重要组成部分，它们自定义开始就建立在较复杂的数学概念和运算的基础上，这也成为非物理专业人士学习和了解量子知识的一道屏障。本书从量子力学理论的基本思想入手介绍量子特性，再到量子技术，最大限度地避免了复杂的、专业的数学工具。例如，我们从量子的波粒二象性出发，说明量子态是粒子始终作为一个整体满足波动性要求的表现，波粒二象性要求粒子以整体的形态和不同概率出现在不同位置，量子态叠加原理（量子态的线性叠加）也就成为满足这一要求并被实验观察证明的合理选项。由此我们进一步推想，当空间存在两个以上的粒子体系时，它们的量子态在同一时间和位置就可能出现重叠，形成新的组合，产生量子态之间的关联和约束，这就是量子纠缠。因此，量子纠缠不过是多个具有波粒二象性的量子粒子的量子态在空间发生重叠时可能出现的客观要求。通过这种方式，我们即使不依赖专业的数学工具，也能大致理解量子特性的核心思想，从而降低非物理学专业人士认识量子技术的难度。

3）剖析典型示例，突出量子技术设计思想的特殊性

总的来看，量子技术目前还处于局部突破的阶段。量子特性和人们的常规经验之间的差异巨大，导致量子技术设计思想和常规技术设计思想之间的巨大差异。为此，我们选择了典型技术方案进行重点剖析，方便读者理解量子技术设计思想的典型特点。比如，我们在软件算法方面重点剖析了最具代表性的 Shor 大数质因子分解算法（以下简称 Shor 算法）。人们利用大数质因子反向分解的困难设计出了现代通信系统最为常用的公钥——密钥体系。按照现有超级计算机的处理能力，要破译当前的密钥设计需要上百年的时间。但采用量子技术设计的 Shor 算法将破译时间在理论上缩减为秒级。因此，Shor 算法的提出在信息领域界引起极大的震动，它也成为目前为止发挥量子技术潜能、体现量子技术设计思想的典型代表。Shor 算法的第一步是利用数论理论，将大数质因子分解问题转化为

求一个周期函数周期的问题。随后进入发挥量子特性的处理阶段：利用量子态叠加和量子纠缠，既实现了运算的并行处理，同时也实现了大量中间结果的"自动"合并，以一种类似于光的双缝干涉实验的方式，快速获得周期性信息，完成大数质因子的反向分解。通过剖析 Shor 算法的设计和实现过程，我们就能大致了解如何利用量子态叠加、量子纠缠等特性去设计算法，以发挥量子技术的优势。当然也能领会到利用量子态叠加、量子纠缠等特性时的一些条件和限制，理解为什么目前量子技术在软件算法方面还处于局部突破的阶段。

4）适当补缺，使得没有专业基础的人士也能看懂一些专业过程

量子技术应用于广泛的领域，涉及信息领域内比较广泛的知识以及一些特别的专业领域。比如，目前量子计算机、量子通信应用的一个重要领域是信息安全和保密通信。信息安全和保密通信是一个专业化很强的领域。为此，在介绍量子保密通信之前，我们首先回顾了保密通信的由来、演进与发展历程和基本原理，介绍了公钥算法方案的基本概念等。所以，即使没有保密通信专业基础的人士也能够补上这一领域的基本知识，从而继续了解相关的量子技术。

5）对比分析，使得了解传统技术的人在对照中快速认识量子技术

很多读者往往有非量子相关技术（例如计算机、通信等技术）的经验。为此，我们在介绍量子计算机、量子通信技术的时候，采取了与现代计算机、现代通信技术进行对比分析的方式，使得了解传统技术的读者在对照中快速认识量子技术。例如，我们在分析量子计算机目前所处阶段的时候，首先回顾了电子计算机发展的整个历程和代表性技术的里程碑节点，再通过对比，使读者更容易理解量子计算机目前所处阶段。

三、在对话与思考中寻觅输出和感悟

几年来，本人有幸为自己创造了一种相对自由、自我安排的"学术"环境。在这种环境下，没有了名利的困扰，没有了考核指标的压力，也没有了条条框框的约束，同时也排除了外部信息世界的轰炸，自己一个人在安安静静的环境下完全沉浸和徜徉在物理学理论的知识海洋中，完成了对基础物理学理论和应用的研究和思考。

在这里，我能够通过书籍跨越岁月的沟壑和诸多物理学先哲大师进行对话，在书中聆听他们的主张，领会他们的思路，体会他们深厚的功底和严谨的逻辑，以及所产生的伟大创造力、创新力。

在这里，我能够通过书籍和现代物理学的学者、教育者进行对话，在书中聆听他们对物理学大师的主张和理论的理解，帮助我启发智慧，获得灵感，博采众长，整理自己理解中的体系和见解。

在这里，我看到爱因斯坦在其著作《相对论》导读中开篇的一段话："不管时代的潮流和社会的风尚怎样，人总可以凭着高贵的品质，超脱时代和社会，走自己正确的道路。现在，大家都为了电冰箱、汽车、房子而奔波，追逐，竞争。这是我们这个时代的特征了。但是也还有不少人，他们不追求这些物质的东西，他们追求理想和真理，得到内心的自由和安宁。"而我们的古人也有这样的话："朝闻道，夕死可矣。"

原来身在职场时，我是不能领会这些话的。这时，我才多多少少体会到这些话的内涵。如果说，我有一些所谓的理想去追求的话，或许是因为我尚有一种不甘心、不服输的精神。在职场上我曾经有幸在一个比较高的技术平台上和西方的对手们较量，不能说是打赢，但总算没有输。现在我虽然不能冲杀在前线了，但在"尚能饭否"的时候，至少应该为我们的下一代做点事，希望他们在科学知识领域里不会输在起跑线上。

物理学是未来工程师的基础学科，物理也是我学生时代最喜欢的学科，于是我选择了物理，利用自己能自主的时间，以自然的心态去钻研它，拥抱它，希望能把感悟到的物理道理分享给所有爱好物理学的人，分享给所有希望播撒物理学种子的人，并为我们的年轻一代在知识结构上留住物理学的一扇窗，留下物理学的一片蓝天。

盼望本书能成为物理学书籍大花园里的一朵小花，尽管小，但总还是有一些特色，能对未来工程师以及具有一定物理知识、希望对物理学内容有体系化了解的物理爱好者有所帮助。

有一份热，发一份光。

用心去感知、去输出的东西相信总是有些作用的。

我深知自己学识和能力有限，书中的观点和对物理学的理解一定有错误、偏颇之处，希望能抛砖引玉，敬请读者不吝赐教。对错误的批判有时就是一种帮助。

衷心感谢所有支持我的人。

目　录

Contents

绪　论

　　物理学是什么？物理学为了什么？这恐怕是任何一位物理学的学习者、爱好者首先思考的问题。

　　我们认为，如果把这两个问题放在一个大的视角（即人类生产力发展和人的发展的视角）下去审视，或许能得到更好的答案。图0-1是一个描述物理学与生产力变革以及同时代高素质的人之间关系的示意图。

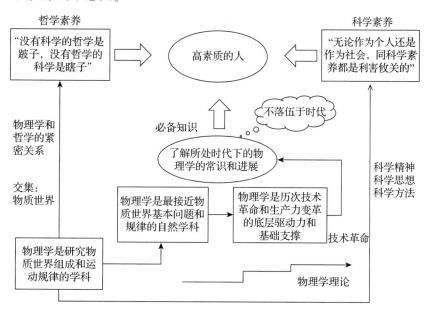

图0-1　物理学与生产力变革以及同时代高素质的人之间的关系

　　物理学是研究物质世界组成和运动规律的学科。因此，物理学就成为最接近物质世界基本问题和规律的自然学科。由此，物理学成为人类社会截至目前历次技术革命和生产力变革的底层驱动力和基础支撑，物理学理论的进步推动了历次的技术革命。

　　对一个现代人而言，了解所处时代的物理学的常识和进展有助于了解同时代生产力的发展水平、发展趋势和基本动力。同时，物理学可以为同时代高素质的人提供必要的哲学素养和科学素养。

1. 不可缺少的知识背景，不落伍于时代

我们以物理学研究的内容（即物质运动最一般规律和物质基本结构）作为分析的起点，通过对研究对象和基本内容的分析，从两个视角对物理学研究内容进行说明：一是从物理学发展历程的角度，给出物理学的基本知识体系及各个理论间的演进关系；二是从物理学研究的基本问题出发，认识物理学的基本知识体系及各个理论间的内在关系。从后一个角度看物理学，可以更好地理解物理学和物质世界的关系。

关于物理学和物质世界的关系，我们进一步给出了一个从小到大、由五层物质组成的结构模型，阐释了为什么物理学是最接近物质世界基本问题和规律的自然学科的观点。

基于物理学和物质世界的关系，我们分析了物理学对生产力变革的底层驱动作用，即物理学和人类社会生产力发展之间的关系，包括回顾物理学的重大突破促成人类社会三次生产力飞跃（对应三次全球性技术革命）的过程，分析了这个逻辑还会在新的技术革命中延续的可能性。

由此，我们延伸到物理学和一个现代人的关系的思考，主要集中在两个方面：现代物理学知识是一个高素质现代人的知识结构中不可缺少的一环；物理学可以促进一个高素质现代人的哲学素养和科学素养的提高，而哲学素养和科学素养对一个高素质的现代人同样不可缺少。

从知识结构看，一个现代人，特别这一代，无论从事什么样的职业，都应该了解一些和他所处时代相应的物理学知识，这样他就可以了解所处时代生产力发展的基本特征和最新进展，就可以对自己赖以生活的物质世界有更好的认识，这不仅是令人兴奋的，而且是必要和大有益处的。本节我们通过对时间、空间认知范畴区间的具体分析，比较直观地显示一个现代人应该了解的必要的现代物理学知识，这样他才能不落伍于时代。

2. 哲学素养和科学素养提供强大的助力

物理学与哲学素养和科学素养有着相辅相成、互相促进的密切关系。

我们回顾了近现代以来物理学和哲学的亲密血缘关系、互动发展和大致的对应关系，说明了物理学对一个人建立正确的世界观与方法论的影响和促进作用。特别需要说明的是，为了说明哲学，特别是辩证唯物主义哲学对自然科学的指导作用，我们在相对论、量子物理学、现代热力学部分的关键章节，阐释了如何利用哲学思想和工具翻越物理学的关隘和险峰。通过近现代物理学的文明成果，我们检验了辩证唯物主义的基本原理，进一步增强了读者对辩证唯物主义的基本原理的理解。这也是本书的一个特色之处。

科学素养的重要意义毋庸置疑。有观点认为，公众科学素养关乎综合国力。我国《全民科学素质行动计划纲要》指出："科学素质是公民素质的重要组成部分。公民具备基本科学素质一般指了解必要的科学技术知识，掌握基本的科学方法，树立科学思想，崇尚科学精神，并具有一定的应用它们处理实际问题、参与公共事务的能力……根据有关调查，我国公民科学素质水平与发达国家相比差距甚大……在科学精神、科学思想和科学方法等方面更为欠缺……"自牛顿创立人类历史上第一个现代科学理论——牛顿力学，从而奠定现代意义上的科学精神、科学思想和科学方法起，物理学和科学精神、科学思想和科学方法就结下了不解之缘，物理学成为培养科学精神、科学思想和科学方法的有效载体。本节我们简要阐述了物理学、科学素养与创新创造的关系。在不同阶段、不同物理学理论中体现的具体的科学精神、科学思想和科学方法，我们将在后面对每个物理学理论的介绍中详细阐述。

0.1
物理学的研究内容

1 在本书中，我们所说的物理学仅指基础性的物理学理论，包括牛顿力学、电磁学、热力学、狭义相对论、广义相对论、量子理论、现代热力学等。

如前所述，物理学是研究物质运动的一般规律和物质基本结构的学科。图 0－2 给出了物理学[1]的基本框架和各理论间的演进关系。

总体来说，在 19 世纪末的时候，物理学的三大经典理论（牛顿力学、经典电磁学、经典热力学）已经发展成熟，人们甚至认为，物理学理论已经完善，只剩下有限的几片"乌云"没有拨开。20 世纪初，爱因斯坦否定了牛顿的绝对时间和绝对空间的概念，在电磁学推论和以太漂移速度实验的基础上，提出了光速不变的公设，创立了狭义相对论；后面又通过对时间、空间、质量、惯性和引力等基本物理量内在关系的探索发展了广义相对论。在稍早时候，普朗克通过对黑体辐射实验的分析，提出能量子的概念，而爱因斯坦也提出光量子的概念，人们开始了对原子结构和波粒二象性的探讨，由此开启了量子理论研究的大门。随后，一批天才的物理学家对量子理论进行了发展和完善，形成了经典量子理论；到现代，物理学家又发展起了现代量子理论，形成了完整的现代粒子理论。自 20 世纪 30 年代起，传统热力学也得到了发展。20 世纪 60 年代，形成了面向不可逆、非平衡、非线性条件的耗散结构理论，并发展出现代热力学理论的其他分支。需要指出的是，以上物理学各个理论之间是相互联系的，并不是相互孤立的。图 0-2 大致显示了物理学各个理论间的演进关系，具体内容会在后面章节中进行介绍。

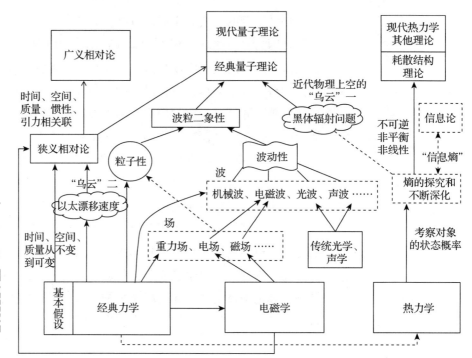

扫一扫看彩图

图 0-2　物理学的基本框架和各理论间的演进关系

上述是从物理学理论的发展过程来看物理学的主要内容。下面回到物理学的基本问题（即物质运动和组成的问题）上，梳理一下各物理学理论和这两个基本问题的大致对应关系。

如图 0-3 所示，我们将中间部分的两个核心问题看作第一部分。在这一部分中，典型的揭示物质的运动规律的物理学理论有宏观低速条件下的经典牛顿力学理论、高速运动条件下的狭义相对论、微观条件下的经典量子理论；直接回答物质的组成规律的物理学理论有原子理论、原子核理论和粒子理论。本书中把这三部分中和物质组成相关的基本内容放在量子理论及其发展进程中作介绍。

从第一部分的核心问题延伸出另外三个部分：第二部分，时间和空间（可以认为这是物质运动的前提）；第三部分，场和波（可以看作物质和运动的"伴生物"[1]）；第四部分，当数量巨大的个体聚集时的情况。

1　到后面我们会发现，场就是物质存在的一种方式。

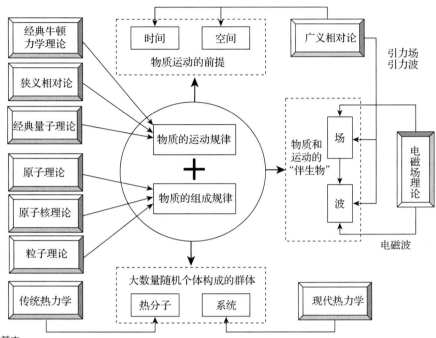

图 0-3　物理学理论与基本
问题的对应

与第二部分时间和空间对应的物理学理论是广义相对论。根据广义相对论，时间和空间来源于物质，质量的存在可以产生时空的弯曲。这样就把质量、惯性、时间、空间联系在了一起。

在物理学中，场和波的概念比较重要。大部分情况下，场可以认为是物质在空间上的分布，波可以认为是物质的运动形式和能量在空间中向周围的传播。物理学研究了典型的场——电场、磁场，发现了和电场、磁场相对应的波——电磁波，形成了相关理论，这就是电磁场理论。另外，根据广义相对论理论还有相应的引力场和引力波。

最后，物理学除了研究个体的物质和运动之外，还研究群体类型的物质和运动，特别是数量巨大的相同个体的运动学规律，这种情况下单独研究其中一个个体是没有意义的。从初等理化知识我们就知道，在一个标准大气压、温度为 0 ℃的条件下，1 mol 的任何气体所含分子数等于阿伏伽德罗常数，即 6.025×10^{23}。这意味着 1 cm^3 的空间里挤着大约 10^{19} 个分子（即一千亿亿个分子），这些分子在各个方向运动，不停地相互碰撞。通过对这些热分子行为的研究，人类创立了传统热力学，传统热力学对推动人类进入蒸汽时代发挥了重要作用。因此，对物质世界，除研究个体行为外，还应该研究大数量群体的行为。事实上，在热力学"沉寂"一段时间后，人们又通过对传统热力学的改造（以耗散结构理论为代表）实现了在一般系统研究基础上从可逆到不可逆、从平衡到非平衡、从线性到非线性的研究方向的转变。这不仅为物理学的研究开辟了一个新方向，而且打破了化学、生物学领域和社会科学领域之间的隔断，为系统复杂性的研究开辟了一条道路。

　　以上就是基础物理学理论研究的主要内容。

0.2
物理学是最接近物质世界基本问题和规律的自然学科

　　如果我们对以上介绍的物理学的基本框架作一下梳理，我们就能更进一步地观察到物理学是最接近物质世界基本问题和规律的自然学科。这首先体现在人类对物质世界组成的探索方面。从古至今，人类一直在寻求由少量简单的基本成分来构成我们丰富多彩的大千世界的方式。粗略想来，这是非常有实际意义的。如果物质世界果真是由少数基本成分构成的，那么人类从理论上就可以创造出我们所希望的一切物质来，当然前提条件是我们已经准确了解和掌握了这些基本成分相互作用的原理。现代物理学家已大致提供了一个回答。

　　如图 0-4 所示，截至目前，物理学家发现我们人类所能观测到的物质世界是由十几种基本粒子不断"复合"构成的。从下向上大致的顺序是：基本粒子相互作用构成质子、中子等粒子；不同数目的质子和中子间相互作用构成不同的原子核；不同的原子核和核外电子间相互作用构成不同的原子；一定种类和数目的原子间相

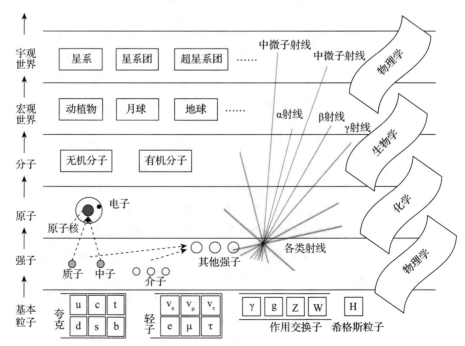

图 0-4　物质结构分层示意图

互作用（通过借用、交换、分享它们的电子）构成不同的分子（包括无机分子和有机分子）；在分子的基础上再构成千姿百态的宏观世界和尚远离我们人类的宇观世界。当然宇观世界也可能直接由一些下层的粒子直接构成，如已经观察到的中子星就可能是由中子直接构成的。

一般认为，分子以下的微观领域分为五个层次：分子、原子、原子核、强子和基本粒子。物理学家主要负责图 0 - 4 中所示体系中两大部分的研究：一部分是微观领域中原子核以下三层（我们暂时称为"底层"）的研究，这是现代量子理论研究的主要领域；另一部分是"顶层"宇观部分的研究，这里因为显著的引力效应而成为广义相对论研究的主要领域。化学和生物学家则主要负责"中间的"宏观世界、分子、原子的研究，不过化学和生物学家对宏观世界、分子、原子的深层次研究离不开"底层"现代物理学方面的支撑。发现新物质，创造新物质，提高我们的生产水平、生活水平、社会水平是人类孜孜以求的目标，也是人类对物质世界的组成和作用机制不断探索的过程。在这个过程中，物理学发挥着基础性作用，它在探索物质组成和作用机制方面的任何一个基础性突破，都可能带来物理学，甚至是其他自然学科的共同突破，从而带来社会文明的巨大进步，这一点我们在后面会具体看到。

物理学是最接近物质世界基本问题和规律的自然学科又体现在，物理学回答了时间从哪里来，空间从哪里来，宇宙从哪里来以及到哪里去的基本问题。这些话题在后面章节将具体探讨。

最后，物理学是最接近物质世界基本问题和规律的自然学科还体现在，它为自然界和人类社会为什么从简单到复杂、从低级到高级不断进化演进的发展方向提供了一个相对科学的理论解释，这是现代热力学的研究成果，我们也将在后面的章节具体探讨。

0.3 物理学是推动历次技术革命和生产力变革的底层驱动力和基础支撑

一般来说，越是底层实现突破的难度越大，而一旦突破后的效应也越大。正是因为物理学是最接近物质世界基本问题和规律的自然学科，所以物理学成为推动截至目前人类社会历次技术革命和生产力变革的底层驱动力和基础支撑：若干个物理学的突破催生了历次的产业革命，带来生产力的重大变革。一个粗略的解释是，生产力的三要素（劳动力、劳动工具、劳动对象）都是和人类对物质世界的组成和运动规律的认识紧密相关的，特别是物理学的作用突出表现在对劳动工具效能的提高上。

物理学对人类生产力水平的影响突出体现在它对人类历史上历次技术革命的影响。一般来说，技术革命包括全局性的技术革命与专业性的技术革命。全局性的技术革命一般带来整个社会生产方式的变革。而专业性的技术革命的影响主要发生在一些特定的技术和产业部分[1]。这里我们首先回顾物理学在 18 世纪中叶至 20 世纪 70 年代三次全局性的技术革命中的影响，随后再分析物理学在当代新的一次技术革命中的作用[2]。

如图 0-5 所示，18 世纪中叶至 20 世纪 70 年代，人类发展史上发生了三次全局性的技术革命：以机械化为主要特征的第一次技术革命（18 世纪中叶至 19 世纪下半叶），以电气化为主要特征的第二次技术革命（19 世纪下半叶至 20 世纪 40 年代），以自动化为主要特征的第三次技术革命（20 世纪 40—70 年代）。

1　陈筹泉，殷登祥：《科技革命与当代社会》，37 页，北京，人民出版社，2001。

2　由于人们对历次技术革命的划分和表述有一些差异，这里我们主要选择历次技术革命最突出的特征和技术进行分析，以避开一些关于技术革命看法上的分歧。

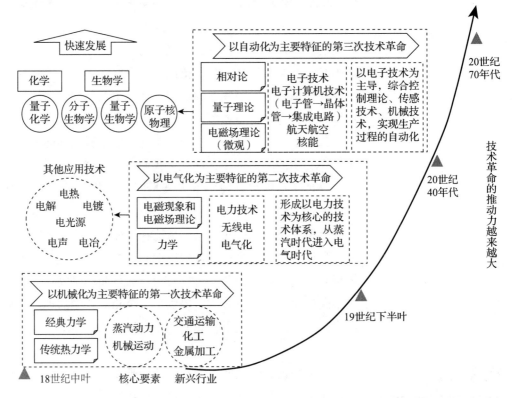

图 0-5　物理学与三次技术革命

在第一次技术革命中，牛顿力学和传统热力学是理论突破和支撑，蒸汽动力和机械运动是核心要素，形成了以蒸汽动力为核心的技术体系（包括交通运输技术、化工技术、金属加工技术等），人类社会开始进入以机械化为主要特征的工业生产时代。

进入 19 世纪后，由于生产与经济的发展，蒸汽动力已远远不能满足需要，迫切需要新的动力技术。这时，物理学家对电磁运动规律的研究，为电能的产生、利用提供了理论指导。在 19 世纪下

1　陈筠泉，殷登祥：《科技革命与当代社会》，39 页，北京，人民出版社，2001。

半叶，产生了以电力技术（亦称电气技术）为主导、以工业电气化为主要特征的第二次技术革命[1]，在这一时期，电磁理论的研究和创造发明相得益彰。人们根据电产生磁（电流磁效应）、磁产生电（电磁感应）的原理，先后发明了发动机、电动机、变压器、交流电机等设备，开始建立发电站和发展电力传输技术。

电磁理论的进一步发展是电磁场方程的建立和电磁场理论的形成，以及人们对电磁波存在的预言，在此基础上人类实现了历史上的第一次无线电通信。

另外，随着对电与磁的各种效应的研究，出现了一系列崭新的技术领域，如电解、电镀、电热、电冶、电声、电光源等，形成了以电力技术为核心的技术体系，它使人类从蒸汽时代进入电气时代，生产领域则由机械化的生产方式逐渐过渡到机械化加电气化的生产方式。

由此可见，电磁现象的研究和应用以及电磁场理论的形成，成为第二次技术革命的催生和推动力量，发挥了基础的底层驱动作用和支撑作用。

通过第一次、第二次技术革命实现生产的机械化、电气化以后，人类开始向实现生产的自动化的目标迈进，形成以电子技术为核心的第三次技术革命。

电子技术是以电子运动为基础、以电子器件为核心的有关技术的总称。它兴起于 20 世纪 40—50 年代，与物理学理论对应，大致分为两个阶段。

第一阶段是电子管时代。这一时期，电磁场理论在微观方向得到发展和应用，突出表现在对电子运动规律的研究上。人们发现了热电子发射的规律，并在此基础上发明了真空二极管、真空三极管。将这些真空电子管用于电路，促进了无线电波发射与接收技术的迅速进步。不仅如此，基于数学、逻辑学、电工技术与电子技术的共同应用，人类利用电子管造出了早期的、第一代基于真空管的计算机。尽管以现在的标准看这类计算机的性能很低，但它们却开启了人类利用计算机技术的新纪元。

第二阶段是晶体管时代。晶体管是半导体物理及其技术的产物。而后者又是以研究微观粒子运动规律的量子力学为理论基础的。晶体管之后，半导体技术发展成为微电子技术，使集成电路问世。集成电路具有微型化、能耗低、可靠性高及成本低等优点，为电子技术的普及与广泛应用开辟了极为广阔的天地。相应地，计算机技术也进入晶体管计算机时代和集成电路计算机时代。

因此，电磁场理论，以及描述微观粒子运动规律的量子理论为第三次技术革命中起核心作用的电子技术提供了理论支撑。另外，基于量子理论，人们还建立了量子化学、分子生物学、量子生物学等一系列新型学科，探索了化学、生物学科的微观机理问题，带来了化学、生物技术领域的大发展。

在第三次技术革命时期，基于万有引力基本原理，并结合相对论的运用，人类还开启了走出地球、走向太空的航天时代。而质能方程的基本原理为人类开发核能提供了理论依据。

自 20 世纪 70 年代以来，科学和技术出现新的发展，一些学者称之为第四次技术革命。它主要指 20 世纪 70 年代以来，在全世界范围内蓬勃兴起的信息技术、新材料技术、新能源技术、激光技术、生物技术、空间技术、海洋技术等高科技群落。它是第三次技术革命的延续和发展。这次技术革命使生产的技术方式在机械化、电气化、自动化的基础上，增加了信息化。1971 年，用大规模集成电路做芯片的微型计算机的出现为计算机的广泛应用和普及奠定了基础，从而为实现信息化创造了基本条件。

有人说，能源、材料、信息是物质世界的三个基本要素。这里就这三个方面粗略阐释物理学可能发挥的作用。

能源是一切物质活动的基础，由于非再生能源（煤、石油、天然气等）的使用存在局限性（比如资源有限、比热值有限、存在污染），因此寻找新的能源成为关系人类生存与发展的重大课题。20 世纪 70 年代以来，人类对新能源的探索主要集中在三方面：一是核裂变发电技术，二是各种非化石能源（太阳能、生物能、风能、海洋能、地热能等），三是可控核聚变。一般认为，只有核聚变进入工业阶段，人类才可能完全摆脱"能源危机"。而可控核聚变的理论基础是相对论和现代量子理论。

材料技术被认为是各种新技术发展的基础。20 世纪 70 年代以来，具有各种特殊性能的新材料（如光纤、非晶体硅、新型陶瓷、碳 60、钛合金、纳米材料、生物材料、智能材料等）不断涌现。从历史上看，某些重要的新型材料的出现，往往引发某种程度的技术革命和推动新兴产业的出现，从而产生巨大的经济效益。如半导体材料的出现直接推动了电子技术和微型计算机的问世和广泛应用。当前，以高温超导材料、智能材料等为代表的新材料的研究进展，使我们有理由相信，在不久的将来会出现如同半导体材料那样对人类生产和生活产生巨大影响的新材料。而现代新材料技术研究是从结构研究和分子设计出发的，这就需要以现代量子理论为支撑。

关于物理学与信息的关系，下面分两个方面加以说明。首先，现代热力学理论为信息成为物质世界的基本要素这个观点提供了解释，因为相比于前面提到的能源和材料两个基本要素，信息作为物质世界的基本要素显得有些抽象，或者说该观点的提出更多的是基于对信息在现实生产和生活中的作用的观察和归纳，而缺少解释这一要素的理论。根据现代热力学理论，一个开放系统如果要生存、发展，就必须不断地从周围环境吸收"负熵"，只有这样才能避免死亡。比如，对人体而言，从外界不断摄入的食物就是典型的"负熵"。现代热力学理论认为，信息也是一种"负熵"，一个开放的系统要存在、发展，也需要和人体一样，不断和外界进行信息交换，不断从外部吸收"负熵"，以抵消系统内自发产生的熵的增加。由此，信息成为物质世界的一个基本要素。

其次，我们粗略阐释一下物理学与信息技术的关系。从一般意义上来说，可以认为信息是客观物质世界运动与主观精神世界活动所表现出来的各种状态和特征的总称。随着科学技术以及社会生活的不断发展，信息的重要性愈来愈显示出来，信息化成为当前第四次技术革命的基本特征。围绕着信息的产生、收集、传输、接收、处理、存储、检索等，形成了开发和利用信息资源的高技术群——信息技术。其中最重要的是信息处理技术（主要是计算机技术）、信息传输技术（主要是通信技术）及信息存储技术。

计算机技术在现代信息技术中处于核心地位。计算机技术的更新和发展速度，在很大程度上取决于硬件（特别是芯片）的发展速度和软件的算法。以固体电子的能带理论（量子理论的一个推论）为基础的大规模集成电路技术目前已达到纳米级，可能遭遇设计的极限值。当前，一个富有前景的方向是量子计算机及其算法的实现和突破。据预测，量子计算机及其底层算法可能带来数个量级上的性能的提高。量子计算机及其底层算法的基础支撑是量子力学理论。

同样，以大规模集成电路技术为基础的现代通信技术也面临与上述计算机技术类似的困难。同时，信息保密也成为现代通信技术的棘手问题。未来，量子通信技术不仅能解决通信处理的性能问题，还能解决通信过程的安全加密问题，因此量子通信技术也被视为未来通信技术的潜在方向，而量子通信技术也离不开量子力学理论的支撑和量子应用技术的突破。

由此可以看出，在 18 世纪中叶至 20 世纪 70 年代人类社会已经完成的三次全局性的技术革命中，物理学理论的突破和应用都发挥了底层驱动力和基础支撑的作用。在以能源、材料、信息为基本要素、以信息化为特征的第四次全球性技术革命，以及有学者提出的以智能化为特征的更新一次的技术革命中，现代物理学理论和应用上的突破同样会对生产力的变革提供底层驱动力和基础支撑作用，从而带来全局性的技术革命。

有学者提出，21世纪可能出现的、在科学理论方面有重大突破，从而引发科学思想体系革命的领域如下：在微观领域，突破粒子物理的标准模型理论，从根本上改变现行的物质结构观；在宏观领域，突破宇宙大爆炸理论，从根本上改变现行的宇宙结构及演化观；在宏观复杂体系领域，揭示非线性相互作用的规律，解决人类对宏观世界许多认识上的谜团。这三个可能的领域都是和物理学息息相关的，前两个领域分别对应当前阶段的现代粒子理论和广义相对论；对于第三个领域，以现代热力学的耗散结构理论为先导，包括后续的协同学、超循环理论、突变论、混沌学和分形说等在内的一系列系统自组织理论已经使科学研究从静态存在研究向动态演化研究深入。一般而言，科学理论革命带来技术革命，比如我们前面提到的量子技术、材料技术和能源技术等，都可能建立在现代粒子理论的突破上。以上的推断和我们前面的分析是吻合的。这其实反映了一个基本逻辑：人类改造世界的能力（实践）和人类对物质世界的认识水平（理论）互相促进、相互提高。物理学是回答物质世界组成和运动规律一般和基本问题的学科，物理学的发展水平代表了人类对物质世界的认识水平，因此不难理解物理学理论上的突破往往会带来人类改造世界的能力和实际活动上的突破了，也就可以理解物理学是推动历次技术革命和生产力变革的底层驱动力和基础支撑了。

0.4 物理学与现代人的认知空间

基于上面的推论，下面继续讨论物理学和一个现代人的认知空间的关系。

一个阶段人类社会的生产力水平往往决定了这个阶段物质成果的发展水平，物质成果的发展水平又影响精神成果的发展水平，而一个阶段物理学的进展是该阶段人类社会的生产力水平的最基础的标志，因此从这个意义上讲，一个时代的人，无论他从事什么样的工作，了解所处时代的物理学的一些常识和进展，对他一定是有益的；否则，他可能会因为对所处时代物质和精神成果缺乏深度的理解而产生一些缺失和遗憾。

就当下而言，在近代物理学、现代物理学的推动下人类社会的生产力水平得到极大的提高。相应地，一个现代人也应当在牛顿时代经典物理学的基础上更进一步了解物理学发展的全貌，了解一些关于相对论、量子理论、现代热力学理论的近现代物理学知识和成果。

下面选取时间、空间这两个代表人类对物质世界认识水平的基本量，以区域大小的对比说明这样做的意义。

如图 0-6 所示，这里给出了一个使用常识值作为坐标标识的空间尺度的示意图（采用以 10 为底的指数表示），并给出目前三个主要的物理学理论各自应用的区域。可以看出，以 1 m 为坐标轴中心，10^{-5}（活细胞或 DNA 分子的大小）~10^5 m（地球半径）区间大致是牛顿理论可以适用的范围[1]；10^5（地球半径）~10^{25} m（宇宙的边缘）区间是相对论适用的范围[2]；10^{-18}~10^{-5} m（活细胞或 DNA 分子的大小）是目前量子理论的适用范围[3]。

需要指出的是，右边界值 10^{-35} m 是一个理论推算值，由三个基本物理常数（引力常数 G、普朗克常数 h、光速 c）计算得到，即 $(Gh/c^3)^{1/2}$，大约是 10^{-35} m。为使区间对称，左边界取为 10^{35} m。在空间尺度的两个边缘（10^{25} m 和 10^{-20} m 附近及之外），或许我们需要期待新的发现和新的理论的出现[4]。

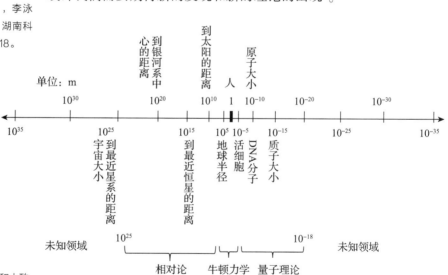

图 0-6 空间的尺度和大致对应的物理学理论[5]

如图 0-7 所示，这里给出了一个使用常识值作为坐标标识的时间尺度的示意图（也采用以 10 为底的指数表示以及同空间对应的坐标分布），并给出目前三个主要的物理学理论各自的应用区域。中间 10^{-5}（μ 子寿命）~10^5 s（地球的自转周期）区间大致是牛顿理论可以适用的范围；在左端，宇宙的年龄大致是现在利用广义相对论和现代量子理论在实验观察基础上可以推算和解释的宇宙的年龄，在 10^{20} s 以后即宇宙产生前是否存在时间，尚不得而知，

1 这里只是大致范围。严格说，对地球而言，一些场景（如航天）已经需要利用相对论考虑引力带来的时空弯曲的影响。

2 这里主要指广义相对论。狭义相对论是针对速度影响的，既适用于宏观情况，也适用于微观情况。

3 10^{-18} m 是目前认为的夸克的尺寸。一般认为基本粒子的大小只具有象征意义。因为根据波粒二象性，基本粒子大小不是一个独立量，离开了动力学的动量和能量，它就失去了意义。

4 [英] B. K. 里德雷：《时间、空间和万物》，李泳译，51 页，长沙，湖南科学技术出版社，2018。

5 同上，53 页。

我们暂且将其列为未知领域；在右端，主要对应人类所能测量或观测的粒子的情况，这里也是现代量子理论和相对论应用的领域。根据量子理论，粒子能量和时间的乘积等于普朗克常数，这意味着粒子能量越高，我们所能测量到的粒子存在的时间越短，在我们看来就越不稳定。目前，物理学家能测出来的粒子寿命是 10^{-23} s。随着粒子加速器的规模不断增大，能够测量的宇宙线中的高能粒子不断增多，我们可以把握越来越短的时间，逼近越来越小的距离[1]。这或许又可以产生新的理论。

1 [英] B. K. 里德雷：《时间、空间和万物》，李泳译，60 页，长沙，湖南科学技术出版社，2018。

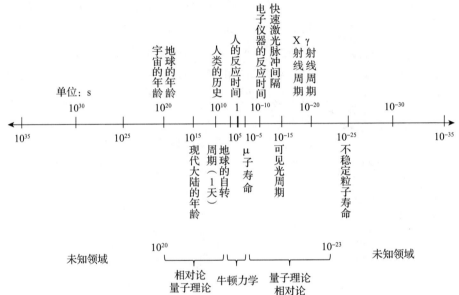

图 0-7 时间的尺度和大致对应的物理学理论[2]

2 同上，53 页。

如果我们把空间尺度和时间尺度叠加起来，把对应的能认识的时空区域和对应的物理学理论植入其中，就可以形成一个大致的示意图（见图 0-8）。可以看出，人类对物质世界的探索是不断前进的，曾经为人类文明做出贡献的牛顿力学所对应的空间和时间区域是非常有限的，目前我们人类已经进入以现代量子理论、广义相对论等为代表的时代，未来还可能进入新的未知领域产生新的理论。时代在不断进步，我们个人也应当跟上时代前进的步伐，了解一些关于量子理论、相对论的现代物理学知识，这样才能了解当下我们人类对于物质世界组成和运动的认知水平，才能更好地理解当下生产力的发展水平。如果还停留在过去的牛顿时代，对一个现代人而言，可能会因坐井观天而使自己的发展受限。

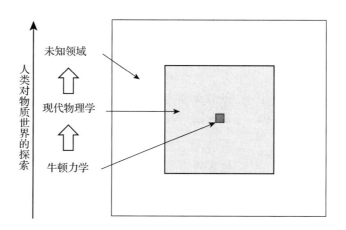

图 0-8 对应的时空区域和
对应的物理学理论

0.5
物理学与哲学

物理学和哲学的关系是一个复杂的话题，我们这里只从四个相对具体的方面加以说明。如图 0-9 所示，这四个方面是：①物理学和哲学因为物质世界这个共同的研究对象而最为接近，这是二者关系的基础；②近现代物理学和近现代哲学的关系显示了物理学和哲学理论的对应性；③就个体而言，物理学和哲学的互动关系集中体现在一个人的世界观与物理学的互动上；④在世界观的基础上，物理学与哲学的互动关系又具体体现在方法论与物理学的互动上。

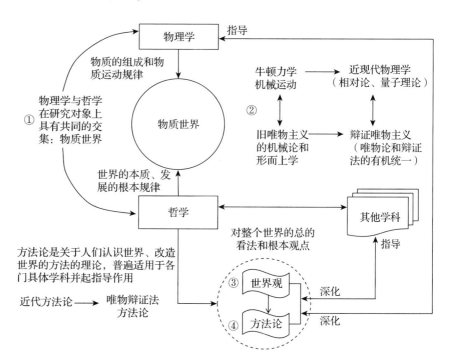

图 0-9 物理学和哲学
的关系

1 哲学的研究范畴更广泛，除物质世界外，哲学的研究范畴还有意识范畴。

2 吴翔，沈葹，陆瑞征等：《文明之源：物理学》，第2版，5页，上海，上海科学技术出版社，2010。

3 陈筠泉，殷登祥：《科技革命与当代社会》，31页，北京，人民出版社，2001。

4 赵光武：《现代科学的哲学探索》，8页，北京，北京大学出版社，1993。

首先，物理学和哲学在研究对象上具有共同的交集——物质世界[1]。这确立了物理学和哲学的紧密关系。有人说，一部物理学实际上就是一部自然哲学史。古代，无论是在中国还是在西方，科学和哲学本是一家子。文艺复兴以后，自然科学开始与哲学分离而成为独立的学科，物理学也逐渐成为自然学科中的一个重要分支[2]。但即使分开了，物理学和哲学的亲密的血缘关系并没有消失，只是二者对物质世界研究的角度不同，物理学侧重研究物质世界中物质的组成和运动规律，哲学侧重研究物质世界中世界的本质、发展的根本规律。而这两个角度又是紧密关联和互相支撑的。

因此，近代以来，物理学和哲学在演进发展上呈现出对应性。16—18世纪建立起来的以牛顿力学、机械运动为基础的经典物理学勾画了一幅世界的机械图景——世界万物都是由原子组成的，原子按牛顿力学规律在无限的绝对时间和绝对空间中作机械运动，于是产生一个合乎逻辑的结论，即整个自然只不过是一架巨大的机器[3]。对应在哲学上，就形成了具有机械性、形而上学性和不彻底性的近代的机械唯物主义[4]。机械唯物主义的局限性在很大程度上就来自当时的物理学——牛顿力学的局限性，由于不了解物质世界更复杂的运动形式，就把机械运动这种物质运动的最简单方式看作物质运动的一般方式，于是产生了机械性；过分强调把整体分解成部分来进行分析，甚至作为孤立的部分进行分析，而忽视了部分之间的相互联系及对合成整体的影响，于是产生了形而上学；认为时间、空间是绝对的，而不是相对的，最后只能归于绝对存在而走向客观唯心主义，即不彻底的唯物主义。

自然地，机械唯物主义也无法指导物理学和其他自然科学继续前进。于是从19世纪末开始，一批物理学家自觉或不自觉地突破机械唯物主义在思想上的限制，着手探索新的物理学理论。他们先是打破绝对时间、绝对空间的概念，在相对时间、相对空间的基础上，提出了狭义相对论；而后在物质粒子性和波动性辩证统一的基础上创立了近代量子理论，表明微观粒子遵循和宏观物体不同的物理学定律，有不同的运动方式。狭义相对论和近代量子理论都打破了机械论的藩篱。再后来他们通过研究时间、空间、质量、惯性、引力等看似相互孤立的基本物理量间的关系，创立了广义相对论，将看似没有联系的基本物理量有机地统一在一起，表明时间、空间、质量、惯性、引力等都源于物质，统一于物质，由此解释了时间和空间的真正来源，彻底否定了绝对时间、绝对空间的存在，否定了客观唯心主义，验证了辩证唯物主义的观点。现代粒子理论则指出，物质世界是由基本粒子构成的，这就为物质世界的统一性提供了微观支撑。因此，从一定角度看，与近现代物理学相对应的哲学思想应当是辩证唯物主义[1]。

需要说明的是，辩证唯物主义的提出早于相对论、近代量子理论。事实上，一些物理学家在创立相对论、近代量子理论的关键时刻不自觉地采用了唯物辩证法的思想和方法实现了理论的突破，这些将见于后续相关章节中。

就个体而言，哲学对一个人的影响集中体现在一个人的世界观和方法论上。正确的世界观和方法论可以指导我们在哲学外的其他学科上的学习和实践。了解物理学，特别是近现代物理学在帮助一个人形成正确的世界观和方法论方面具有十分重要的意义。

世界观是一个人对整个世界的总的看法和根本观点，主要包括唯物还是唯心，运动还是静止[2]，孤立还是联系等内容。如前所述，近现代物理学生动地说明了辩证唯物主义关于世界的唯物观、运动观、联系观。典型的支撑关系有：广义相对论和现代量子理论支撑了唯物观而非唯心观；狭义相对论、现代热力学支撑了运动观而非静止观[3]；广义相对论支撑了联系观而非孤立观。因此，了解近现代物理学可以帮助我们树立辩证唯物主义的世界观，也就是正确的世界观。

方法论是关于人们认识世界、改造世界的方法的理论。一般来说，有什么样的世界观就有什么样的方法论。例如，机械唯物主义世界观对应的方法论是典型的经验分析法，这种方法通过观察、分析、归纳、实验等手段，把相互联系的整体分成彼此孤立的部分，把连续发展的过程划分为彼此无关的阶段，对划分出的部分和阶段进行分门别类的研究[4]。这种方法论对机械时代是适用的，但却无法适应近现代物理学发展需要，非但不能起指导、促进作用，反而可能形成思想障碍。

近现代物理学和其他自然学科的发展促进了现代科学思维方法的发展。一般认为，现代科学思维方法包括控制方法、信息方法、系统方法、结构-功能方法、模型化方法、理想化方法等。现代科学思维方法背后实际体现的又是辩证思维方法和唯物辩证法的

1 一般说法是辩证唯物主义的自然观，但本书后面章节对相对论、量子理论、现代热力学等的哲学分析中直接采用的是辩证唯物主义的原理和方法，所有这里用了辩证唯物主义。

2 严格的说法是，运动和静止的关系，即运动是绝对的，还是静止是绝对的？

---

3 现代热力学理论使科学从静态存在研究向动态演化研究深化，认为不可逆过程是绝对的，可逆过程是相对的，非平衡状态是绝对的，平衡状态是相对的，事物总是从一个短暂的、相对的平衡状态走向一个新的不平衡状态，再进入一个短暂的、相对的平衡状态，而后再被新的不平衡状态打破，不断往复向前发展。

4 赵光武：《现代科学的哲学探索》，8页，北京，北京大学出版社，1993。

基本原理[1]。因此，与近现代物理学发展对应的方法论应该是唯物辩证法的方法论。了解近现代物理学知识可以使我们更加深刻地理解和掌握唯物辩证法的方法论，从而应用它们指导我们的学习和实践。

同时，明确近现代物理学发展和唯物辩证法的方法论的关系，在本书还有更加实际的意义，那就是利用唯物辩证法的方法论，助力我们翻越相对论和量子理论两座"山峰"，这也将在后面的章节中具体体现。

0.6 物理学与科学素养

如今对科学素养还没有形成统一的、被广泛认可的表述。但一个共识是：一个国家的国民的科学素养关乎这个国家的综合国力。有学者认为，个人的科学素养应由四个方面组成，即科学知识、科学精神、科学思想和科学方法[2]。我们认为该观点是合理的，如图0-10所示，我们给出一个简单的示意图。科学是探索物质世界的学问，物理学作为最接近物质世界底层的基础性学科，自然也就处于代表科学素养的显著的位置。科学素养是创新和创造的沃土。因此，学习物理学并培养必要的科学素养对一个人是有意义的，对一个国家也是有意义的。这里先不作展开，我们将把物理学与科学素养的关系的内容放在后面物理学每一部分的介绍中。

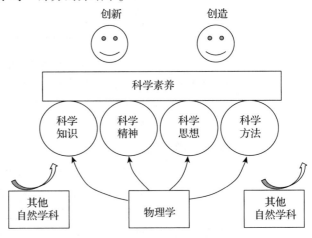

图0-10　物理学与科学素养的关系

1　辩证思维方法主要有归纳与演绎、分析与综合、抽象与具体、逻辑与历史相统一等。唯物辩证法的基本原理主要有对立统一原理、否定之否定原理、量变质变原理等。辩证思维方法和唯物辩证法的基本原理也可以直接应用于物理学研究的实践。比如本书在后面会介绍爱因斯坦如何利用归纳与演绎的辩证思维方法突破相对论的关键环节，如何用对立统一原理理解波粒二象性，如何用否定之否定原理、量变质变原理理解现代热力学原理等。

2　苏恺之：《创新能力与科技素养漫谈》，前言3页，北京，群言出版社，2008。

0.7
开启物理学这扇窗

物理学在知识结构上能帮助我们加快探索物质世界的步伐，了解同时代影响生产力水平的革命性技术；物理学也可以帮助我们树立正确的世界观和方法论，是我们学习、工作和实践的"指南针"和"助推器"；不仅如此，物理学还可以使我们获得神奇的未知物质世界带来的愉悦，保持一颗好奇之心。

开启物理学这扇窗，它能保证我们始终与时代同步，始终站在人类具有的对物质世界最新认知的台阶上，它会不断地让我们体会到物质世界的神奇、未知世界的神奇。

下面就让我们开启物理学这扇创造无数人类文明成果、充满人类对物质世界的梦想与探索的窗户吧！

第 1 章　牛顿力学

1.1
物理学的基石 ——牛顿力学

一般认为，牛顿力学是经典力学的一部分。经典力学是 20 世纪之前的力学，以 1632 年伽利略出版《关于托勒密和哥白尼两大世界体系的对话》为开端，在 200 多年的历史中，经典力学的发展大致分为两个大的阶段。第一阶段是以自由质点机械运动为对象的牛顿力学，提出了力学的基本概念、基本定律等，创立了科学的物理学研究的思想和方法论，为后续力学的发展打下了坚实的基础。第二阶段是从 18 世纪起，解决了第一次工业革命中所碰到的实际力学问题，依靠数学的发展成果创立了处理多质点、多约束问题的分析力学。分析力学的出现主要是为了解决以自由质点为对象的牛顿力学不能解决的力学问题。本书重点介绍的是第一阶段的牛顿力学。

牛顿力学是几代物理巨匠历经百年的探索、总结、不断完善而形成的第一个科学的物理学理论。由图 1 - 1 我们既能方便地了解牛顿力学的核心内容，又能了解牛顿力学对外的关联，即我们可以在物理学理论整体体系中、在与物理学其他理论的联系中更好地认识牛顿力学，这样也方便我们在了解牛顿力学内容后，从牛顿力学出发向其他物理学理论挺进。

牛顿力学的核心内容包括图 1 - 1 中中心框内的内容。根据牛顿力学的发展过程，又可以将其大致划分为既相对独立又相互联系的三个部分。①左侧一列，主要是由伽利略做出的贡献，包括落体定律、惯性概念、相对性原理以及理想实验方法等。伽利略提出的这些概念、定律为牛顿力学的创立，乃至后续相对论的突破提供了重要的思想指导。②中间和右侧大部分，主要由牛顿在总结前人成果的基础上完成，包括关于运动的有关定义（时间、空间、动量等）、牛顿力学的主要定律（第一定律、第二定律、第三定律和万有引力定律）、圆周运动等，这部分构成了牛顿力学的主要体系框架和内容。③其他重要部分，如功、动能、能量守恒定律、动量守恒定律，以及简谐运动和机械波等，由其他物理学家完善而成，也是牛顿力学内容的重要内容。以上三部分构成了牛顿力学的有机整体。

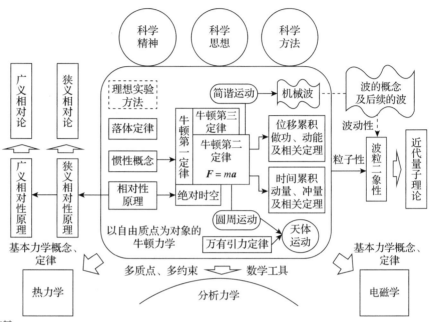

图1-1 牛顿力学及其与其他物理学理论的关系图示

作为第一个物理学理论，牛顿力学是物理学的基石，为整个物理学的发展打下了基础。从认识论的角度看，相比于后来的相对论和量子理论，牛顿力学反映的是特殊性规律，但由于人们的认识往往是从特殊到一般，因此牛顿力学成为后续其他物理学理论（如电磁学、热力学、量子理论、相对论等）在认识上的基础。如图1-1中两侧所示，牛顿力学为电磁学、热力学等经典物理学理论的研究、创立提供了基本的力学概念、力学定律、力学定理等支撑；从牛顿力学出发，通过对相对性原理的不断扩展，带动了牛顿力学到狭义相对论，再到广义相对论的不断发展。甚至从牛顿第二定律出发，人们通过对弹簧振子的研究，认识了简谐振动，在简谐振动的基础上又认识了机械波，而机械波为人们初步获取波的概念及认识后续的波提供了帮助，这间接地为后面波粒二象性的讨论、近代量子理论的创立提供了一些支持。另外，18世纪以后，借助数学工具，针对多质点、多约束等现实和理论问题，在牛顿力学基础上发展起来的分析力学不仅解决了力学在工程上的应用问题，而且其核心思想和方程还为后续量子理论、相对论的发展提供了理论上的支持。

同时，牛顿力学是人类历史上形成的第一个科学理论，它是近现代科学精神、科学思想、科学方法的创立者和奠基者。在牛顿力学的创立和完善过程中所体现的实事求是、崇尚理性、敢于怀疑、严谨论证的科学精神是留给后人的宝贵财富。牛顿力学开创了现代科学理论体系的思想方法，成为后续创立自然科学理论的范式。在科学方法方面，牛顿力学形成的一系列行之有效的科学研究方法沿用至今。甚至可以说，现代一项重要的技术手段——建模和模拟的思想发端于伽利略创立的理想实验思想。不仅如此，伽利略发展的物理学原理还在支持日心说、在中世纪神学束缚下推动人性的解放方面发挥了积极作用。牛顿创立的牛顿力学在 17—18 世纪的思想启蒙运动中也发挥了积极作用。

牛顿力学在物理学理论中的基础性作用是非常突出的。尽管物理学理论后来发展出了近现代的相对论、量子理论，使得人们对牛顿力学的局限性有了清晰的认知，例如绝对时间、绝对空间的假设条件等。但从认识论的角度看，我们认为相对论、量子理论的发展代表的并不是牛顿力学大厦的轰然倒塌，而是人们对物理学规律认识过程的向前迈进，即牛顿力学从原来认为的"一般性"规律变为"特殊性"规律，牛顿力学在宏观低速的条件下仍然成立，仍然发挥巨大的作用。

基于以上内容的考虑，我们在介绍牛顿力学时，首先把牛顿力学的基本概念、基本假设、基本原理构成完整的体系，并且把重要的概念和原理延续到整个物理学理论的大体系中，这样既利于看清牛顿力学的位置、适用条件和局限性，又利于从牛顿力学自然延伸到相对论、量子理论等近现代物理学理论。我们分析了为什么牛顿力学是科学上的牛顿革命，从而对牛顿力学的创立在近现代科学发展中的开创性地位和作用有更深的理解。我们还对伽利略、牛顿等科学巨匠所开创的科学精神、科学思想、科学方法进行了分析，并简要分析了牛顿力学在哲学方面的作用。鉴于牛顿力学和数学间极其密切的关系，还讨论了牛顿力学与欧几里得几何、牛顿力学与矢量（代数）、牛顿力学与微积分之间的关系。随后简要介绍了牛顿力学向分析力学的后续发展。最后介绍了牛顿力学和人文思想进步在 17—18 世纪互相交汇、互相促进的历程。

1.2
伽利略的贡献

站在现代的角度看，伽利略不仅为牛顿力学的创立创造了条件，而且做出一些特别的贡献：伽利略的斜板实验开创了实验和科学推理相结合的先河；伽利略提出的惯性概念扭转了自亚里士多德以来，被扭曲了上千年的力和运动的关系；伽利略提出的相对性原理为后来狭义相对论和广义相对论的创立提供了线索和思路；伽利略创立的理想实验思想成为现代建模和模拟技术的思想源头；伽利略的研究多是围绕日心说展开，其成果有力支撑了日心说，促进了人类思想的解放。

1.2.1 开实验和科学推理相结合之先河——斜板实验及落体定律

有学者认为，在近代科学的开创者行列中，伽利略最为突出。基于实验或观测，以探究事物之间的数学关系为目标，伽利略将实验与数学相结合，创造并示范了新的科学实验传统。正是伽利略的工作将近代物理学乃至近代科学引上了历史的舞台[1]。伽利略说："科学的真理，不应该在古代圣人的蒙着灰尘的书上去找，而应该在实验中和以实验为基础的理论中去找。真正的哲学，是写在那本经常在我们眼前打开着的最伟大的书里面的，这本书就是宇宙，就是自然界本身，人们必须读它。"伽利略不仅这样说，而且成为该思想的实践者和开拓者。

伽利略进行的斜板实验及从中发现的落体定律，开创了实验和科学推理相结合的先河，成为一个重要而典型的案例。

1 吴国盛：《科学的历程》，第2版，197页，北京，北京大学出版社，2002。

实验过程

伽利略的斜板实验在现在看来十分简单："取一块长约12库比特，宽约半库比特，厚3指的木板，在上面刻一条一指多一点宽的直而光滑的槽，槽内用羊皮纸贴衬，也尽可能弄得光滑。再准备一个硬的、光滑而且非常圆的黄铜球，将木板的一端抬起1或2库比特，使之倾斜，然后使黄铜球沿整个长槽下滚，同时测出下滚的时间。"

在当时，该实验的困难主要在于计时，伽利略巧妙地用了一台简陋的"水钟"，它犹如我国古代计时用的铜壶滴漏。他写道："为了测定时间，我用了一个大的水桶，并把它架在高处。在桶底安一个小管使有一细小水流从中流出。在每次黄铜球滚下的时间内都用一个小杯子接下流出的水。然后用一个非常精确的秤称出杯内水的质量，各次水的质量的差别或倍数就给出了各次黄铜球滚下所用时间的差别或倍数。"

　　经过反复的测量，伽利略首先发现，黄铜球滚过全程的1/4所用的时间正好是滚过全程所用时间的一半，最后精确地得到，在斜面上下落物体的下落距离同所用时间的平方成正比，这就是著名的落体定律。

数学描述

　　落体定律规范的表述是：从静止状态以匀加速运动下落的物体所行经的空间距离与行经这一距离所用的时间的平方成正比。

　　用数学描述就是

$$\frac{S_2}{S_1} = \frac{t_2^2}{t_1^2}$$

　　由斜板实验到落体定律的过程，我们大致可以得到伽利略所开创的新的科学方法的三个重要标志[1]。

　　（1）物理规律的得出更多地依赖物理实验。

　　（2）更多地使用仪器进行物理测量，根据测量所得到的数据总结物理规律。

　　（3）物理规律通常需要用数学方程进行精准的描述，从而使数学演绎成为物理学中不可缺少的手段。

　　这里伽利略的最大贡献在于强调了实验和观测的重要性，强调了基于实验和观测寻找物理规律并用数学来表达的方法。因为在这之前，人们对自然科学的研究方法局限于观察、思考和空洞的辩论，很少有人有目的地进行实验，伽利略开创了实验和科学推理相结合的先河。爱因斯坦对此给予了高度评价："伽利略的发现以及他所用的科学推理方法，是人类思想史上最伟大的成就之一，而且标志着物理学的真正开端。"

1.2.2　现代建模和模拟技术的思想发端——理想实验方法

　　物理实验是使自然界中的现象，甚至是难以观察到的现象，在人为的、特定的条件下不断地重复出现的过程。前面的斜板实验就属于这样的实验。在物理实验的基础上，伽利略进一步实践了现在被称为"理想实验"的概念。理想实验又叫作假想实验、抽象的实验或思想上的实验，它是人们在思想中塑造的理想过程，是一种逻辑推理的思维过程和理论研究的重要方法。它是由伽利略创造并

1　陈时：《物理学漫谈：物理爱好者与教授的对话》，7页，北京，北京师范大学出版社，2012。

使用的。

图 1 - 2 是伽利略根据斜板实验设计的一个理想实验。在无摩擦的斜面的某一高度释放一个小球，它必然会滚到对面斜面的同一高度处（图 1 - 2（a））；如果对面斜面的倾角越小，球就会滚得越远（图 1 - 2（b））；若将对面的斜面改为水平面，小球则会以滚到水平面时的速率沿直线永远地运动下去（图 1 - 2（c））。由此，伽利略发现并提出了惯性定律。

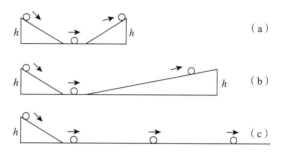

图 1 - 2　伽利略的斜板理想实验

可见，理想实验是以实践为基础的。所谓的理想实验，就是在真实的科学实验的基础上，抓住主要矛盾，忽略次要矛盾，对实际过程做出更深入的抽象分析。作为一种抽象思维的方法，理想实验是人们在抽象思维中设想出来而实际上无法做到的实验，可以进一步揭示出客观现象和本质之间内在的逻辑联系，并由此得出重要的结论。因此，它成为自然科学理论研究中一种主要的手段。当然，由理想实验所得出的任何推论，都必须由观察或实验的结果来检验。

理想实验可以充分发挥理论的逻辑推演能力，有助于检验理论内部在逻辑上的自洽性，即检验理论体系内是否自相矛盾。例如，伽利略在推翻亚里士多德"重的物体比轻的物体下落得快"的观点时，就采用了一个理想实验：把重的物体和轻的物体绑在一块下落。总体来看，两个物体绑在一起变得更重了，下落速度应该比单独一个重的物体下落的速度快；分开来看，轻的物体会拖累重的物体的下落速度，合起来的下落速度应介于轻的物体和重的物体的单独下落速度之间。由此产生了矛盾，说明亚里士多德"重的物体比轻的物体下落得快"的理论是自相矛盾或者不自洽的，也就说明这个理论存在问题[1]。

到了近现代，理想实验这种思想实验方法进一步发展，演变为经过理想化而形成的概念，可用数学模型表达出来，然后运用数学模型求解而得到实验结果。通过理想化，把次要因素暂时撇

1　胡守钧：《文明之双翼：关于科学精神与人文精神的对话》，75 页，上海，复旦大学出版社，2011。

开不考虑，只探讨主要因素的作用与影响。特别是在现代条件下，理想实验不需要真实环境下的物质、技术和设备，采用数学建模、计算机模拟的方式，可以超越时间和空间的局限，使一些实际上不能完全实现或实现非常困难的实验得以进行。从这个角度上说，伽利略提出的理想实验方法是现代建模和模拟技术的思想发端。

1.2.3 纠正被"扭曲千年"的力与运动的传统观念，提出惯性概念

如上所述，伽利略通过斜板理想实验发现，光滑无摩擦的水平面上直线向前滚动的光滑粒子具有保持自己原有速度的特性，并把这种特性称为物体的惯性。

关于伽利略发现惯性概念，还有以下经过推理得到的说法：坚固、光滑的球体在绝对坚固、光滑的平面上运动，如果球体轨道上所通过的平面向上翘，则球体将损失速度；如果平面向下倾斜，则速度会增加。那么，如果平面不上翘也不下斜，则球体应该按不变速度继续运动。

这样就推翻了亚里士多德上千年来的观念，建立了新的观念：维持物体运动的不是力，而是物体自身的特性——惯性。静止或保持匀速运动的系统称为惯性系统。

惯性概念内容简单，但其意义是十分巨大的。它纠正了被亚里士多德观点所扭曲的力与运动的关系问题，为牛顿进一步明确力与运动的关系、形成牛顿第一定律打下良好基础。

除此之外，惯性概念在当时或许还有一个哲学上的意义。其实，最早提出惯性思想的不是伽利略，古希腊的德谟克利特（Democritus，约公元前460—前370年）和伊壁鸠鲁（Epicurus，公元前341—前270年）都有这样的猜想。牛顿曾经就这一猜想写道："所有那些古人都知道第一定律（即惯性定律），他们归之于原子在虚空中作直线运动，因为没有阻力，运动极快而永恒。"然而，这一正确思想却被亚里士多德搞乱了。如果我们用现在的哲学方法去认识以上两种观点的不同，就可以清晰地看出二者的根本性区别以及为什么亚里士多德的观点成为那个时代占统治地位的观点。惯性概念认为物体的惯性是维持物体运动状态不变的原因，物体的惯性是物体的自然属性，因此强调的是内因是事物发展变化的依据和关键。亚里士多德的观点却认为力是维持物体运动状态不变

的原因，更多强调的是外因（外力）是事物发展变化的依据和关键。在中世纪的欧洲，宗教占据绝对统治地位，外因（外力）被赋予神灵的力量，反映在对应的世界观上就是人们应该服从神灵力量的安排，接受自己阶层的地位，忘记自身，安分守己。显然这种观点适合中世纪欧洲宗教的统治需要，因此被确立为占统治地位的观点。同时，该观点也贴近人们所观察到的一些运动的表面现象，所以千百年来为人们所接受。而惯性概念在世界观上体现的是个体自身属性是事物发展变化的依据和关键，从根本上否定神灵的决定性力量，强调事物自身的因素，强调个体和人的发展，也是符合当时社会发展潮流的。

另外，还需要说明的是，在后续和地心说论战时，伽利略把天体间所作的圆周运动（如地球围绕太阳的运动等）看作匀速运动，把太阳和地球构成的系统看作惯性系，其逻辑或许是把太阳和地球间当作不受力处理而做出的假设[1]，从后来的牛顿力学的角度看这个假设不成立（因为有万有引力）。但如果按照再后来的广义相对论，把太阳对地球的引力作用看作太阳在其周围形成的时空弯曲影响的时候，伽利略的这个假设又是正确的，这个问题我们在广义相对论章节再具体解释。

1.2.4　贯穿牛顿力学、狭义相对论、广义相对性的相对性原理

人类很早就认识到运动的相对性问题。比如，我国西汉时代《尚书纬·考灵曜》就有："地恒动不止而人不知，譬如人在大舟中，闭牖而坐，舟行而不觉也。"

无独有偶，伽利略也是以行船的环境给出了运动相对性的描述。当然，伽利略的描述要严谨多了。如图 1-3 所示，他首先假定船在水面以匀速直线运动的方式行驶，如果选地球为惯性系，船就是一个相对惯性系作匀速直线运动的参照系。在船上一切都处于这个参照系中，都叠加了一个和船一样的运动速度，于是鱼缸正上方的滴漏就不会因为船的运动而使滴下的水珠偏离鱼缸；一个人在不同方向上跳跃的距离也不会因为船的运动和他在陆地上的跳跃距离有什么差别；在船上抛球的两个人抛球的情况不会因为船的运动和他们在陆地上的抛球有什么差别。

由此，伽利略总结为：一个对于惯性系作匀速直线运动的其他参照系，其内部所发生的一切力学过程都不受系统作为整体的匀速直线运动的影响。于是产生了以下两个推论。①在一个惯性系中，

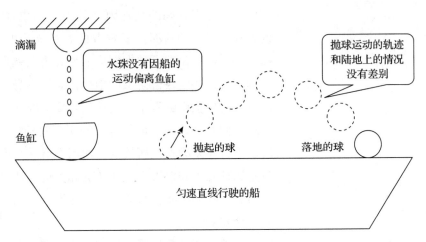

图1-3 伽利略对匀速直线
运动船舱内相对运动的图示

无法通过内部所发生的力学过程来判断该惯性系是处于静止的还是
作匀速直线运动的。这个观点成为伽利略把相对性原理用于反击地
心说的一个支柱，具体应用我们在下一节展开。②相对于一个惯性
系作匀速直线运动的一切参考系都是惯性系。因而对于力学规律来
说，一切惯性系都是等价的，一切力学定律在不同惯性参考系中具
有相同的形式，这一力学的基本原理后来被称为"伽利略相对性原
理"。后来，该定律被用于牛顿力学，就有了力学相对性原理或牛
顿相对性原理：对于任何惯性参考系，牛顿定律都是成立的。即对
于不同的惯性系，力学的基本定律——牛顿定律，其形式都是一样
的。伽利略相对性原理（或牛顿相对性原理）成为后续爱因斯坦
开拓相对论的重要路径。

　　不仅如此，伽利略还提出了不同惯性参考系下的变换关系，并
以数学的方式描述了这种变换关系，该变换关系被称为伽利略变换。

　　如图1-4所示，设有两个参考系 S 和 S'，它们的坐标轴都相
互平行，S'相对于 S 在 x 轴方向上作匀速直线运动，在两坐标原点
重合的初始时刻开始计时，质点 P 是空间中静止的一个质点。

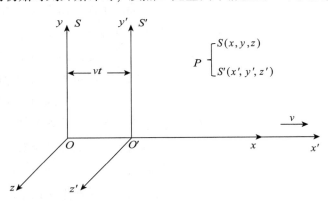

图1-4 伽利略变换图示

在 t 时刻时，S' 相对于 S 在 x 轴方向上向右移动了 vt 的距离。设质点 P 在参考系 S 和 S' 中的坐标分别是 (x, y, z) 和 (x', y', z')，于是它们之间将满足以下关系：

$$\begin{cases} x' = x - vt \\ y' = y \\ z' = z \\ t' = t \end{cases}$$

以上这组变换称为伽利略变换。

站在现代大的格局下看，伽利略变换反映的是为保持力学规律不变，不同参考系间的时间和空间需要满足的关系。当然我们可以以后来者的眼光，总结出伽利略相对性原理及伽利略变换所隐含的一些假设：

（1）满足的规律是力学规律；

（2）空间是欧几里得空间，即三个坐标轴分别独立且不可伸缩，即所谓的刚性空间，伽利略变换实际上是欧几里得坐标系下的一种平移变换；

（3）时间是绝对时间；

（4）时间和空间相互独立。

应该说，伽利略相对性原理及伽利略变换已经开始触及物理学的一个基本问题，即时间、空间和运动规律的关系问题。在一定程度上，正是围绕相对性这个基本问题不断探索，后续才有了狭义相对论和广义相对论，这里我们简要介绍一下其中演进发展的基本脉络[1]。

如图 1 - 5 所示，在一定程度上，相对性原理演进推动了物理学理论从牛顿力学到狭义相对论，再到广义相对论的演进。

伽利略变换对牛顿定律成立，即可以保持牛顿定律的不变性。但随着电磁场理论和光速不变原理这些物理学定律的出现，人们发现伽利略变换对电磁场理论和光速不变原理就不成立了，即不能保持这些物理学定律的不变性。而爱因斯坦认为，相对性原理不应仅仅满足力学定律对所有惯性系的等效（又称所有惯性系平权），而应满足所有物理学定律对所有惯性系的等效，特别是光速不变原理对所有惯性系的等效，这就是狭义相对性原理。在此基础上，人们导出了洛伦兹变换，并发现随着运动速度的改变，物体的长度是可伸缩的，时间是可伸缩的，质量也是变化的，时间和空间不再是相对独立的。进而爱因斯坦又想，物理学定律是客观的东西，因此不

1　伽利略相对性原理与相对论的关系这部分内容也可以先跳过，后续再看。这里讨论一下，主要是希望读者能从物理学发展的全局上理解伽利略相对性原理的意义，其实这部分内容也会加深读者对物理学整体演进方向的理解。

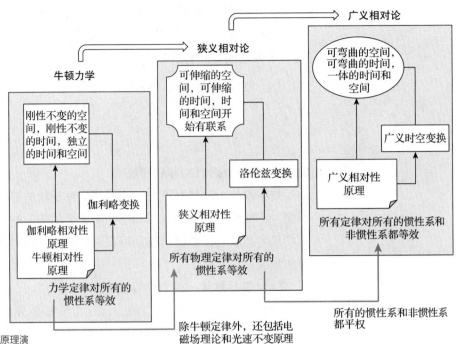

图1-5　相对性原理演进与物理学理论演进

仅对所有惯性系等效，对非惯性系也应当等效，即所有惯性系和非惯性系都应当平权，于是就提出了广义相对性原理，寻求满足所有物理学定律（特别是光速不变原理）对所有的惯性系和非惯性系都等效的变换，后来就产生了广义时空变换，这里质量的存在可以产生弯曲的时间和弯曲的空间，而且时间和空间是相互联系的整体。可以说，理解了相对性原理演进的逻辑也就理解了物理学理论从牛顿力学到狭义相对论，再到广义相对论的演进的直接逻辑。从这个意义上讲，伽利略相对性原理是更为普遍的爱因斯坦相对性原理的一个特例，它反映了人们在认识时间、空间和物质运动性质上的一个阶段，具有里程碑意义[1]。

如果从与人文思想的对比看，相对论原理所代表的不就是一种平等的思想吗？在物理学规律面前，所有的惯性系、所有的非惯性系都是平等的，没有哪一个惯性系或非惯性系特殊。这和人文精神中的"人人生而平等，享有同等的，不可被剥夺、不可被转让的权利"何曾相似。

1.2.5　支持哥白尼日心说，推动人类文明的进步

如果我们简单回顾伽利略所处的背景、研究的历程和取得的成果，我们就能发现它们之间存在内在的关联性，那就是围绕并支持

1　[意] 伽利略：《关于两门新科学的对话》，5页，北京，高等教育出版社，2016。

哥白尼日心说。

日心学说（或者称地动学说）现在是一个连小学生都懂得的真理，但在 16—17 世纪自然科学摆脱神学统治的斗争中，日心学说是科学反叛基督教神学的旗帜。

如图 1-6 所示，伽利略所处的时代基本还是基督教神学占据统治地位的时期。一方面，基督教神学鼓励科学家用科学去论证上帝的存在及伟大；另一方面，基督教神学规定，科学必须服从神学，凡是与《圣经》和教会推崇的学说（如亚里士多德的学说、托勒密（Ptolemaeus）的地心说、盖伦（Claudius Galenus）的医学等）相悖的观点都被斥为异端邪说。在物理学领域，亚里士多德认为外力是保持物体运动的原因。在宇宙认识方面，基督教神学则认为人是上帝根据自己形象创造的，而且日月星辰又是上帝为了人而创造的，因此人居住的地方应在宇宙的中心，就形成了"地球在宇宙的中心，上有天堂，下有地狱"的构想，这正是中世纪末日审判的画面[1]。

1 陈筼泉，殷登祥：《科技革命与当代社会》，24 页，北京，人民出版社，2001。

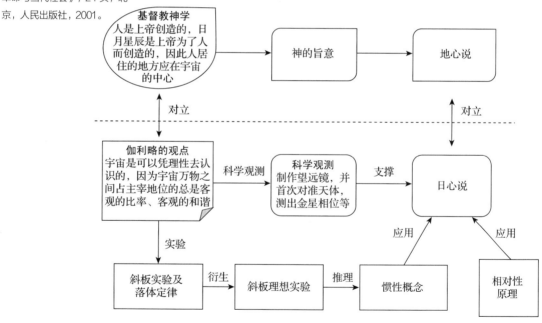

图 1-6 伽利略所处的时代背景和主要成果

2 ［俄］鲍·格·库兹涅佐夫：《伽利略传》，陈太先，马世元译，111 页，北京，商务印书馆，2001。

把世界作为客观范畴和主观感觉清楚地区别开来，这是伽利略的思想。这种原始的区别不仅指导伽利略的理论工作，而且指导他的实践活动。他深信，宇宙是可以凭理性去认识的。伽利略凭经验养成的思维敏锐性帮他发现一些可以用来检查实验结果的现象，从而证实宇宙一片和谐的客观性质。这种和谐景象表现为不断运动的几何学的和动力学的和谐[2]。于是，伽利略的工作主要由两条轴线构成，一条轴线是为研究物体的运动设计和开展斜板实验得到落体定律，在斜板实验的基础上进行理想实验推理出惯性概念，同时发现了相对性原理；另一条轴线是制作了望远镜，并首次将望远镜对准天体，测出金星的相位，观察到木星的卫星、土星的环和太阳黑斑，其中金星的相位、木星的卫星是有利于太阳中心说的不容争辩的论据。于是，伽利略研究的两条轴线不可避免地在支持哥白尼日心说与教会地心说的抗争中汇集在了一起，形成科学史上第一次把科学观测、实验和推理有机结合的应用实践，也为后续牛顿建立牛顿力学理论体系开辟了道路。

伽利略利用自己的天文学观察以及物理学的研究成果支持和宣传哥白尼学说，写成著名的《关于托勒密和哥白尼两大世界体系的对话》（以下简称《对话》）。

下面，我们不妨站在一个现代人的角度，结合《对话》梳理一下伽利略是如何利用他在力学领域的研究成果以及天文观察成果来驳斥地心说的观点、支持日心学的主张的。

如图 1-7 所示，围绕"是地球在运动，还是除地球外的整个宇宙在运动"的问题，在 16—17 世纪形成了两种观点：一个是基督教极力维护的地心说，即地球不动，除地球外的整个宇宙围绕地球运动；另一个是以哥白尼（Nicolaus Copernicus）为代表的日心说，即不是地球静止，而是地球绕太阳运动。伽利略力学领域的研究成果以及天文观察成果，对哥白尼学说起到了重要的补充作用，哥白尼体系的胜利与伽利略的研究成果是分不开的。

亚里士多德认为地球静止的主要理由有两个。①不论地球是位于中心自转，或不位于中心沿圆周运动，地球的这种运动都必须是由外力推动的，因为这种运动不是地球的天然运动。②重物自上而下落下时，垂直于地面；垂直上抛的物体即使被抛得很高，仍沿同一直线落下。这些证据必然证明，物体向地球中心运动，而地球却完全不动地等待和接纳这些物体[1]。为此，伽利略分别利用其发现的力学成果——惯性概念和相对性原理对这两个观点进行了批驳。

伽利略认为，其一，地球绕太阳作圆周运动是惯性运动，不需要外力，如前所述，这个观点按照经典力学是不成立的，但如果按照广义相对论又是成立的[2]；其二，由于物体和地球在一个惯性系统内，按照相对性原理，利用物体和地球的内部运动来证明地球是静止是不成立的。伽利略的两个力学成果成为批驳地心说核心支撑论点的强有力武器。

1　[意] 伽利略：《关于两门新科学的对话》，88 页，北京，高等教育出版社，2016。

2　这里先不展开，具体参考广义相对论章节（3.3 节）。

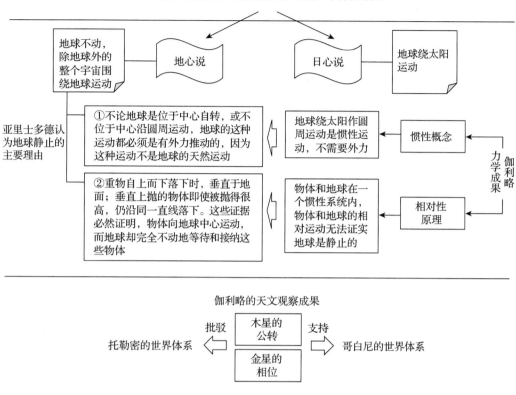

图 1-7　伽利略对日心说的
主要贡献

另一方面，伽利略在天文学上的观察成果，特别是木星的公转、金星的相位也说明地球和其他行星围绕太阳在公转。

关于日心说和地心说，伽利略在《对话》中有一段精彩的描述："我会觉得，如果有人认为，为了使地球保持静止状态，整个宇宙应当转动，是不合理的；试想有一个人爬上你府上大厦的穹顶想要看一下全城和周围的景色，但是连转动一下自己的头都嫌麻烦，而要求整个城郊绕着他旋转一样；这两者比较起来，前者还要不近情理得多。"[1]

1　[意] 伽利略：《关于两门新
科学的对话》，82 页，北京，
高等教育出版社，2016。

1.2.6　来到动力学的门前，为牛顿铺平道路

在物理学中，一般把不包含力的运动理论称作运动学理论，把包含力的运动理论称作动力学理论。动力学的现代意义不仅仅要描述运动，而且还要研究物体受到相互作用时的运动变化。

在伽利略的力学中没有力和能这类概念。比如，在陈述惯性定律的时候没有采用"物体不受外力作用时具有保持自己原有速度的特性"这样更严谨的说法，而是采用类似于"光滑无摩擦的水

平面上直线向前滚动的光滑粒子具有保持自己原有速度的特性"这样描述性的语言；没有把匀加速运动称作"在重力作用下的加速运动"，而仅仅说是"在自然界中发现的加速运动"。

伽利略小心翼翼地尽量避免讨论加速的原因，他在书中明确宣称"现在看来还不是研究自然运动加速原因的合适时机……当前本书作者的目的，仅在于研究和证实加速运动的某些性质（而不管这一加速度的原因是什么）"[1]。

我们无法推断伽利略回避研究自然运动加速原因的背后的原因，但可以肯定他已来到动力学的大门前，尽管没有进一步推开，但在很大程度上铺平了前往动力学的道路。而动力学这扇大门终由牛顿所推开。

1　[意] 伽利略：《关于两门新科学的对话》，12 页，北京，高等教育出版社，2016。

1.3　科学上的牛顿革命

无人怀疑，牛顿是人类历史上最伟大的天才之一。在数学上，他发明了微积分，并将微积分应用于物理，实现了数学与物理学的完美结合和互相促进。在力学系统中，他定义了物质的量（质量）、运动的量（动量）、惯性、外力等基本力学概念，总结了三大运动定律，创造了完整的牛顿力学体系；他发现了万有引力定律，开辟了天文学的新纪元。在光学中，他发现了太阳光的光谱，发明了反射式望远镜。

核心要义

和这些成就一样伟大的，还有牛顿所开创的自然科学研究的新纪元，美国学者科恩（I. B. Cohen）称牛顿创造了科学上的牛顿革命。我们认为，科学上的牛顿革命有以下几方面的表现：①摒弃从假说出发，强调从实验和观察出发，强调归纳；②把数学分析方法引进到对自然界的研究中；③用演绎化思想构建科学理论。

1.3.1　摒弃从假说出发，强调从实验和观察出发，强调归纳

在一定程度上，牛顿继承和发展了伽利略所倡导的从实验出发的思想，使这种思想更加清晰、完善。牛顿曾说："在自然哲学中，应该像在数学中一样，在研究困难的事物时，总是应当先用分析的方法，然后采用综合的方法。这种分析方法包括做实验和观察，通过归纳方法从中得出一般结论……因为在实验哲学中是不应该考虑什么假说的。虽然用归纳法从实验和观察中进行论证不能算是普遍的结论，但它是事物的本性所许可的最好的论证方法。"[2]

2　[美] I. B. 科恩：《牛顿革命》，颜峰，弓鸿午，欧阳光明译，13 页，南昌，江西教育出版社，1999。

牛顿在归纳形成第二定律时就是以伽利略提供的宝贵数据为基础。在发现万有引力时，也是从观察到的现象入手比对"地上的

力"和"天上的力"，并且以开普勒（Johannes Kepler）的实验定律作检验。

按照牛顿所提供的方法，首先通过"分析"揭示某些简单的由归纳总结出来的结果，从结果中寻求原因，再由特殊原因寻求普遍原因；然后以这些可被看作原理的原因为基础，通过"综合"来解释实验和观察中的现象，这些现象起源于哪些原因，或由哪些原因推演而来，最后"证明这些解释"[1]。

强调从实验和观察出发，重视实验和事实的作用成为后续自然科学研究的基本原则。

1.3.2　把数学分析方法引进到对自然界的研究中

如果说伽利略开始将数学用于物理定律的描述的话，牛顿的一项杰出成就在于显示了怎样用一种卓有成效的崭新方式，把数学分析方法引进到对自然界的研究中，从而揭示了"自然哲学的数学原理"。这种风格使牛顿能够以精准的科学来处理问题，如同作纯数学的演算；也使他能够以一种卓有成效的方式把实验和观察与数学联系起来[2]。牛顿综合运用了数学中的几何、代数、比例、极限等理论，甚至还发明了新数学流数（即微积分）、无穷级数的数学理论，向人们展示了把数学应用于自然界的有效方式，特别是微积分思想的应用在其关键性理论发现中发挥了重要作用。因此，有人说，牛顿之所以成为人类历史上最伟大的科学家之一，是因为牛顿一手拿着牛顿力学，一手拿着微积分。关于牛顿力学中数学工具的应用，我们在 1.6 节有具体描述。

1.3.3　用演绎化思想构建科学理论

在牛顿之前，无论力学、天文学还是物理学方面的著作，大多属于经验知识的记述，没有严密的逻辑结构。无论是亚里士多德的《物理学》，哥白尼的《天体运行论》，还是伽利略的《关于托勒密和哥白尼两大世界体系的对话》等名著，都是如此。从方法论上说，在牛顿之前基本上都是归纳法占统治地位。归纳法很重要，但对科学理论而言还远远不够，除了归纳，还要有演绎。因为按近现代科学观点，单纯现象的罗列和经验定律的堆积，还不能成为科学，更不能成为具有清晰逻辑结构的体系化的科学理论。科学理论通常应该由基本概念、基本假设（原理或定律）、逻辑演绎系统以及由逻辑推理得到的一系列结论（定理及推论等）等几部分构成。

1　[美] I. B. 科恩：《牛顿革命》，颜峰，弓鸿午，欧阳光明译，14 页，南昌，江西教育出版社，1999。

2　同上，17 页。

其中，基本概念和基本假设，一方面由科学家从庞杂的经验事件中抽取具有普遍特性的成果来构建，另一方面需要科学家发挥高度的创造力，从逻辑结构的需要出发大胆提出新的假设来构建。逻辑演绎系统是指由逻辑基础出发，利用逻辑法或数学运算有序地、体系化地推理导出一系列结论的过程。由以上部分构成一个相对完整的理论体系，这个理论体系必须经过实践检验，即看由它推出的一系列具体结论是否与实验事实相符。当由理论导出的结果被实验事实肯定时，理论的真理性方始成立；若不相符，就必须修改理论体系的逻辑基础，直到理论体系的各种具体结论完全与实验事实相符为止。

牛顿的《自然哲学的数学原理》（以下简称《原理》）一书显然取法了欧几里得几何学，即先建立若干最一般、最明白的定义、定律，然后用严整的推理建立起一个完整的演绎结构。但不同于欧氏几何法的是，《原理》最后把这种演绎引向了可以与实验事实相比较的方面，通过逐一核对，证明以前的推理为不谬。现代科学要求的理论结构，在牛顿的《原理》中已蔚然显现。换句话说，牛顿的《原理》一书是人类认识史上第一次利用科学的方法对自然规律形成的第一个科学理论，是近现代科学理论的奠基者和引领者。

下面我们就具体看一下牛顿在《原理》中是如何构建理论体系的。如图1-8所示，牛顿的《原理》包含绪论加三卷共四部分。在绪论中，牛顿给出了物质的量（质量）、运动的量（动量）、

图1-8 《原理》主要内容和演绎过程示意

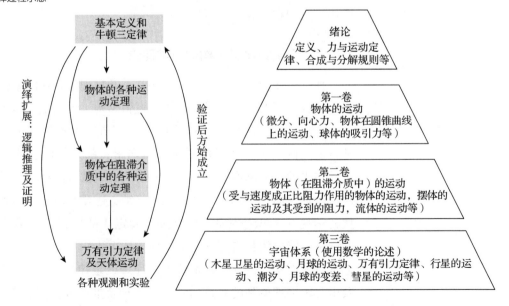

惯性、外力以及与向心力有关的定义，共八个基本概念，并且在附注中对绝对时间、绝对空间、绝对运动和相对运动进行了说明。随后给出了牛顿第一定律、牛顿第二定律、牛顿第三定律三个定律，再以定律推论的方式给出力的矢量合成与分解规则等内容。绪论中与力和运动相关的定义、定律、规则为后续物体运动的分析奠定了基础。

第一卷从介绍微分原理和方法开始，然后利用绪论中的定义、定律，运用几何、微分、逻辑推理等演绎方式，以命题和引理的形式给出大量的各种情况下，在中心力作用下质点和物体作无阻滞运动时的结论，涉及向心力的确定、物体在圆锥曲线上的运动、球体的吸引力、非球体的吸引力等内容。第二卷论述了在阻滞介质中的运动和有关流体力学问题，内容包括受与速度成正比阻力作用的物体的运动、摆体的运动及其受到的阻力、流体的运动等。第三卷综合运用绪论以及前两卷所获得的结论，详细讨论了木星卫星的运动、月球的运动、万有引力定律、行星的运动、潮汐、月球的变差、彗星的运动等问题。第三卷通过分析结论与实际天文观测结果、实验结果在事实上的一致性，检验和验证了牛顿力学理论的正确性。

所以，从科学研究的角度看，牛顿和他的《原理》为后人示范了一个现代科学理论建立的样板。

1.4
集大成的牛顿力学

牛顿是 17 世纪自然科学的集大成者。他将继承与创新、创造融为一身。他所提出的力学三定律和万有引力定律是在总结伽利略、开普勒、惠更斯（Christiaan Huyg(h)ens）、笛卡儿（René Descartes）、胡克（Robert Hooke）、哈雷（Edmond Halley）等科学巨匠的研究成果的基础上形成的。牛顿相对性原理源于伽利略相对性原理，牛顿力学第一定律源于伽利略的惯性思想，第二定律以伽利略提供的宝贵数据为基础，第三定律则从惠更斯、胡克的研究成果中获得了有益的启示。另外，在研究万有引力定律时，他还利用了开普勒所提出的科学知识及数学计算。于是就有了牛顿那句著名的名言："如果说我看得比别人更远些，那是因为我站在巨人的肩膀上。"

牛顿完成的《自然哲学的数学原理》是科学史上一部具有划时代意义的巨著，是人类对自然规律的第一次理论概括和科学归纳，也是经典力学的第一部经典著作。在书中，牛顿对近代天体力学和地面力学的成就进行了全面总结，在此基础上提出了力学的三大定律和万有引力定律，从而使牛顿力学成为一个相对完整的理论体系。

图 1–9 中我们给出"集大成"的牛顿力学的主要内容，每一部分在后面都会详细介绍。另外，图 1–9 也显示了为牛顿力学成果奠基或与其有关联的主要科学巨匠。

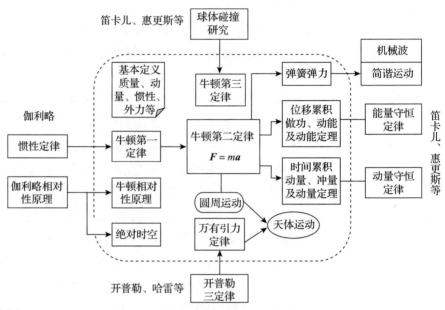

图1-9 "集大成"的牛顿力学的主要内容

1.4.1 牛顿相对性原理和绝对时空观

如前面图 1–5 所示，相对性问题是物理学的基本问题，对相对性问题的不同认识大致成为划分牛顿力学、狭义相对论、广义相对性的标志，原因是相对性问题涉及对时间、空间这些物理学基本概念的认识。在物理学发展过程的不同阶段，人们对时间、空间的认识是不同的。

牛顿相对性原理继承了伽利略相对性原理的精神，认为对于任何惯性参考系，牛顿定律都是成立的，或者说，对于不同的惯性系，力学的基本定律——牛顿定律，其形式都是一样的。因此，牛顿相对性原理又常被称为力学相对性原理。

在物理学中，相对性和变换有着密切的关系。和伽利略相对性原理对应的变换是伽利略变换，伽利略变换在牛顿力学中继续成立。

牛顿相对性原理和牛顿力学的绝对时空观是有直接联系的，而绝对时空观成为整个牛顿力学的假设条件和出发点。在《自然哲学的数学原理》定义的附注部分，牛顿给出的绝对时间的定义如下："绝对的、真实的、数学的时间本身按其本性来说，是均匀地流逝而与任何在此之外的事物无关的东西……"牛顿对绝对空间的定义如下："绝对空间始终保持着一种不变和静止的状态，它也与一切外在的事物无关。""实际上，在有恒星的遥远区域，或者更遥远的地方，极有可能存在着一些所谓的绝对静止物体。"[1]

1　[英] 艾萨克 · 牛顿:《自然哲学的数学原理》，曾琼瑶，王莹，王美霞译，7 页，南京，江苏人民出版社，2011。

　　了解牛顿创立牛顿力学所依赖的绝对时空观的概念或者说是假设条件对于了解牛顿力学在整个物理学中所处的位置，即从"哪里来，到哪里去"是很有意义的。

　　以下是我们从伽利略变换出发讨论牛顿力学中绝对时空观的形成背后可能的逻辑。

　　图 1－10 采用与 1.2.4 节中图 1－4 相同的两个惯性系 S' 和 S。它们的坐标轴都相互平行，S' 相对于 S 在 x 轴方向上作匀速直线运动，在两坐标原点重合的初始时刻开始计时。假设在 x 轴上有一相对于惯性系 S 静止的长方体刚体，长度是 L。

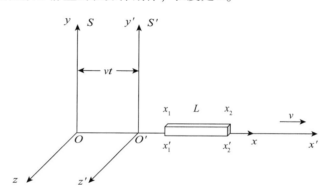

图 1－10　从伽利略变换看牛顿力学中的绝对时空

　　讨论伽利略变换时我们注意到，对不同的惯性系 S' 和 S，已经默认 $t'=t$ 或者 $\Delta t'=\Delta t$，即时间测量与惯性系选择无关。于是，时间先于运动存在。没有时间，无法描述运动；而没有运动，时间照样存在和流逝。于是就有了牛顿定义的绝对时间。

　　假设该刚体在惯性系 S 中两端的坐标分别是 x_1、x_2，则有 $L=x_2-x_1$；假设在惯性系 S' 中两端的坐标分别是 x'_1、x'_2，根据伽利略变换，有

$$\begin{cases} x'_1=x_1-vt \\ x'_2=x_2-vt \end{cases}$$

于是，$x'_2-x'_1=(x_2-vt)-(x_1-vt)=x_2-x_1=L$，这说明刚体的长度或者说刚体的空间测量与惯性系的选择无关；同时说明空间先于

运动存在，且刚性不变。没有空间，无法描述运动；而没有运动，空间照样存在。于是就有了牛顿定义的绝对空间。

对于伽利略变换和牛顿力学中绝对时空观的这种对应关系，我们在后面会看到这种关系的实质和所反映的普遍性。

1.4.2　牛顿力学三定律

如前所述，伽利略已经来到动力学的大门前，在很大程度上铺平了前往动力学的道路。而牛顿终于推开了动力学的大门，他在伽利略等前人的基础上总结、升华提出的牛顿力学三定律系统地回答了力是改变物体运动状态的原因，力是如何改变物体运动状态的，以及什么是力和力的特点三个内在关联的问题，构成了力学定律的有机体系。图1－11显示了在引入力以后，从伽利略惯性概念的运动学领域进入动力学领域以及展开的脉络。

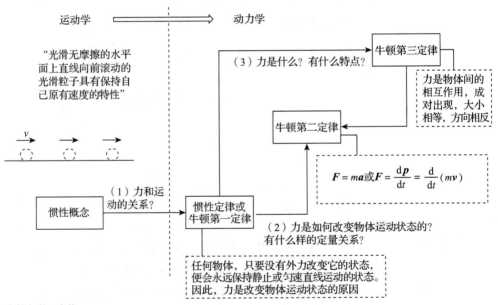

图1－11　牛顿力学三定律及其关系

1. 惯性定律或牛顿第一定律

牛顿在总结伽利略惯性概念的基础上，进一步提出了牛顿力学的第一条基本定律：“对于任何一个物体，除非有外力作用于它并改变其状态，否则它将保持静止或匀速直线运动的状态。”[1] 由于物体保持静止或匀速直线运动状态的特性叫作惯性，所以牛顿第一定律又称为惯性定律。牛顿第一定律不仅指明了任何物体都具有惯性，而且明确了力是使物体改变运动状态的原因。对比伽利略对惯

[1] [英] 牛顿：《自然哲学的数学原理》，赵振江译，14页，北京，商务印书馆2011。

性的说法"光滑无摩擦的水平面上直线向前滚动的光滑粒子具有保持自己原有速度的特性",可以看出,牛顿第一定律明确了力的因素和作用。从一定程度上讲,牛顿第一定律开启了动力学的大门。既然力是使物体改变运动状态的原因,那么研究力是如何使物体改变运动状态的问题就成为必然,而这正是牛顿第二定律的内容。

2. 牛顿第二定律

牛顿首先定义了运动的量(现在概念上的动量)即质量和速度的乘积,一般用 p 表示。运动的改变就是动量对时间的变化率 $\dfrac{\mathrm{d}p}{\mathrm{d}t}$。随后牛顿在《原理》中给出"定律 2　运动的改变和所加的动力成正比,并且发生在所加的力的那个直线方向上"。于是,牛顿第二定律用数学表达就是

$$F = \frac{\mathrm{d}p}{\mathrm{d}t} = \frac{\mathrm{d}}{\mathrm{d}t}(mv) \qquad (1-1)$$

牛顿认为物体的质量是与运动速度无关的常量,因此可以把质量 m 提到微分前面,有 $F = m\dfrac{\mathrm{d}v}{\mathrm{d}t}$,由于 $\dfrac{\mathrm{d}v}{\mathrm{d}t} = a$ 是物体的加速度,于是有

$$F = ma \qquad (1-2)$$

式(1-2)是牛顿第二定律常见的表示方式,式(1-1)是牛顿第二定律常见的动量表示方式。从上面的变化中可以看出,牛顿第二定律常见的表示方式是牛顿第二定律动量表示方式的一种特殊形式,即质量不变时的形式,因此牛顿第二定律动量表示方式应该有更大的适用性。事实上,在高速和微观条件下(需要考虑狭义相对论效应或量子效应)时,动量的概念还可以使用,也说明了这一点。当然,牛顿第二定律常见的表示方式(式(1-2))在低速宏观下使用起来更加方便,这也就是牛顿力学中采用式(1-2)方式的原因。

3. 牛顿第三定律

牛顿认为力是物体间的相互作用,这解决了力是什么以及有什么特性的问题。牛顿在《原理》中给出"定律 3　每一个作用都有一个相等的反作用和它相对抗;或者说,两物体彼此之间的相互作用永远相等,并且各自指向其对方"。他进一步解释道,如果一个物体作用于另外一个物体,并以其作用力来改变另外一个物体的运动,则这个物体也会发生相同的变化,但变化的方向相反[1]。牛顿

1　[英] 牛顿:《自然哲学的数学原理》,赵振江译,15 页,北京,商务印书馆,2011。

第三定律也称为作用和反作用定律，用公式表示就是

$$\boldsymbol{F}_{12} = -\boldsymbol{F}_{21} \tag{1-3}$$

1.4.3 动能定理和动量定理

动能定理和动量定理是牛顿第二定律在以下两种累积情况下的推论：作用力在空间累积和作用力在时间累积。其作用是将力作用的空间累积和时间累积分别与两个状态量——动能、动量对应起来，将力作用的累积效果变成状态量始末值的改变。

对力作用下的时间累积而言，如图 1-12 所示，由牛顿第二定律的动量表达式 $\boldsymbol{F} = \dfrac{\mathrm{d}\boldsymbol{p}}{\mathrm{d}t}$ 得 $\boldsymbol{F}\mathrm{d}t = \mathrm{d}\boldsymbol{p}$，两边积分得 $\displaystyle\int_{t_1}^{t_2}\boldsymbol{F}\mathrm{d}t = \int_{p_1}^{p_2}\mathrm{d}\boldsymbol{p}$，即 $\displaystyle\int_{t_1}^{t_2}\boldsymbol{F}\mathrm{d}t = \boldsymbol{p}_2 - \boldsymbol{p}_1$。定义冲量 $\boldsymbol{I} = \displaystyle\int_{t_1}^{t_2}\boldsymbol{F}\mathrm{d}t$，则有

$$\boldsymbol{I} = \int_{t_1}^{t_2}\boldsymbol{F}\mathrm{d}t = \boldsymbol{p}_2 - \boldsymbol{p}_1 \tag{1-4}$$

式（1-4）即为动量定理，它表示物体在运动过程中所受合外力的冲量等于该物体动量的增量。

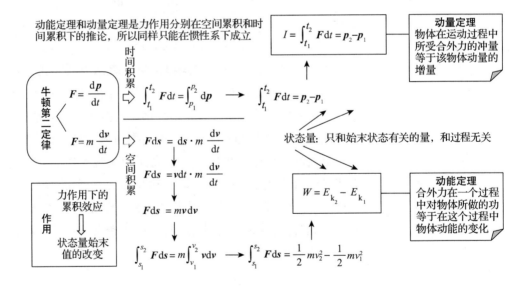

图 1-12 动能定理和动量定理

对力作用下的空间积累而言，如图 1-12 所示，在牛顿第二定律的表达式 $\boldsymbol{F} = m\dfrac{\mathrm{d}\boldsymbol{v}}{\mathrm{d}t}$ 的两边同时乘以位移变化量 $\mathrm{d}\boldsymbol{s} = \boldsymbol{v}\mathrm{d}t$ 得 $\boldsymbol{F}\mathrm{d}\boldsymbol{s} = m\boldsymbol{v}\mathrm{d}\boldsymbol{v}$，两边同时积分得 $\displaystyle\int_{s_1}^{s_2}\boldsymbol{F}\mathrm{d}\boldsymbol{s} = m\int_{v_1}^{v_2}\boldsymbol{v}\mathrm{d}\boldsymbol{v}$，于是有 $\displaystyle\int_{s_1}^{s_2}\boldsymbol{F}\mathrm{d}\boldsymbol{s} = \dfrac{1}{2}m\boldsymbol{v}_2^2 -$

$\dfrac{1}{2}mv_1^2$。定义功 $W = \displaystyle\int_{s_1}^{s_2} \boldsymbol{F}\mathrm{d}\boldsymbol{s}$ ，动能 $E_k = \dfrac{1}{2}\mathrm{m}v_k^2$，则有

$$W = E_{k_2} - E_{k_1} \tag{1-5}$$

式（1 – 5）即为动能定理，它表示合外力在一个过程中对物体所做的功等于在这个过程中物体动能的变化。

需要指出的是，在上面动能定理的推导中，假定物体的质量不变，这个假设只有在宏观低速的条件下才成立，因此动能定理只有在宏观低速的条件下才适用。相比而言，动量定理是将质量、速度作为整体处理，就没有这个限制，因此有更大的适用性。

1.4.4 能量守恒定律和动量守恒定律

在本节我们首先简要回顾能量守恒定律和动量守恒定律在实践中被发现的过程，并说明机械能守恒定律是能量守恒定律的特例。在此基础上，在 1.4.5 节中，我们将讨论对称、守恒、变换不变性三者间的一般性关系，说明能量守恒定律和动量守恒定律更深一步的含义及其在后续相对论中的演变，并且通过这样一个具体的例子，增强读者对物理学中对称、守恒、变换不变性三者间关系一般性规律的认识，因为对这个规律的认识将非常有助于我们从另一个视角理解物理学理论发展的内在逻辑。

能量守恒定律和动量守恒定律是在实践和实验中被发现的，经历了一个不断完善的认识过程。

如图 1 – 13（a）所示，首先是笛卡儿在碰撞实验中，提出运动量守恒原理。笛卡儿将运动量定义为质量与速率的乘积。因此，笛卡儿定义的运动量是一个标量。由于物体的运动是有方向的，所以笛卡儿的运动量守恒原理不能完全解决两物体碰撞后的速率问题，特别是在完全非弹性碰撞时失效的情况[1]。

其后，如图 1 – 13（b）所示，惠更斯进一步研究了碰撞问题。惠更斯将动量的定义修正为物体的质量和速度的乘积，这样动量就成为矢量，具有了方向性，于是惠更斯得出了正确的动量守恒原理。重新确立的动量守恒原理在任何实际碰撞情况下都成立。但单靠它依然不能完全确定碰撞后两物体的速度，或许还存在另外一个守恒原理。惠更斯在研究完全弹性碰撞实验时发现，除了动量守恒外，还有一个量也是守恒的，即质量与速度平方的乘积，他把这个量称为"活力"，把相应的守恒称为"活力守恒原理"，活力守恒

1 吴国盛：《科学的历程》，第 2 版，273 页，北京，北京大学出版社，2002。

原理就是后来能量守恒定律的雏形。

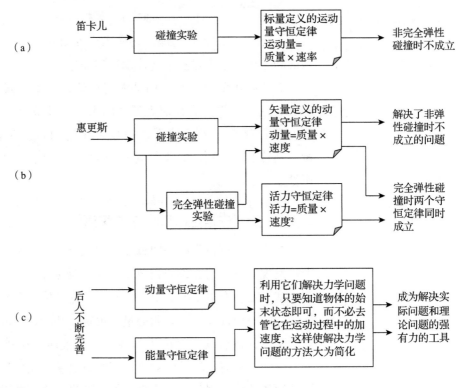

图1-13 能量守恒定律和动量守恒定律的形成过程

再后来，如图1-13（c）所示，对于动量守恒定律，人们经过补充和完善，形成了完整的描述，即如果一个系统不受外力或所受外力之和为零，则这个系统的总动量保持不变；对于能量守恒定律，人们逐渐认识了动能、势能、内能等不同的能量形式，并发现在力学过程中能量可以在不同形式间转化，但能量总是守恒的，于是就形成了完整的能量守恒定律，即能量既不会凭空产生，也不会凭空消失，它只会从一种形式转化为另一种形式，或者从一个物体转移到其他物体，而能量的总量保持不变。

利用能量守恒定律和动量守恒定律解决力学问题时，只要知道物体的始末状态即可，而不必去管它在运动过程中的加速度，这样使解决力学问题的方法大为简化，因此能量守恒定律和动量守恒定律成为解决实际问题和理论问题的强有力的工具。

可以看出，能量守恒定律和动量守恒定律并不依赖牛顿力学定律而存在，或者说能量守恒定律、动量守恒定律和牛顿力学定律是相对独立的，尽管利用牛顿第二定律、第三定律在特定情况下可以简单"推出"动量守恒定律[1]。

另外，牛顿力学中常用的机械能守恒定律是能量守恒定律的特例。它是指任何物体系统如无外力做功，系统内又只有保守力（如势能）做功时，则系统的机械能（动能与势能之和）保持不变。机械能守恒定律只在惯性系下成立。

1.4.5　对称、 守恒、 变换不变性三者间的关系

在物理学中，各种守恒问题其实不是一个简单的问题。现在认为，对称、守恒、变换不变性三者间存在着密切的关系，对这种关系的探讨从经典物理一直持续到以相对论和量子理论等为代表的近现代物理学理论。对这种关系演进过程的理解也有助于我们对物理学理论演进过程的理解。

核心要义

物质世界到处充满着对称的美。物理学作为反映物质世界组成和运动规律的学科，自然和对称休戚相关。而对称往往表现为某种变换操作下的变换不变性。变换不变性是最广泛、最普遍的正规对称性[2]。变换不变性往往与不变量相对应，这种对应关系在物理学各领域里普遍存在。著名的诺特定理指出：如果物理定律在某一对称变换下具有不变性，则必定存在一个相应的守恒量。换言之，在物理学中，一种对称形式总是与一个守恒定律相伴随[3]。

在物理学中，对称、守恒、变换不变性三者常常构成一组等效的对应关系（图 1 – 14）。

利用三者之间的等效关系可以帮助我们转换不同的视角去看待同一个物理原理，以得到更加深刻的认识。

例如，对于牛顿力学中的能量守恒定律和动量守恒定律，如果从对称性的角度看，能量守恒定律和动量守恒定律分别对应于时间均匀性和空间均匀性，均匀性可以认为是某种对称性的表现。如果

1　以 A、B 两个物体的碰撞为例，设 A、B 碰撞前、后的动量分别是 p_{1a}、p_{2a}、p_{1b}、p_{2b}，相互间作用力是 F_{12}、F_{21}。 由牛顿第二定律导出的动量定理，对物体 A，有 $\int F_{12}\,dt = p_{2a} - p_{1a}$；对物体 B，有 $\int F_{21}\,dt = p_{2b} - p_{1b}$。 由牛顿第三定律有 $F_{12} = -F_{21}$，相互作用的时间也相同，于是有 $p_{2a} - p_{1a} = -(p_{2b} - p_{1b})$，即 $p_{1a} + p_{1b} = p_{2a} + p_{2b}$，也就是碰撞前后两个状态物体 A、B 组成的系统动量守恒。

2　沈葹：《美哉物理》，264 页，上海，上海科学技术出版社，2010。

3　同上，268 页。

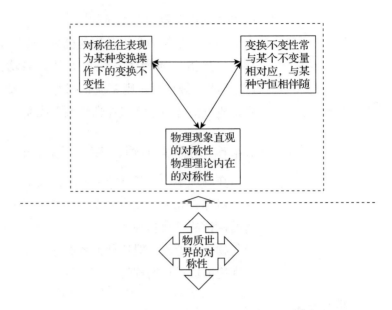

图1-14 物理学中对称、
守恒、变换不变性的关系

从变换的角度分析，则能量守恒定律和动量守恒定律对应的变换不变性是伽利略变换下的时间平移的变换不变性和空间平移的变换不变性。把三个角度结合起来，我们就很容易理解牛顿提出均匀的绝对时间、绝对空间的条件，能量守恒定律和动量守恒定律以及伽利略变换，三者是一回事，有其一就有其他。

核心要义

　　更为重要的是，这个普遍性规律还可以帮助我们理解一个理论到另一个理论的演进。当一个理论的基本守恒、变换不变性或对称发生改变时，当前的理论往往会升级为新理论。以牛顿力学到相对论的演进为例，爱因斯坦在创立狭义相对论时根据电磁场理论和实验结果引入光速不变的原理，正是这样一个"新的不变"的引入，打破了"原来的不变"。原有的对称、守恒、变换三者都发生了改变。于是在引入光速不变原理以后，从对称角度看，原来的绝对时间和绝对空间的概念被打破了，演变为相对的时间和空间，时间均匀性和空间均匀性消失了。从变换的角度看，对应的变换也从伽利略变换变为洛伦兹变换；伽利略变换反映的是牛顿力学这种"刚性不变"的时间和空间下的平移不变性，洛伦兹变换反映的是四维时空空间整体的转动变换不变性。从守恒的角度看，在相对论中能量守恒定律和动量守恒定律就不再单独存在了，而变为一个统一的守恒关系，具体我们在相对论部分再讨论。

对称、守恒、变换不变性的关系规律在量子理论的发展过程中也发挥了十分重要的作用。例如，物理学家利用对称性和变换的认识推进了电、强、弱等几种基本相互作用理论的统一。人们首先发现电磁相互作用和强相互作用都满足宇称对称（即左右对称的空间反映）和时间反演。但李政道和杨振宁发现并提出在弱相互作用中宇称不守恒（正反粒子在微观世界中左和右不严格对称），并据此获得诺贝尔奖。这样就需要一个新的对称和变换来统一电强弱三种基本作用。后来人们提出了 CPT 联合反演[1]，表明在微观领域，单独的空间反映、时间反演和正反粒子对称都不是绝对成立的，只有它们的联合反演才是严格成立的[2]。

所以，有学者认为，物理现象中的对称性直观而明显，物理定律所凭依的对称性普遍而内敛，乃至物理学的理论构建，其美学特征主要在对称，物理学在对称与对称破残的辩证统一中不断获得突破和发展[3]。关于这个问题，我们在后面量子理论章节还会具体讨论。

1.4.6　圆周运动

质点在以某点为圆心、半径为 r 的圆周上运动，即质点运动时其轨迹是圆周的运动叫圆周运动。它是一种最常见的曲线运动。

人类对圆周运动的认识和利用自古有之，并伴随我们人类文明的发展不断深化和扩展。在远古社会，我们的祖先用绳子连接着作圆周运动的石头去狩猎，由此发明了飞石索，再后来利用圆周运动发明了车轮、圆形水车、滚木等工具。进入近现代社会后，出现了皮带轮、电动机转子、摩天轮等直观的圆周运动情形，也有火车过弯道、汽车过拱形桥或车辆转弯这样局部的圆周运动情形。圆周运动在天文学和航空航天领域的应用就更多了，从中世纪的地心说，到 16—17 世纪的日心说，再到近现代天文学研究，更有后来的各种航天器，都离不开圆周运动。甚至在微观领域，人们也认识到各种粒子运动、自旋与圆周运动的概念有联系[4]。

牛顿在继承前人工作的基础上，利用牛顿力学的基本概念、基本定律，在《原理》中系统地给出了圆周运动的动力学理论，为人类社会科学地认识和利用圆周运动提供了基本理论。

圆周运动的力学方程仍然符合牛顿第二定律的形式，即

$$\boldsymbol{F}_{向心力} = m\boldsymbol{a}_{向心}$$

只是这里的力变为向心力，加速度变为向心加速度。也就是说，指

1　C 表示正反粒子变换，P 表示空间反映，T 表示时间反演，CPT 联合反演是指这三种变换一起进行。

2　赵峥：《物理学与人类文明十六讲》，第 2 版，228 页，北京，高等教育出版社，2016。

3　沈葹：《美哉物理》，262 页，上海，上海科学技术出版社，2010。

4　由于微观粒子的运动具有波粒二象性，微观粒子的运动轨迹一般符合统计规律。

向圆心的向心力提供了一个指向圆心的向心加速度，当该加速度方向始终与当前物体运动的速度方向（切线方向）垂直时，向心加速度就会只改变速度的方向，而不改变速度的大小，于是物体在向心加速度的作用下作圆周运动。

在圆周运动的力学公式中一个重要的问题是如何确定向心加速度的公式。牛顿在《原理》中给出了向心加速度的公式的结果和证明[1]。

如前所述，牛顿《原理》的一个划时代的意义在于它第一次把物理和数学完美地结合，充分地把已有的和最新的数学成果应用于物理领域，促进了物理学的发展。牛顿力学主要在以下三个领域和数学进行了结合和利用：矢量、欧几里得几何和微积分[2]。

向心加速度的公式的推导并不复杂，但综合应用了矢量、微分思想、欧氏平面几何等三方面的基本知识，所以我们站在一个后来人的角度对它的推导进行一些剖析和总结。

首先考虑简单情况——匀速圆周运动在常规尺寸下的情况（图 1-15（a））。假设质点从 A 点以 O 点为圆心，开始作半径为 r、速率为 v 的匀速圆周运动，并运动到 B 点。其在 A 点、B 点的速度分别为 v_1、v_2，故 $v_1 = v_2 = v$。利用矢量的平移性质，把 v_1 平移至 B 点，设 v_1 的终点为 C 点，v_2 的终点为 D 点。考察 $\triangle AOB$ 和 $\triangle CBD$，根据欧氏平面几何的性质，可得 $\triangle AOB \cong \triangle CBD$，于是有

$$\frac{r}{v} = \frac{AB}{\Delta v} \tag{1-6}$$

下面利用微分思路，假设质点从 A 点在圆周上移动到 B 点的距离很短，短到线段 AB 约等于弧长 AB 即等于 $v\Delta t$，将以上关系代入式（1-6）得 $\frac{r}{v} = \frac{v\Delta t}{\Delta v}$，由于向心加速度 $a = \frac{\Delta v}{\Delta t}$，整理有

$$a = \frac{v^2}{r} \tag{1-7}$$

式（1-7）即是向心加速度公式。

我们再看加速度的方向，由于 C 点靠近 D 点，在无限靠近时有 $CD \perp BD$，而 BD 是圆 O 在 B 点的切线，因此垂直于切线的垂线 CD 必过圆心 O，即加速度的方向指向圆心 O。

同时，非匀速圆周运动在微小路程内可以看作匀速圆周运动，因此根据微分思想推导出的向心加速度公式同样适合非匀速圆周运动情况。

1 [英] 牛顿：《自然哲学的数学原理》，赵振江译，42 页，北京，商务印书馆，2011。

2 具体内容在随后章节还会展开。

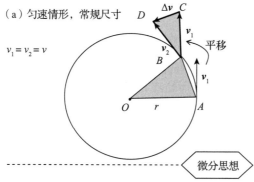

（a）匀速情形，常规尺寸

$v_1 = v_2 = v$

将 v_1 通过矢量平移从 A 点移至 B 点，设终点为 C 点，设 v_2 终点为 D 点，有 $\Delta v = v_2 - v_1 = \overrightarrow{CD}$。
由于 $\triangle AOB \cong \triangle CBD$，有

$$\frac{r}{v} = \frac{AB}{\Delta v} \quad \text{（不考虑方向，只考虑大小）}$$

·－－－－－－－－－－－－－－－＜ 微分思想 ＞－－－－－－－－－－－－－－－·

（b）非匀速情形，微分尺寸

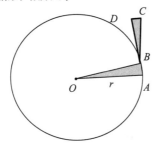

利用微分思想，设质点从 A 点在圆周上移动一个很小的距离到 B 点，经过的路程是 $\overparen{AB}$，时间是 Δt，并有 $\overparen{AB} = v\Delta t$。
在 A、B 点足够接近时，线段 $AB \approx \overparen{AB} = v\Delta t$

于是，$\dfrac{r}{v} = \dfrac{v\Delta t}{\Delta v}$，$a = \dfrac{\Delta v}{\Delta t} = \dfrac{v^2}{r}$。

而且，C、D 点接近重合，a 方向指向圆心 O 的同时，非匀速圆周运动在微小路程下都可以看作匀速圆周运动，因此该公式也适合非匀速圆周运动情况。

图 1-15　向心加速度公式的推导

　　从以上的推导中，我们不难体会到牛顿力学中数学和物理学的有机结合。

　　有了向心加速度公式，我们就可以统一用牛顿定律看待圆周运动和"离心运动"了。如图 1-16 所示，在无限光滑的水平平面上，一个光滑小球质量为 m，围绕 O 点在小绳的牵引下作半径为 r 的匀速圆周运动。在 A 点时，小绳发生断裂。这样，A 点之前，质点作匀速圆周运动，是非惯性运动，向心力始终改变速度的方向，并满足牛顿第二定律 $F_{绳} = ma_{向心} = m\dfrac{v^2}{r}$；$A$ 点之后，由于外力为零，质点将沿在 A 点圆的切线方向，以速度 v 作匀速直线运动，即惯性运动，满足牛顿第一定律。

非惯性运动：A 点之前，质点作匀速圆周运动，向心力始终改变速度的方向，满足牛顿第二定律

$$F_{绳} = ma_{向心} = m\frac{v^2}{r}$$

惯性运动：A 点之后，由于外力为零，质点将以速度 v 作匀速直线运动，满足牛顿第一定律

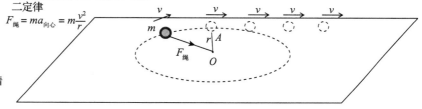

图 1-16　统一用牛顿定律看待圆周运动和"离心运动"

1.4.7 万有引力

万有引力定律是牛顿的伟大成就之一。在本节，我们将探讨牛顿创立万有引力定律的过程，分析万有引力定律的成就和意义，简要回顾万有引力定律的典型验证案例，同时指出万有引力理论存在的局限性。

1. 牛顿创立万有引力定律的过程

作为牛顿时代最富有想象力和创造力的理论，万有引力定律的创立远非传说中苹果落地那么简单，而应当是经历了十分漫长、持续积累的过程。在这个过程中，牛顿不仅有深入的思考和严密的推理，还有与来自实验观测规律的结合，此外还充分利用了他所创立的微分思想。他所采用的分析与综合、归纳与演绎、理论推导与实验验证相结合的方式方法，都是值得我们认真学习的。

也许正因为这个过程不简单，因此对万有引力定律的创立，人们还是有一些不同的观点的。这里我们在参考不同观点的基础上，总结了一个我们认为尚能"自圆其说"的过程，着重点是站在一个现代人的角度，了解和学习牛顿在创立万有引力定律时大致的思路、内在的逻辑、所作的积累，以及采取的科学的方式方法。

如图 1 - 17 所示，我们把牛顿创立万有引力定律的过程大致分

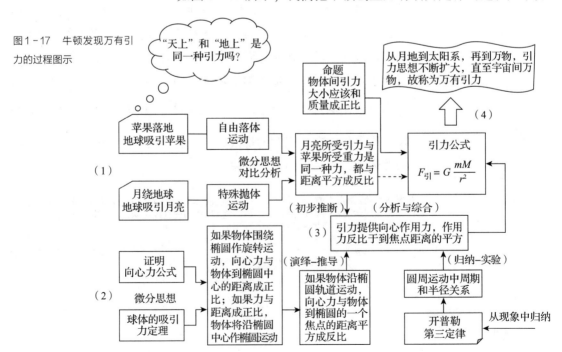

图 1 - 17 牛顿发现万有引力的过程图示

为四个阶段：①月地检验的探究；②向心力公式与椭圆运动中向心力的特征；③天体运动中作用力的反比距离平方关系；④万有引力公式的提出以及万有引力范畴的扩展。

第一阶段，牛顿对月地检验的探究。这也就是著名的"苹果落地"故事的由来。因避瘟疫离校回乡的牛顿，当时正在思考月亮绕地球运行的问题。看到偶然落地的苹果，牛顿开始思考一个问题：吸引苹果落向地球的引力（即"地上"的引力）和吸引月亮绕地球转动的引力（即"天上"的引力）是相同的一种力吗？如果是，会有什么规律？

在牛顿看来，如果把月亮绕地球的转动也看作抛体运动的一种极限情况（从而在短距离上看作抛体），这样就和苹果的自由落体具有了可比性。于是，牛顿同样采用微分方法进行了分析。如图 1-18 所示，设月亮绕地球转动的半径是 r，在时间 t 内，月亮由点 M 转动到点 M'。设月亮在垂直高度上下降的高度是 h_1，就有 $h_1 = OM = r(1 - \cos\theta)$。利用微分思想，取时间 t 很短，即 θ 很小，这时利用余弦函数的级数展开式取前两项代入上式，化简得 $h_1 = OM = \dfrac{1}{2}r\theta^2$。再设月亮绕地球转动的周期是 T，角速度是 ω，有 $\theta = \omega t = \dfrac{2\pi}{T}t$，再代入上面的关系式，得到 $h_1 = OM = \dfrac{2\pi^2 r}{T^2}t^2$。

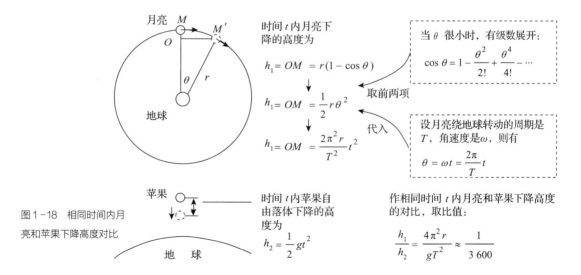

图 1-18　相同时间内月亮和苹果下降高度对比

再看作自由落体运动的苹果，设其在时间 t 内下降的高度为 h_2，根据自由落体公式得 $h_2 = \dfrac{1}{2}gt^2$。

将相同时间 t 内月亮和苹果下降高度取比值，得 $\dfrac{h_1}{h_2}=\dfrac{4\pi^2 r}{gT^2}$。牛顿把当时已经获得的数据（即月亮绕地球运行的圆形轨道的半径 r 约等于地球半径 $R_{地}$ 的 60 倍，而 $R_{地}=6\,400$ km；月亮绕地球的运行周期为 27 天 7 小时 43 分，约 2.36×10^6 s；地球上的重力加速度 $g=9.8$ m/s^2）代入该式，最后得到 $\dfrac{h_1}{h_2}\approx\dfrac{1}{3\,600}$。

随后，牛顿对这个结果进行了分析。他认为，在很小的时间间隔内，月亮和苹果在竖直方向上的运动都可以视为自由落体运动[1]，对于两个自由落体运动而言，在相同时间内位移之比应该是对应的加速度之比。于是，牛顿就估算得到月亮和苹果在竖直方向上由于地球引力所产生的加速度之比是 $\dfrac{1}{3\,600}$，而这个比值恰好对应月亮到地心和苹果到地心距离之比的平方。由此，牛顿就产生了这样的初步推断：①月亮所受引力与苹果所受重力是来自地球的同一种引力；②该引力都与两物体间距离平方成反比。

第二阶段，牛顿对向心力公式及椭圆运动中向心力的特征的研究。牛顿通过月地检验的探究完成了关于引力的初步推断，这显然是不够的。牛顿利用数学和物理手段，开始了关于椭圆运动和对应的向心力间关系的分析。首先，牛顿推导了作圆周运动的向心加速度公式（见 1.4.6 节）。随后，牛顿证明了以下重要的命题及推论：如果物体围绕椭圆作旋转运动，向心力与物体到椭圆中心的距离成正比；反之，如果力与距离成正比，那么物体将沿椭圆中心（与力中心重合）作椭圆运动或由椭圆演变成圆周轨道运动[2]。进而，又推导了用物体与它所围绕的椭圆的焦点间距离的向心力公式：如果物体沿椭圆轨道运动，向心力与物体到椭圆的一个焦点的距离平方成反比[3]。此外，牛顿运用自己发明的微积分证明了球体的吸引力的定理并应用到地球对外部物体的吸引上，即地球吸引外部物体时，恰像全部的质量集中在球心一样[4]。

实际上，牛顿这时已大致完成"关于作椭圆运动的物体，其向心力反比于它到焦点距离的平方"这个主要结论的演绎分析与证明。

第三阶段，牛顿利用天体观测定律验证"天体运动中作用力的反比距离平方关系"，并且将引力的范畴从地球和月亮推广到太阳和行星。牛顿根据第二阶段中的结论"作椭圆运动的物体，其向心力反比它到焦点距离的平方"，利用数学推导，进一步在理论上导出"在条件相同的情况下，椭圆运动周期与它们长轴的3/2次方成正比"。而多普勒第三定律的表述是："绕以太阳为焦点的椭

1　月亮落向地球的运动可以看作其抛体运动在竖直方向上的分解。

2　[英]牛顿：《自然哲学的数学原理》，赵振江译，49页，北京，商务印书馆，2011。

3　同上，51页。

4　吴国盛：《科学的历程》，第 2 版，214 页，北京，北京大学出版社，2002。

圆轨道运行的所有行星，其各自椭圆轨道半长轴的立方与周期的平方之比是一个常量"，可以看出二者是一致的。而多普勒第三定律是多普勒根据长期天文实际观测结果总结出来的结论。这样，牛顿就利用天体观测实践得出的观测定律验证了理论上得到的"天体运动中作用力的反比距离平方关系"，并进一步将引力的适用范围再一次扩大到太阳系。

核心要义

可以看出，牛顿在得到"天体运动中作用力的反比距离平方关系"结论的过程中，有从月地检验中获得的初步推断，有从向心加速度和球体的吸引力模型入手进行的理论上的演绎证明，还有来自天体观测实践得出的观测定律的验证。牛顿经过多角度的分析和综合，为创建万有引力定律奠定了坚实的基础。

第四阶段，万有引力公式的提出以及万有引力范畴的扩展。在确定了距离这个影响物体间引力的因素后，牛顿发现了影响物体间引力的另一个重要因素：物质的量或质量。于是，提出了相应的命题：一切物体都会受一种引力的吸引，该引力正比于物体各自所含的物质量[1]。

于是，牛顿将两个因素合并在一起，就生成了以下天体间的引力公式：

$$F_{引} = G \frac{mM}{r^2} \qquad (1-8)$$

式中：m、M 分别是两个天体的质量；r 是两个天体间的距离；G 是个常数，称为万有引力常数。

后面，牛顿把这一结论推广到宇宙中任何两个物体之间，就得到了万有引力定律：任意两个物体间都存在相互作用的引力，力的方向沿两物体的连线，力的大小与两物体的质量乘积成正比，与它们之间的距离的平方成反比，即

$$F_{引} = G \frac{m_1 m_2}{r^2} \qquad (1-9)$$

2. 万有引力理论的成就和意义

思想启迪

牛顿站在哥白尼、开普勒、伽利略、惠更斯等"巨人"的肩膀上，从苹果到月亮，从太阳到宇宙，从运动学描绘深入动力学本质，从对运动的孤立研究深入到寻找运动变化的原因，提供统一的解释。牛顿纵观全局，成功解决了一个个重要的具体问题，终于创立了万有引力定律。

1 [英] 牛顿：《自然哲学的数学原理》，赵振江译，347 页，北京，商务印书馆，2011。

牛顿用万有引力定律成功解释了月球的运动，说明了木星的卫星和太阳系行星的运动与月球绕地球的运动都是同一类型的运动，并且他对行星运动的解释与大量的天文学观测的数据相符；他用太阳和月球对海洋的万有引力解释了海洋的潮汐；他证明了彗星的轨道是扁长椭圆或抛物线。

万有引力定律跨越了以前人们头脑中认为天体运动与地上物体运动有天壤之别的鸿沟，把天上和人间和谐地统一了起来。通过万有引力定律，牛顿将天体力学和物体力学结合起来，实现了物理学史上第一次大的综合，直接推动了天文学的发展，宣告了哥白尼学说的最后胜利。它第一次揭示了自然界中一种基本相互作用的规律，在人类认识自然的历史上树立了一座里程碑。

万有引力定律的建立对物理学的发展还具有深远的方法论的意义。从第谷的天文观测到开普勒的运动学描述，再上升到动力学领域的万有引力定律以及基于理论应用的进一步预言和后续的验证等，为后人提供了建立物理学理论的一种标准模式。牛顿以后，寻找不同事物之间的联系，建立统一的理论解释，已经成为物理学家坚持不懈的追求[1]。

3. 万有引力定律的典型验证案例

对牛顿万有引力定律的一个有力的支持是海王星的发现。18世纪末到19世纪初，人们用牛顿力学理论计算天王星的轨道和预报它未来的位置，但实际预测总与理论计算不符，以至于有人怀疑牛顿万有引力定律的正确性。英国大学生亚当斯、法国天文学家勒维耶各自独立地根据牛顿理论进行计算，预言天王星轨道外存在一个未知行星，并计算了该行星的质量、轨道和位置。后来，天文学家在他们预报的位置上发现了一颗新的行星，命名为海王星。海王星的发现奠定了牛顿力学在天体力学中的统治地位，因为在此之前，从未发生过这样的事情：从新理论出发精确地预言一颗未知行星的存在，并被天文学观测证实。

对牛顿万有引力定律的另一个有力的支持是万有引力定律对哈雷彗星"周期性"出现的预言及验证。

现在已经知道，哈雷彗星是一颗比较特殊的彗星。彗星大致分为两类。一类是循椭圆形轨道运行的彗星，叫周期彗星。大部分彗星为周期彗星，其公转周期一般在3年至几世纪之间。周期只有几年的彗星多数是小彗星，直接用肉眼很难看到。另一类是不循椭圆

1 吴翔，沈葹，陆瑞征等：《文明之源：物理学》，第2版，53页，上海，上海科学技术出版社，2010。

形轨道运行的彗星。它们只能算是太阳系的过客，一旦离去就不见踪影。人们已经发现的彗星有 1 600 多颗，但由于彗星是质量较小的天体，所以肉眼能看到的很少，用望远镜每年也只能看到 20 多颗，其中最大、最容易观测的要算哈雷彗星了。哈雷彗星的轨道周期为 76 ~ 79 年。截至目前，哈雷彗星还是唯一能用肉眼直接从地球看见的短周期彗星，也是人一生中唯一用肉眼可能看见两次的彗星。其他能用肉眼看见的彗星可能更壮观和更美丽，但那些都是数千年才会出现一次的彗星。哈雷彗星上一次回归是在 1986 年，而下一次回归将在 2061 年。

中国人对哈雷彗星的记载，最早可上溯到殷商时代。"武王伐纣，东面而迎岁，至汜而水，至共头而坠，彗星出而授殷人其柄。时有彗星，柄在东方，可以扫西人也！"（《淮南子·兵略训》）据张钰哲推算，这是公元前 1057 年哈雷彗星回归的记录。更为确切的哈雷彗星记录是公元前 613 年（春秋鲁文公十四年）的"秋七月，有星孛入于北斗"（《春秋》）。这是世界上第一次关于哈雷彗星的确切记录。公元 1066 年，诺曼人入侵英国前夕，正逢哈雷彗星回归。当时，人们怀着复杂的心情，注视着夜空中这颗拖着长尾巴的古怪天体，认为这是上帝给予的一种战争警告和预示。后来，诺曼人征服了英国，诺曼统帅的妻子把当时哈雷彗星回归的景象绣在一块挂毯上以示纪念。在古代，由于人们并不了解彗星的运行机制，因此往往把彗星的出现与灾害、恐惧或占卜联系在一起。

而牛顿发现的万有引力定律开始改变这一切。如前所述，牛顿利用万有引力定律证明了彗星的轨道是扁长椭圆或抛物线。哈雷在 1705 年发表了《彗星天文学论说》，宣布 1682 年曾引起世人极大恐慌的大彗星将于 1758 年再次出现于天空（后来他估计到木星可能影响它的运动，把回归的日期推迟到 1759 年），而他依据的就是根据万有引力定律的计算。当时哈雷已年过五十，知道在有生之年无缘再见到这颗大彗星了，于是他在书中写道："如果彗星最终根据我们的预言，大约在 1758 年再现的时候，公正的后代将不会忘记这首先是由一个英国人发现的……"

随后，法国数学家克雷荷在彗星回归前做了精确的预报：由于木星和土星的影响，彗星将在 1759 年 4 月 13 日前后一个月过近日点。

1759 年 3 月 14 日哈雷彗星过近日点。此时，哈雷已长眠地下十几年了。科学家的生命是有限的，但他们对科学的贡献却永世长存。正像哈雷当年所希望的那样，大家没有忘记哈雷，人们将这颗彗星命名为哈雷彗星。

对哈雷彗星的观测和研究再次证明了牛顿万有引力定律的正确性。当然，人们后来对哈雷彗星一直保持强烈的兴趣，还在于哈雷彗星像巡回大使一样周期性地检阅太阳系各大行星并历经各种各样的环境，带回丰富的信息，所以它的每次回归都引起天文学家的极大兴趣。

因此，哈雷彗星 1985—1986 年回归是人们关注的一件大事。国际哈雷彗星联测（IHW）有世界上 51 个国家的 1 000 多位天文学家参与，他们使用各种先进的仪器设备，远距离对贯穿哈雷彗星的全部电磁波谱作了观察，并且这是历史上第一次由六艘太空飞船对哈雷彗星作实地探测，太空船从近距离拍摄到哈雷彗星的彗核。通过数据分析，人们对哈雷彗星的研究有了新的进展，包括彗核和近核现象，彗星尘、彗星的中性和电离气体，太阳风与彗星的相互作用等。这些都有助于科学家了解星际分子和尘埃及其化学过程[1]。

1 胡中为，阎林山:《哈雷彗星观测研究的进展评述》，载《自然杂志》，1990（3），131~136 页。

4. 卡文迪什实验测得引力常数 G

在牛顿发表万有引力定律 100 多年后，英国科学家卡文迪什（Henry Cavendish）进行了著名的扭秤实验。这次实验不仅测得了引力常数 G 的数值，而且是对万有引力存在的直接的证明，因为在《原理》问世后 100 多年里，还没有任何事实能证明在任意的两个物体之间确实存在引力。或者说，把地球与月球、太阳与行星、落体与地球之间的引力推广到任意两个物体而称为万有引力的推论还没有得到完全的证明。

该实验是物理学史上的经典实验之一。如图 1 - 19 所示，卡文迪什的实验装置是在前人的一个装置上改进而来的。他用两个质量一样的铅球分别放在扭秤的两端，中间用一根韧性很好的钢丝系在支架上，钢丝上有个小镜子，用两个质量一样的铅球同时分别吸引扭秤上的两个铅球。由于万有引力作用，扭秤微微偏转。但细光束所反射的远点却移动了较大的距离。由此他计算出了万有引力公式中的常数 G。

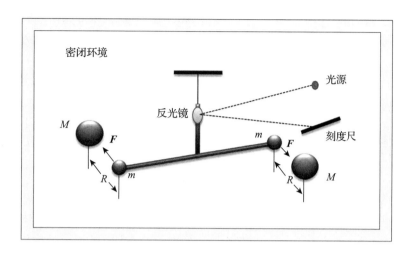

密闭环境

光源

反光镜

刻度尺

M

F

m

R

m

F

R

M

图 1-19 卡文迪什扭秤实验示意

1 假定取小球 $m_1 = 0.1$ kg，大球 $m_2 = 1$ kg，两球的距离为 1 cm。

2 扭矩造成的转动角度非常小，放大倍数大致等于反光镜到刻度尺的距离与悬挑的金属丝的半径之比。

实验的难点在于提高扭秤和光标的精度以及去除环境的干扰。现在通过初步的估算，我们可知，卡文迪什实验中两球间的引力大致在 10^{-7} N 牛量级[1]，相当于几分之一个小米米粒的分量，由这么小的力量推动扭矩的改变并进行直接的测量，显然是不可行的。为此，卡文迪什巧妙地设计了将微小的变化量进行放大的机制，用准直的细光束照射镜子，细光束被反射到一个很远的地方，标记下此时细光束所在的点，利用光的反射将微弱的力的作用进行了放大，我们也可以简单估算出放大的效果应在百倍以上[2]。这样经过放大以后的测量效果就相当于几十个小米米粒的分量推动扭矩的改变的效果，从而具有了测量的可行性。同时应该看到，放大测量的方法并不能直接抑制环境的干扰，比如冷暖变化、空气流动的干扰甚至是其他物体的干扰。为了排除误差来源，卡文迪什把整个仪器安置在一个密闭房间里，并且通过望远镜从室外观察扭秤臂杆的移动。另外，他还考虑了磁性、弹性形变等因素的影响并加以解决。卡文迪什完成的实验报告长达 57 页，常人看来，这份报告通篇都是吹毛求疵般地追查误差来源的描述，甚至当年的评审专家都抱怨"读起来像是检讨错误的专题论文"。但实验的构思和测量的结果却是令人叹服的。卡文迪什在这方面做出了创造性的工作，其实验精度在后续的 80 年时间里没有人能超过。卡文迪什测出了引力常数 G 的第一个相对准确的值为

$$G = 6.754 \times 10^{-11} \, \text{m}^3 / \, (\text{kg} \cdot \text{s}^2)$$

以后近 200 年中，许多人用相同或不同的方法测量了 m 和 M 值。1986 年，国际科学联盟理事会科技数据委员会推荐的数据为

$$G = 6.672 \times 10^{-11} \, \text{m}^3 / \, (\text{kg} \cdot \text{s}^2)$$

引力常数的确定不仅直接证实了万有引力的存在，而且使对任意两物体间的引力的计算成为可能。此外，它还为确定星体质量开辟了道路。

5. 万有引力理论的局限性

万有引力的发现，是 17 世纪自然科学最伟大的成果之一。它可以很好地解释月亮、地球、太阳这样量级的星体的运动规律。但随着人类对更大质量的天体及相关现象的发现，人们发现万有引力定律不再成立了。同时，牛顿万有引力定律也无法解释引力的实质是什么。如牛顿在《原理》最后一卷中所说："到此为止，我们已经解释了天空和海洋的现象是引力的作用，但是还没有找到该作用的原因……我也不设任何假说……假说在实验哲学中都是没有位置的……对我们来说，了解引力的确是存在的，并根据我们前述的原因能充分说明天体和地球海洋的所有运动，这便已足够了。"[1]

人类对物质世界的认识总是不断向前推进的。随着 20 世纪初广义相对论的创立，人们对引力本质的认识才有了新的飞跃。根据广义相对论，一个有质量的物体，会使它周围的时空发生弯曲，一切物体都将自然地沿测地线（也叫作短程线）运动，并表现为向一块靠拢。由于常规思维习惯的限制，我们常常看不到时空的弯曲，而是看到物体在互相靠拢，于是就认为它们之间存在着一种万有引力。而实际上，物体之间表现出来的这种万有引力，并不是一种真正的力，只是时空弯曲的表现和影响罢了。这方面的内容，我们在后面相对论章节进一步讨论。

1 [英] 牛顿：《自然哲学的数学原理》，赵振江译，450 页，北京，商务印书馆，2011。

1.4.8 其他重要内容

除上面介绍的内容外，牛顿力学中还有其他内容，这里我们只简单介绍胡克定律、简谐振动和机械波，而且仅限于它们的基本概念和联系，目的是想通过质点的运动（振动）引入波的概念，说明单个质点的运动（振动）并不是孤立的，而是和周围的环境相联系的，单个质点的运动（振动）状态和能量可以通过在周围介质中的传递形成波。由此，我们也可以看出质点的振动（体现粒子性的一面）和波动其实是有联系的。

如图 1-20 所示，我们给出胡克定律、简谐振动和机械波三者之间的关系：胡克定律确定的弹簧弹力是一种形式变化最简单的力（和形变 x 成正比），以弹簧弹力提供回复力，这样就形成简谐振动，生成简谐振动的动力学方程，解这个方程，就得到简谐振动的运动学方程。当简谐振动的振子的运动（振动）状态和能量在周围介质中传递时，就生成了机械波。

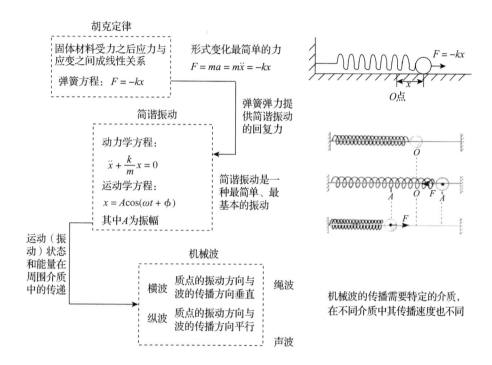

图1-20　胡克定律、简谐振动和机械波

1. 胡克定律与弹簧弹力

英国物理学家胡克通过弹簧理论实验，得到了固体弹性定律：在弹簧限度内，弹簧的弹力跟弹簧的伸长或压缩的长度成正比。后又扩展为：固体材料受力之后应力与应变之间呈线性关系。

我们这里还是用的弹簧方程，即 $F = -kx$，其中 F 为弹簧的弹力，x 为弹簧的形变量，k 为弹簧的弹性系数。从某种意义上来说，弹簧弹力是一种形式变化最简单的力。

2. 简谐振动

当这种简单变化的力和运动相结合时，就产生了一种重要的基础运动——简谐振动。

如图 1-20 所示，以水平弹簧振子为例，不计摩擦，假定弹簧在平衡位置时的位移为零，弹簧的形变量就等于位移 x。弹簧弹力 F 提供水平方向上的回复力，根据牛顿第二定律，得到简谐振动的动力学方程如下。

$$F = ma = m\ddot{x} = -kx \qquad (1-10)$$

其中，$\ddot{x}$ 为位移 x 对时间的二阶导数，即加速度 a。

整理上式得

$$\ddot{x} + \frac{k}{m}x = 0 \qquad (1-11)$$

该式只包含了位移 x 及其二阶导数 $\ddot{x}$，是一个微分方程。利用数学方法可求得满足该微分方程的位移 x 的方程，即运动学方程，它是一个周期性的余弦函数。

$$x = A\cos(\omega t + \phi) \qquad (1-12)$$

其中，振幅 A 为位移的最大值；$\omega = \sqrt{\dfrac{k}{m}}$ 为角速度；ϕ 为初相位。

简谐振动是一种最简单、最基本的振动，一些复杂的振动都可以分解为多个简单的简谐振动。

3. 机械波

一个作简谐振动的振子可以带动周围介质的质点作和它相同的运动（振动），即可以把它的运动（振动）状态和能量在周围介质中进行传递，这时就产生了机械波。

机械波分为横波和纵波两种，当周围质点的振动方向与波的传播方向垂直时，就产生横波，典型的如绳波；当周围质点的振动方向与波的传播方向一致时，就产生纵波，典型的如声波。

从胡克定律到简谐振动，再到机械波，我们是想说明质点的粒子运动和波动并不是孤立和不相干的，更不是"水火不相容"的，而是相互联系的。由于介质的存在，一个作简谐振动的振子的运动（振动）状态和能量传递给周围介质的质点，这些质点本身并不迁移，只是相继在各自的平衡位置附近振动，但处于不同相位下的质点的整体表象就体现出波的形状。从这个机理出发，理解惠更斯原理的基本思想也许就容易一些：在各向同性介质中波阵面上的每一点都可以作为新的波源。从这个意义上或许可以说，牛顿力学开启了人们对波本质的探究。

需要说明的是，一些机械波，如绳波，是我们在日常生活中能直接观察和体验到的，对我们建立波的形象认知、初步认知是有益的。但是，波的产生还有另外一个机制，即通过场的变化产生波，典型的如电磁波、引力波等，这时波的产生是不需要借助介质的，我们在后面会具体介绍。

1.5

牛顿力学与科学精神、科学思想、科学方法

不仅在知识方面，而且在科学精神、科学思想、科学方法方面，以伽利略、牛顿为代表的，为牛顿力学创立做出贡献的科学巨匠们为我们留下了宝贵的财富。

1.5.1 科学精神

科学不仅是一种知识体系，而且是一种产生知识的社会活动。在这些活动中，科学除了自身的物质力量，还有一种精神力量，那就是科学精神。所以，一般认为科学精神是指科学实现其社会文化职能的重要形式，包括自然科学发展所形成的优良传统、认知方式、行为规范和价值取向等。我们认为，作为现代科学理论的贡献者，牛顿、伽利略等科学巨匠在以下方面所体现的科学精神值得后人学习。

1. 实事求是的精神

思想启迪

实事求是指从实际对象出发，探求事物的内部联系及其发展的规律。实事求是有以下两层含义：一是科学研究要首先从实际事物、客观世界出发，而不是先从某个先知的观点出发，表现在物理学科上就是首先从客观的物理现象和物理实验出发，而且尽可能通过实验条件的改善、实验工具的改进提高实验的精度；二是求是，即寻找隐藏在现象之下的本质的规律，并且发现的规律还要接受实践、实验的检验。

伽利略是实事求是精神的典范。为研究落体问题，他首先从实验入手，通过在斜面滑板上小球反复滚落的实验和测量，颠覆了千年来建立在亚里士多德权威观点上的对物体运动原因的认知，提出了惯性定律、相对性定律。他还把提出的惯性定律、相对性定律应用于日心说的实践和与地心说的论战中，在实践中接受检验。对于伽利略的科学贡献，S. 德雷克（Stillman Drake）总结道："当伽利略出生时，已有两千年历史的物理学还没有对实际运动的哪怕是粗略的测量。一个醒目的事实是，每种科学的历史都表明，科学结论必须首先接受观察的检验，在此之前，它不是本原的，而是形而上学的。为什么与伽利略同时代的哲学家几乎都强烈反对伽利略的科学，解释就是伽利略要尽其所能地从形而上学中解脱出来。伽利略利用所有能用的工具或他自己设计制造的装置使测量结果尽可能精确。"[1]

1 [美] 威廉·H. 克劳普尔：《伟大的物理学家：从伽利略到霍金 物理学泰斗们的生平和时代（下）》，修订版，中国科大物理系翻译组译，13 页，北京，当代世界出版社，2007。

2. 崇尚理性的精神

思想启迪

一般而言，科学活动中的理性精神建立在逻辑分析与推理证明的基础之上。爱因斯坦曾说："西方科学的发展是以两个伟大的成就为基础的：希腊哲学家发明形式逻辑体系（在欧几里得几何中），以及在文艺复兴时期发现系统的实验可能找出因果关系。"[1]

1 胡守钧：《文明之双翼——关于科学精神与人文精神的对话》，序4页，上海，复旦大学出版社，2011。

如果说前面讲到的实事求是的精神更多是侧重后一个伟大成就的话，那么牛顿不仅借鉴《几何原本》的公理结构形式、逻辑体系，而且在这个基础上更上一层楼，重视和引入数学成果，包括发明微积分这样革命性的数学成果来完成理论体系的证明，则是侧重第一个伟大的成就了。他还将逻辑推理和数学工具进行了有机结合，将这一伟大成就发扬光大，从而开创了现代自然科学理论的普适之路。

3. 严谨和创新相统一

首先，牛顿在《原理》中体现了严谨和创新的有机统一。牛顿在《原理》中提出的牛顿力学三定律、万有引力定律都是具有划时代意义的理论创新，但整个理论的形式、体系和过程又都是严谨的。这不仅表现在每个定义、定律的描述是严谨的，还表现在整个理论是在定义和定律基础上以严谨的演绎化方式展开的，并且每个展开的命题、定理、推论都有严谨的证明，从而实现了科学理论创立过程中严谨和创新的有机统一。

其次，在实验方面，也需要实现严谨和创新的有机统一。以卡文迪什测定引力常数 G 的扭秤实验为例，利用光的反射将微弱的力的作用的表现进行了放大是该实验成功的关键性创新，但该实验能取得之后 80 年间无人能在测量精度上完成超越的成就，还在于卡文迪什在该实验中所表现出的在实验误差分析、误差控制上的近乎苛刻的科学严谨的精神，同样体现了严谨和创新的有机统一。

4. 谦虚谨慎、不故步自封的精神

科学始终需要谦虚谨慎、不故步自封的精神。这一点在牛顿身上得到了生动的体现。在人类文明史上，极少有人能如牛顿一般对世界产生如此深远的影响。即使在取得了如此辉煌的成就之后，牛顿仍虚怀若谷。他曾这样形容自己："我不知道我可以向世界呈现什么，但是对于我自己来说，我似乎只是像一个在海岸边玩耍的孩子，以时常找到一个比通常更光滑的卵石或更美丽的贝壳而自娱，而广大的真理海洋在我面前还仍然没有被发现。"[1]

1　吴国胜：《科学的历程》，第 2 版，216 页，北京，北京大学出版社，2002。

在绪论中，我们已经讨论了物理学是反映物质世界组成和运动规律的科学，是对运动变化的物质世界客观规律在认识上不断逼近的过程。而从目前来看，物质世界组成和运动规律的度量远没到尽头，因此形成的理论就需要不断前进，这就要求探索者始终保持谦虚谨慎、不故步自封的精神。

1.5.2　科学思想

科学思想是指在各种特殊科学认识和研究方法的基础上提炼出来的、能够发现和解释其他同类或更多事物的合理观念和推断法则，它对进一步的、更广泛的科学研究和社会实践具有导向作用。

牛顿力学构建了人类历史上第一个现代科学理论体系，示范了一种现代科学理论体系的样板，因此体现了在现代科学理论体系创立上的普适性的法则，即在现代科学理论体系创立、完善和发展上的科学思想。

如图 1-21 所示，现代科学理论体系的创立大致验证了这样一个过程：首先基于实验或观测的事实，通过抽象、归纳、公理化的方法，提出尽可能少的、相互独立的基本概念和基本假设（公理、原理、定律等）；在这个基础上，再使用逻辑演绎、数学证明等手段推导出一系列的具体结论，表现为数目比较多的定理及推论，从而构成一个相对完整的理论体系；将定理及推论连同基本定义、基本假设应用于实验和实践，特别是可预见的实践（预测出原来未知的或无法解释的现象和行为），并在实践中检验上述结论的正确性，只有被实践验证了的结论才是成立的结论，被实践验证失败了的结论需要做出修改，甚至取消。

一个科学理论的价值不仅在于创立，而且在于通过不断的、新的

实验和实践的检验，实现不断的完善和发展。比如，在牛顿创立牛顿力学的基本理论体系以后，人们在实践中认识到有时直接使用力来处理并不方便，而使用力在位移或时间上的累积效果来处理更加方便，于是提出了功、能的概念，提出了动能定理和动量定理，还发现了能量守恒、动量守恒定律，使得牛顿力学成为更加完善的体系。

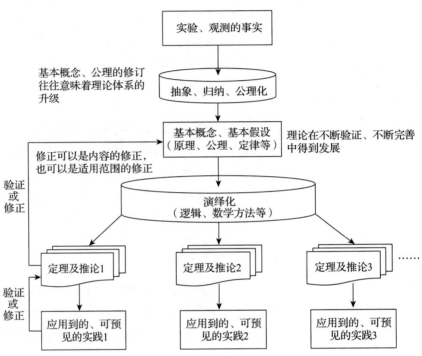

图1-21 牛顿《原理》所体现的在科学理论创建上的科学思想

一般而言，当基本概念或基本假设被新的实践证明在新的条件下不再成立、需要修改的时候，往往意味着理论体系的升级换代。比如，牛顿力学在以太漂移实验中被发现不再成立，爱因斯坦将光速不变作为基本公理引入物理学体系，从而使牛顿力学发展到更具一般性的相对论；当双缝干涉实验带来的波动性和粒子性"并存"使得牛顿力学的"确定性原则"无能为力以后，人们提出和发展了更具一般性的量子理论。

时至今日，牛顿力学在创立、完善、发展中所体现出的科学思想都是非常有价值的。

1.5.3 科学方法

重大的科学成就与重要的科学方法应用是分不开的。科学方法是人们在认识和改造世界中遵循或运用的、符合科学一般原则的各种途径和手段。牛顿力学作为现代科学理论的开端，同样在形成系

1　查有梁：《牛顿力学的横向研究：纪念自然哲学之数学原理发表 300 年（1687—1987）》，第 2 版，164 页，成都，四川教育出版社，2014。

统性的科学方法方面有重要贡献。这集中体现在以下几组关系上：归纳 – 演绎、分析 – 综合、实体 – 抽象、数学 – 物理[1]。

1. 归纳 – 演绎

归纳是从个别事实中概括出一般性结论，是一种由个别性前提过渡到一般性结论的推理形式；演绎则是从一般原理走向个别结论的思维方法，是由一般性原则推导个别结论的推理形式。

首先，牛顿重视归纳法的使用，比如他在描述万有引力规则时写道："最后，如实验和天文观察普遍显示，地球附近的所有物体都被地心引力所吸引，且这引力正比于物体各自所包含的物质的质量。月球也同样依据其物质质量受地球吸引，而另一方面，我们的海洋也受月球吸引，并且所有的行星也相互吸引，彗星也以类似方式被太阳吸引，我们必须沿用本规则赋予一切物体以普遍相互吸引的原理。"牛顿进一步提出一项规则："在实验哲学中，我们认为由现象所总结归纳出的命题是准确的或是基本正确的，而不管任何反面假设，直到出现了其他可以使之更精确，或是可以推翻这些命题之时。"这实际上又指出了归纳出来的命题要接受实践、实验的检验，并进行完善甚至废除[2]。

2　[英] 牛顿：《自然哲学的数学原理》，赵振江译，334~335 页，北京，商务出版社，2011。

其次，牛顿也重视演绎法的使用。牛顿力学本身就是一个演绎化的理论体系。比如，牛顿十分重视数学在演绎体系中的作用。其实相对于物理学，在一定程度上，数学是更抽象、更有一般性的规律，由数学证明或导出物理学的结论也是从一般到特殊的过程，即演绎的过程。当然，演绎出来的结论同样也要接受实践和实验的检验，并进行完善甚至废除。

最后，归纳和演绎经常处于联系之中，一个重要结论的获得往往需要归纳与演绎的有机结合，乃至实践或实验的检验。比如，在前面图 1 – 17 中，牛顿在提出引力反比距离平方关系的结论时就有机地运用了归纳法和演绎法，以及与天体观测规律的比对验证。牛顿通过比对地球吸引苹果和地球吸引月亮两种力，说明月亮所受引力与苹果所受重力是同一种力，而且都与距离平方成反比，这可以说是归纳的方法。另一方面，牛顿利用数学推导证明了向心力公式和球体吸引力原理，在此基础上进一步导出如果物体沿椭圆轨道运动，向心力与物体到椭圆的一个焦点的距离平方成反比的结论，这可以说是演绎的方法。不仅如此，牛顿还从开普勒三定律出发，导出同样的结论。由于开普勒三定律来自对天体运动的实际观察，所以这实际上是实现了用天体运动的实际观察结果来检验结论的目的。

2. 分析 – 综合

一般来说，把整体分解为各个部分的方法是分析法，把各个部分整合为整体的方法是综合法。人们在开始认识一个复杂事物的时候，往往是先从事物的各个部分开始，在完成对各部分的分析后，才开始对事物的整体进行分析。比如，牛顿在《原理》中对宇宙世界的认识：在前两编中，牛顿就是先从各种具体运动入手，分析了沿直线、抛物线、圆锥曲线等规定路线运动的物体的力和运动的规律，这是分析法的使用；最后，在第三编，牛顿希望借助万有引力定律从宇宙的角度解释物体间的吸引和运动，以实现对整个宇宙体系的描述，这可以说是综合法的使用。

另外，特殊性和普遍性、部分和整体往往是联系在一起的，因此归纳 – 演绎、分析 – 综合的方法也经常结合在一起使用。牛顿曾给出他的理解："在自然科学里，应该像在数学里一样，在研究困难的事物时，总是应当先用分析的方法，然后才用综合的方法……这种分析方法包括做实验和观察，用归纳法去从中作出普遍结论，并且不使这些结论遭到异议，除非这些异议来自实验或者其他可靠的真理方面……"[1]

1　查有梁：《牛顿力学的横向研究：纪念＜自然哲学之数学原理＞发表 300 年（1687—1987）》，第 2 版，167 页，成都，四川教育出版社，2014。

3. 实体 – 抽象

物理学的研究对象——物质世界以个性化的实体形式直接呈现，而物理学是寻求相同类别的不同个性化实体的共有的组成和运动规律的科学，因此它需要从个性化的实体到达体现共性化的抽象。对物理学科而言，实体和抽象都不可少，离开了实体，抽象就成为单纯的主观想象，偏离了实事求是的基本准则；离开了抽象，就难以形成体现共性的概念、模型，导致寻求内在共性规律的思维活动难以进行。

牛顿力学开启了实体与抽象、共性和个性相统一的认识方法，理想模型就是常见的应用。比如在力学中，质点就是一个基本的理想化模型，它是有质量但不存在体积或形状的点；通过质点的模型，就可以使作用力作用在一个点上，为受力分析提供条件。但在实际的物质世界中，物体一般是有大小和形状的，于是在物体的大小和形状不起作用，或者所起的作用并不显著而可以忽略不计时，我们就可以近似地把该物体看作一个只具有质量而没有体积、形状的理想物体，即以质点来代替原有的有质量和形状的物体。

　　在物理学中还有一个有特色的例子就是理想实验的方法。实验是物理学研究的基本手段，通常是通过实物过程而实现的。理想实验是和实体实验对应的概念，它是由人们在抽象思维中设想出来而实际上无法做到的实验，比如前面提到的伽利略的理想斜板实验，在现实中是无法做到完全没有摩擦的。但理想实验并不是脱离实际的主观臆想，它以实体实验为基础，是在真实的科学实验的基础上，抓住主要矛盾，忽略次要矛盾，达到对实际过程做出更深一层的抽象分析的目的的。同时，理想实验的推理过程是以一定的逻辑法则为根据的，而这些逻辑法则又都是从长期的社会实践中总结出来的，并为实践所证实了的。所以伽利略在理想斜板实验中通过完全忽略摩擦的影响，并通过从长期的社会实践中总结出来的逻辑准则，推理出当对面的斜面改为水平面，小球则会以滚到水平面时的速率沿直线永远地运动下去，从而提出了惯性的概念。

　　4. 数学－物理

　　把数学方法与物理研究结合起来，形成数学－物理方法是牛顿在《原理》中所创立的一个有重要特色的方法。牛顿在《原理》的序言中开宗明义地写道："古人在自然研究方面，把力学看得很重要；近人则抛弃了物性形式及潜在属性的理论以后，开始将自然现象归宿到数学定理上去。所以本书内，于物理学的范围中尽量将数学演出，看来是有意义的事。"[1]

　　牛顿在力学中大量使用了几何学、矢量（代数）以及微积分方法。特别是依靠他创立的微积分方法，牛顿比同时代的科学家更好地解决了棘手的物理学问题，建立起牛顿力学的宏大体系，发现了万有引力定律。

　　牛顿开创的数学－物理方法成了近代物理学的重要方法。从牛顿到麦克斯韦，从麦克斯韦到爱因斯坦，还有发现量子理论的众多物理学大师都重视数学－物理方法的应用，由此做出了重要的成就和贡献。

1　查有梁：《牛顿力学的横向研究：纪念〈自然哲学之数学原理〉发表 300 年（1687 – 1987）》，第 2 版，168 页，成都，四川教育出版社，2014。

1.6
牛顿力学与数学

　　这里我们具体讨论一些牛顿力学和数学密切结合的内容，包括牛顿力学与欧几里得几何、牛顿力学与向量（代数）、牛顿力学与微积分。

1.6.1　牛顿力学与欧几里得几何

　　按照现在的说法，几何学的研究始于埃及，缘于当时社会生产的需要。每当雨季来临时，尼罗河都会泛滥，淹没尼罗河流域肥沃的土地，有时会摧毁边界标识，有时会改道而行，冲走许多土地。由于统治者按照耕地的多少来征收农业税，所以为了恢复地界和确定税金，洪水过后人们需要重新丈量土地。发明快速、精确的方法来丈量耕地显然是埃及人发展几何学的动力。后来，古希腊人在几何领域取得了辉煌的成就，他们创造了证明的思想，同时也努力把几何学置于坚固的逻辑基础之上，由此几何的应用也扩大到建筑等更广泛的领域。

公元前约300年，古希腊数学家欧几里得（Euclid）利用古希腊人已经积累的几何知识，采用使用逻辑推理去证明几何命题的方法，将早期许多没有联系和未予严谨证明的定理加以整理，采用公理化的方法，写下《几何原本》一书，它标志着欧氏几何学的建立。欧氏几何学建立了角和空间中距离之间联系的法则，现称为欧几里得几何，处理平面上二维物体的几何称为平面几何，在空间中处理三维物体的几何称为立体几何。

欧几里得几何标志性的几何性质是当图形平移（沿一条直线运动）或旋转（图形倾斜）时，图形的大小和形状保持不变。

有了这样的背景，我们就可以分析牛顿力学和欧几里得几何的直接关系了。二者的关系主要表现在三个方面：①牛顿力学和欧几里得几何的内在契合性；②公理化方式的继承；③欧几里得几何在牛顿《原理》一书证明上的大量使用。

1. 牛顿力学和欧几里得几何的内在契合性

牛顿力学和欧几里得几何具有内在的契合性。其根本原因在于它们是对一个尺度范围内的物质世界在几何（数学）上和物理上的不同反映，这个尺度范围大致就是绪论图0-6中牛顿力学对应的范围，即10^5（地球半径）～10^{-5} m（活细胞或DNA分子的大小）。

而牛顿力学中的伽利略变换（见1.2.4节中图1-4）实际上是欧几里得几何平移不变性的一个表现（只在x轴上平移），相对性原理（物体的位移和惯性系的选择没有关系）和欧几里得几何平移不变性（两点间距离不随平移改变）是一致的。

正是因为欧几里得几何具有平移不变性，所以一个推论是欧几里得几何对应的空间是刚性的，即空间的坐标轴是不可伸缩的，而刚性空间正好是牛顿力学适用的空间。

后面，我们会看到从牛顿力学演进到广义相对论的时候，对应的几何学空间属性发生改变，从刚性的欧几里得空间走向了弯曲的黎曼空间。

因此理解牛顿力学和欧几里得几何的内在契合性关系，有助于我们理解牛顿力学的适用范围及其向广义相对论的演进。

2. 公理化方式的继承

在一个数学理论系统中，如果尽可能少地选取原始概念和不加证明的若干公理，以此为出发点，利用纯逻辑推理的方法，把该系统建立成一个演绎系统，那么这样的方法就是公理化方法。欧几里得在整理欧几里得几何时采用的正是这种方法。他首先摆出公理、公设、定义，然后以公理、公设、定义为已知要素，证明了第一个命题。再以此为基础，来证明第二个命题，如此下去有条不紊、由简单到复杂地证明出一系列命题。在数学发展史上，欧几里得被认为是成功而系统地应用公理化方法的第一人。

如前所述，牛顿在《原理》一书中正是借鉴了欧几里得的公理化方式。当然，根据物理学的特点，牛顿在《原理》一书中增加了结论（命题）与实际天文观测结果、实验结果的检验环节。

3. 欧几里得几何在证明上的大量使用

牛顿提出，几何学与力学是不能分割的。因此，牛顿在《原理》中的命题证明上大量运用了几何方法。比如在前面 1.4.6 节图 1-15 中，牛顿在推导作圆周运动的向心加速度公式的时候就使用了三角形相似的原理，不过这时的几何方法是和微分方法结合使用的。

1.6.2　牛顿力学与向量

从一定意义上而言，探索物理学的规律主要体现在探究不同物理量之间的数学关系上。这样，首先就需要用合适的数学工具来表示这些物理量。在数学上，标量和向量（即物理学的矢量）是两种典型的量的类型[1]。标量是没有方向，仅用大小就能够完整描述的量，矢量是既有大小又有方向的量。物理学上典型的标量有时间、质量、温度、电压、电荷量等，典型的矢量有力、位移、速度、加速度、电场强度、磁感应强度等。牛顿力学主要是探究运动和力的关系的，由于和运动、力相关的物理量多是有方向的矢量，牛顿力学和矢量有密切的关系，所以有时牛顿力学又被称为矢量力学。本节我们简要介绍向量及其在牛顿力学中的应用，包括向量的加减运算和力的合成与分解、向量的加减运算和运动的合成与分

[1]　本文中，从数学的角度进行说明时还保持向量的说法，从物理学的角度进行说明时使用矢量的说法。

解、向量的内积与功。最后，给出从矢量的角度看到的牛顿力学体系的示意图。

1. 向量的加减运算和力的合成与分解

如图 1−22（a）所示，向量相加（减）满足平行四边形法则，向量加（减）法的坐标分量是两向量对应坐标分量之和（差），向量加（减）法的结果仍是向量。

两个力可按平行四边形法则合成，如图 1−22（b）所示。一个力可按平行四边形法则在任意两方向上分解，如图 1−22（c）所示。

向量相加（减）满足平行四边形法则，向量加（减）法的坐标分量是两向量对应坐标分量之和（差），向量加（减）法的结果仍是向量

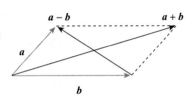

（a）力的平行四边形法则

按平行四边形法则合成　　$f = f_1 + f_2$

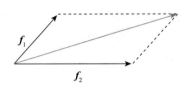

（b）力的合成

按平行四边形法则在任意两方向上分解　　$f = f_1 + f_2$
　　$f = f_1' + f_2'$

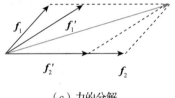

（c）力的分解

图 1−22　向量的加减运算和力的合成与分解

2. 向量的加减运算和运动的合成与分解

同样，向量的平行四边形法则也适用于运动的分解和合成。以平抛运动为例，利用前面提到的分析法，先分别考虑水平和竖直两个方向上的运动，如图 1−23 所示。设 $t = 0$ 的时刻，红色球以 $v_{0水平}$ 的速度沿 x 方向开始作平抛运动。为方便对比，我们假定在这一时刻，有一个橙色球从相同的高度开始自由下落，同时，在光滑的平面上还有一个蓝色的小球在红色球的正下方开始以 $v_{0水平}$ 开始沿 x 方向作匀速直线运动。假设不计空气阻力和小球与平面间的摩擦力。

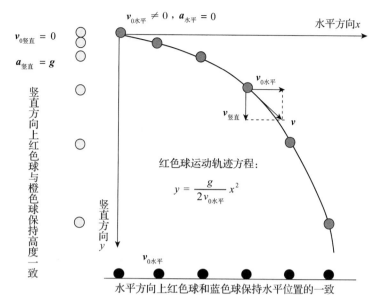

水平方向上红色球和蓝色球保持水平位置的一致

图1-23 平抛运动的分解与合成

我们会发现,在红色球落地前的相同的时刻,在竖直方向,红色球会和竖直下落的橙色球始终保持在相同的高度,同时在水平方向,红色球会和蓝色球保持同步。这样就说明平抛运动在水平方向分解为匀速直线运动,在竖直方向分解为自由落体运动。而合起来看,红色小球的运动轨迹是一条抛物线,在下落期间的每一个瞬间,红色小球的速度 v 都是水平速度 $v_{0水平}$ 和竖直速度 $v_{竖直}$ 按平行四边形法则的合成,方向沿运动轨迹抛物线的切线方向。

运动的分解与合成常常为我们采用分析-综合法把复杂运动的分析转化为简单运动的分析提供方便。

3. 向量的内积与功

任意两个向量 A 与 B 的内积(又称点积)是一个标量,等于两个向量的大小与它们夹角 θ 的余弦值的乘积,即

$$AB = |A||B|\cos\theta$$

在1.4.3节中已经介绍,在牛顿第二定律的基础上,通过对力作用下的位移积累,得到功 $W = \int_{s_1}^{s_2} F\mathrm{d}s = m\int_{v_1}^{v_2} v\mathrm{d}v$,进而得到动能定理,即 $W = E_{k_2} - E_{k_1}$。这样,通过做功的概念人们发现了力的空间积累作用与物体的状态量——动能之间的关系,为解决力学问题提供了便利的途径。同时,动能能量观点的引入又促进了能量守恒定律的形成。可以说,功的概念是数学的向量内积的概念在物理学中的一个具体而重要的运用。

4. 从矢量的角度看牛顿力学体系

如图1-24所示,如果我们回顾一下牛顿力学体系中的三大定

律和万有引力定律,就会发现它们都可以用矢量关系来表达,这也许就是牛顿力学有时又被称作矢量力学的原因吧。

牛顿第一定律	可描述为:在任意方向上,如果物体受到的合外力为零,那么物体将在该方向上保持静止或匀速直线运动。	$\sum F_i = 0$
牛顿第二定律	可描述为:在任意方向上,物体运动的变化与该方向上的合外力成正比,且沿该方向改变。	$\sum F_i = \dfrac{\mathrm{d}p}{\mathrm{d}t} = ma$
牛顿第三定律	可描述为:每一种作用都有一个与之方向相反的反作用,并且两个物体间的相互作用总是相等的。	$F_{12} = -F_{21}$
万有引力定律	可描述为:任意两个物体间都存在相互作用的引力,力的方向沿两物体的连线,力的大小与两物体的质量乘积成正比,与它们之间的距离的平方成反比。	$F_{引} = G\dfrac{mM}{r^2}r_0$

矢量关系

图1-24 从矢量的角度看牛顿力学体系

另外需要说明的是,向量代数在数学上还有其他一系列的定义和运算规则。数学的向量代数理论的应用一直贯穿整个经典物理学,包括后面的电磁学,甚至在狭义和广义相对论部分,相关内容我们在后面还会继续讨论。

1.6.3 牛顿力学与微积分

微积分思想萌芽于古代,建立在17世纪。牛顿和莱布尼茨(Gottfride W. Leibniz)继承并发展了前人的工作,奠定了微积分学的基础。微积分的创立被认为是17世纪最伟大的数学成就。

牛顿力学无疑是17世纪最伟大的物理学成就,牛顿是两大成就的有机结合者。他在解决力学问题的过程中,创建了相当于今天的微积分学的"流数术",他把变量叫作"流量",把变量的变化率叫作"流数"。牛顿力学与微积分仿佛是一对孪生兄弟,微积分支撑了牛顿力学的创立,牛顿力学的运用促进了微积分的发展。

这里,我们仅"就事说事",简要说明牛顿是如何利用微积分思想和手段解决牛顿力学理论创建的问题的,进而延伸到这种结合对后续物理学发展乃至自然科学发展的重要影响。

在牛顿力学阶段,微积分的使用有以下五方面的意义:①定义了之前不容易定义的量;②推导过程中产生了意想不到的效果;③利用级数工具可以只用有限项;④利用微分方程描述联系和规律；⑤求极值获得最优途径。

1. 定义了之前不容易定义的量

现在我们很容易理解的速度、加速度、平均速度、瞬间速度等概念的定义，曾经困惑过像伽利略这样的大师们。牛顿通过平均速度来定义瞬时速度。平均速度容易计算，但是如果速度和加速度每时每刻都在变化的话，怎么求？牛顿把时间间隔不断取小，这样，"在任何有限的时间里，量和量的比值总是不断地接近相等，并在最后时刻使比值的差值小于给定的值，并最终实现相等"[1]。这是一种概念上的飞跃，它实现了从之前对速度的静态定义的方式到在运动中定义的方式的转变，为后续力学理论的讨论打下基础。

2. 推导过程中产生了意想不到的效果

牛顿在使用微分概念证明有关命题的过程中，经常是先假设相对理想的情况，以"大尺寸"来寻找关系，随后采用上面提到的将尺寸缩小的方法，不仅实现了向非理想情况的过渡，而且能通过近似关系取得意想不到的效果。还以 1.4.6 节图 1 - 15 中牛顿推导作圆周运动的向心加速度公式为例。牛顿首先讨论了匀速圆周运动的情况，利用三角形相似原理，得到了半径、线速度、线速度变化和走过的弧对应的弦长之间的关系。其实，这时在关系中需要的是走过的弧长，而不是对应的弦长。通常情况下，弧长和对应的弦长是不相等的。随后，牛顿将走过的间隔变小，直到无限小，这时可以认为弧长和对应的弦长是相等的，由此实现了替换，产生了意想不到的效果。最后经过变形得到了向心加速度公式，而且，当间隔无限小时，速度大小也可以视为不变，这样由理想的匀速圆周运动导出的向心加速度公式同样适合非匀速圆周运动，即一般圆周运动的情况，于是就得到针对一般情况的向心加速度公式。

3. 利用级数工具可以只用有限项

级数展开是由微积分衍生的一个数学工具。利用它可以把超越函数转化为无数个有规律的初等函数（如幂函数）的展开。而在微分的情况下，不需要取无限多项，而是可以取有限的几项，这样同样也可能得到"意外"收获。比如在 1.4.7 节牛顿作月地检验的推导中，就是在微分情况下对余弦函数进行级数展开，并取前两项，从而化简得到地球对苹果的吸引力和地球对月球的吸引力都和

1　[英] 牛顿：《自然哲学的数学原理》，赵振江译，28 页，北京，商务印书馆，2011。

它们离地心的距离的平方成反比的重要结果，由此推断月亮所受引力与苹果所受重力是来自地球的同一种引力。

4. 利用微分方程描述联系和规律

当然，在微分基础上发展起来的最有效的科学技术工具莫过于微分方程。微分方程已经成为物理学领域乃至科技工程领域中最基本的数学模型。自然科学是寻找各种量之间的相互关系的科学，而关系的直接体现就是利用微分方程描述出联系和规律。牛顿第二定律就是一个微分方程，只不过是最简单形式的微分方程。

5. 求极值获得最优途径

利用微积分计算极值使函数最优化，在理论和实际场合都有广泛应用。在微积分的基础上发展起来的另一个和最优化相关的分支——变分法则给牛顿力学带来了新的发展和突破，产生了分析力学，我们将在 1.8 节中进行粗略介绍。

1.7 牛顿力学的局限性

牛顿力学是人类文明史上十分重大的成就。但如同任何一个理论一样，作为一定阶段人类认识物质世界的产物，随着时代的发展，实践的发展，认识的发展，它也成为一定条件下才成立的规律，即由原来的普遍性的规律变为更为广泛条件下的特殊性的规律。

从现代的角度看，牛顿力学的局限性主要体现在以下方面：①对高速运动的物体不适用。比如当物体运动的速度和光速有可比性时，或者即使远低于光速但需要精确控制时间误差的场合，比如卫星定位系统中，卫星的运动速度造成的时间误差就需要根据狭义相对论进行修订，否则就会造成定位的失效。②不适合微观粒子的情况。因为对微观粒子而言，波粒二象性已经显现，只体现粒子性的牛顿力学就不再适用，而需要使用量子理论。③在超大质量的情况下，牛顿力学不再适用，而需要采取广义相对论。甚至在需要精确控制时间误差的场合，比如卫星定位系统中，不仅要考虑地球对卫星引力的作用，还要考虑地球引力场在空间上形成弯曲程度的差异，这时单纯的牛顿力学理论也不够用，需要结合广义相对论对时间误差进行修正。

总体而言，如绪论中图 0-8 所示，在当前人类所了解的时空中，牛顿力学只在中间非常小的一个区域是适用的。在这个区域内，可以认为牛顿力学具有"普遍性"，在一定条件下（如自由质点）具有方便的适用性，但出了这个范围，牛顿力学就不成立了，就需要使用具有更大"普遍性"的规律，如狭义相对论、广义相对论、量子理论等。此外，即使在上述非常小的适用区域内，当遇到多质点、多约束的相对复杂的实际问题时，直接使用牛顿力学也很不方便，这样就产生了牛顿力学的后续发展。

1.8
牛顿力学后续的发展

如前所述，牛顿力学给出力学的基本概念、基本定律等，创立了科学的物理学研究的思想和方法论，为后续力学的发展打下坚实的基础。但从 18 世纪起，人类在第一次工业革命中碰到的实际力学问题比牛顿力学讨论的自由质点要复杂得多，多是有相互联系的多质点、多约束问题，这样单纯的牛顿力学就无能为力了。于是，以达朗贝尔（D'Alembert）、拉格朗日（Lagrange）和拉普拉斯（Laplace）为代表的一批物理学家、数学家依靠更多的数学成果开辟出另一条解决复杂力学问题的路子（这就是分析力学），以解决牛顿力学不能解决的问题。这里，我们仅对分析力学的基本思路及本书后面涉及的哈密顿原理作简要说明。

分析力学非常抽象，我们想借助哲学思想帮助读者从高处观察分析力学的基本思路，以便更好地理解它。

如图 1-25 所示，我们认为分析力学是遵循从运动到静止再到运动的大思路。一般情况下，物体是运动的，但直接对运动的物体进行定量分析难度大，分析力学就是通过微分的手段（分析法的分解），将一段连续的运动切成无数小的片段，这样在这些无数小的片段内，可以大致认为物体是静止的，可以根据静止的关系来处理。随后，再依据公理给出的约束，把无数小的片段合并起来（综合法的合成），这样把无数多个静止合成一个运动。这也体现了哲学上运动和静止的辩证关系：运动是绝对的，静止是相对的，二者既相互对立（在一个时刻、一种条件下只能是其一），又可以在一定条件下相互转化（运动→静止，静止→运动）。

下面我们就分析下分析力学的具体思路。

首先，分析力学要完成从牛顿力学的几个转变：①从矢量到标量；②从直角坐标到广义坐标；③从瞬时到过程；④从力到能量。这样是为了适应在关联的多质点、多约束的条件下进行过程处理的需要。

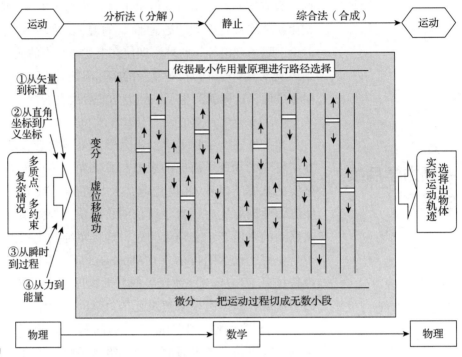

图1-25 分析力学的基本思路示意

1 相比于微分是由自变量的微增量而引起的函数的微增量，变分则是自变量不变，仅由于函数本身形式的微小改变而得到的函数的改变。

其次，在利用微分切片的基础上，在每一个片内利用变分的思想[1]，引入虚位移做功的概念，以可变的方式表示出每一个片内做功的可能情况。原则上，由无数可变的切片组合成一个连续运动过程的路径有无数个，但依据最小作用量原理（可以视为公理）可以在这些无数个组合的路径中选择出一个，这条路径就是在当前情况下物体实际的运动轨迹。

从上面的过程我们可以看出，分析力学通过一些转换把物理学问题变成了数学问题（如变分、极值等），通过使用有效的数学工具和技巧进行处理，然后再还原回物理学问题。

在上面的过程中，有一个关键性的原理是作为公理使用的，那就是最小作用量原理。最小作用量原理反映的基本要求可能是物质世界中最基本的要求，它在不同的阶段有不同的内容和形式。早期的如费马原理（又称为"最短时间原理"）认为光线移动的路径是需时最少的路径。后来，莫佩尔蒂发表的最小作用量原理阐明，对于所有的自然现象作用量趋向于最小值。欧拉也独立地发表了与莫佩尔蒂等同的理论。这些原理的研究引导出分析力学的拉格朗日表述和哈密顿表述。哈密顿表述（又称哈密顿原理）具有更大一些的普遍性。

可以看出，图1-25中给出的处理是分析力学的处理，但体现的思想（变分的思想、最小作用量原理、运动与静止相互转化）具有普适性。哈密顿原理是其中重要的一环，它是英国数学家哈密顿（William Rowan Hamilton）于 1834 年发表的动力学中一条适用于完整系统的十分重要的变分原理。

哈密顿原理可表述为：在 $N+1$ 维空间（q_1，q_2，$\cdots$，q_N；t）中，任两点之间连线上动势 $L(q, t)$（见拉格朗日方程）的时间积分以真实运动路线上的值为驻值。

具体来说，哈密顿原理是指质点在广义坐标系下，两个邻近的时刻 t_1、t_2 之间可能运动的路径有无数条（变分），但由于存在作用，实际的路径只有一条。这里的作用是指约束（约束可以很宽泛，本身也是变化的）。哈密顿原理提出了质点系的真实运动与在质点系真实运动邻近且为约束所能允许的可能运动的区分准则，这个区分准则就是：所取得的真实路径就是能使作用量取得极值的那条路径。哈密顿原理也可以陈述为：凡物质系统运动变化，总是使其作用量为最小（或极小），但也可以为极大，只要稳定（即取为极值）即可，亦即实际发生的运动变化对应于作用量为稳定的过程[1]。

在现代物理学里哈密顿原理非常重要，该原理在相对论、量子力学、量子场论里都有广泛的用途。

1 沈葹：《美哉物理》，151页，上海，上海科学技术出版社，2010。

1.9 牛顿力学与人文思想进步

牛顿力学不仅推动了科学上的革命，而且对人类人文思想的进步起到了很大的推动作用。这种推动作用突出表现在克服中世纪神学思想对人性解放的束缚以及后来对法国启蒙运动的影响上。

牛顿力学的三大定律和万有引力定律把天体和地上物体的运动规律统一到可以通过数学公式表述的经典物理学框架中，牛顿用刚性的、机械的"力"取代天体运行中的神秘因素，以数学公式表述其规律，并得到事实的有力证实，表明天体不是中世纪宣称的那样具有神圣的性质。从力学的角度讲，天体规律和地球上的自然现象并无二致，《圣经》不是人们获得知识的唯一源泉，知识的领悟并不以信仰为前提。相反，理性的分析和推理才是通达知识的正确道路。

如果说牛顿是以一种相对温和、保守的立场，通过物理学革命开启了近代人文主义思想序幕的话，伴随着 18 世纪牛顿力学在法国的传播和发展而兴起的法国启蒙运动进一步张扬了人文主义思潮。

以伏尔泰（Voltaire）为领袖的启蒙思想家强调人的理性是衡

量一切的尺度，高举理性的批判大旗，要求建立一个以理性为基础的社会。他们把他们的时代比作一个人类由愚昧进入文明、由黑暗进入光明的黎明时期。强调新时代迫切需要由知识来扫荡人心中的迷信和无知，需要由理性的力量来支配人类生活的一切方面。只有理性，才能保证人类社会的进步。伏尔泰、狄德罗（Denis Diderot）、爱尔维修（Claude A. Helvétius）、卢梭（Jean-Jacques Rousseau）、孟德斯鸠（Charles Louis de Secondat）等法国启蒙学家从牛顿力学中得到启发，提出一系列批判神学教条、反对封建制度、主张人人平等的理论。伏尔泰说："我们都是牛顿的学生，我感谢他独自发现和证实宇宙的真实体系。"他们的著作和思想长久地在法国及欧洲其他国家流传并发挥影响，形成了近代史上著名的启蒙运动[1]。

法国启蒙运动所高举的"理性"旗帜与牛顿力学有着密切的关系。在牛顿的数理世界里，处处充满着井然有序的理性规律和法则，万有引力定律是它们的一个象征。在引力定律的支配下，行星无一例外地作椭圆运动，由此人们可以准确地预言行星在某一时刻的位置和速度。这促使人们相信，不仅在物质世界有如此的自然规律，在人类社会的发展中，也应该有类似的规律。只要掌握了社会发展的规律，人类就可以掌握自己的命运。理性不仅是对待自然界的正确态度，而且应该是对待一切事物的恰当原则[2]。

如前所述，牛顿力学在法国不仅得到传播，而且得到进一步发展。达朗贝尔、拉格朗日和拉普拉斯等对牛顿力学进行系统化，进一步完善经典力学的基本框架，把力学体系的运动方程从以力为基本概念的牛顿形式，扩展为以能量为基本概念的分析力学形式。这不仅解决了面向实际应用的多质点、多约束的力学问题，而且为把力学理论推广到物理学其他领域开辟了道路。达朗贝尔本人就是在启蒙运动中发挥重要作用的百科全书派的重要成员。18 世纪，法国在自然科学方面的辉煌成就同样应该理解为法国启蒙运动的一部分。在这里，我们也看到了物理学和人文思想互相交汇、互相促进的发展历程。

1　胡守钧：《文明之双翼：关于科学精神与人文精神的对话》，8 页，上海，复旦大学出版社，2011。

2　吴国盛：《科学的历程》，第 2 版，266 页，北京，北京大学出版社，2002。

第 2 章　经典电磁学

经典电磁学是继牛顿力学后又一个完整的物理学理论，它是19 世纪人类科技进步的伟大成果之一。电磁学带来以电力、电气、无线电通信为标志的第二次全球性技术革命，深刻改变了人类社会文明发展的进程。在物理学理论的发展中，经典电磁学理论起到承上启下的作用。

2.1 概述

在本节，我们阐释了电磁学的重大意义，回顾了电磁学发展的主要历程，梳理了电磁学的基本逻辑框架，分析了电磁学在牛顿力学与狭义相对论、经典量子理论间所起的"承前启后"的作用。随后，对经典电磁学的两部分核心内容（我们称之为经典电磁学的两翼）——麦克斯韦方程组和洛伦兹力公式进行了"个性化"的介绍。

对于麦克斯韦方程组，我们综合运用转化、类比、归纳与哲学"俯瞰"等方法，把复杂问题分解为简单问题，把抽象表达还原为形象表达，以搭建积木的方式完成对麦克斯韦方程组的构建。同时，站在哲学的高度，透视麦克斯韦方程组的系统性、整体性和内在脉络。之后，求解麦克斯韦方程组得到对电磁波的预测。最后，分门别类介绍了电磁波的出现对于人类社会的巨大意义。

对于洛伦兹力公式，我们回顾了洛伦兹力提出的背景，重点阐述了洛伦兹力公式及洛伦兹力的特征。随后，基于下述两方面原因，我们剖析了电子的发现过程：一是电子的发现对于打破原子不可分的传统观念、开辟人类认识微观世界的新天地具有特殊的意义；二是在发现电子的过程中，我们不仅看到洛伦兹力的运用，还可以体会在科学创新探索中如何把细致实验和逻辑思考紧密结合。

再后，我们站在狭义相对论、量子理论的高处，"反向"观察电磁学的支柱性成果，在物理学整体中去认识电磁学的主要成果，由此我们将看到洛伦兹力和麦克斯韦方程组最终在理论上实现了统一，同时我们也会更好理解从经典电磁学到狭义相对论、量子理论的演化发展的内在逻辑。

本章最后，我们介绍了电磁场理论在大自然中应用的一个生动案例——地球磁场（简称地磁场）。之所以介绍地磁场，不仅是因为它产生年代的久远，而且是因为它为生命的诞生、演化以及人类赖以生存的地球环境提供了"隐形"保护，还因为它创造了候鸟远距离迁徙的神奇现象。

2.1.1 电磁学理论的重大意义

电磁学理论的意义主要体现在以下几个方面。

其一，从作用范围看，在原子、分子的尺度范围内电磁力特别重要，原因是在这个范围内，四大基本作用力中，万有引力过弱可略去，强相互作用和弱相互作用是短程力，只在原子核内起作用，只有电磁力对原子、分子的结构起着关键作用，在很大程度上决定了物质的物理性质和化学性质。实际上，宏观范围内的各种接触力，如摩擦力、弹性力、黏滞力等都是原子之间电磁作用的结果。

其二，电磁过程是自然界的基本过程之一。基于带电粒子受电磁作用在各种特定条件下的运动形成了电工学、电子学、等粒子体物理学和磁流体力学等许多蓬勃发展的分支学科[1]。

其三，电磁学理论在整个物理学理论发展中占有重要的地位。电磁学理论既承认带电粒子是独立的客观存在，会受到电磁作用；同时又承认电磁场也是区别于实物的又一种客观存在，并得出了光是电磁波的重要结论。这些结论都为后续人们认识光和粒子的波粒二象性，并创立经典量子理论发挥了基础性的铺垫作用。而来自电磁场理论的"真空中光传播速度不变"的结论，以及对电磁力公式的相对性原理（变换不变性）的探讨，则为狭义相对论的创立提供了关键性的依据。

其四，电磁学理论在技术上的应用带来人类历史上的第二次全球性技术革命。电磁技术具有转化效能高、传递迅速准确、便于控制等优点。电磁技术在能源的开发、输送、使用，机电控制和自动化，信息传递以及各种电磁测量等方面具有重要意义，为物质生产、技术进步、社会发展乃至人类文明带来了难以估量的广泛且深刻的影响。

1 陈秉乾，舒幼生，胡望雨：《电磁学专题研究》，绪论，北京，高等教育出版社，2001。

2.1.2　电磁学发展的主要历程

如图 2 - 1 所示，我们可以把电磁学的发展大致分成四个阶段：阶段Ⅰ　电学的早期发展；阶段Ⅱ　19 世纪的电磁学；阶段Ⅲ　电磁学在技术革命上的应用；阶段Ⅳ　量子电动力学。本书以"阶段Ⅱ　19 世纪的电磁学"为主。

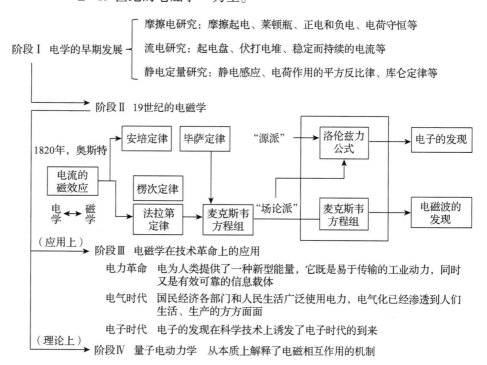

图 2-1　电磁学发展历程的
简要回顾

阶段Ⅰ为电学的早期发展阶段，对应着 19 世纪前人们在电学方面取得的一些进展，主要包括摩擦电研究、流电研究和静电定量研究等。

在摩擦电研究方面，人们通过实验已经发现了导电物质和非导电物质的区别，并根据摩擦起电制造了摩擦起电机，制作了可以储存电荷的莱顿瓶，统一了天电和地电，提出了正电和负电的概念[1]。

在流电研究方面，伽伐尼（Galvani）发明的起电盘有存储电荷的作用，可以替代莱顿瓶。伏打（Volta）制造出了著名的伏打电堆，使人们第一次有可能获得稳定而持续的电流，从而为研究电现象打下了基础。

在静电定量研究方面，人们已经认识到电荷分正电和负电，同性相斥，异性相吸，并开始定量地研究电荷力。卡文迪什提出了电荷作用的平方反比律。库仑则用扭秤来测量电荷之间的相互作用

1　吴国盛：《科学的历程》，第 2 版，279 ~ 286 页，北京，北京大学出版社，2002。

力，发现电的引力或斥力与两个小球的电荷之积成正比，而与两小球球心之间的距离的平方成反比，这就是库仑定律。

下面我们重点介绍一下阶段Ⅱ——19世纪的电磁学。第一个标志是奥斯特实验。奥斯特（Hans C. Ørsted）深受康德哲学关于各种"自然力"统一观点的影响，相信电与磁之间可能存在着某种联系，经过不懈努力，终于在1820年发现了电流的磁效应，即长直载流导线使与之平行放置的磁针受力偏转。奥斯特实验揭示了电现象和磁现象的联系，宣告电磁学作为同一学科的诞生[1]。

其后，安培（Ampere）进行了两平行长直载流导线相互作用的实验，发现电流方向相同时相互排斥，相反时相互吸引。另外，安培还发现载流直螺线管与磁棒具有等效性。由此，安培摒弃了"磁荷"的观点，提出磁现象的本质是电流，物质的磁性来源于其中的"分子电流"，从根本上揭示了电现象与磁现象的内在联系。而毕萨定律则提供了任意电流源产生磁场的公式。

1831年，法拉第（Michael Faraday）发现了电磁感应现象，提出了感应电动势的概念。1834年，楞次（Heinrich F. E. Lenz）给出了确定感应电流方向的方法——楞次定律。

在电磁学理论发展的进程中，逐步形成两个相对立的学派——"源派"和"场论派"。以法、德两国的物理学家为代表的"源派"对电磁作用持超距作用观点，认为电荷是客观存在的实体，是一切电磁现象之源。他们否认电磁场的客观存在，试图建立基本的电磁力公式，用于统一解释全部电磁现象。以英国物理学家法拉第、麦克斯韦为代表的"场论派"对电磁作用持近距作用的场观点，致力于电磁场的研究，认为或倾向于认为，电荷、电流并非客观实体，而只是传递电磁作用的媒介物的某种运动形态或表现形式。显然，两种学派都不能完好地解释全部的电磁现象[2]。

电磁学理论的最大成果是麦克斯韦方程组的形成。1864年，麦克斯韦（James C. Maxwell）对前人和自己的工作进行了概括，提出了联系电荷、电流、电场和磁场的基本微分方程组。这一方程组经后人的整理和改写，成为经典电动力学的主要基础，即麦克斯韦方程组。麦克斯韦方程组发展了法拉第的成就，提出了"位移电流"的概念，表明不仅变化的磁场产生电场，而且变化的电场也会产生磁场。这种变化的电场和磁场构成统一的电磁场。根据该方程组的求解，麦克斯韦还直接预测了电磁波的存在，并给出了电磁波的传播速度，正好等于光速。1888年，德国物理学家赫兹

1　陈秉乾，舒幼生，胡望雨：《电磁学专题研究》，5～11页，北京，高等教育出版社，2001。

2　同上，9页。

（Heinrich R. Hertz）通过实验证实了电磁波的存在和它的传播速度与光速相等，从而证明了麦克斯韦电磁理论和位移电流概念的正确性。电磁理论的建立，揭示了电、磁和光的统一性，实现了人类对自然界认识的又一次伟大综合，它是物理学发展的又一里程碑，标志着经典物理学的成熟。

电磁学理论的另外一项重大成果是洛伦兹提出的洛伦兹力公式。洛伦兹在融合两种流派的不同观点的基础上，将电场、磁场概念引入电磁力公式，补齐了原来电磁力公式的不足，完整而统一地描述了带电粒子在电磁场中受到的电场力和磁场力。洛伦兹力公式成为解决带电粒子在电磁场中的受力相关问题的基石。

麦克斯韦方程组和洛伦兹力公式成为经典电磁理论的两大支柱，分别揭示了电磁场运动变化的规律和电磁作用的规律，电磁学的全部规律几乎尽在其中。

1897 年，J. J. 汤姆孙（Joseph John Thomson）通过基于洛伦兹力设计的阴极射线实验发现了质量约为氢原子两千分之一的带负电的粒子——电子，打破了原子不可再分的藩篱，开启了人类通向微观粒子世界的大门。从此，人类对物质结构的认识进入新的、更深入的层次。

在技术应用上，电磁学理论的发展和成熟带来了第二次全球性的技术革命。人类社会由此进入电力、电气、电子时代。电力为人类提供了一种新型能量，它既是易于传输的工业动力，同时又是有效且可靠的信息载体。电气化推动了国民经济的发展，它已经渗透到各部门和人们生活、生产的方方面面。电子的发现在科学技术上诱发了电子时代的到来，出现了电报、电话和无线电等与信息传输相关联的通信方式。这些伟大的发明深刻地改变了人们的生活和工作方式。在绪论中对第二次全球性的技术革命有描述，这里不再赘述。

经典电磁学理论无疑取得了巨大的成功。如前所述，麦克斯韦方程组和洛伦兹力公式作为经典电磁理论的两大支柱各自在提示电磁场运动变化的规律和电磁作用的规律方面发挥作用，但二者还是相对分离的，各自都不能解释全部的关于电磁相互作用的问题。

到了 1947 年，美国物理学家费曼（Richard P. Feynman）、施温格（Julian Schwinger）和日本物理学家朝永振一郎（Sinitiro Tomonage）把量子化的电磁场理论与相对论量子力学结合起来，这才真实而完整地描述了电磁相互作用。该理论被称为量子电动力学。它使我们从本质上认识了电磁相互作用的机制：电磁相互作用是通过交换媒介粒子——光子来实现的。这部分内容我们将在本章节作简要介绍，具体内容在量子理论章节作详细介绍。

2.1.3　电磁学的基本逻辑框图

如前所述，经典电磁学围绕两大问题形成了麦克斯韦方程组和洛伦兹力公式两大理论支柱。在这样的思路下，我们给出一个经典电磁学的基本逻辑框图（图2-2），用来显示经典电磁学的基本问题、基本理论以及在物理学理论演进上的作用。

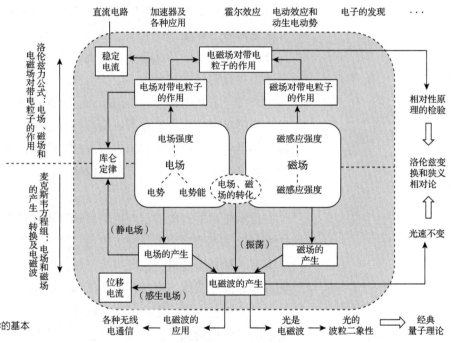

图2-2　经典电磁学的基本框架

图中的上半部分对应的基本问题是电磁场对带电粒子的作用，包括电场对带电粒子的作用、磁场对带电粒子的作用以及电磁场对带电粒子的作用；对应的理论是统一了以后的洛伦兹力公式；应用的场景有电动效应和动生电动势、霍尔效应、加速器、质谱仪等；在科学发现上支撑了电子的发现、基本电荷的测量等重大实验；在理论演进上，研究洛伦兹力公式进行相对性原理检验时促成了洛伦兹变换的研究，为狭义相对论提供了支持。

图中的下半部分对应的基本问题是电磁场运动变化的问题，包括电场的产生、磁场的产生、电场和磁场的相互转化；对应的理论是麦克斯韦方程组，应用的场景有感生电动势、自感、互感、变电器等；在特定条件下求解麦克斯韦方程，可以得到电场、磁场的解，显示出电磁波的存在及传播速度；在应用上，电磁波是各种无线通信技术的基础；在物理学理论演进上，"光是电磁波"的结论开启了人们对光的波粒二象性的研究，也开启了更广泛的粒子具有波粒二象性的研究，促进了经典量子理论的发展。而由麦克斯韦方程组得到的光速不变原理被爱因斯坦上升为一般性公理，成为相对论理论的基本假设和基石。

因此电磁学理论不仅在实践上的作用巨大（带来了第二次技术革命），而且在物理学理论演进上同样处于"承前启后"的重要地位。

2.2　电磁学理论之一翼——简洁优美的麦克斯韦方程组

麦克斯韦方程组是电磁学的两大支柱之一。它是麦克斯韦在前人成就的基础上，对整个电磁现象做了系统、全面的研究而提出的。麦克斯韦对前人和他本人的工作进行了综合概括，凭借深厚的数学造诣和丰富的想象力，将电磁场理论用方程这种数学形式表示出来。经后人的整理和改写，形成四个高度概括、抽象的微分方程。麦克斯韦方程组以其简洁、优美的形式为人称道。但同时，又因为其高度的抽象以及高度的数学化表达而让人难以理解。

麦克斯韦方程组在形成过程中具有以下特点：①对已有电场、磁场定律进行了归纳和抽象；②借助数学工具，实现原理从概念表达到统一化的算子表达；③注重理论的整体性和完整概念，站在高处构建体系；④借助类比的方法，在分析电荷、电流与场的关系时与流体力学进行类比。

抓住麦克斯韦方程组在形成过程中的特点，我们就可以寻根溯源，有针对性地寻找理解麦克斯韦方程组的方法了。

2.2.1　"利器""归纳""类比""算子""俯瞰"多措并举，进行组合剖析

如图 2-3 所示，我们把这些方法总结为"利器""归纳""类比""算子"和"俯瞰"。通过这样的组合剖析方法，我们就可以把复杂问题分解为简单问题，把抽象表达还原为形象表达，将各个表述的方程构成一个有机的整体。

"工欲善其事，必先利其器。"在麦克斯韦方程组中，无论是原理描述（定义式）还是算子表达，都使用了数学上向量场（即物理学上的矢量场）的概念、算符和转换定理，"利器"指

的就是这部分内容。"类比"是自然科学上常用的一种将不熟悉的对象转化为熟悉对象的方法。在介绍这些矢量场的概念时，我们采用了类比的方法，以常识性的水流作类比，从具体的生活经验和常识入手，给出量的定义，再通过微积分的基本方法，实现从定义描述到抽象的算子表达的转变。通过"利器"，我们可以首先解决麦克斯韦方程组在表达上的"抽象"之难，消除理解上的第一个障碍。

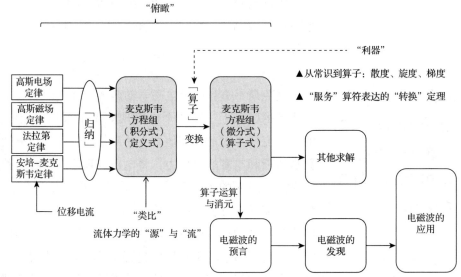

图2-3　多种组合方法剖析麦克斯韦方程组

通过列举已有的电场、磁场规律和麦克斯韦方程组之间的关系，我们可以看到麦克斯韦方程组由前人总结的电场、磁场规律"归纳"而来的过程。当然，我们还会介绍在方程组中麦克斯韦的独特贡献——提出"位移电流"的概念，进一步完善了"电场产生磁场"的理论。在这个过程中，我们还借助流体力学中的"源"和"流"的类比关系，加深读者对每个方程具体含义的认识。

算子如同加减乘除符号一样可以方便求解单个方程，还可以在不同方程间作统一的运算以达到合并消元、联合求解的目的。通过前面准备的矢量场特性量算子的表达式和转换定理，上一个环节所归纳的麦克斯韦方程组从体现原理的积分式表达转变为适合运算的微分式表达（算子表达）。于是，统一化的算子表达方式使得麦克斯韦方程组既可以单个求解，又可以联立起来，采用像普通的方程组一样的消元、变换的方式进行联合求解。正是利用这种能力，在给定条件下通过麦克斯韦方程组间的消元、变换，我们"还原了"预测电磁波存在的神奇过程。

麦克斯韦在创立方程组时的过人之处是他能从事物的整体上看问题，从联系中看问题。麦克斯韦被比作"建筑师型的思想家"，"他的论文七八十页长（而且是简明的写作），每一篇显然都是深思熟虑的结果，而且每一篇以自己的方式介绍本课题的完整概念"[1]。从现代的角度看，麦克斯韦方程组的创立过程"生动地"体现了辩证唯物主义哲学的物质和普遍联系的观点，而作为后来者，我们完全可以充分利用这个优势，站在哲学的高度"俯瞰"麦克斯韦方程组，这样就可以看清麦克斯韦方程组所具有的完整的、内在的结构。

通过上述多角度的剖析，一个内涵丰富多彩、形式简洁优美的麦克斯韦方程组就"生动"地展现在我们面前。

1　[美] 威廉·H. 克劳普尔：《伟大的物理学家：从伽利略到霍金　物理学家泰斗们的生平和时代（下）》，中国科大物理系翻译组译，修订版，146 页，北京，当代世界出版社，2007。

2.2.2　"利器"（1）——从常识到算子，定义描述场变化的量

在牛顿力学中矢量工具已经有所应用，不过是集中在矢量的合成、分解，矢量的内积（点积）等最简单的层面。在电磁学中，矢量分析工具主要集中在与场的描述相关的方面，既包括矢量场，又包括标量场。在电磁学中，几个描述场变化的量（散度、旋度和梯度）都非常重要，它们是理解麦克斯韦方程组的前提。麦克斯韦方程组最显著的一个特点是采用了算子表达式，正是统一的算子的应用为后面麦克斯韦方程组的化简、合并、求解创造了条件。当然，采用算子表达的代价是大大增加了麦克斯韦方程组的抽象化程度，增大了理解上的难度。

为降低理解上的难度，我们从常识出发，按照从常识→模型→宏观描述→微观描述→算子描述的顺序，一步一步地引出这些量的定义和算子表达。

1. 矢量场的通量和散度

如图 2-4 所示，在生活中我们经常见到喷泉或水管流出的水流这样有方向的流体场。

对于喷泉或水管流出的水流这样的流体场，首先可以用流过一个闭合曲面的流体的量粗略描述其流动情况，这就是宏观上通量的概念。设矢量场 A 通过一个界面 S 的通量是 Φ_A，它就可以表示为

$$\Phi_A = \iint\limits_{(S)} A \cdot \mathrm{d}S$$

在作定量研究时，我们还需要从微观层面对流体场流动的情况

进行更加细致的描述，于是引入了散度的概念。令 S 为一闭合曲面，它包含的体积为 ΔV，将 S 面逐渐缩小，直至空间某一点 P，这时 $\Delta V \to 0$，$\Phi_A \to 0$。但若二者之比有一极限，则称该极限值为矢量场 A 在点 P 的散度，记为 $\mathrm{div}\, A$，即

$$\mathrm{div}\, A = \lim_{\Delta V \to 0} \frac{\Phi_A}{\Delta V} = \lim_{\Delta V \to 0} \frac{\iint\limits_{(S)} A \cdot \mathrm{d}S}{\Delta V}$$

常识　　　　喷泉或水管流出的水流　　　　　　　　　　　推导过程

$\Downarrow$

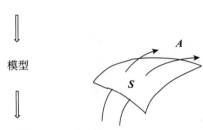

模型

$$A = A_x + A_y + A_z \qquad \mathrm{d}S = \mathrm{d}S_x + \mathrm{d}S_y + \mathrm{d}S_z$$

（矢量内积时消去了交叉项）

$$\Phi_A = \iint\limits_{(S)} A \cdot \mathrm{d}S = \iint A_x\, \mathrm{d}S_x + \iint A_y\, \mathrm{d}S_y + \iint A_z\, \mathrm{d}S_z$$

$\Downarrow$

宏观描述（通过一个闭合曲面的流量）

若将 S 面在 P 点附近缩到无穷小，曲面 S 围成的体积可看作一个小立方体，三个边是 Δx、Δy、Δz，三个面是 $\Delta y \Delta z$、$\Delta x \Delta z$、$\Delta y \Delta z$。

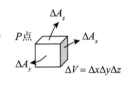

$$\Downarrow \qquad 通量: \quad \Phi_A = \iint\limits_{(S)} A \cdot \mathrm{d}S$$

而一组平行面上流入和流出的通量差分别是 Δx、Δy、Δz，在 P 点流过 S 面对应的小立方体的通量是

$$\Phi_A = \Delta A_x \Delta y \Delta z + \Delta A_y \Delta x \Delta z + \Delta A_z \Delta x \Delta y$$

微观描述（通过空间中一点的流量密度）

$$\mathrm{div}\, A = \frac{\Delta A_x}{\Delta x} + \frac{\Delta A_y}{\Delta y} + \frac{\Delta A_z}{\Delta z} = \frac{\partial A_x}{\partial x} + \frac{\partial A_y}{\partial y} + \frac{\partial A_z}{\partial z}$$

$$\Downarrow \qquad 散度: \quad \mathrm{div}\, A = \lim_{\Delta V \to 0} \frac{\Phi_A}{\Delta V}$$

引入算子　　$\nabla = \hat{e}_x \dfrac{\partial}{\partial x} + \hat{e}_y \dfrac{\partial}{\partial y} + \hat{e}_z \dfrac{\partial}{\partial z}$

算子描述

$$散度: \quad \mathrm{div}\, A = \nabla \cdot A$$

$$\mathrm{div}\, A = \nabla \cdot A$$

图 2-4　矢量场的通量与散度

散度可以理解为穿过围绕着点的无穷小曲面的平均通量。这样，对流体场流动情况的描述就从相对粗略的面到了相对精细的点。散度可用于表征空间各点矢量场发散的强弱程度。

上式是散度的定义式，通常无法用于计算或化简。以下我们利用矢量运算的规则和微积分的一些技巧，进一步推导散度的算子表达式。

首先，将矢量场 A 和闭合曲面 S 分别在 x、y、z 三个方向上分解，即

$$A = A_x + A_y + A_z$$

$$\mathrm{d}S = \mathrm{d}S_x + \mathrm{d}S_y + \mathrm{d}S_z$$

其中，A_x、A_y、A_z 分别为 A 在 x、y、z 方向上的三个分量；$\mathrm{d}S_x$、

$\mathrm{d}S_y$、$\mathrm{d}S_z$ 分别为闭合曲面 S 在垂直于 x、y、z 方向上的三个投影。

在内积 $\boldsymbol{A} \cdot \mathrm{d}\boldsymbol{S}$ 的各项中，根据矢量内积的性质，相互正交的中间项为 0，于是只剩下不正交的项，则有

$$\varPhi_A = \iint\limits_{(S)} \boldsymbol{A} \cdot \mathrm{d}\boldsymbol{S} = \iint A_x \mathrm{d}S_x + \iint A_y \mathrm{d}S_y + \iint A_z \mathrm{d}S_z$$

其次，当 S 足够小时，就可以将其包围的体积看作一个立方体，其长、宽、高分别为 Δx、Δy、Δz，三组平行的面的面积分别是 $\Delta y \Delta z$、$\Delta x \Delta z$、$\Delta y \Delta z$，而一组平行面上流入立方体和流出立方体的通量差分别是 ΔA_x、ΔA_y、ΔA_z。这时微小面积 $\Delta y \Delta z$、$\Delta x \Delta z$、$\Delta y \Delta z$ 和 ΔA_x、ΔA_y、ΔA_z 可以分别视为相等的值。把以上的值代入 $\varPhi_A$ 的等式可得通过该小立方体的通量为

$$\varPhi_A = \Delta A_x \Delta y \Delta z + \Delta A_y \Delta x \Delta z + \Delta A_z \Delta x \Delta y$$

于是，将上式代入散度的定义式中，有

$$\operatorname{div} \boldsymbol{A} = \lim_{\Delta V \to 0} \frac{\varPhi_A}{\Delta V} = \frac{\Delta A_x \Delta y \Delta z}{\Delta x \Delta y \Delta z} + \frac{\Delta A_y \Delta x \Delta z}{\Delta x \Delta y \Delta z} + \frac{\Delta A_z \Delta x \Delta y}{\Delta x \Delta y \Delta z} = \frac{\Delta A_x}{\Delta x} + \frac{\Delta A_y}{\Delta y} + \frac{\Delta A_z}{\Delta z}$$

将上式写成偏微分方式，即有

$$\operatorname{div} \boldsymbol{A} = \frac{\partial A_x}{\partial x} + \frac{\partial A_y}{\partial y} + \frac{\partial A_z}{\partial z}$$

如果引入算子 $\nabla = \hat{e}_x \dfrac{\partial}{\partial x} + \hat{e}_y \dfrac{\partial}{\partial y} + \hat{e}_z \dfrac{\partial}{\partial z}$，则可以看出

$$\left(\hat{e}_x \frac{\partial}{\partial x} + \hat{e}_y \frac{\partial}{\partial y} + \hat{e}_z \frac{\partial}{\partial z} \right) (A_x + A_y + A_z) = \frac{\partial A_x}{\partial x} + \frac{\partial A_y}{\partial y} + \frac{\partial A_z}{\partial z} = \operatorname{div} \boldsymbol{A}$$

即

$$\operatorname{div} \boldsymbol{A} = \nabla \cdot \boldsymbol{A}$$

这样我们就得到了用算子表示的散度的表达形式。

2. 矢量场的环量和旋度

如图 2-5 所示，在生活中我们不仅会碰到像喷泉或水管流出的水流这样的情况，还会碰到像水的旋涡这样的旋涡场。描述旋涡场流动的量是环量和旋度。

在宏观上，人们把旋涡场流动的效果归纳为一个矢量场沿一条闭合曲线的累积，定义为环量，即矢量场 $\boldsymbol{A}$ 沿闭合回路 L 的线积分，一般记作 Γ_A，于是有

$$\Gamma_A = \oint\limits_{(L)} \boldsymbol{A} \cdot \mathrm{d}\boldsymbol{l}$$

若矢量场环量为零，表示矢量场无涡旋流动；反之，则矢量场存在涡旋运动。

常识

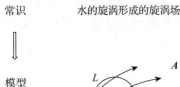

模型

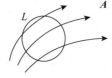

宏观描述（沿闭合曲线的线积分）

环量：　　$\Gamma_A = \oint\limits_{(L)} A \cdot \mathrm{d}l$

微观描述（通过空间中一点的线积分密度）

旋度：　　$\mathrm{rot}\, A = \lim\limits_{\Delta S \to 0} \dfrac{\Gamma_A}{\Delta S}$

算子描述

旋度：　　$\mathrm{rot}\, A = \nabla \times A$

推导说明

将闭合曲线L分别映射到x-y、x-z、y-z平面内，当闭合曲线L足够小时，可以将映射成的曲线视为矩形

只保留交叉项线段上的乘积项作为沿矩形的线积分项

$\Gamma_A = \oint\limits_{(L)} A \cdot \mathrm{d}l$

$= (\Delta A_y \Delta x - \Delta A_x \Delta y) + (\Delta A_x \Delta z - \Delta A_z \Delta x) + (\Delta A_z \Delta y - \Delta A_y \Delta z)$

$\mathrm{rot}\, A = \lim\limits_{\Delta S \to 0} \dfrac{\Gamma_A}{\Delta S}$

$= \dfrac{(\Delta A_y \Delta x - \Delta A_x \Delta y)}{\Delta x \Delta y} + \dfrac{(\Delta A_x \Delta z - \Delta A_z \Delta x)}{\Delta x \Delta z} + \dfrac{(\Delta A_z \Delta y - \Delta A_y \Delta z)}{\Delta y \Delta z}$

$= \left(\dfrac{\Delta A_y}{\Delta y} - \dfrac{\Delta A_x}{\Delta x} \right) + \left(\dfrac{\Delta A_x}{\Delta x} - \dfrac{\Delta A_z}{\Delta z} \right) + \left(\dfrac{\Delta A_z}{\Delta z} - \dfrac{\Delta A_y}{\Delta y} \right)$

引入算子∇，根据矢量外积的定义，可得

$\mathrm{rot}\, A = \nabla \times A$

图2-5　矢量场的环量和旋度

　　在微观上，同散度相似。当闭合回路足够小时，单位面积上矢量场涡旋流动平均环量的极限就可以反映旋涡场在某一点上流动的情况，这就是旋度，一般记作 curl A 或 rot A。设闭合回路所围成的面积是 ΔS，于是有

$$\mathrm{rot}\, A = \lim\limits_{\Delta S \to 0} \dfrac{\Gamma_A}{\Delta S}$$

　　这样，对涡旋场流动情况的描述就从相对粗略的环到了相对精细的点。同样，上式是旋度的定义式，通常无法用于计算或化简。以下我们仍然利用矢量运算的规则和微积分的一些技巧，进一步推导旋度的算子表达式。

　　首先，我们可以将闭合曲线 L 分别映射到 x-y、x-z、y-z 三个平面内，当闭合曲线 L 足够小时，三个平面上映射成的曲线都可视为矩形。因此，在考虑环量积分时，只要考虑有分量间存在交叉乘积的线段上的积分就可以了，于是有

$$\Gamma_A = \oint\limits_{(L)} A \cdot \mathrm{d}l$$
$$= (\Delta A_y \Delta x - \Delta A_x \Delta y) + (\Delta A_x \Delta z - \Delta A_z \Delta x) + (\Delta A_z \Delta y - \Delta A_y \Delta z)$$

代入旋度的定义式，有

$$\text{rot }\boldsymbol{A} = \lim_{\Delta S \to 0} \frac{\Gamma_A}{\Delta S}$$

$$= \frac{(\Delta A_y \Delta x - \Delta A_x \Delta y)}{\Delta x \Delta y} + \frac{(\Delta A_x \Delta z - \Delta A_z \Delta x)}{\Delta x \Delta z} + \frac{(\Delta A_z \Delta y - \Delta A_y \Delta z)}{\Delta y \Delta z}$$

$$= \left(\frac{\Delta A_y}{\Delta y} - \frac{\Delta A_x}{\Delta x}\right) + \left(\frac{\Delta A_x}{\Delta x} - \frac{\Delta A_z}{\Delta z}\right) + \left(\frac{\Delta A_z}{\Delta z} - \frac{\Delta A_y}{\Delta y}\right)$$

引入算子 $\nabla = \hat{e}_x \dfrac{\partial}{\partial x} + \hat{e}_y \dfrac{\partial}{\partial y} + \hat{e}_z \dfrac{\partial}{\partial z}$，根据矢量外积的定义，可以反推出

$$\text{rot }\boldsymbol{A} = \nabla \times \boldsymbol{A}$$

3. 标量场的方向导数和梯度

梯度针对标量场。标量场一般由其所在的位置决定，这就涉及标量场中不同位置间变化时的快慢问题。我们在生活中常见的现象是，不同的地形下水流总是能在各个方位处找到最短的路径向下流动。其实，地势就可以看作一个标量场，水流在各点向下流动的方向就是地势在各点上变化最大的方向，也就是各点的梯度方向。

如图 2-6 所示，在标量场中，首先可以定义等值线、方向导数，然后引出梯度的定义。设 μ 是一个标量场，并且有两条等值线 $\mu(x, y) = c_1$，$\mu(x, y) = c_2$。在等值线 c_1 上有一点 $P_0(x_0, y_0)$，过 P_0 引一条射线 $\boldsymbol{l}$ 指向等值线 c_2。

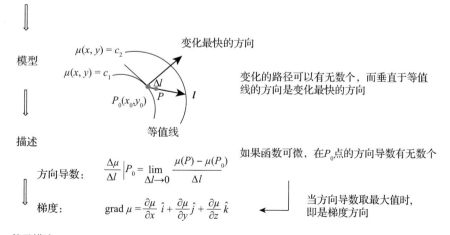

图 2-6 标量场的梯度

常识　　　不同的地形下水流总是能在各个方位处找到最短的路径向下流动

模型

$\mu(x, y) = c_2$　　　变化最快的方向

$\mu(x, y) = c_1$

Δl

$P_0(x_0, y_0)$　　P　　$\boldsymbol{l}$

等值线

变化的路径可以有无数个，而垂直于等值线的方向是变化最快的方向

描述

方向导数：$\dfrac{\Delta \mu}{\Delta l}\bigg|_{P_0} = \lim_{\Delta l \to 0} \dfrac{\mu(P) - \mu(P_0)}{\Delta l}$

如果函数可微，在 P_0 点的方向导数有无数个

梯度：$\text{grad }\mu = \dfrac{\partial \mu}{\partial x}\hat{i} + \dfrac{\partial \mu}{\partial y}\hat{j} + \dfrac{\partial \mu}{\partial z}\hat{k}$

当方向导数取最大值时，即是梯度方向

算子描述

$$\text{grad }\boldsymbol{\mu} = \nabla\boldsymbol{\mu}$$　　其中，$\nabla = \hat{e}_x \dfrac{\partial}{\partial x} + e_y \dfrac{\partial}{\partial y} + \hat{e}_z \dfrac{\partial}{\partial z}$

设点 P 是射线 l 上与 P_0 邻近的一点，记线段 $\overline{P_0P} = \Delta l$。如果当 $P \to P_0$ 时以下极限存在，即

$$\frac{\Delta \mu}{\Delta l}\bigg|_{P_0} = \lim_{\Delta l \to 0} \frac{\mu(P) - \mu(P_0)}{\Delta l}$$

存在，则称该极限值为标量场 μ 在 P_0 处沿射线 l 的方向导数。显然，如果函数在 P_0 处可微，那么在 P_0 点的方向导数有无数个，这些方向导数分别表示沿不同方向标量场数值变化的快慢程度。

在标量场 μ 在 P_0 处的方向导数中，取值最大的那个就是梯度。因此标量场的梯度是一个矢量，其数值等于 μ 在 P_0 处方向导数的最大值，方向是取最大值的方向导数的方向。在直角坐标系中，梯度的表达式是

$$\mathrm{grad}(\mu) = \hat{e}_x \frac{\partial \mu}{\partial x} + \hat{e}_y \frac{\partial \mu}{\partial y} + \hat{e}_z \frac{\partial \mu}{\partial z}$$

引入哈密顿算符 ∇，梯度表示为

$$\mathrm{grad}(\mu) = \nabla(\mu) = \hat{e}_x \frac{\partial \mu}{\partial x} + \hat{e}_y \frac{\partial \mu}{\partial y} + \hat{e}_z \frac{\partial \mu}{\partial z}$$

如果我们将前面介绍的散度、旋度、梯度的概念和表达式放在一起（图 2-7），就可以看出它们不仅为场的描述奠定了基础，还为矢量和标量间的转换提供了路径。更为重要的是，它们还都统一使用了算子 ∇ 来表达，这样就为后面麦克斯韦方程组的联立求解创造了条件。

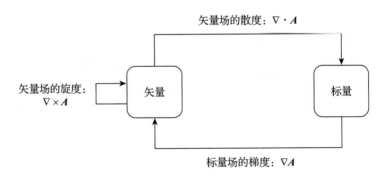

图 2-7　矢量和标量的转化

2.2.3　"利器"（2）——为变换作准备的转换定理

在建立场的关系式时，还经常涉及上面介绍的这些基本量之间以及不同积分形式之间的转换问题。通过转换，可以实现等式两边积分形式上的统一，从而发现一些恒等关系。这种转换在后面的麦克斯韦方程组积分式到微分式的变换过程中有直接的应用。因此，

这里需要提前介绍一下。

如图 2 - 8 所示，主要的转换定理有两个，分别是散度定理（将一个矢量的面积分转成体积分，同时将一个矢量的通量表示关系转化为一个矢量的散度表示关系）和斯托克斯定理（将一个矢量的线积分转成面积分，同时将一个矢量的环量表示关系转化为一个矢量的旋度表示关系）。

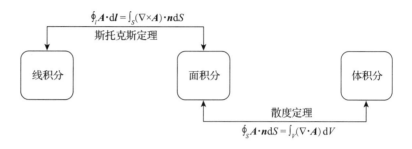

图 2 - 8 不同积分形式间的转换

1. 散度定理

散度定理是矢量微积分关系，它在曲面积分和体积分之间建立联系，表达的是矢量场的通量等于场的散度的体积分。严格的表述如下：矢量场穿过闭合曲面 S 的通量，等于 S 所包围的体积 V 中场的散度的积分，即

$$\oint_S \boldsymbol{A} \cdot \boldsymbol{n} \mathrm{d}S = \int_V (\nabla \cdot \boldsymbol{A}) \mathrm{d}V$$

这个定理适用于连续并且连续可导的平滑的矢量场[1]。

下面是对散度定理的解释。如图 2 - 9 所示，设闭合曲面 S 围成的体积为 V，利用微分的思想将体积 V 划分为无数个连接在一起的小立方体。当这些立方体足够小时，可以认为这些小立方体合在一起，体积之和约等于 V 表面积之和，即 S。

为分析方便，我们选择 S 和 V 中一个小的局部将这些小立方体进行放大，可以将这些小立方体分成两类：一类完全位于 V 的内部，一类位于 S 的表面。对于所有完全位于 V 的内部的小立方体，它们都与相邻立方体共面。而在共面上，同一个通量对一个立方体而言是外向通量，对于相邻立方体而言又成为内向通量，根据内负外正（输入为负，输出为正）的原则，这些流经内部立方体的通量会彼此合并掉，即对流过 V 的整体通量没有贡献。于是，将体积 V 中所有小立方体的通量相加，得到的就是穿过边界曲面 S 的通量 $\oint_S \boldsymbol{A} \cdot \boldsymbol{n} \mathrm{d}S$。将小立方体的体积取向无穷小成为一个点，这一点的外

1 [美] 丹尼尔·弗雷希：《麦克斯韦方程直观》，唐璐，刘波峰译，114 页，北京，机械工业出版社，2014。

向通量就是矢量在该点的散度，对所有小立方体通量的累加就等于

整个体积的散度积分 $\oint_V (\nabla \cdot \boldsymbol{A}) \mathrm{d}V$。于是就得到

$$\oint_S \boldsymbol{A} \cdot \boldsymbol{n}\mathrm{d}S = \int_V (\nabla \cdot \boldsymbol{A}) \mathrm{d}V$$

这就是散度定理。

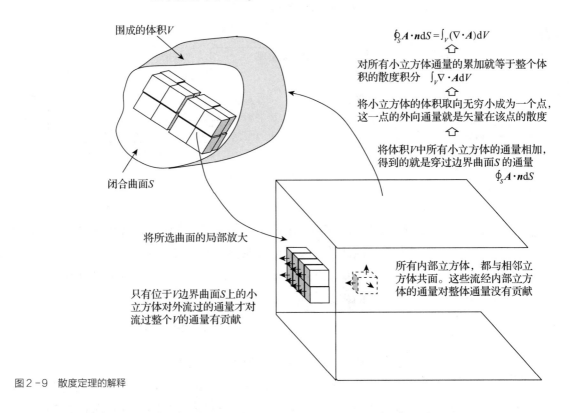

图2-9 散度定理的解释

2. 斯托克斯定理

斯托克斯定理是在线积分和曲面积分之间建立联系。其表述为：矢量场在闭合路径 C 上的环流等于矢量场的旋度与在以 C 为边界的曲面 S 上的法向分量积分。同样，斯托克斯定理适用于连续并且连续可导的平滑的矢量场[1]。

下面是对斯托克斯定理的一个解释。如图 2-10 所示，设闭合曲线 l 围成的曲面面积为 S，利用微分的思想将面积 S 划分为无数个连接在一起的小正方形。当这些正方形足够小时，可以认为这些小正方形合在一起，面积之和约等于 S，并且外侧连接成闭合曲线 l。

1 [美] 丹尼尔·弗雷希：《麦克斯韦方程直观》，唐璐，刘波峰译，116 页，北京，机械工业出版社，2014。

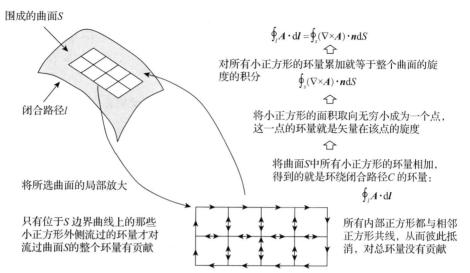

围成的曲面S

闭合路径l

将所选曲面的局部放大

只有位于S边界曲线上的那些
小正方形外侧流过的环量才对
流过曲面S的整个环量有贡献

$$\oint_l \boldsymbol{A} \cdot \mathrm{d}\boldsymbol{l} = \oint_s (\nabla \times \boldsymbol{A}) \cdot \boldsymbol{n}\mathrm{d}S$$

⇧

对所有小正方形的环量累加就等于整个曲面的旋
度的积分

$$\oint_s (\nabla \times \boldsymbol{A}) \cdot \boldsymbol{n}\mathrm{d}S$$

⇧

将小正方形的面积取向无穷小成为一个点，
这一点的环量就是矢量在该点的旋度

⇧

将曲面S中所有小正方形的环量相加，
得到的就是环绕闭合路径C的环量：

$$\oint_l \boldsymbol{A} \cdot \mathrm{d}\boldsymbol{l}$$

所有内部正方形都与相邻
正方形共线，从而彼此抵
消，对总环量没有贡献

图2-10　斯托克
斯定理的解释

　　为分析方便，我们选择 S 的一个小的局部，将这些小正方形进
行放大，可以将这些小正方形分成两类：一类完全位于 S 的内部，
一类位于 S 的边缘。对于所有完全位于内部的小正方形，它们都与
相邻小正方形共线。而在共线上，来自两个相邻正方形的环量大小
相等、方向相反，从而彼此相抵，即对流过 S 的整体环量没有贡
献。于是将面积 S 中所有小正方形的环量相加，得到的就是边界曲
线 l 上的环量 $\oint_l \boldsymbol{A} \cdot \mathrm{d}\boldsymbol{l}$。将小正方形的面积取向无穷小成为一个点，
这一点的外向环量就是矢量在该点的旋度，对所有小正方形环量的
累加就等于旋度与在以 l 为边界的曲面 S 上的法向分量的积分。于
是就得到

$$\oint_l \boldsymbol{A} \cdot \mathrm{d}\boldsymbol{l} = \oint_S (\nabla \times \boldsymbol{A}) \cdot \boldsymbol{n}\mathrm{d}S$$

　　到这里，我们已经为分析麦克斯韦方程组做好了"工具"方
面的准备。不过，要跟随麦克斯韦这位"建筑师型的思想家"去
理解麦克斯韦方程组，我们还需要调整角度，开始从高处"俯瞰"
麦克斯韦方程组。

2.2.4　从哲学角度"俯瞰"麦克斯韦方程组

　　麦克斯韦方程组是麦克斯韦及其继任者对此前近百年人们发现
的各个电场、磁场规律的系统性提炼和总结。这种总结并不是对之
前各个成果归纳后的简单罗列，而是一次有机的综合。其中，最突
出的特征就是体现了客观事物之间的联系的观点。

其实在麦克斯韦之前，法拉第已经持有这样的观点。他研究并讲解了一件大事——自然界所有事物之间的相互联系。他曾说："我们说不准它们的因果关系，认定一个是另一个的因，但是仅能认定所有事物是相互联系的，由于它们有共同的来源。"[1] 而麦克斯韦深受法拉第思想的影响，因此联系的观点在麦克斯韦总结工作时应该发挥了重要作用。

当然，作为后来者，我们可以进一步站在哲学的角度，利用哲学上物质和联系的观点，从高处"俯瞰"麦克斯韦方程组，就会发现其各个方程之间所体现的内在逻辑关系十分清晰，这对于我们从整体上理解麦克斯韦方程组非常有意义。

如图 2-11 所示，从物质和联系的观点看，麦克斯韦方程组体现了以下的逻辑性：电场源于电荷，这是麦克斯韦方程一的内容，说明电场是物质的，符合哲学上唯物论的观点；但麦克斯韦方程二却显示有磁场却没有磁荷[2]，说明磁场需要其他的物质来源；于是，麦克斯韦方程四回答了这个问题，它表明电流可以产生磁场，从而说明磁场也是物质的，不过是源于联系；而从哲学角度看，联系又是相互的，既然电流可以产生磁场，磁场反过来也会影响电场，麦克斯韦方程三显示变化的磁场可以产生电流，正是反映了这一点。于是，四个麦克斯韦方程构成的方程组就清晰地形成完整的逻辑过程。

1 [美] 威廉·H.克劳普尔：《伟大的物理学家：从伽利略到霍金　物理学泰斗们的生平和时代（下）》，中国科大物理系翻译组译，修订版，137 页，北京，当代世界出版社，2007。

2 到目前为止，人们还没有发现磁荷。

麦克斯韦方程组体现了哲学上物质和联系的观点

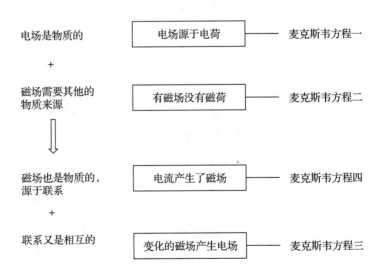

图 2-11　从哲学角度看麦克斯韦方程组

2.2.5 从"归纳""类比"的角度看麦克斯韦方程组的积分式

理解了麦克斯韦方程组的总逻辑之后，我们就可以具体分析它的每个方程了。

如前所述，麦克斯韦方程组主要是总结前人在实践、实验中发现的关于电场、磁场的相关规律，加上麦克斯韦的独特贡献而来的。这些相关的规律包括高斯电场定律、高斯磁场定律、法拉第定律、安培定律等。

麦克斯韦根据这些定律总结麦克斯韦方程组时借用了流体力学中"源"与"流"的概念。和水流不同的是，这里的"源""流"既可以是相互联系的两个客观事物——"电"和"磁"中相同的一类，也可以是不同的两类。以下我们就利用"电"和"磁"之间所反映的"源"与"流"的关系来剖析每一个方程。另外，还对麦克斯韦提出的位移电流概念进行了说明。

1. 高斯电场定律积分形式

首先考虑静电场，高斯电场定律将静电场的空间特性与产生电场的电荷分布关联起来。这里的"源"是静电荷，"流"是静电场，体现的是静电场由静电荷产生的观点。

如图 2-12 所示，我们分别标注了方程式中各个量的含义。可以看出，方程的左边代表的是电场通过任意闭合曲面的通量，方程的右边分子代表曲面所包围的电荷总量，二者与一个常数——真空电容率 ε_0 成正比关系。该方程是电场（这里指静电场）来源于电荷的"生动"表达。

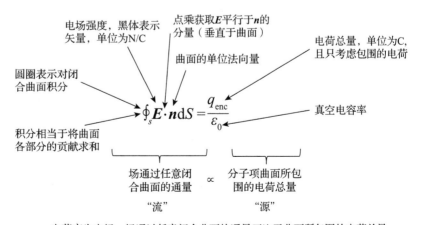

图 2-12 高斯电场定律的积分形式及相关说明[1]

1 [美]Daniel Fleisch：《麦克斯韦方程直观》，唐璐，刘波峰译，2 页，北京，机械工业出版社，2014。

电荷产生电场，场通过任意闭合曲面的通量正比于曲面所包围的电荷总量

2. 高斯磁场定律积分形式

在实践中，人们发现电场和磁场有所不同。对电场而言，相反的电荷（"正电荷""负电荷"）可以相互分离；而相反的磁极（"北极""南极"）却总是成对出现。截至目前，自然界中还没有发现单独存在的磁极（磁单极），这点和电场不同。于是，对磁场就产生了这样的结论：穿过任意闭合曲面的总磁通量为零。

如图 2-13 所示，我们得到了高斯磁场定律的积分形式。需要说明的是，穿过任意闭合曲面的总磁通量等于零，并不是说没有磁力线穿过曲面，而是对每条进入曲面内部的磁力线都有相应的从内部穿出的磁力线，向内和向外的磁通量相互抵消。

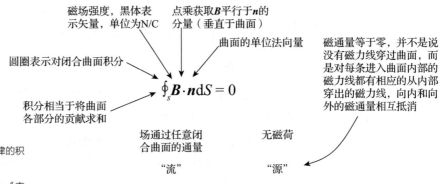

图 2-13 高斯磁场定律的积分形式及相关说明[1]

1 [美]Daniel Fleisch：《麦克斯韦方程直观》，唐璐，刘波峰译，43 页，北京，机械工业出版社，2014。

2 为了对应前面提到的麦克斯韦方程组的逻辑思路，说明磁场也是"物质的"，不是"无中生有的"，将安培-麦克斯韦定律提到法拉第定律前加以介绍。

3. 安培-麦克斯韦定律积分形式[2]

早先，人类只知道某些铁矿石和被偶然或有意磁化的其他材料能产生磁场。1820 年，丹麦物理学家奥斯特发现了电流可以使指南针偏转的现象。随即，法国物理学家安培开始着手量化电场和磁场的关系，从而发现了将恒定电流和环形磁场关联在一起的安培定律。19 世纪 50 年代，在安培定律的基础上，麦克斯韦将另一种情形（变化的电通量，又称位移电流）加了进来，从而将安培定律扩展到了时变情形。这样就解决了磁场的"物质性"来源问题，磁场来源于相联系的电场。后来的事实证明，这种到时变的扩展十分有意义，它的出现对麦克斯韦认识光的电磁本质并发展出电磁的综合理论起到非常重要的作用。

安培-麦克斯韦定律的积分形式及相关说明如图 2-14 所示。其核心要义是穿过曲面的电流或变化的电通量会产生沿曲面边界的环绕磁场，即磁场的来源有两个：静态导体电流和穿过路径 C 围绕的任意曲面 S 的变化电通量。

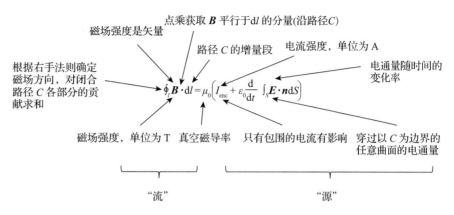

图 2-14 安培－麦克斯韦定律的积分形式及相关说明[1]

1 [美]Daniel Fleisch：《麦克斯韦方程直观》，唐璐，刘波峰译，83 页，北京，机械工业出版社，2014。

穿过曲面的电流或变化的电通量会产生沿曲面边界的环绕磁场

4. 法拉第定律积分形式

按照我们前面讨论的思路，事物是相互联系的。既然变化的电场可以产生磁场，那么变化的磁场也应该相应地产生反作用。1831 年，法拉第设计了一系列的实验，证明了回路围绕的磁通量变化会产生电流。这个变化被扩展到更一般化的形式，即变化的磁场产生电场。

法拉第定律标准的积分展开形式如图 2-15 所示。其核心要义是：穿过一个曲面的磁通量的变化会在该区面的任意边界路径上感生出电动势，变化的磁场会感生出环绕的电场。

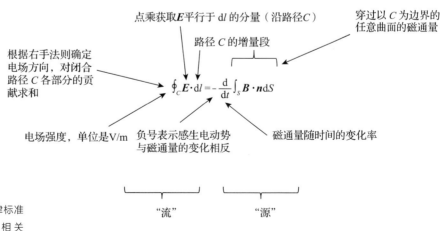

图 2-15 法拉第定律标准的积分展开形式及相关说明[2]

2 同上，59 页。

穿过一个曲面的磁通量的变化会在该区面的任意边界路径上感生出电动势，变化的磁场会感生出环绕的电场也就是说，如果穿过一个曲面的磁通量发生了变化，就会沿该曲面的边界感生出电场。而如果此时在边界上存在导体，则感生电场提供的电动势会驱动导体产生通过导体的电流。例如，将一条磁铁在导线回路中快速穿过会在导线中产生电场，但如果磁铁相对回路保持不动就不会感生出电场。

另外，法拉第定律中等式右边存在负号，负号表示感生电动势与磁通量的变化相反，即其趋向于保持磁通量不变，该定律又被称为楞次定律。

2.2.6 利用算子和转换定理，把积分式变成微分式，为求解作准备

在上面麦克斯韦方程组的积分表达形式中，方程两边以及各个方程间关于电场强度 E 和磁感应强度 B 的积分类型往往不同，这样就给方程的求解和方程间的联立化简带来不便。为此，我们利用 2.2.2 节中介绍的算子和转换定理，把麦克斯韦方程组的积分表达形式转换成麦克斯韦方程组的微分表达形式，也称为算子表达形式。我们发现算子表达式不仅形式上简洁，更重要的是它还具有内在的深意并在求解方程时可以获得收益。

1. 高斯电场定律从积分形式到微分形式

利用散度定理，将高斯电场定律积分形式左边的面积分转换为体积分，有

$$\oint_S \boldsymbol{E} \cdot \boldsymbol{n}\mathrm{d}S = \int_V (\nabla \cdot \boldsymbol{E})\,\mathrm{d}V$$

设 ρ 是曲面 S 围成的体积 V 所包围的电荷量的电荷密度，则有

$$\frac{q_{\mathrm{enc}}}{\varepsilon_0} = \frac{1}{\varepsilon_0}\int_V \rho\mathrm{d}V = \int_V \frac{\rho}{\varepsilon_0}\mathrm{d}V$$

于是，有

$$\int_V (\nabla \cdot \boldsymbol{E})\,\mathrm{d}V = \int_V \frac{\rho}{\varepsilon_0}\mathrm{d}V$$

上式对于任何体积都成立，因此两边的积分元必定相等，从而有

$$\nabla \cdot \boldsymbol{E} = \frac{\rho}{\varepsilon_0}$$

由此，我们就可以分析高斯定理微分形式所代表的具体含义了。

如图 2-16 所示，该式的具体含义是：电荷产生电场，在每一

点上产生的电场强度的散度与该点上的电荷密度成正比。

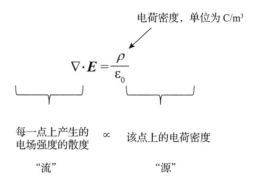

图 2-16　高斯电场定律的微分形式及相关说明

2. 高斯磁场定律从积分形式到微分形式

同样，根据散度定理将高斯磁场定律的积分形式右侧的面积分转换为体积分，有 $\oint_S \boldsymbol{B} \cdot \boldsymbol{n} \mathrm{d}S = \int_V (\nabla \cdot \boldsymbol{B}) \mathrm{d}V = 0$ ，从而得到高斯磁场定律的微分形式，即

$$\nabla \cdot \boldsymbol{B} = 0$$

即磁场的散度处处为 0。

3. 安培 – 麦克斯韦定律从积分形式到微分形式

利用斯托克斯定理，将安培 – 麦克斯韦定律积分形式左边的线积分转化为面积分，将电流写为电流密度，有

$$\oint_S (\nabla \times \boldsymbol{B}) \cdot \boldsymbol{n} \mathrm{d}S = \mu_0 \left(\oint_S \boldsymbol{J} \cdot \boldsymbol{n} \mathrm{d}S + \varepsilon_0 \oint_S \frac{\partial \boldsymbol{E}}{\partial t} \boldsymbol{n} \mathrm{d}S \right)$$

上式对于任何曲面都成立，因此两边的积分元必定相等，从而有

$$\nabla \times \boldsymbol{B} = \mu_0 \left(\boldsymbol{J} + \varepsilon_0 \frac{\partial \boldsymbol{E}}{\partial t} \right)$$

该式即是安培 – 麦克斯韦定律的微分形式。

如图 2 – 17 所示，方程的左边是磁场旋度的数学描述，即场线围绕一点旋转的趋势。右边的两项表示电流密度和电场随时间的变化率。因此它所体现的主要思想是：电流和随时间变化的电场会产生环绕的磁场。

电流密度　电场随时间的变化率

$$\nabla \times \boldsymbol{B} = \mu_0(\boldsymbol{J} + \varepsilon_0 \frac{\partial \boldsymbol{E}}{\partial t})$$

磁场场线围绕一点旋转的趋势	$\propto$	电流密度和电场随时间的变化率
"流"		"源"

电流和随时间变化的电场会产生环绕的磁场

图 2-17　安培－麦克斯韦定律的微分形式及相关说明

4. 法拉第定律从积分形式到微分形式

同样，利用斯托克斯定理，可以将法拉第定律积分形式左边的线积分转换为面积分，即 $\oint_C \boldsymbol{E} \cdot \mathrm{d}l = \oint_S (\nabla \times \boldsymbol{E}) \cdot \boldsymbol{n}\mathrm{d}S$ ，故有

$$\oint_S (\nabla \times \boldsymbol{E}) \cdot \boldsymbol{n}\mathrm{d}S = -\oint_S \frac{\partial \boldsymbol{B}}{\partial t} \cdot \boldsymbol{n}\mathrm{d}S$$

再由两边积分元相等，得到

$$\nabla \times \boldsymbol{E} = -\frac{\partial \boldsymbol{B}}{\partial t}$$

这就是法拉第定律的微分形式。

图 2-18 是法拉第定律的微分表达形式，其要义是：随时间变化的磁场会产生环绕的电场。

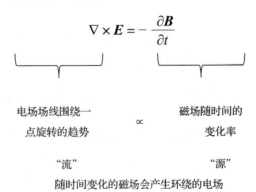

$$\nabla \times \boldsymbol{E} = -\frac{\partial \boldsymbol{B}}{\partial t}$$

电场场线围绕一点旋转的趋势　　$\propto$　　磁场随时间的变化率

"流"　　　　　　　　　　"源"

随时间变化的磁场会产生环绕的电场

图 2-18　法拉第定律的微分形式及相关说明

5. 汇总

为对比方便，我们汇总了麦克斯韦方程的积分形式和微分形式（图 2-19）。可以看出，麦克斯韦方程的微分形式实际上又是算子表示形式。

我们注意到四个方程的左边采用的算符都是哈密顿算符∇。

高斯电场定律

$$\oint_S \boldsymbol{E} \cdot \boldsymbol{n} \mathrm{d}S = \frac{\boldsymbol{q}_{\mathrm{enc}}}{\varepsilon_0} \xrightarrow[\text{定理}]{\text{散度}} \nabla \cdot \boldsymbol{E} = \frac{\rho}{\varepsilon_0}$$

高斯磁场定律

$$\oint_S \boldsymbol{B} \cdot \boldsymbol{n} \mathrm{d}S = 0 \xrightarrow[\text{定理}]{\text{斯托克斯}} \nabla \cdot \boldsymbol{B} = 0$$

法拉第定律

$$\oint_C \boldsymbol{E} \cdot \mathrm{d}l = -\frac{\mathrm{d}}{\mathrm{d}t}\oint_S \boldsymbol{B} \cdot \boldsymbol{n} \mathrm{d}S \xrightarrow[\text{定理}]{\text{散度}} \nabla \times \boldsymbol{E} = -\frac{\partial \boldsymbol{B}}{\partial t}$$

安培－麦克斯韦定律

图 2-19　麦克斯韦方程的微分（算符）形式[1]

$$\oint_l \boldsymbol{B} \cdot \mathrm{d}l = \mu_0\left(I_{\mathrm{enc}} + \varepsilon_0 \frac{\mathrm{d}}{\mathrm{d}t}\oint_S \boldsymbol{E} \cdot \boldsymbol{n} \mathrm{d}S\right) \xrightarrow[\text{定理}]{\text{斯托克斯}} \nabla \times \boldsymbol{B} = \mu_0\left(\boldsymbol{J} + \varepsilon_0 \frac{\partial \boldsymbol{E}}{\partial t}\right)$$

1　[美] 丹尼尔·弗雷希：《麦克斯韦方程直观》，唐璐，刘波峰译，112 页，北京，机械工业出版社，2014。

下面我们看一下有关算子在方程间运算上的收益。显然，如果采用麦克斯韦方程左边的积分形式，这四个方程是难以实现在复杂情况下对电场强度 $\boldsymbol{E}$ 和磁感应强度 $\boldsymbol{B}$ 联合化简和求解的。而在引入了算符 ∇ 后，就可以利用数学所提供的相关算法的运算准则实现对电场强度 $\boldsymbol{E}$ 和磁感应强度 $\boldsymbol{B}$ 联合化简和求解。

对电场强度 $\boldsymbol{E}$ 和磁感应强度 $\boldsymbol{B}$ 联合求解的具体过程，我们将在 2.3.1 节展开，这里给出一个相关的算符运算准则。算符运算准则是由数学家所证明的，我们不需要理解该准则，只要使用即可。

$$\nabla \times (\nabla \times \boldsymbol{A}) = \nabla(\nabla \cdot \boldsymbol{A}) - \nabla^2 \boldsymbol{A}$$

2.2.7　高斯电场方程结合洛伦兹力公式验证库仑定理

在给定条件下，可以对麦克斯韦方程单独求解。一个例子是，高斯电场方程结合洛伦兹力公式在特定条件下验证得到库仑定律，即真空中静止的点电荷产生的电场的描述定律。

如图 2-20 所示，假设在真空中有一个静止的正电荷 q_1 位于 O 点，真空中有 M 点，M 点距离 O 点的距离为 r。作以 O 为球心、r 为半径的球面 S。电荷 q_1 在其周围产生电场。

根据高斯电场定律，该电场通过封闭球面 S 的通量正比于曲面所包围的电荷总量 q_1，即有 $\oint_S \boldsymbol{E} \cdot \boldsymbol{n} \mathrm{d}S = \dfrac{q_1}{\varepsilon_0}$。考虑到点电荷在真空中的均匀分布，在球面上每一点的场强大小相等，有 $4\pi r^2 E_{\mathrm{m}} = \dfrac{q_1}{\varepsilon_0}$，$E_{\mathrm{m}}$ 为电荷 q_1 在 M 点产生的场强大小，于是得到 $E_{\mathrm{m}} = \dfrac{q_1}{4\pi r^2 \varepsilon_0}$。

高斯电场定律:

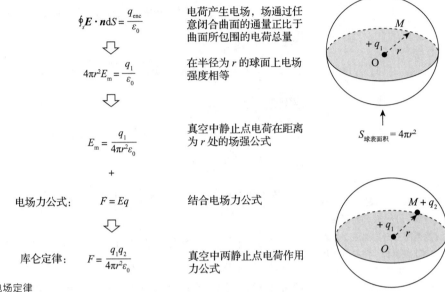

$$\oint_s \boldsymbol{E} \cdot \boldsymbol{n} \mathrm{d}S = \frac{q_{\text{enc}}}{\varepsilon_0}$$

电荷产生电场,场通过任意闭合曲面的通量正比于曲面所包围的电荷总量

$$4\pi r^2 E_{\text{m}} = \frac{q_1}{\varepsilon_0}$$

在半径为 r 的球面上电场强度相等

$$E_{\text{m}} = \frac{q_1}{4\pi r^2 \varepsilon_0}$$

真空中静止点电荷在距离为 r 处的场强公式

+

电场力公式: $F = Eq$ 结合电场力公式

库仑定律: $F = \dfrac{q_1 q_2}{4\pi r^2 \varepsilon_0}$ 真空中两静止点电荷作用力公式

图 2 - 20   从高斯电场定律
到库仑定律

假定在 M 点放置一个静止的正电荷 q_2,根据电场力作用公式,q_2 受到的来自场强 E_{m} 的作用力的大小是 $F = Eq = \dfrac{q_1 q_2}{4\pi r^2 \varepsilon_0}$,该作用力即是电荷 q_1 对电荷 q_2 的作用力,即库仑力,而上式即是描述真空中两个点电荷相互作用的库仑定律。

从以上简单的例子可以看出,麦克斯韦方程组和洛伦兹力公式(描述带电粒子在电磁场中的受力规律)是电磁理论的两大支柱,往往需要结合使用。

2.2.8   通过消元法求解多个方程,预言电磁波的存在

变换的电场产生磁场,而磁场的变化又影响电场,即电场和磁场同时存在相互影响时,单独根据一个方程将无法求解此时的电场和磁场方程。这时需要联合麦克斯韦方程组的多个方程求解,基本思路还是利用关系进行消元,想办法生成单独电场或磁场的方程。

先讨论电场方程的情况。如图 2 - 21 所示,对法拉第定律两边求旋,得 $\nabla \times (\nabla \times \boldsymbol{E}) = \nabla \times \left(-\dfrac{\partial \boldsymbol{B}}{\partial t} \right)$,根据运算规则变为 $\nabla(\nabla \cdot \boldsymbol{E})$ $- \nabla^2 \boldsymbol{E} = -\dfrac{\partial(\nabla \times \boldsymbol{B})}{\partial t}$。根据高斯电磁定律用 $\dfrac{\rho}{\varepsilon_0}$ 替换 $\nabla \cdot \boldsymbol{E}$),根据安培 - 麦克斯韦定律替换 ($\nabla \times \boldsymbol{B}$)(用 $\boldsymbol{J}$ 和 $\boldsymbol{E}$ 的量消去了 $\boldsymbol{B}$ 的项),这样就完成了消元。再考虑引入"没有电荷和电流的区域"即 $\boldsymbol{J} = 0$、$\rho = 0$ 的条件,化简整理即可得到一个只含电场 $\boldsymbol{E}$ 的二级微

分方程：$\nabla^2 \boldsymbol{E} = \mu_0\varepsilon_0\dfrac{\partial^2\boldsymbol{E}}{\partial t^2}$。该方程是一个二阶线性齐次偏微分方程，它描述了在没有电荷、没有电流，但有电场的情况下电场在空间的传播。很显然，该偏微分方程的解是一个标准的余弦函数，呈现出波动传播的特点。

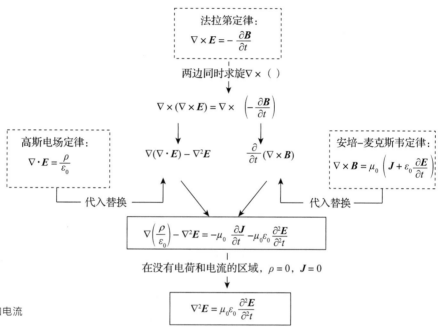

图 2-21　没有电荷和电流区域电场方程的导出

再讨论磁场方程的情况。如图 2-22 所示，对安培 - 麦克斯韦定律两边求旋，得 $\nabla\times(\nabla\times\boldsymbol{B}) = \mu_0(\nabla\times\boldsymbol{J}) + \mu_0\varepsilon_0\dfrac{\partial}{\partial t}(\nabla\times\boldsymbol{E})$。

根据运算规则变为 $\nabla(\nabla\cdot\boldsymbol{B}) - \nabla^2\boldsymbol{B} = \mu_0(\nabla\times\boldsymbol{J}) + \mu_0\varepsilon_0\dfrac{\partial}{\partial t}(\nabla\times\boldsymbol{E})$。把由高斯磁场定律得到的 $\nabla\cdot\boldsymbol{B} = 0$，由法拉第定律得到的 $\nabla\times\boldsymbol{E} = -\dfrac{\partial\boldsymbol{B}}{\partial t}$ 分别代入两边，消去 $\boldsymbol{E}$ 项，完成消元。再考虑引入"没有电流的区域"，即 $\boldsymbol{J} = 0$ 的条件，化简整理即可得到一个关于只含磁感应强度 $\boldsymbol{B}$ 的二级微分方程

$$\nabla^2\boldsymbol{B} = \mu_0\varepsilon_0\dfrac{\partial^2\boldsymbol{B}}{\partial t^2}$$

该方程是一个二阶线性齐次偏微分方程，它描述了在没有电流但有磁场的情况下磁场在空间的传播。很显然，该偏微分方程的解是一个标准的余弦函数，呈现出波动传播的特点。

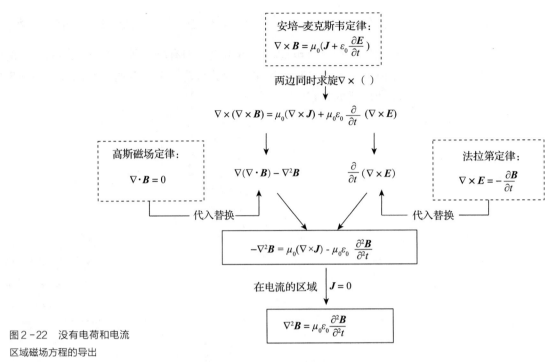

图 2-22 没有电荷和电流
区域磁场方程的导出

在特定条件下，电场和磁场方程呈现波动方程的这种形式，不仅告诉我们存在波，而且给我们提供了根据波动方程的一般形式导出这种波传播的速度的方法。

因为波动方程的一般形式是

$$\nabla^2 A = \frac{1}{v^2} \frac{\partial^2 A}{\partial t^2}$$

式中，v 是波的传播速度。将该方程和前面导出的电场、磁场方程作类比，可知电场、磁场形成的波的传播速度 v 应满足

$$\frac{1}{v^2} = \mu_0 \varepsilon_0$$

或者

$$v = \sqrt{\frac{1}{\mu_0 \varepsilon_0}}$$

1855 年，韦伯（Wilhelm E. Weber）和科尔劳施（Rudolf Kohlrausch）测出电量的电磁单位和静电单位的比值为 $1/\sqrt{\mu_0 \varepsilon_0} = 3.107\,4 \times 10^8\,\text{m/s}$，而在 1849 年菲佐（Fizeau）已经测出光在空气中的传播速度是 $3.148\,58 \times 10^8\,\text{m/s}$。正是因为计算出的传播速度与测量出的光速十分一致，麦克斯韦认为"光是一种按照电磁定律在场中传播的电磁扰动"。

当然，根据后面测定的更加准确的真空电容率和磁导率，求得

波的速度是

$$v = \sqrt{8.987\,552 \times 10^{16}\,\text{m}^2/\text{s}^2} = 2.997\,9 \times 10^8\,\text{m/s}$$

这个值和后面测定的真空中光的传播速度是一致的。

核心要义

　　值得一提的是，从麦克斯韦预言电磁波的公式中可以看出，电磁波在真空中传播的速率只取决于真空电容率和磁导率，与选择什么样的惯性系并没有关系。这说明电磁场理论其实已经隐含了真空中光速不变的含义，这不仅直接促成了洛伦兹变换的提出，而且为后来爱因斯坦把光速不变原理提升为公理，进而提出狭义相对论提供了一个理论上的依据。

　　麦克斯韦预言了电磁波的存在，但电磁波存在的验证则是由赫兹完成的。不过，赫兹验证电磁波存在并测量电磁波波长和特性的实验有些复杂，在 2.2.9 节我们专门介绍。这里，我们先采用一个更加简单、形象的模型——简化的电偶极子模型来定性解释从麦克斯韦方程到电磁波的过程[1]。

　　电偶极子（electric dipole）是由两个等量异号点电荷组成的系统。我们不妨考虑一个最简单的电偶极子的情形。如图 2-23 所示，正、负电荷在某种作用下分开，再被拉回，并由此形成的振荡常被称为偶极子振动，这是一种类似于弹簧振子的振动。在振动过程中，偶极子周围的电场发生改变，改变的电场产生变化的磁场，

1　[日] 远藤雅守：《漫画电磁学》，刘卫颖译，211 页，北京，科学出版社，2012。

正、负电荷在某种作用下分开，再被拉回，由此形成的振荡常被称为偶极子振动，类似于弹簧振子的振动

在振动过程中，偶极子周围的电场发生改变，改变的电场产生变化的磁场，变化的磁场反过来又引起电场的变化

在包含偶极子的空间，正、负电荷相抵为零，且没有电流，即满足

$$q = 0,\ \boldsymbol{J} = 0$$

由此解得电场、磁场方程，它们都满足波方程的形式

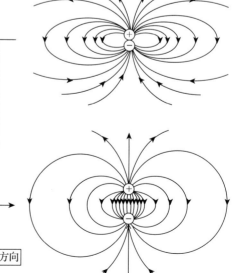

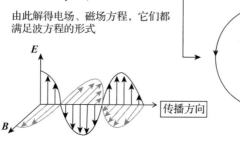

图 2-23　偶极子和电磁波的形成

变化的磁场反过来又引起电场的变化。在包含偶极子的空间，正、负电荷相抵为零，且没有电流，即满足 $q = 0$，$J = 0$。由此，解得相应的电场、磁场方程，可以看出它们都满足波方程的形式。如果偶极子连续振动，就可以在周围空间产生正交的电场和磁场，并不断向外传播出去。需要指出的是，电磁波的传播不像机械波那样需要借助介质，电场和磁场通过交换光子的方式来实现传播，其具体的作用机制将在量子电动力学部分进行介绍。

偶极子振动产生电磁波的模型在分析问题时很有用。比如原子中的电子和原子核构成偶极子体系。原子间的相互碰撞可以使电子和原子核间的位置发生改变，即产生偶极子振动。这种振动会产生电磁波，不过由于电子的位置是量子化的，所以不同的原子就会发出若干不同频率的电磁波（或者说不同的光）。

2.2.9　电磁波的发现

现在我们已经知道，电磁波给我们的生产、生活带来了巨大影响（在2.6节我们专门介绍）。但在麦克斯韦预言电磁波的存在并提出光也是一种电磁波的观点之后的一段时间里，绝大多数物理学家都持怀疑、否定的态度，他们都用"科学不是游戏"这句话来表达对麦克斯韦的怀疑。年轻的赫兹在其导师亥姆霍兹的影响下开始研究麦克斯韦的电磁理论，并开始关注电磁波。而后历经数年，赫兹通过对简单实验设备进行创新性改造，并设计、完成了一系列实验，终于令人信服地验证了麦克斯韦关于电磁波的存在以及光本质上也是电磁波的预言。下面我们就对这段历程作简单回顾。

1. 开发装置，初步判断电磁波的存在

赫兹关于电磁波的第一个实验具有一些传奇色彩。他最初的灵感或许来自对电磁感应实验的改造。根据电磁感应理论，在一定距离内初级线圈中电流的改变会造成次级线圈中感应电流的变化。而对初级线圈和次级线圈同时改造以消除任何直接感应的效应，如果在次级线圈内还能观察到电流（包括位移电流）的话，就说明存在通过空间传播的电磁波。

于是赫兹在初级感应线圈的两个电极上接入两根共轴的黄铜杆，如图2-24左侧所示，两个黄铜杆的一头均做成小球形状，在两个小球中间留有一个空隙。通过快速接通和断开外部电源，初级感应圈能够周期性地在它的两极上产生很高的电势差，击穿空气放电而产生火花,在非常短暂的情况下,形成了偶极子。这实际上就制成了一个发射器。

如图 2-24 右侧所示,为消除次级线圈端任何直接感应的效应,赫兹直接以一个黄铜细杆代替次级线圈,他将黄铜细杆做成环状,且两头做成小球形状,形成一个谐振器。在两个小球中间同样留有一个空隙,其大小可以用一个测微计螺旋来调整。当发射器的偶极子振荡并发射电磁波时,两个小球接收到电磁波以后在两个小球的空隙中也可能有火花发生,特别是当铜杆的固有频率等于偶极子的振荡频率时将形成共振,火花更强。这实际上就制成了一个接收器。

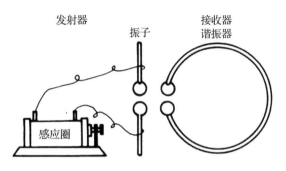

图 2-24 赫兹振子和谐振器

赫兹就是通过对上述这样十分简单的设备进行创新性改造,开始了他所有的记入史册的实验。

开始的时候实验并不顺利。直到 1887 年的一天,在不断尝试和调整后,赫兹突然发现空隙中迸发出一个微弱的火花。他将谐振器与发射器保持一定距离,并适当地选择其方位,然后观察到电火花在两个铜球之间不断地跳跃。这是赫兹在实验中初次观察到电磁波在空间中的传播。

仅仅观察到电火花的产生,就判断电磁波的存在,显然这样的结论是站不住脚的。之后,赫兹改进了谐振器的控制方式,以方便它与发射器产生共振。这样,赫兹就开始后续的关于电磁波的系列实验了。

2. 验证直线行进和聚焦

光波具有直线行进和聚焦的性质。为验证电磁波是否具有这种属性,赫兹设计了以下的实验装置:他将 2 m 长的锌板做成抛物柱面的形状,把偶极子(发射器)和谐振器(接收器)分别放在两柱面的焦线上。调节感应圈使偶极子的空隙间产生火花,发射电磁波。如图 2-25 所示,当谐振器所在柱面正对偶极子所在柱面的时候，谐振器空隙中能观察到火化；而当谐振器所在柱面在其他位置时，谐振器空隙中不出现火花。这个实验证明，与光波相同，电磁波具有直线行进和聚焦的性质。

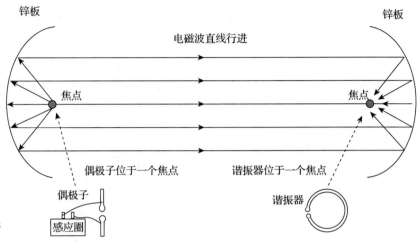

图 2-25　电磁波的直线行进和聚焦

3. 验证反射和折射

光波具有反射和折射的性质。为了验证电磁波是否具有这样的性质，赫兹设计了以下的实验。

如图 2-26（a）所示，把偶极振子（发射器）和谐振器（接收器）分别放在两柱面的焦线上。在偶极子前放一块锌板，调节感应圈使偶极子的空隙间产生火花，发射电磁波。改变谐振器的位置，探测经锌板反射后空间各处电磁波的分布，发现只有在与偶极子相对锌板所处入射角相等的反射角的位置，谐振器空隙才有火花出现。这就表明电磁波和光波一样，遵从反射定律。

如图 2-26（b）所示，把偶极子（发射器）和谐振器（接收器）分别放在两柱面的焦线上。调节感应圈使偶极子的空隙间产生火花，发射电磁波。将偶极子发出的电磁波入射到用硬沥青做成的很大的一个三棱体上，经折射后电磁波从三棱体中射出，用谐振器探测射出电磁波的方向，计算得到硬沥青对电磁波的折射率 $n_{测量}$。再由电磁学实验独立测出硬沥青的电导率和磁导率，根据麦克斯韦电磁场理论求得硬沥青对电磁波理论的折射率 $n_{理论}$，发现二者相等，从而表明电磁波和光波一样，也遵从折射定律。

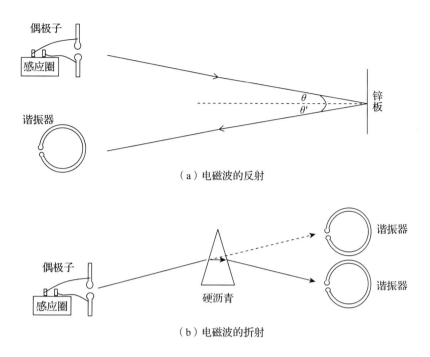

（a）电磁波的反射

图 2-26　电磁波的反射和折射

（b）电磁波的折射

4. 形成驻波，测量电磁波的传播速度

赫兹还利用电磁波形成驻波，测量了电磁波的传播速度。如图 2-27 所示，偶极子发出的电磁波入射到一块锌板上，入射电磁波和反射电磁波叠加后形成驻波。他用谐振器在入射波与反射波重叠的直线上逐点探测，发现在某些特定的位置出现较强的火花，在另外一些特定的位置则没有火化，即驻波显示出较强的空间周期性，这两类位置分别对应驻波的波腹和波节。通过测量相邻波节或相邻波腹之间的距离，他发现其对应所形成电磁波的波长的一半，即 $\dfrac{\lambda}{2}$。又由于偶极子发射的电磁波的频率 ν 可以根据偶极子的电感和电容值估算出来，于是他将测量得到的波长 λ 和估算得到的频率 ν 代入公式 $c = \lambda \nu$，得到电磁波在空气中的传播速度，所得到的速度与光速十分接近，从而为光波就是电磁波的论断提供了有力的证据[1]。

除上述实验外，赫兹还进行了电磁波的衍射和偏振实验，证明电磁波具有衍射现象、偏振现象，并且电磁波是横波。

总之，赫兹通过上述一系列的实验，不仅精妙地证实了麦克斯韦的电磁理论，为后续的物理学理论发展和电磁场理论的应用奠定了基础，而且开辟了电磁波应用的新天地，极大改变了人类社会的通信水平和生产、生活方式。

1　陈秉乾，舒幼生，胡望雨：《电磁学专题研究》，394 页，北京，高等教育出版社，2001。

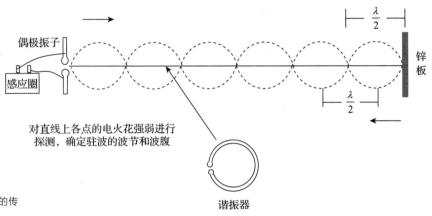

图2-27　测量电磁波的传播速度

2.2.10　电磁波的不同产生机制

当初赫兹发现的电磁波的频率范围为$10^8 \sim 10^9$Hz，对应的电磁波的波长范围为几分米至几米。而截至目前，如图2-28所示，人类发现并得到广泛应用的电磁波的频率范围是$10^3 \sim 10^{22}$Hz，对应的波长范围是$10^5 \sim 10^{-14}$m，可以分为无线电波、红外线、可见光、紫外线、X射线和γ射线等。也就是说，从赫兹当初发现的大概2个量级扩大到19个量级，即从一条窄窄的缝隙进入一个广阔的空间。

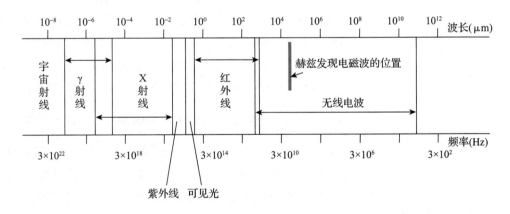

图2-28　电磁波谱示意图[1]

[1] 吴翔，沈葹，陆瑞征等：《文明之源：物理学》，92页，上海，上海科学技术出版社，2010。

当然，人类对于电磁波的认识与物理学的整体发展，特别是在原子物理学方面的进展是分不开的，甚至说是相辅相成的。因为，人类不满足于仅认识一个新类型的电磁波，还希望解释该类型电磁波的形成机制，从而认识该类型电磁波的特征并更好地利用其服务于人类的生产和生活。

1　这里主要介绍和电子或亚原子跃迁相关的方式。另外原子振荡、高速电子突然减速等其他方式也可以产生不同类型的电磁波，后面会专门提到。

下面我们给出目前人类了解的产生电磁波的几种典型机制[1]。如图 2 – 29 所示，按照图中从右向左的顺序（大致对应电磁波频率从低到高的顺序），第一种是由 LC 电路中自由电子的周期性振荡产生，所产生的电磁波的频率范围为 $3 \times 10^3 \sim 3 \times 10^8 \mathrm{Hz}$。由于这类电磁波可在精准控制下"人工"产生，因此通过信号的调制与解调可应用于各类无线通信，一般称为无线电波。第二种是由原子中最外围电子先激发到高能级再跃迁回低能级产生，所产生的电磁波主要包括红外线、可见光和紫外线三类。第三种是由原子中内层电子先激发到高能级再跃迁回低能级产生，所产生的电磁波主要是 X 射线等[2]。第四种是原子核内发生变化（如核衰变或核聚变）时由原子核能级跃迁退激时释放出，所产生的电磁波主要是 γ 射线等。

2　强加速的电子在电场内突然制动时，电子的动能转成电磁波发射出来也可以产生连续谱的 X 射线。

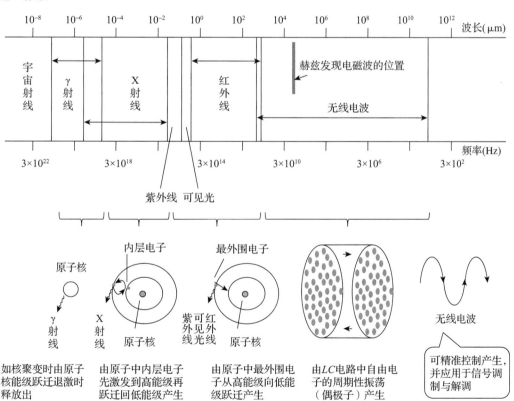

图 2 - 29　几种代表性的电磁波产生机制及其与不同电磁波的对应关系

有人形象地把上面这类电磁波的发射统一地比作一个"弹簧振子"模型，"弹簧振子"围绕平衡位置不断振动向外发出相应的波，只不过电磁波的产生不需要介质的存在。对无线电波而言，这时的"弹簧振子"是振荡电路中自由运动的电子；对于红外线、可见光、紫外线而言，这时的"弹簧振子"是原子里在不同能级上的振荡的最外层电子；对于 X 射线，这时的"弹簧振子"是原子里在不同能级上的振荡的内层电子；对于大部分 γ 射线以及更高能的宇宙射线而言，这时的"弹簧振子"是原子核内在不同能级上的振荡的核子。

认识电磁波的不同产生机制是我们后面分析电磁波不同特性和应用的基础，可以帮助我们理解一些不好解释的"疑问"。例如，如果我们不区分不同电磁波的产生机制，就可能产生这样一个"疑问"：在无线通信中，电磁波的频率越高，穿透力越弱，而 X 射线的频率比无线电要高得多，为什么反而它具有更高的穿透能力并可以利用这种能力进行医学摄片和金属设备探伤？

根据电磁波的不同产生机制就比较容易解释这个问题：无线通信中使用的无线电波是由电路中自由电子的周期性振荡产生的，当遇到介质物体的时候，介质中少量的自由电子会吸收电磁波的能量而产生共振，在介质相同的情况下，无线电波的频率越高，振动次数越多，被介质中的自由电子吸收的能量就越多，因此衰减越快，穿透力越弱；而 X 射线具有和无线电波不同的产生机制，它是由原子中内层电子跃迁产生的，介质中少量的自由电子的共振不再是影响 X 射线被吸收和强度衰减的因素，X 射线可以穿透由小原子数的原子[1]组成的介质（如皮肤），直到遇到由较大原子数的原子组成的介质（如骨骼、金属等）它们才具备核外内层电子从低能级跃迁至高能级的能力，从而吸收掉对应频率的 X 射线而造成衰减，因此 X 射线频率比无线电波高得多，但穿透能力反而强得多，并且可以根据较大原子数的原子中内层电子对 X 射线的吸收情况进行医学摄片和金属设备探伤。由此看出，原来电磁波在不同波段下看似矛盾的表现是由不同波段下电磁波的不同产生机制造成的。

认识电磁波的产生机制还可以帮助我们理解自然界中一些有意思的事情。例如，我们的地球以及太阳系里其他的星球都沐浴在灿烂的太阳光之中，太阳光不仅为我们提供了光明，还以一种"温和"而稳定的方式为我们人类提供了赖以生存的能量。那么太阳是如何产生太阳光的呢？

在回答这个问题前，我们需要先看一下氢原子能级分布、光谱跃迁和对应的电磁波类型。如图 2 - 30 所示，在正常情况下，氢原子中的电子[2]处于最低能态 E_1（也称为基态），外部的激发可把该电子带到具有较高能量的 E_n 状态（又称为激发态），随后被激发的电子会自发地倾向于回到能量较低的状态，并以电磁波的形式发

1 因为小原子数的原子（如氢、氧、碳、氮等）一般发生外层电子跃迁。

2 因为氢原子核外只有一个电子，所以该电子也是最外层电子。

出多余的能量。这时它既可以跃迁到能量较低的其他激发态,也可以直接跃迁到基态,不同能级上的跃迁形成了三类不同的电磁波,即红外线、可见光和紫外线。

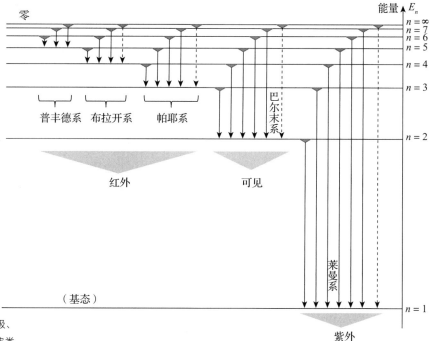

图 2-30 氢原子的能级、光谱跃迁和对应的电磁波类型示意

1 这部分较详细的描述可参见 4.5.2 节。

太阳之所以能够每时每刻向外释放巨大的能量,首先源于它的核心地带时刻发生着核聚变反应[1]。这个过程中能量主要以 γ 射线的形式释放出来。这些 γ 射线并不能直接到达地球,它们会被太阳外层的高温等离子层以及再外层的以氢气为主的稀薄的高温气体层吸收。在高温环境的激发下,氢原子中的电子可以被视为不断从基态激发到能量高的激发态,再以不同的路径回到基态,之后再激发形成振荡。根据图 2-30 给出的氢原子的能级、光谱跃迁和对应的电磁波类型示意图,可知这个过程会释放出大量的红外线、可见光和紫外线。其中约有一半的电磁频谱在可见光区域,另一半中大部分在近红外线区域,还有一小部分在紫外线区域。另外,由于在太阳表面高温等离子体流与磁场之间复杂的相互作用,经常爆发剧烈的太阳耀斑、日珥等现象,同时对外发射紫外线、X 射线等辐射。

了解不同类型的电磁波的形成机制还有更加一般性的意义,不仅能使我们了解不同种类电磁波的基本特性,还有助于我们了解同一种类不同范围下的电磁波在吸收、反射、衍射、散射等方面的特殊表现,而正是不同电磁波在基本特性和不同表现上的这些差异,造就了它们在自然界和人类社会发展中所起的"独特"的作用和"不可或缺"的地位。

2.2.11　电磁波的应用（1）——无线电波与无线通信

从前面的介绍我们可以看出，无线电波最大的特点是可以在人工控制下完成波形的"精准"制造，即可以精准控制所产生的无线电波的频率、振幅、相位，这样无线电波就为承载各类信息提供了可用的"载体"。而且一种无线电波可以适应至少一种典型应用场景下的传播，这样就为人类开发基于无线电波的应用（如各类无线通信）提供了空间中的传播条件。在这两个基本条件下，人类发明了各种各样的无线通信技术，它们显著影响了人类社会的发展，成为无线电波特殊价值的最好代表。

无线通信是伴随电磁波的发现而出现的，已经从最初的无线电报发展到现在 5G 移动通信、卫星通信、WiFi 局域网通信、各种短距离通信以及电力、航空、交通、渔业等各行各业的专业无线通信等，另外，还有航天、军事领域内的各种无线通信。可以说，无线通信和我们的生产、生活密切相伴，形影不分。

在相同区域下相同频率的无线电波会产生相互干扰，为防止不同业务、不同用户之间的干扰，无线电波的产生和传输受国际法律的严格管制，由国际电信联盟（International Telecommunication Union，ITU，中文简称国际电联）协调。国际电联为不同的无线电传输技术和应用分配了无线电频谱的不同部分。国际电联《无线电规则》（Radio Regulations，RR）定义了约 40 项无线电通信业务。表 2－1 是国际电联给出全球无线电频谱的粗略划分。

表 2－1　全球无线电频谱的粗略划分

编号	名称	频率范围	米制波长	典型应用
4	甚低频	$3 \sim 30$ kHz	$10 \sim 100$ km 万米波（甚长波）	直接转换成声音、超声、地球物理学研究
5	低频	$30 \sim 300$ kHz	$1 \sim 10$ km 千米波（长波）	国际广播、全向信标
6	中频	$300 \sim 3\,000$ kHz	$100 \sim 1\,000$ m 百米波（中波）	调幅（AM）广播、全向信标、海事及航空通信
7	高频	$3 \sim 30$ MHz	$10 \sim 100$ m 十米波（短波）	短波、民用电台
8	甚高频	$30 \sim 300$ MHz	$1 \sim 10$ m 米波	调频（FM）广播、电视广播、航空通信

（续）

编号	名称	频率范围	米制波长	典型应用
9	特高频	300 ~ 3 000 MHz	100 ~ 1 000 mm 分米波	电视广播、无线电话通信、无线网络、微波炉
10	超高频	3 ~ 30 GHz	10 ~ 100 mm 厘米波	无线网络、雷达、人造卫星接收
11	极高频	30 ~ 300 GHz	1 ~ 10 mm 毫米波	射电天文学、遥感、人体扫描安检仪
12	—	>300 GHz	<1 mm 丝米波（亚毫米波）	射电天文学

注：编号 1 ~ 3 因不常用，此处未列出。

　　影响无线电波应用的一个重要因素是无线电波的传播问题。在地球上，电波可通过多种传播路径到达接收目标。图 2 - 31 给出几种主要的无线电波传播方式，包括沿大地表面传播的地波，发射天线和接收天线在可视条件下的直达波，来自对流层和电离层的散射波，以及来自电离层的反射波。

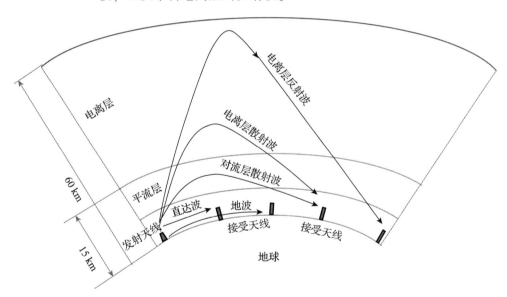

图 2 - 31　几种主要的无线电波传播方式

　　人们结合不同频段和不同无线电波传播方式的特点，设计并实现了不同的无线电应用。

　　例如，人们把超长波波段和地波传播方式相结合，用于水下通信，特别是水下潜艇的通信。无线电波在海水中的衰减很快，而且波长越短，衰减就越快，所以水中通信选用超长波。由于大地是半导体介质，大地介质中的带电粒子受地面天线辐射的电磁波激发会产生再辐射，这种再辐射与原来的辐射场叠加在一起使电磁场能量大体上贴近地表面传播，即形成地波传播。超大的波长又能保证超长波利用绕射特性绕开地球上山川、河流、建筑等大尺度物体，而且信号比较稳定，基本上不受气候条件的影响。但缺点也很明显，不仅地面上需要巨大功率的发射机，而且传输速率很低，只能保证极低速率的数据传输。

特高频（0.3~3 GHz）电波最主要的应用是电视广播和各类无线通信系统。这两类业务首先都需要满足无线电信号在空间上的连续覆盖，为此需要克服两大障碍：一是地面建筑物和地形的遮挡（需要大一些的波长）；二是建筑物、树木等对电波的过度吸收（需要小一些的波长）。特高频的波长在 0.1~1 m，比较理想地实现了二者的折中。图 2-32 给出了该频段上几种主要的无线电波传播方式，其中既有直射波，也有反射波、衍射波，还有空中微小颗粒形成的散射波。可以看出，发射天线和接收天线都存在多个传播路径，在通信上一般称为多径干扰，需要采取各种有效的编码、调制和信号处理技术进行克服，以检测（或合并）出有用信号。当然，多径干扰客观上又使无线电波信号能"无处不在"。

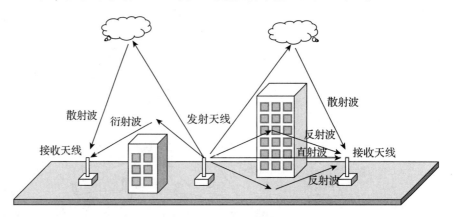

图 2-32 特高频下无线电信号传播

对于移动通信系统而言，除了要考虑无线信号的覆盖，还有考虑系统的容量，系统容量决定着系统为每个用户提供的业务数据的大小。由于频率越高，无线信号被介质吸收的损耗越大，所以在移动通信设计中多采用多层覆盖，即多个频段根据不同的场景由一种技术或几种技术同时为用户提供服务，这样既保证了用户获得满意的覆盖和容量的服务，又保证了无线电频率资源的优化利用。如图 2-33 所示，自外向内依次是宏蜂窝、微蜂窝、微微蜂窝和短距离通信，提供服务的范围可以从几千米到几米，使用的频率一般从低到高，可以提供服务的速率也从低到高，这样系统可以根据用户所处的位置和场景选择由哪类基站为用户提供服务。4G 以后，还引入了载波聚合的技术，可以将两个以上不同频段的频率捆绑在一起同时为一个用户提供服务，这样可以更好地兼顾覆盖、容量和移动性等方面的要求。

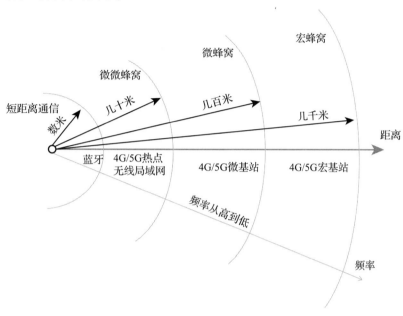

图 2-33　无线通信的多层覆盖

2.2.12　电磁波的应用（2）——太阳光之"三剑客"：红外线、可见光、紫外线

在电磁波家族中，还有一组电磁波，它们是红外线、可见光、紫外线。前面我们从氢原子的能级、光谱跃迁与对应电磁波的类型解释了太阳光由红外线、可见光、紫外线三部分组成的原因。由于地球上几乎所有的外来能量都来自太阳光，因此我们不难推测红外线、可见光、紫外线势必深刻影响着大自然和人类社会的生存和发展。事实也正是如此。

1. 红外线

红外线是波长小于 1 mm 的不可见光，除无线电波外，它在所有电磁波家族中能量最低。我们又知道，宏观物体是由各种原子通过各种化学键结合而来的[1]。组成宏观物体的原子并不是固定不动的，而是在各种化学键的约束下在某个平衡位置上不断振动。红外线的微妙之处在于它能够穿透原子间的缝隙，而不能穿透原子内部，其能量会使原子的振动加快、间距拉大，即增加原子的热运动

1　严格说，还包括离子。这里笼统地统称原子。

1　无线电波、红外线、可见光、紫外线都可以作用于原子的热振动，但红外线效率最高，而且作用效果有差别，我们后面将分别介绍。

能量，但一般不破坏化学键[1]，也就是说，原子在吸收红外线以后表现为热能增加而一般化学性质不变（图 2 - 34（a））；反过来，物体因为总存在原子的振动，所以都会发生原子的振动减慢、间距缩小、向外部辐射红外线的过程（图 2 - 34（b））。

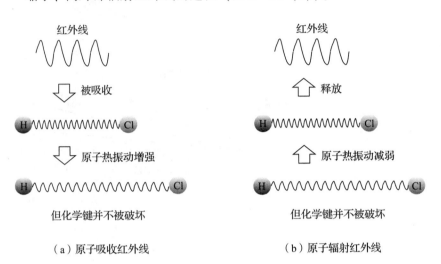

（a）原子吸收红外线　　　　　（b）原子辐射红外线

图 2 - 34　红外线与原子振动

了解了以上关于红外线的机理，我们就可以分析一些关于红外线的奇妙现象和应用了。

首先，太阳光中的红外线能够被地球的大气、陆地和海洋吸收，在"无害"的条件下保证了地球上生命所需要的温度环境。

其次，在自然界中云的形成过程中红外线也发挥了重要的作用。太阳照射大地，大地吸收太阳光中的红外线、可见光、紫外线使地面迅速升温，温度升高后的地面释放的红外线不断加热地面附近的空气[2]。同时，地面上的一些水分子以气体方式进入大气中。由于热空气密度小于冷空气密度，地面的热空气会不断上升，形成上升的热空气团。热空气团上升到一定高度后又会以一定的速率冷却。于是，当热空气上升到某一高度时，其中的水蒸气会凝结成无数的小水滴，这就形成了云[3]。

红外线的作用不仅体现在云的形成过程中，而且体现在地球上气候和天气的形成过程中。

来自太阳的红外线还可以被大气直接吸收，如果在整个地球范围内考虑太阳光强弱的不同，那么地球上不同区域大气所吸收的太阳光多少就不同，同时地球上不同区域大地所吸收的太阳光的多少也不同，地球上不同区域大地的温度不同，大地向外辐射的红外线

2　太阳光中的红外线、可见光、紫外线也可以加热大气。为便于理解，我们这里只考虑大地辐射的红外线的影响，或者说假定同一地区大气吸收的直接来自太阳光的红外线大致相等。

3　鲍勃·伯曼：《看不见的光》，雍寅译，33 页，天津，天津科学技术出版社，2020。

的强度就不同，这部分红外线被大气吸收的程度也不同。以上这两个与红外线有关的因素造成了地球上不同区域之间大气的温度差异，即低纬度区域的大气温度高于高纬度地区。由于地球公转和自转形成的太阳照射角度的变化，又使得不同区域间大气的温度随季节和时间改变，再加上前面已经分析的同一地区大地红外线造成的垂直方向上大气温度的不同，这些就形成了地球上大气环流、大气对流的最基本的条件。

红外线可以加速原子振动，原子振动产生的能量又会释放出新的红外线，这是普遍存在的现象。因此一般说有物质的地方就有原子的振动，就有红外线。人们根据红外线的这个原理制造出各类的红外线传感器，利用不同物体的红外线辐射强度不同的特性，使人、动物、车辆、飞机等被清晰地观察到，而且不受烟雾、树木等障碍物的影响，夜晚也能工作。在它们面前万物都无处藏身。

人们发明的红外线热成像仪是目前人类掌握的最先进的夜视观测器材，主要应用于军事领域。医用红外成像技术也是非常有用的诊断工具，它利用了肿瘤通常比周围组织温度更高的特点。红外摄像机还能够非常有效地探测火情，因为它可以监测到建筑物中的热量变化。

在军事领域，红外线制导技术也是红外线的一项重要的应用。它是利用红外探测器捕获和跟踪目标自身辐射的能量来实现寻的制导的技术。很多运动的军事目标，如飞机、火箭、坦克、军舰等都具有大功率的动力部分，它们不断地向外辐射很强的红外线，尤其是飞机和火箭，由于运动速度很快，其外壳与大气摩擦的结果必将产生大量的热量，从而使它们向外辐射出的红外线强度更大。红外制导技术就是利用这些目标自身所辐射的强大的红外线使导弹自动瞄准和跟踪，并自动接近目标，直到命中。在各种精确制导体系中，红外制导具有精度高、抗干扰能力强、隐蔽性好、效费比高等优点，在现代武器装配发展史上占据着重要的地位。

在历史上关于红外线的发现，还有一个值得回顾的故事。1800年，英国科学家赫歇尔（Friedrich W. Herschel）决定设计一个实验，探测各种颜色传递热量的程度是否有区别，是否某些颜色真的比其他颜色"更热"。这时候人们已经知道可见光照射在任何物体表面时，都会有一部分能量被吸收，因而物体表面会发热。如图 2-35（a）所示，他将太阳光用三棱镜分解开，在各种不同颜色的色带位置上放置了温度计，每隔 8 min 读取一次温度计示数，试图测量各种颜色的光的加热效率。他发现紫色区域的温度计读数平均升高 1.11 ℃，绿色区域平均升高 1.67 ℃，红色区域平均升高 3.83 ℃。由此可见，红光比其他颜色的光更热。

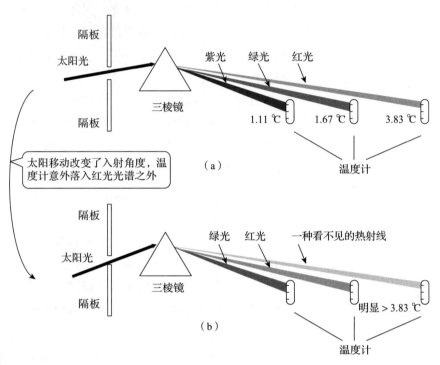

图 2-35　红外线的发现过程

如果赫歇尔的实验在这里停住，意义就很有限了。由于实验需要重复测量，在测量过程中，一个"意外"发生了。实验过程中，赫歇尔离开房间休息了一会儿。太阳在空中慢慢地移动，光谱也随之悄悄变换了位置。如图 2-35（b）所示，赫歇尔精心放置的温度计脱离了可见光的照射。他回来以后发现，原来放置在红光位置的温度计已经躺在红光光谱之外的阴影里了。不过，让他惊讶的是他发现这个温度计的示数竟然比之前在红光下高了很多。到底发生了什么事情？他又将上面的过程重复了多次，都是同样的结果。于是他开始反复查阅资料、反复思考，后来他明白了，阳光中一定存在有看不见的热射线，经过棱镜的折射，正好位于红光光谱一端的外边[1]。

赫歇尔把这种偶然发现的不可见光称为发热射线。并指出，它像可见光一样可以被反射、折射、吸收和传递。后来人们重新命名该不可见光为红外线，以体现它在光谱中的位置。赫歇尔对红外线的发现与研究，为后续其他电磁波的发现打开了一扇天窗。

1　鲍勃·伯曼：《看不见的光》，雍寅译，28 页，天津，天津科学技术出版社，2020。

思想启迪

　　同历史上其他一些重大发现一样，红外线的发现看似源于偶然，但可贵的是发现者没有轻易放弃这些偶然性，而是凭借细致的观察、刨根问底的精神、冷静的思考以及敢于突破常规的勇气揭示了偶然背后的必然，完成了科学上的重大发现。这种作风是值得我们学习和借鉴的。

　　需要指出的是，受到在红光光谱外侧发现红外线的启发，赫歇尔想到在紫光外侧可能也存在新的线谱。因此他将上述的实验方法应用于紫光外侧的测量，但却没有新的收获。为什么赫歇尔利用温度计测温的方法没有发现实际存在于紫光外侧的紫外线呢？对这个问题，我们将介绍紫外线时给出答案。

　　2. 可见光

　　在太阳光的"三剑客"中，前面我们介绍的红外线可以加速原子振动而又不破坏化学键，后面我们将介绍的紫外线可以打破化学键。可见光的频谱介于红外线和紫外线之间，因此其能量也介于红外线和紫外线之间。于是很有趣也很有意义的事情发生了。其一，可见光的能量通过一个累积的、平缓的过程使得叶绿素这样的色素分子启动光合作用（一系列化学反应），却不足以破坏生物体内重要分子（比如 DNA）的化学键。其二，可见光携带的能量刚好刺激动物和人类眼睛中的色素分子，让它们和我们看到光，产生视觉，感受到光亮和色彩，又不损害身体的其他分子。从前一方面讲，光合作用是生物捕获太阳能并以化学键能的形式存于有机物分子中的过程。通过光合作用产生的富有能量的有机物，最终会成为食物供给地球上其他形式的生命。光合作用支撑了地球上几乎所有生命的生存，是维持地球上生命的一个必要条件。从后一方面讲，可见光为动物和人类提供了视觉信息[1]，成为它们和我们生存的另一个必要条件。

　　用物理学的眼光看，光合作用为动物和人类提供了生存需要的食物，视觉为动物和人类提供了生存需要的大部分信息。而根据现代热力学的知识，食物和信息都是负熵，一个系统只有源源不断地从外部输入负熵，才能不断从低级向高级发展，大到自然界和人类社会才能长期存在，小到一个生命个体才能维持生命和生命周期的存在。从这个层面看，可见光对于自然界和我们人类社会的生存和发展至关重要。如果换个角度思考，太阳光中的可见光为地球上的

1　一些高等动物还可以使用紫外线作视力谱线。

1 另外一部分是太阳光中的红外线为地球提供的热能量。

生命提供了主要的外来能量[1]，按照进化理论，地球上的生物结构、生物功能可以说是长期适应可见光的自然选择和长期演进的结果。

下面我们就结合可见光的光谱和作用特点，具体分析一下可见光是如何"恰如其分"地发挥作用的。

可见光的光谱如图2-36所示，可以看出，它是电磁波中非常狭小的一个范围，波长在400~760 nm[2]。在可见光范围内，不同波长的光能引起不同的颜色感觉。由于颜色是随波长连续变化的，各种颜色的分界线带有人为约定的性质。一个大致的划分如图中所示，从左到右（波长从短到长）依次是紫色光、蓝色光、青色光、绿色光、黄色光、橙色光和红色光。

2 赵凯华：《光学》，3页，北京，高等教育出版社，2004。

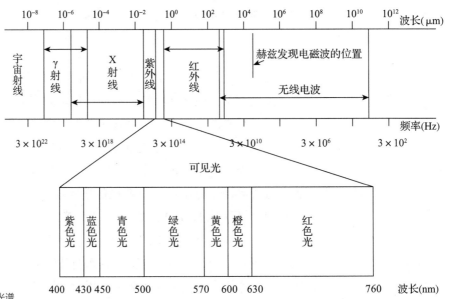

图2-36 可见光光谱

先看可见光在光合作用中的作用。有人把光合作用称为自然界中最神奇、最重要的化学反应之一。植物中的叶绿素能利用可见光将吸收的二氧化碳（CO_2）气体和水（H_2O）转变为糖类化合物，并释放出氧气（O_2）。植物的叶绿体中含有种类和数量丰富的色素，可以吸收不同波长的可见光。叶绿素a可以吸收紫色、蓝色和红色，叶绿素b可以吸收蓝色和橘红色，胡萝卜素可以吸收蓝色和绿色。如图2-37所示，光合作用分两个大的阶段：光反应和卡尔文循环。光反应经过一系列反应将可见光中的光能转化为化学能，为后续的卡尔文循环提供三磷酸腺苷（ATP）、还原型辅酸Ⅱ（NADPH）等能量和物质基础；卡尔文循环利用光反应提供的能量和物质捕获CO_2，固定碳元素合成葡萄糖（$C_6H_{12}O_6$）。下面我们主要看光反应中可见光是如何发挥作用的。

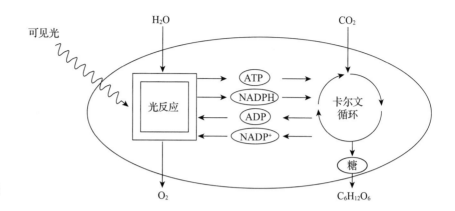

图 2 - 37 光合作用阶段示意

1 由于此处是根据光合系发现的先后定的序号,所以图中光系统 Ⅱ 出现在光系统 Ⅰ 之前。

2 这种在光驱动下的得失电子反应,是典型的氧化还原反应。 参考吴庆余:《基础生命科学》,第 2 版,115 页,北京,高等教育出版社,2002。

3 [美] Teresa Audesirk 等:《生物学与生活》,原书第 8 版(修订版),94 ~ 96 页,北京,中国工信出版集团,2019。

如图 2 - 38 所示, 在光系统 Ⅱ[1] 中, 各种叶绿素分子吸收可见光, 吸收的光能被不断汇集到反应中心内一个叶绿素 a 分子上, 并最终转移到一个低能电子上, 该电子来自水分子的分解。该电子从这个叶绿素分子中射出并发生能级跃迁成为高能电子。如果存在另一个合适的电子受体 (原子或分子), 该电子便逃逸到原始电子受体上[2]。高能电子经由电子传递链 Ⅱ 传递。在传递过程中有一部分高能电子释放能量用来合成 ATP 后成为低能电子。这些低能电子随后进入光系统 Ⅰ 中的反应中心。在光系统 Ⅰ 中, 同样是各种叶绿素分子吸收可见光, 吸收的光能被不断汇集到反应中心内一个叶绿素 a 分子上, 并最终转移到上述的一个低能电子上, 使得该电子发生能级跃迁成为高能电子并逃逸到原始电子受体上。高能电子经电子传递链 Ⅰ 传递。基质中的 $NADP^+$ 吸收两个上述的高能电子形成一个 NADPH 和一个 H^+。上述过程不断发生, 会产生极高的浓度梯度 (可以类似于一种势能)。H^+ 通过 ATP 合成酶上的通道进行顺浓度梯度流动 (将势能转化为化学能), 每三个 H^+ 通过通道产生一个 ATP 分子[3]。

从上面的过程可以看出, 可见光汇集为电子跃迁提供所需的能量, 这样既能够启动相关的化学反应, 又不足以破坏植物中其他分子的化学键, 这就是可见光能量大小"恰如其分"之处。反过来看, 其实这更应该是地球上生物的结构适应可见光这个外来能量的长期自然选择的结果。

下面我们再看可见光对动物和人视觉形成的作用。一般说来, 视觉包括感知光亮和感知色彩两方面。视觉是动物和人的五种主要感觉中最重要的一种。

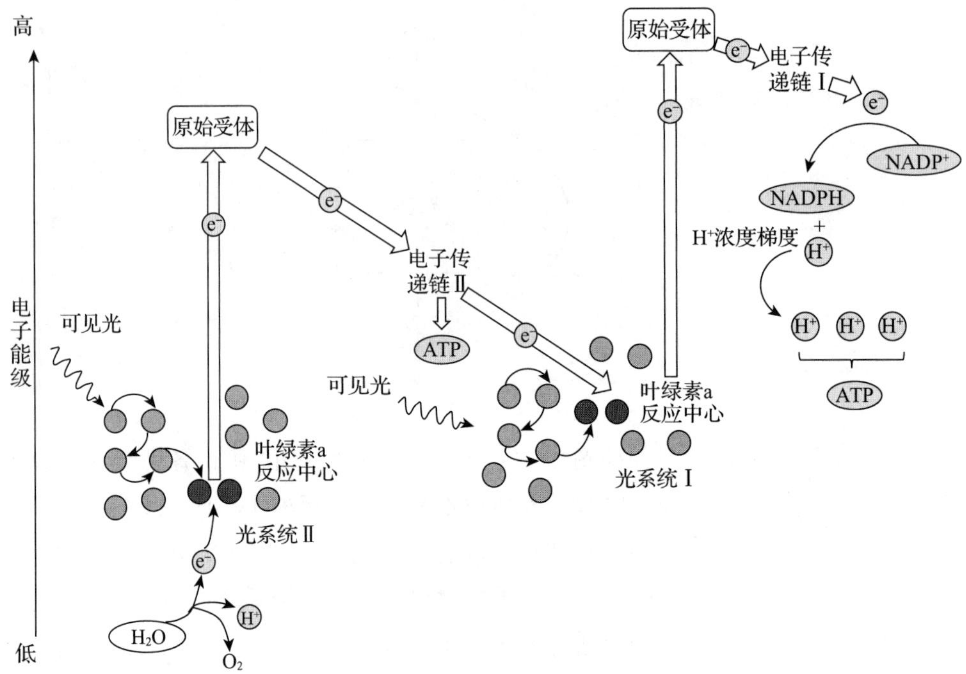

图 2-38　光反应过程和可见光作用[1]

[1]　[美] Teresa Audesirk 等:《生物学与生活》,原书第 8 版(修订版),94～96 页,北京,中国工信出版集团,2019。

通过对古生物化石的研究,研究人员认为,眼睛最早出现于距今约 5.3 亿年的寒武纪早期,那时很多动物已经具备了眼睛。眼睛的出现不仅使当时的动物能观察到丰富多彩的世界,更重要的是为生物的演化奠定了基础。一方面,对一些动物而言,眼睛的出现使其拥有了良好的空间视觉,由视觉引导成为良好的猎食者,进而进化成为移动更快、体形更大的捕食者动物;另一方面,捕食者的出现给其他动物带来了巨大的选择压力,迫使其他物种演化出多种防御手段,如生成护甲和外壳、藏匿于地下、演化出眼睛和增强视觉等,以避免成为捕食者的食粮。眼睛成为大部分动物从外部获取信息的最重要的来源。

眼睛就是一台极为复杂的可见光探测器。以人眼为例,人眼通过虹膜的张缩改变瞳孔的大小,从而改变入射晶状体的光线强度。晶状体相当于一个变焦镜头,靠改变厚薄使从物体来的光线透过玻璃体成像在视网膜上。视网膜上具有一层光敏神经细胞,其中杆状细胞对光线强弱敏感,而锥状细胞则能识别颜色的不同。这两种细胞将物体的颜色、形状和光强转换成脉冲,沿视网膜神经纤维传输到大脑。大脑对所收到的脉冲加以解释,使人看到合成的立体彩色图像。

在上述过程中,可见光携带的能量刚好刺激到我们眼睛中的色素分子，让我们看到光，又不损害我们身体的其他分子。例如，在所有的视杆细胞中都发现了同样的视紫红质，它对蓝光有最大的吸收能力。视紫红质在光照时迅速分解为视蛋白和视黄醛，视黄醛分子在光照时发生分子构象的改变（由一种较为弯曲的分子构象变为一种较直的分子构象），经过复杂的信号传递系统的活动，诱发视杆细胞出现感受器电位。在亮处分解的视紫红质，在暗处又可重新合成。以上过程说明可见光的能量"刚好"能保证产生视觉信号，同时又不"永久"破坏色素分子的结构。

物体对不同波长的光的反射率各不相同，由此奠定了颜色的基础，因为眼睛产生色觉至少需要拥有两种对不同波长段敏感的视色素。例如，人类具有三种类型的视锥细胞，分别对红色、绿色、蓝色敏感。但是，人们能看到的很多颜色并不对应单个的光谱波长，如红色是黄色和绿色的混合，紫色是红色和蓝色的混合。

由于生存的需要，一些动物需要看到与人不一样的色彩，因此它们的视锥细胞和视色素对不同的颜色有不同的敏感度。例如，蜜蜂虽然像人一样是三色视者，但它们对黄色、蓝色和紫外线敏感。由于蜜蜂能看见紫外线，它们能够辨认花瓣上的图案从而找到花蜜。

视觉是人和动物最复杂最重要的感觉机制，也是大自然在漫长的演化历程中给予生物的馈赠。而可见光是视觉产生的最基本的条件。

可见光不仅给予了所有动物和人类生存的食物，而且使动物和人类能看清外部物体的形状，辨别大小和速度，感知颜色，感知丰富多彩的外部世界。

3. 紫外线

除红外线、可见光外，在太阳光中还有约 7% 的波长较短的紫外线。红外线、可见光一般不足以破坏原子结构，而紫外线的高频率赋予了它从原子中剥离电子的能力，它可以使原子分裂发生电离。紫外线具有的这种电离能力使得太阳光中的紫外线对人类健康具有双重作用：一方面，紫外线可以致癌；另一方面，它可以帮助人体产生维生素 D。而大自然又巧斧神工般"设计"出一套机制，能够对太阳光中的紫外线起到趋利避害的作用：大气中的臭氧层可以吸收掉绝大部分致癌的波长短的紫外线，留下对人体有益的波长长的紫外线[1]。但过量紫外线的照射还是可能会诱发基因突变，因

1 具体可参见 2.6.2 节。

此应当避免过度曝晒。另外，积雪对于紫外线的反射率很高，照在积雪上的紫外线80%～90%会被反射，不过由于冬季阳光强度小，紫外线不足以使身体晒伤，但反射的紫外线会伤害人眼中的视觉细胞，因此冬季滑雪的时候需要带上护目镜以保护眼睛免遭紫外线伤害。

下面我们回到紫外线的发现上，并回答前面提到的为什么赫歇尔用发现红外线的方法没有发现紫外线的问题。

在赫歇尔之后，约翰·里特尔开始模仿赫歇尔的实验，但是他很快也发现温度在紫光一端并没有下降，于是他决定另辟蹊径。既然找不到光引起的物理变化，他便开始用化学反应来尝试。当时人们已经知道浸泡过氯化银的纸在阳光下会变黑。于是，他猜想是否所有颜色的光都会以相同的速率产生这种反应。于是他采用了和赫歇尔实验相似的过程，只是将测量物理变化的温度计换成了测量化学反应的泡过氯化银的纸（图2–39）。他观察到，红光的反应微乎其微，绿光反应较快，而紫光最快。当他把泡过氯化银的纸放在可见光紫光外一侧时，里特尔惊奇地发现在这个位置上泡过氯化银的纸变黑的速度比在紫光下变黑的速度还要快。很显然，在可见光谱紫光外还存在某种不可见光，它能够催生同样的反应，并且效果惊人。就此，里特尔发现了一种全新的不可见光。这种不可见光后来被人们根据位置特征命名为紫外线[1]。

红外线、可见光能量较低，一般不足以破坏原子结构，而紫外线能量较高，可以轻易诱发化学反应，特别是氧化还原反应。这就是在几乎相同的过程下，赫歇尔利用物理变化没有发现紫外线，而里特尔利用化学变化发现紫外线的原因。

1　鲍勃·伯曼：《看不见的光》，雍寅译，38页，天津，天津科学技术出版社，2020。

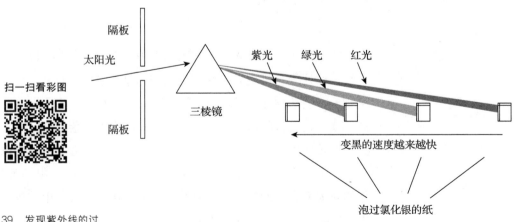

图2–39　发现紫外线的过程示意

综上，太阳光来到地球后，大约把能量的千分之三传给植物。植物的叶绿素进行光合作用，把光能转化为化学能、生物能，合成各种物质，并释放出人和动物必需的氧气。其余的大部分太阳光能量传给了大气、陆地和海洋，不仅造就了万千气象，而且转化为风能、水电能、海洋能等能源形式。太阳光还为地球上的生命带来了光明和视觉，使它们能感知丰富多彩的外部世界。太阳光中的红外线、可见光、紫外线具有的光谱特性、能量特性使得它们恰当地承担了各自的角色，为支撑、呵护地球上的生命发挥了重要作用。

2.2.13　电磁波的应用（3）——探测"高手" X 射线、致命杀手 γ 射线

沿着电磁波向更短波长前行的路径，在紫外线之外我们就来到 X 射线区域。X 射线的波长在 0.1 ~ 10 nm。它是由德国物理学家伦琴（Wilhelm C. Röntgen）在从事阴极射线的研究时发现的。

如图 2-40 所示，一次偶然的机会伦琴发现在阴极射线玻璃真空管 1 m 外的地方有荧光现象出现。他敏锐地猜测可能存在新的射线。于是他改进了设计，在接通高压电流后，他在距离真空管几米远的地方举起一张感光片，并请妻子将手放在感光片前面保持一段时间。结果冲洗出来的照片显示了他妻子手部的骨骼和手指上的戒指。手骨照片进一步证实，这里一定存在某种未知的不可见光，是这种光拍出了这种效果。因为之前发现的不可见光不具备这样的性质，它们无法穿透皮肤或纸这样的固体。而这种新射线具有很强的穿透性，不像其他光那么容易被反射。由于它在当时神秘莫测，

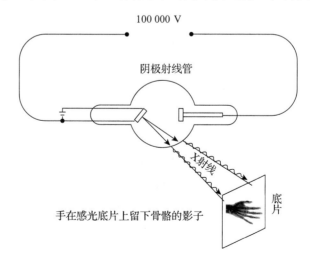

图 2-40　伦琴发现 X 射线的过程示意[1]

1　[美] 保罗·休伊特：《概念物理》，第 11 版，舒小林译，507 页，北京，机械工业出版社，2015。

伦琴便用数学中表示未知数的字母 X 为它命名，这就是 X 射线，又称伦琴射线。伦琴发现 X 射线的故事又一次证明了机会总是更加眷顾有心之人的道理。

从现代知识的角度看，我们可以比较清楚地解释伦琴手骨照片的机理：经超高电压加速的电子撞击到阴极射线管的玻璃壁上，部分电子接近玻璃成分的原子核，在原子核中带正电荷质子的作用下，骤然减速，按照电磁场理论，减少的能量就以电磁波的形式（也可以说是光子的形式）发射出来，这就是 X 射线。X 射线的能量较高，对应原子核外内层电子的跃迁，而一般只有原子数较大的重元素才具有核外内层电子跃迁的条件，皮肤和纸主要是由氢、氧、碳、氮等原子数较小的轻元素构成的，因此 X 射线不易被它们吸收，可以穿透它们。当碰到含较多重元素的骨骼和金属时才被吸收。至于在感光底片上能留下手骨的影子，则是因为 X 射线具有荧光作用。X 射线本身不可见，但它照射到某些化合物（如磷、铂氰化钡、硫化锌镉、钨酸钙等）上时，可使物质产生荧光（可见光或紫外线），荧光的强弱与 X 射线量成正比。X 光的穿透性和荧光作用成为 X 射线应用于透视的基础。而在伦琴的论文发表后仅仅 12 周，爱迪生就造出了荧光屏，可以实时显示清晰的 X 射线图像。从此 X 射线开始造福于人类，X 射线透视仪拯救了无数人的生命[1]。

后来，人们发现使用阴极射线轰击金属片产生 X 射线的效果更好，于是用加速后的电子撞击金属靶的方法成为产生 X 射线最简单的方法。高速电子轰击金属靶时，电子与金属靶物质的相互作用过程是比较复杂的，分为两种情况：一是一些高速电子进入物质的原子内部，与某个原子的内层电子发生强烈的相互作用，把一部分动能传递给这个电子，使它从原子中脱出，从而使原子内电子层出现一个空位，随即这个空位又被更外层的电子跃迁填充，并在跃迁过程中发射出一个 X 光子，这种情况下产生的是线状谱 X 射线；二是少数高速电子更进一步深入靶物质原子核附近，在原子核的强静电力作用下，其速度的量值和方向都发生变化，一部分动能转化为光子的能量辐射出去，这种情况下产生的是连续谱 X 射线。所以，用加速后的电子撞击金属靶所得的 X 射线谱，呈现出的是线状谱和连续谱的叠加[2]。后来理论和实验又表明，在同样速度和数目的电子轰击下，用原子序数 Z 不同的各种物质做成的靶，所辐射 X 射线的光子总数或光子总能量是不同的，光子的总能量近乎

1　到了现代，人们又发明了 X 射线计算机断层扫描技术，即俗称的 CT 技术。

2　[法] B. 卡尼亚克，张万愉，J. -C.裴贝－裴罗拉等：《原子物理学（下册）》，王义道译，50 页，北京，科学出版社，2015。

与 Z 的三次方成正比。所以 Z 越大，则产生 X 射线的效率越高。在兼顾熔点、原子序数和其他技术要求的条件下，钨（$Z=74$）和它的合金成为最适当的材料。

由于 X 射线具有很强的穿透力，除了在医学上用于医学诊断外，在工业上也可以利用波长较短的 X 射线能穿过一定厚度的金属材料和部件的特点，将它用于工业探伤。

另外，当物质受 X 射线照射时，其核外电子吸收 X 射线后脱离原轨道产生电离。在电离作用下，气体能够导电，某些物质可以发生化学反应。电离作用在有机体内可以诱发各种生物效应，使生物细胞受到抑制、破坏甚至坏死。利用不同生物细胞对 X 射线有不同敏感度的特点，可利用 X 射线治疗人体的肿瘤等疾病。不过在利用 X 射线治疗的同时，又会发生脱发、皮肤烧伤、视力障碍、白血病等射线伤害的问题。因此在应用 X 射线时，应注意其对正常机体的伤害，采取必要的防护措施。

X 射线还有一个特殊之处，那就是它的波长在 0.1 ~ 10 nm，刚好和原子的尺寸在数量级上相当，这样就使得 X 射线通过晶体时会产生衍射现象。X 射线进入晶体以后，处在格点上的原子或粒子，其内部的电子在外来电磁场的作用下作受迫振动，成为一个新的波源，向各个方向发射电磁波，即在 X 射线照射下，晶格中每个格点成为一个散射中心。由于这些散射中心在空间周期性地排列，它们发射的电磁波频率与外来频率相等。因此这些散射波彼此相干，将在空间发生干涉[1]。

1912 年，德国物理学家劳厄（Max von Laue）发现了 X 射线通过晶体时产生的衍射现象，这不仅证明了 X 射线是一种电磁波而不是微粒辐射，而且提供了利用 X 射线衍射来研究晶体内部结构的路径。

如果说 X 射线的产生和穿透过程侧重展示了 X 射线的粒子性，那么 X 射线在晶体中的衍射过程则侧重展示了 X 射线的波动性。X 射线是说明电磁波具有波粒二象性的一个生动示例。

在介绍完 X 射线以后，我们就来到目前人类所了解的频率最高、波长最短的电磁波信号——γ 射线的前面。γ 射线是频率高于 $1.5 \times 10^{19} \mathrm{Hz}$、波长小于 0.1 nm 的电磁波。

从无线电波到 X 射线，它们都是由不同类型的电子发生振荡、高能电子骤然减速或核外电子发生能级跃迁等过程产生的。而 γ 射线来自原子核内部，它是由原子核内部发生变化或反应时产生的。

1　赵凯华：《光学》，213 页，北京，高等教育出版社，2004。

例如，放射性原子核在发生 α 衰变、β 衰变后产生的新核往往处于高能量级。新核要向低能级跃迁时就辐射出 γ 射线。核聚变过程也可以产生 γ 射线。因此，γ 射线是所有电磁波中能量最高的射线。

γ 射线具有比 X 射线还要强的穿透本领，它能深入几厘米的固体铅中。如果使用 γ 射线照射生物体，γ 射线可以进入生物体的内部，使体内细胞发生电离，侵蚀复杂的有机分子（如蛋白质、核酸和酶）。这些有机分子都是构成活细胞组织的主要成分，一旦它们遭到破坏，生命体内正常化学过程就会受到干扰，严重的可以使细胞死亡。利用这一点，可以通过适量的 γ 射线照射增加食物的保质期。这是因为少量 γ 射线照射可以杀死存在于食物中的、通常导致食物腐烂的活性微生物，而对食物的营养、口感几乎没有影响。

太阳辐射和宇宙射线中含有极少量的 γ 射线，幸运的是地球大气层中的电离层能阻止它们进入地球的表面，从而使地球上的生物免受 γ 射线的伤害。

2.2.14 电磁波在天文学方面的应用助力开辟天文学和太空认知的新时代

1945 年之前，天文学就是指光学天文学，之后最重要的变化是天文观测可用波段的扩展。人类具有在地球大气以上进行观测的能力使得天文学可用的电磁波从原来狭小的可见光扩展到射电、远红外、紫外、X 射线、γ 射线波段，这促成了人类对物理宇宙更为完备的描述和新物理现象的大发现。而这些发现对于基础物理学和天文学又都是重要的，从而促进了天体物理学变成一个大科学[1]。下面我们就简单介绍电磁波在天文学的开发过程中如何改变了天文学的时代，以及人们如何发现了一系列的新物理现象并进而改变了我们对宇宙的认知。

射电望远镜利用的是不可见的无线电波，观测的对象遍及所有天体，从近处的太阳系天体到银河系中的各种对象，直到极其遥远的银河系以外的目标，甚至人们还尝试着利用它来联络外星生命。由于无线电波可以穿过光波通不过的尘雾，因此射电天文观测就能够深入到以往凭光学方法看不到的地方。而由于地球大气层的影响，红外、紫外、X 射线和 γ 射线的探测需要在地球大气之外来实施。

利用射电、远红外、紫外、X 射线、γ 射线波段等的观测手段，加上已有的光学观测，人们开始对宇宙产生了一系列新的认识。

1 [美] Laurie M. Brown, [美] Abraham Pais, [英] Brain Pippard：《20 世纪物理学》，第 3 卷，刘寄星主译，360 页，北京，科学出版社，2016。

射电天文诞生以后，人们第一次认识到银河系星际空间的广阔。直到 20 世纪初，人们还一直认为星际空间是一片真空。但随后无线电、可见光、红外、紫外波段观测手段获得的光谱特征改变了人们以往的观念，人们开始认识到星际空间充满了各种微小的星际尘埃、稀薄的星际气体，其中既有无机分子，也有有机分子。60 年代在星际空间发现了大量有机分子云，云中含有各种复杂的有机分子。

红外、紫外的观测为发展恒星形成的理论提供了支撑。恒星形成的理论是当代天体物理学中最有争议的领域之一。现在认为，恒星诞生于分子云中，由气体和尘埃组成的旋转云的坍缩导致吸积盘的形成，物质通过吸积盘被引导到中心原恒星上最终形成恒星。尘埃壳层把吸收的能量在远红外波段辐射掉，于是在恒星形成区出现了高光度的远红外源。天文学家利用红外波段的观测证实了这一点。另外，由于常见元素的共振跃迁大都在紫外区域，大质量的恒星形成原恒星后会产生很强的紫外辐射，这也在紫外波段的观察中得到验证。

20 世纪 60 年代，天文学上还有一个重要发现，就是脉冲星。现在我们知道，脉冲星就是旋转的中子星，中子星本身存在着极大的磁场。在旋转过程中，它的磁场会使它形成强烈的电磁波沿着磁轴方向从两个磁极向外界辐射。由于中子星的磁轴与旋转轴之间成一定角度，发出的电磁波就像探照灯的光束或救护车警灯一样扫过太空。这种电磁波具有强烈的规律性，因此脉冲星被认为是宇宙中最精确的时钟。人们根据脉冲星的脉冲强度和频率，推算出它只能是中子星那样体积小、密度大、质量大的星体。脉冲星的发现使中子星由假说成为事实。中子星又为恒星演化提供了一种归宿。一般认为，恒星在演化末期，由于缺乏继续燃烧所需要的核反应原料造成内部辐射压降低，会在自身引力作用下逐渐坍缩。质量不够大（约数倍于太阳质量）的恒星坍缩后依靠电子简并压力与引力相抗衡，成为白矮星。质量再大些的恒星内部的电子被压入原子核，形成中子，恒星依靠中子的简并压力与引力保持平衡，这就是中子星。

而后借助 X 射线探测器，人们发现了中子星组成的双星系统，进而发现了黑洞存在的证据。1970 年末，卫星观察到了 X 射线变星天鹅座（X-1），并发现它的时标存在周期性变化，这表明它是双星系统的成员，脉冲周期的变化是由于 X 射线源被双星系统的另一个周期性地遮掩了。在发现中子星组成的双星系统的基础上，人们提出一个大胆的疑问，即在双星 X 射线源中是否存在黑洞，因为探测孤立黑洞是非常困难的。后来人们循着这条思路终于发现了三个具有大质量不可见伴星的 X 射线双星的事例。每一个 X 射线双星系统中 X 射线强度都显示出短周期变化，但又没有脉冲 X 射线辐射的特征，最简单的解释就是这些系统包含着黑洞[1]。黑洞存在证据的发现为后续人们继续探测黑洞、研究黑洞指明了方向。

1　[美] Laurie M. Brown,[美] Abraham Pais, [英] Brian Pippard：《20 世纪物理学》，第 3 卷，刘寄星主译，376 页，北京，科学出版社，2016。

人们还开发了 γ 射线探测器，并利用它去发现和研究伽马射线暴。伽马射线暴是目前已知的宇宙中最强的爆射现象，理论上是巨大恒星在燃料耗尽时坍缩爆炸或者两颗邻近的致密星体（黑洞或中子星）合并而产生的。伽马射线暴短至千分之一秒，长则数小时，会在短时间内释放出巨大能量。如果以太阳作比，它在几分钟内释放的能量相当于万亿年太阳光的总和。2013 年，天文学家观测到迄今最剧烈的宇宙爆炸，这个伽马射线暴的余晖高能辐射长达 20 h，单个光子能量最高（950 亿 eV），相当于典型太阳光的 300 亿倍。据分析，引发这个伽马射线暴的是一颗巨大恒星的爆炸，该恒星质量是太阳的 20 ~ 30 倍，但体积只有太阳的 3 ~ 4 倍，是一颗非常致密的恒星[2]。发现和研究伽马射线暴，除了获得研究宇宙天体内部变化的信息外，还有一个现实的意义。因为强大的伽马射线暴能够杀死一定范围内的宇宙生命，这对宇宙生命而言是一个不利的消息。有人甚至估计，伽马射线暴可能清除了大约 90% 的星系空间。这或许就是为什么我们至今仍然没有找到其他宇宙生命的一个原因。科学家还发现，地球在过去的岁月中也受到伽马射线暴的"洗礼"，可能造成了生物的灭绝，不过地球生命却顽强生存下来。在过去的 5 亿年左右，银河系内的伽马射线暴事件让银河系大部分地区生命都无法生存，银河系中央附近的伽马射线暴要更强大一些，位于银河系边缘地带出现伽马射线暴的概率会低些，太阳在银河系中偏外一些的位置或许使地球遭受的伽马射线暴少一些。

2　林小春：《天文学家观测到迄今最剧烈的宇宙爆炸》，载《前沿科学》，2013（7），95 页。

总之，在过去的七八十年里，人类开发了电磁波中无线电波、红外线、可见光、紫外线、X 射线、γ 射线各个频段的望远镜或探测器，它们的观测结果大大促进了人类对宇宙的认知。原来黑暗沉寂的宇宙，变得多姿多彩、生生死死而富有活力，当然也存在黑洞、伽马射线暴等这样的致命"杀手"，让人不得不对自然、对宇宙心存敬畏之心。

2.2.15　电磁波的再认识——电磁波的波粒二象性

从牛顿和惠更斯开始，关于光是粒子还是波的问题，物理学历史上进行过反复的争论。随着实验能力的不断提高和认识水平的不断深入，人们在对光的认知上实现了波动性和粒子性的对立统一，即认为光具有波粒二象性。现在人们已经认识到，不仅是光，所有的电磁波都具有波粒二象性。

1 自然包括光。

微观粒子和电磁波[1]具有波粒二象性是后面量子力学的基本观点，这里我们不从理论上展开。考虑到波粒二象性是物理学中一个至关重要的概念，也是比较难以理解的概念，这里提前把电磁波和波粒二象性结合起来，利用电磁波的一些具体特性的表现，对波粒二象性的概念提前作介绍，既可以为波粒二象性的理解提供形象化、感性化的实例，降低后面理解上的难度，又可以加深对电磁波具有波粒二象性的认识，达到双重的目的。

如图 2-41 所示，一般来说，越向右，电磁波的频率越低，能量越低，波长越大，波动性越明显，粒子性越不明显。例如，无线电波、可见光具有明显的折射、衍射效应，显示出典型的波动性特征。越向左，电磁波的频率越高，能量越高，波长越短，粒子性越明显，波动性越不明显。例如，X 射线、γ 射线强的穿透性更多显示的是粒子性，而不是波动性[2]。

2 X 射线发生的康普顿散射也更多显示的是 X 射线的粒子性。

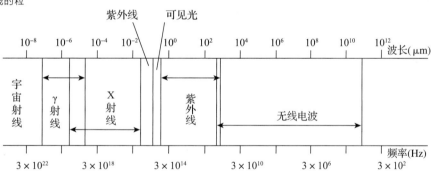

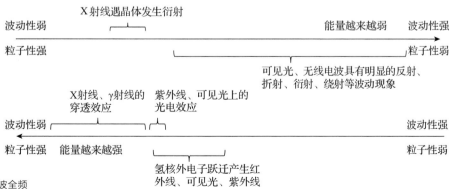

图 2-41 从电磁波全频域看电磁波的波粒二象性

在中间段，可见光具有的折射、衍射现象显示可见光具有明显的波动性特征，而核外电子跃迁产生红外线、可见光、紫外线，以及紫外线、可见光产生光电效应的事实又说明紫外线、可见光具有明显粒子性的特征。中间的可见光最明显地显示出其既具有波动性，又具有粒子性，即最明显地显示出可见光具有波粒二象性。而 X 射线遇晶体发生衍射的事实显示 X 射线除粒子性外还具有波动性，这说明在条件具备的时候，较弱的属性也可以显示出来。

由此，我们就可以对波粒二象性有一个初步的、形象化的认识。作为一个整体，不同频段的电磁波都具有波动性和粒子性两种属性（即具有波粒二象性），只是由于位置的不同，所表现出的波动性和粒子性的相对强弱可能不同。

2.3
电磁场理论之另一翼——洛伦兹力公式

本节我们将回顾洛伦兹力提出的背景，阐述洛伦兹力公式及洛伦兹力的特征，分析洛伦兹力在实验和应用上的重要意义，并简单介绍洛伦兹力的一些典型应用，印证洛伦兹力公式是电磁学两大支柱之一的结论。

2.3.1　洛伦兹力公式提出的背景：融合"源派"和"场论派"

在电磁学建立和发展的漫长历程中，曾经有一些深层次的基本问题长期令人困惑不解，引人争论不休。其一是什么是"电"，即电荷是否是客观存在的实体，是否为带电粒子，电流是否是带电粒子的运动，抑或电荷、电流并非客观实体，而只是传递电磁作用的媒介物的某种运动状态或表现形态。其二是电磁作用是否需要媒介物传递，如果需要，这种媒介物（称为以太、电力线、磁力线或电磁场）只是一种描绘手段，还是客观存在的特殊形态的物质[1]。根据对上述问题的认识的不同，产生了观点"相互对立"的两个电磁学流派："源派"和"场论派"。

以法、德两国物理学家为代表的"源派"认为电是客观存在的实体，电流是电荷的运动；认为电磁作用不需要媒介物传递，否认电磁场的客观存在。1845 年，"源派"的代表人物之一韦伯明确提出带电粒子（既带电荷又有质量的粒子）的概念。"源派"致力于建立统一的电磁力公式，试图用其解释全部的电磁现象。但在当时，由于他们否认电磁场的存在，所给出的相关公式中都不涉及 E、B，所以完全无法解释变化磁场产生涡流电场以及变化电场产生磁场的现象。因此，他们提出的电磁力公式也是不完备的。

1　陈秉乾，舒幼生，胡望雨：《电磁学专题研究》，202 页，北京，高等教育出版社，2001。

以英国物理学家为代表的"场论派"认为，电磁场是客观存在的特殊形态的物质，电荷、电流并非客观实体，而是传递电磁作用的媒介物的某种运动形态或表现形式。由于怀疑或否认电是客观实体，英国物理学家麦克斯韦在用理论解释带电实物与电磁场相互作用而引起的各种物理现象时遇到了困难，这是"场论派"的明显缺陷和不足。不过，"场论派"无意寻找统一的电磁力公式。

在这样的背景下，洛伦兹开始融合两种流派的不同观点。洛伦兹认为：带电粒子是客观存在的实体，电荷也是客观存在的；在全部电磁现象中，既要考虑带电粒子的作用，又要考虑以太的作用，两者缺一不可。我们不难推断，洛伦兹从"带电粒子是客观存在的实体"和"电磁场也是客观存在的"两个前提出发，开始着手寻求包含 E、B 的电磁力公式。

带电粒子受到的电场力公式比较容易获得，由库仑定律 $F = k\dfrac{q_1 q_2}{r^2}$ 以及静止点电荷的电场公式 $E = k\dfrac{q}{r^2}$，比较容易就可以得到 $\boldsymbol{F}_{电} = \boldsymbol{E}q$。关键是带电粒子受到的磁场力公式。

于是，洛伦兹从安培定律和上面提到的两个前提出发，开始进行综合思维和推理。首先需要把安培定律中一个电流元对另一个电流元的作用转化为磁场对带电粒子的作用。洛伦兹认为，安培关于两电流元相互作用的公式应理解为，一个电流元产生的磁场对另一电流元（或者说是运动带电粒子）的作用。再考虑把安培力公式中的"宏观量" Idl 转化为微观的粒子量，考虑到 $dl = vdt$[1]，于是，$Idl = Ivdt = (Idt)v$。考虑电流的定义，即 I 是单位时间里通过导体任一横截面的电量，于是 $Idt = Q$。利用微分思想，当 dl 足够小时，Q 就可以认为是带电粒子的带电量 q 了。再利用数学上矢量外积完成方向上的定义，就可以归纳出磁场对磁场中运动的带电粒子的磁力作用公式为 $\boldsymbol{F} = q\boldsymbol{v} \times \boldsymbol{B}$。将电场、磁场对带电粒子的作用力公式合并在一起，就得到

$$\boldsymbol{F} = q\boldsymbol{E} + q\boldsymbol{v} \times \boldsymbol{B} = q(\boldsymbol{E} + \boldsymbol{v} \times \boldsymbol{B})$$

这就是著名的洛伦兹力公式。公式的具体内容和准则我们在下节（2.3.2 节）再具体介绍。

洛伦兹力公式很好地解决了带电粒子在电磁场中的受力问题，麦克斯韦方程组则侧重解决了电场和磁场的产生、相互转化问题，两者从不同的角度各有侧重地解决了传统电磁学中的两大类问题，

1　这里采用了导体中的电子流模型，认为电流是连续的电子的流动，电流元的长度 dl 是电流中电子移动的距离，即 $dl = vdt$。

因此，洛伦兹力公式和麦克斯韦方程组是经典电磁理论的两大支柱，它们为解释各种电磁现象奠定了基础。

不过需要说明的是，洛伦兹在提出洛伦兹力公式的时候也接受了当时"场论派"关于电磁场作用需要以太作为介质的观点，这成为后来洛伦兹虽然提出洛伦兹变换，却依然遗憾止步于狭义相对论大门前的制约因素。

2.3.2 洛伦兹力公式："右手螺旋准则"

根据需要，我们先介绍一下矢量外积的概念。如图 2 - 42 所示，设 a、b 是两个矢量，定义 $a \times b$ 是 a、b 两个矢量的外积，仍是一个矢量，记为 c。则 c 的大小为 $|c| = |a||b|\sin\theta$，θ 是 a、b 的夹角。而 c 的方向 n 则遵守"右手螺旋准则"。

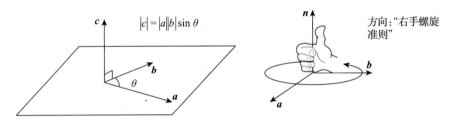

图 2 - 42 矢量外积的图示

下面我们回到洛伦兹力。在电动力学里，洛伦兹力（Lorentz force）是运动于电磁场的带电粒子所受的力。根据洛伦兹力定律，洛伦兹力可以用洛伦兹力方程表达：

$$F = q(E + v \times B)$$

其中，F 为洛伦兹力；q 为带电粒子的电荷量；E 为电场强度；v 为带电粒子的速度；B 为磁感应强度。

洛伦兹力定律是一个基本公理，它不是从别的理论推导出来的定律，而是从大量实验结果中通过分析归纳总结出来的。

下面我们不妨分析下电场力和磁场力的特点，然后从特点分析它们可能的应用。

电场力和磁场力具有以下的特点。①在恒定的电场和磁场或者是可以近似视为恒定的电场和磁场的情况下，当它们单独作用时，提供了两种比较简单的力，提供了相对简单的运动，电场为带电粒子提供直线的加速或偏转运动，磁场力具有天然的向心力作用，为带电粒子提供匀速圆周运动。②当电场和磁场同时存在时，电场和磁场在空间上可以比较方便地垂直配置，在恒定的电场和磁场或者是可以近似视为恒定的电场和磁场的情况下，电场力和磁场力就可以方便地构成一对平衡力。构成的平衡力无论在实验还是工程上都非常有用，平衡力的出现会带来以下的增益：（a）方便有关的实验或操作的控制；（b）只要利用平衡关系就可以进行定量的处理；（c）沟通了电场力和磁场力相关参数间的关系，为实验和测量提供了渠道。③由于电磁力是远远大于引力的力，所以对于运动的微观粒子而言，在较强的电场和磁场中时，受到的电磁力和磁场力远远大于重力，所以这时微观粒子的重力往往可以忽略，从而降低了受力处理的复杂性。

正是由于电场力和磁场力具有以上的特点，所以洛伦兹力定律在近代物理学的理论探索和工程应用上都有重要的作用。如图 2-43 所示，我们大致给出一个从均匀电场、磁场到相应的力学特征，再到重要实验和应用的映射图，每部分内容我们都将在后面具体介绍。

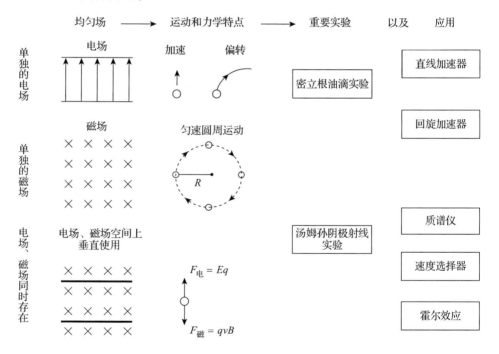

图 2-43　洛伦兹力的特点和在理论实验和工程技术上的应用

2.3.3　洛伦兹力公式的意义：解决带电粒子受力问题

从理论上看，洛伦兹在"带电粒子是客观存在的实体"的基础上，肯定了电磁场的客观存在，把体现电磁场内容的 $\boldsymbol{E}$、$\boldsymbol{B}$ 引入电磁力公式中，补齐了原来电磁力公式的不足，并由此创立了经典电子理论，这为后续指导人们不断寻求、发现电子，证实电子的存在提供了有力的"武器"。后面我们介绍的围绕电子的发现、电子的属性的著名的 J. J. 汤姆孙阴极射线实验、考夫曼 β 射线实验、密立根油滴实验都是利用了电磁力和磁场力作用的特点，由此可见洛伦兹力定律的作用极其重要。而电子的最终发现和属性的研究又为人类了解原子内部结构提供了前提。因此从这个角度看，把洛伦兹力公式和麦克斯韦方程组视为经典电磁学的两大支柱是合适的。

另外，在洛伦兹创建洛伦兹力公式的过程中，我们不难体会到其在科学研究中兼收并蓄的可贵精神，以及从宏观通过想象、猜想，深入微观的思维方法。

2.4
电子发现过程的剖析

2.4.1 电子发现的意义

为更好地认识人类发现电子的意义，我们不妨站在现代物理学的角度来审视一下。

20 世纪以来，人们逐渐认识到所有物质都是由少数几种基本粒子构成的。简单地说，基本粒子是一些不能再进一步分割的微小单元。按最新的结论，已知的基本粒子有 16 种。基本粒子的名单已经更改了很多次，但有一种基本粒子始终榜上有名，这就是电子。

电子是第一个被人类清楚识别出的基本粒子，是少数的几种不衰变为其他粒子的粒子之一。电子质量小，带有电荷且稳定，它对物理学、化学和生物学具有独特的重要性。比如，导线中的电流就是电子流动的结果。电子也参与了使太阳发光发热的核反应。特别重要的是，宇宙中每个正常原子都由一个致密的原子核和绕它转动的电子云构成，不同化学元素的差异几乎完全取决于原子中所含电子的数量，特别是最外层电子的数量。而把原子聚集成任何物质的化学力，正是每个原子中的电子与另一些原子的原子核的吸引力[1]。

电子的发现，使原子丧失了曾经具有的作为世界万物不可分割的最小单元的地位，也打开了人类通向微观粒子世界的大门，宣告人类对物质结构的认识进入新的、更深入的层次。同时，电子的发现在科学技术上诱发了电子时代的到来。真空管的发明使电力、通信、控制和自动化生产得到很快发展；电子管则被广泛应用于电视、荧光灯、计算机显示器及其他许多装置中；而晶体管集成电路的发明使人类进入微电子科技时代[2]。

在今天几乎没有人怀疑电子的存在和作用，但 19 世纪的物理学家围绕和电子相关的物理现象和实验探索、争论了很长时间。

1 [美] 斯蒂芬·温伯格：《亚原子粒子的发现》，杨建邺，肖明译，12 页，长沙，湖南科学出版社，2006。

2 吴翔，沈葹，陆瑞征等：《文明之源：物理学》，172 页，上海，上海科学技术出版社，2010。

1897 年，J. J. 汤姆孙通过测量阴极射线带电粒子的荷质比（即阴极射线实验），发现了电子。

J. J. 汤姆孙的阴极射线实验利用电磁力进行实验的设计，在推导计算过程中也使用了洛伦兹力公式。为此，我们在回顾电子发现的过程中也会看到洛伦兹力公式在实验中的运用。

2.4.2　J. J. 汤姆孙阴极射线实验

1897 年，J. J. 汤姆孙在研究稀薄气体放电的实验中，证明了电子的存在，并测定了电子的荷质比，这件事轰动了整个物理学界。这就是著名的 J. J. 汤姆孙阴极射线实验。

图 2-44 是我们总结的 J. J. 汤姆孙阴极射线实验的过程框图。我们大致把 J. J. 汤姆孙阴极射线实验的过程分为四个阶段：定方向、定性阶段；实验设计、定量研究阶段；更一般性情况的研究；结论。

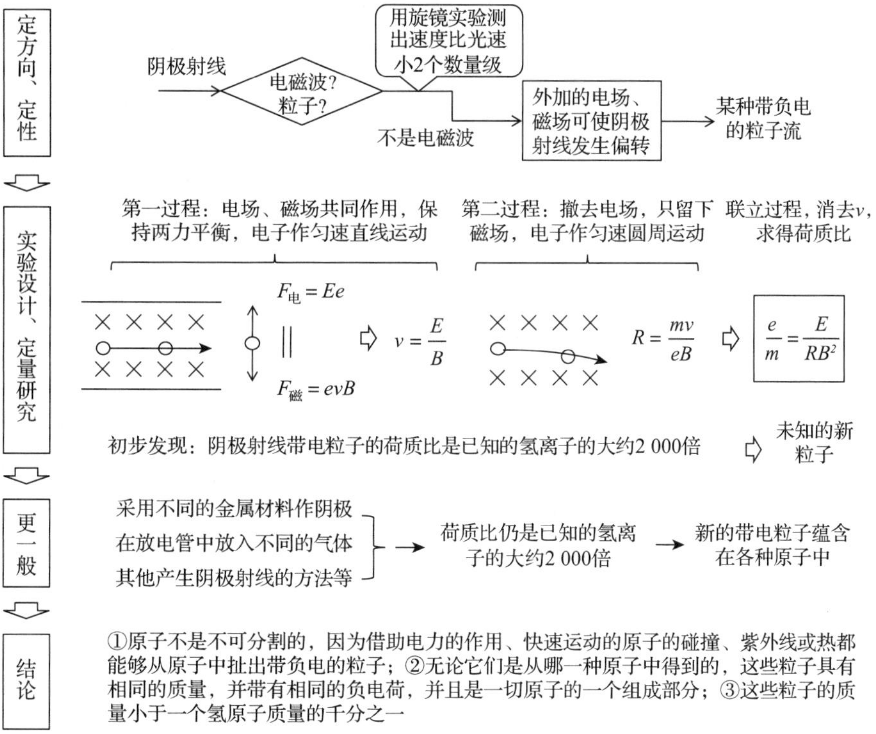

定方向、定性

阴极射线 → 电磁波？粒子？ → 用旋镜实验测出速度比光速小2个数量级 / 不是电磁波 → 外加的电场、磁场可使阴极射线发生偏转 → 某种带负电的粒子流

实验设计、定量研究

第一过程：电场、磁场共同作用，保持两力平衡，电子作匀速直线运动

$F_{电} = Ee$

$F_{磁} = evB$

$$v = \frac{E}{B}$$

第二过程：撤去电场，只留下磁场，电子作匀速圆周运动

$$R = \frac{mv}{eB}$$

联立过程，消去 v，求得荷质比

$$\frac{e}{m} = \frac{E}{RB^2}$$

初步发现：阴极射线带电粒子的荷质比是已知的氢离子的大约2 000倍 → 未知的新粒子

更一般

采用不同的金属材料作阴极
在放电管中放入不同的气体
其他产生阴极射线的方法等 → 荷质比仍是已知的氢离子的大约2 000倍 → 新的带电粒子蕴含在各种原子中

结论

①原子不是不可分割的，因为借助电力的作用、快速运动的原子的碰撞、紫外线或热都能够从原子中扯出带负电的粒子；②无论它们是从哪一种原子中得到的，这些粒子具有相同的质量，并带有相同的负电荷，并且是一切原子的一个组成部分；③这些粒子的质量小于一个氢原子质量的千分之一

图 2-44　J. J. 汤姆孙阴极射线实验框图

在定方向、定性阶段，J. J. 汤姆孙先后主要面对两个有争议的问题。

第一个问题是阴极射线到底是电磁波还是粒子流。一些物理学家由实验得知，阴极射线甚至可以穿透薄金属箔，据此他们认为阴极射线不可能是粒子流。J. J. 汤姆孙首先通过旋镜实验，测出阴极射

线的速度比光速小 2 个数量级，表明阴极射线并非某种电磁波。

第二个问题是外加的电场和磁场能否使阴极射线偏转，或者说阴极射线是否带电。开始时英国物理学家 J. J. 汤姆孙和德国物理学家赫兹做了同样的实验，也观察到同样的结果。J. J. 汤姆孙本人曾回忆："我使阴极射线偏转的第一次尝试是使它通过固定在放电管内的两个平行板之间的空间，并且在平行金属板之间加上一个电场。结果没有产生任何持续的偏转。"对于这样一个实验结果，赫兹简单地得出了一个结论：阴极射线是不带电的。J. J. 汤姆孙没有轻易放弃，他进行了更加深入的分析和思考，找到了问题的症结所在。J. J. 汤姆孙认为："偏转之所以没有出现是由于气体存在（压力太高），因此要解决的问题是获得更高度的真空。而这一点说起来比做起来容易得多。"

如果以现在的眼光看，J. J. 汤姆孙的分析无疑是正确的。如果不是真空，就会存在大量的粒子，包括带电粒子。根据麦克斯韦理论，在这样一个空间内，不仅有外加的电场 $E_外$、磁场 $B_外$，还有其他带电粒子产生的附加电磁场。电磁场和带电粒子的运动是相互影响、相互制约的，即外加磁场改变了带电粒子的运动，使它产生的感应电磁场随之变化，反过来使总电磁场发生变化，由此又会使带电粒子的运动发生变化。因此只有在近似真空中，带电粒子很稀少，彼此影响很小，感应场很弱以至于可以作近似处理，即在可以忽略感应场的情况下，带电粒子在电磁场中的运动才可以简化为讨论单个带电粒子在给定外加电磁场中的运动[1]。

借助更好的抽真空技术，J. J. 汤姆孙发现外加的电场和磁场能使阴极射线偏转，从而使他相信阴极射线是某种带负电的粒子流。由此他的研究就进入以带电粒子在外加电场、磁场的作用下运动为依托，对阴极射线的粒子流进行实验设计和定量研究的阶段。

图 2–45 是 J. J. 汤姆孙阴极射线实验装置示意图。玻璃管内抽成真空，阳极和阴极之间维持几千伏的电压，管内残存气体的粒子撞击引起的二次发射产生阴极射线。A_1、A_2 是两个接地的金属环，中央开有小孔，使得被加速的阴极射线带电粒子通过小孔后形成窄束，沿直线前进后打在玻璃管右端荧光屏 S 中央的 O 点，形成光斑。玻璃管中间是电容器的两个极板，接通电源后可在其间产生竖直方向的均匀电场 E，管外的电磁铁可在电容器所在区域产生垂直于纸面的均匀磁场 B[2]。

1 陈秉乾，舒幼生，胡望雨：《电磁学专题研究》，207 页，北京，高等教育出版社，2001。

2 同上，215 页。

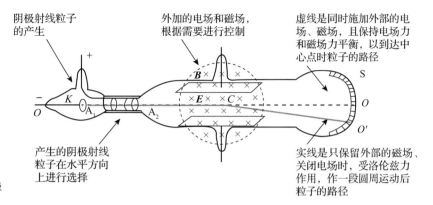

阴极射线粒子的产生

外加的电场和磁场，根据需要进行控制

虚线是同时施加外部的电场、磁场，且保持电场力和磁场力平衡，以到达中心点时粒子的路径

产生的阴极射线粒子在水平方向上进行选择

实线是只保留外部的磁场、关闭电场时，受洛伦兹力作用，作一段圆周运动后粒子的路径

图 2 - 45　J. J. 汤姆孙阴极射线实验装置示意

J. J. 汤姆孙所设计的实验过程和定量计算是这样的，如图 2 - 44 中间部分所示，在第一过程中，同时外加电场 E 和磁场 B，调节 E，B 大小，使得带电粒子受到的电场力和磁场力大小相等，即 $F_电 = Ee = F_磁 = evB$，所以有

$$v = \frac{E}{B} \qquad (2 - 1)$$

保持两力平衡，电子作匀速直线运动，不发生偏转，沿直线前进后打在玻璃管右端荧光屏 S 中央的 O 点。

为消除上式中的速度 v，引入质量 m，J. J. 汤姆孙设计了第二个过程。保持其他条件不变，只是撤去电场 E，这时带电粒子只受磁场力作用，在磁场区域内沿圆轨道向下偏转，在离开磁场区域后沿直线运动，最后打在玻璃管右端荧光屏 S 中央的 O' 点。设带电粒子作匀速圆周运动的半径是 R，根据圆周运动公式，可得

$$R = \frac{mv}{eB} \qquad (2 - 2)$$

1 严格说，除偏转外，应该有一点点加速，考虑到电容器极板间距离有限，近似认为没有加速。

在第一过程中，外加电场 E 仅对阴极射线的带电粒子起到偏转作用[1]，实验中其他条件都不变，因此可以认为式（2 - 1）、（2 - 2）中的 v 在数值上是相等的。因此利用两式消去 v，得

$$\frac{e}{m} = \frac{E}{RB^2} \qquad (2 - 3)$$

由于 E、B、R 都是测量值，于是代入式（2 - 3）就可以求得实验条件下阴极射线的带电粒子的荷质比。

经过计算，得到的初步的实验结果是：阴极射线带电粒子的荷质比是已知的氢离子荷质比的大约 2 000 倍。J. J. 汤姆孙敏锐地意识到这一始料未及的结果的重大含义。他做了进一步的测量，包括采用不同的金属材料作阴极、在放电管中放入不同的气体、采用其他产生阴极射线的方法等，最后得到相近的结果，即阴极射线带电

粒子的荷质比是已知的氢离子荷质比的大约 2 000 倍。J. J. 汤姆孙推断这是一种前所未有的、质量为氢原子（最小的原子）的大约两千分之一的带电粒子，它孕育在各种原子之中。

综合以上实验结果，经过推理，1899 年，J. J. 汤姆孙得出以下结论。①原子不是不可分割的，因为借助电力的作用、快速运动的原子的碰撞、紫外线或热都能够从原子中扯出带负电的粒子；②这些粒子具有相同的质量，并带有相同的负电荷，无论它们是从哪一种原子中得到的，并且它们是一切原子的一个组成部分；③ 这些粒子的质量小于一个氢原子质量的千分之一。

在证实电子存在的 J. J. 汤姆孙阴极射线实验之后，围绕电子的特性还有另外两个重要的实验：一个是考夫曼的 β 射线实验，该实验首次发现电子质量随速度的改变，为而后狭义相对论的建立提供了实验证据，另一个是密立根的油滴实验，表明电荷是量子化的，存在基本电荷，并测得了基本电荷（即基本电量）e 的数值。

2.4.3　电子发现过程的启示

在电子发现过程中，J. J. 汤姆孙如同一位智者，借助一束"时明时暗"的微弱烛光，在未知世界的迷洞中摸索前行，最后来到新天地，他为我们展示了理性思维与扎实的实验有机结合的力量，即便到今日，也值得我们学习和借鉴。

在原子结构、电子概念已经深入人心的今天，J. J. 汤姆孙阴极射线实验似乎没有那么非凡，但从前面的介绍看，如果我们回到当时的环境，从人们对物质世界构成的认知程度审视 J. J. 汤姆孙阴极射线实验，就可以体会到实验成功的不易。

思想启迪

首先是 J. J. 汤姆孙不停留于表象的深入精神，因为从表象出发得到的结论和从本质出发得到的结论往往是相反的。在阴极射线实验之初，如果 J. J. 汤姆孙不是从表象过程去发现内在、本质的东西，而是根据"直接在阴极射线两侧加上电场时粒子没有偏转的事实"，忽视空气中带电粒子的影响，就直接得出"阴极射线是不带电的"结论，那么也就没有他发现电子的后文了。其次是 J. J. 汤姆孙善于把理论和实验有机结合，在阴极射线实验中，他将洛伦兹力的理论和实验设计结合在一起，围绕一个整体目标而完成设计。最后是 J. J. 汤姆孙清晰、严谨的逻辑推理能力以及敏锐的洞察能力，从粒子偏转测到荷质比，想到新粒子的出现，再把新粒子从一种原子扩展到众多原子、一般原子，归纳出新粒子孕育在各种原子之中，进而推断出原子并非不可分割的结论，打破了长时间束缚人类思想的藩篱，成为叩开科学新时代大门的开路者。

另外，我们还不得不说一下，J. J. 汤姆孙自阴极射线实验起所开创的治学之风。J. J. 汤姆孙在担任卡文迪什实验室物理教授及实验室主任的 34 年间，着手更新实验室，引进新的教授法，创立了极为成功的研究学派。在他的学生中，有九位获得了诺贝尔奖奖金。J. J. 汤姆孙对自己的学生要求非常严格，他要求学生在开始作研究之前，必须学好所需要的实验技术。他要求学生不仅是实验的观察者，更是实验的创造者。他认为大学应是培养会思考、有独立工作能力的人才的场所。他治学十分严谨，不讲则已，讲则要有新的创见。

这些都是值得我们后人学习的宝贵财富。

2.5
从狭义相对论、量子理论"反向"看电磁学理论

2.5.1　从狭义相对论看电场和磁场的关系

洛伦兹变换是狭义相对论中最基本的关系，它表明时间和空间具有不可分割的联系。当把洛伦兹变换应用于不同惯性系下的电场、磁场时，即从狭义相对论的视角看不同惯性系下的电场、磁场时，同一惯性系下的电场和磁场表现出和"时间和空间为一个整体"相类似的属性。

如图 2-46 所示，设惯性系 S' 相对于惯性系 S 以速度 v 沿 x 轴向右运动。设空间中一点 P 处有电场 E 和磁场 B。设在惯性系 S 中，在 t 时刻看到的电场 E 和磁场 B 为 (E_x, E_y, E_z)、(B_x, B_y, B_z)；在惯性系 S' 中，在 t' 时刻看到的电场 E 和磁场 B 为 (E'_x, E'_y, E'_z)、(B'_x, B'_y, B'_z)。

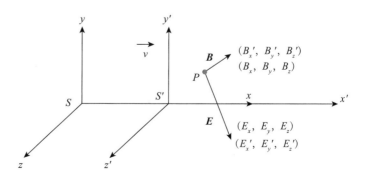

图 2-46　不同惯性系下的电场和磁场

1 陈秉乾，舒幼生，胡望雨：《电磁学专题研究》，413 页，北京，高等教育出版社，2001。

根据狭义相对论及电磁学的基本事实可以证明，把惯性系 S 和惯性系 S' 中的电磁场联系起来的相对论变换公式如下[1]。

$$\begin{cases} E_x' = E_x, \quad E_y' = \dfrac{E_y - vB_z}{\sqrt{1 - \dfrac{v^2}{c^2}}}, \quad E_z' = \dfrac{E_z + vB_y}{\sqrt{1 - \dfrac{v^2}{c^2}}} \\[3em] B_x' = B_x, \quad B_y' = \dfrac{B_y + \dfrac{vE_z}{c^2}}{\sqrt{1 - \dfrac{v^2}{c^2}}}, \quad B_z' = \dfrac{B_z - \dfrac{vE_y}{c^2}}{\sqrt{1 - \dfrac{v^2}{c^2}}} \end{cases}$$

我们抛开公式的具体形式，只看其反映的特征，可以看出，在惯性系 S' 中看到的单一电场（E_x'，E_y'，E_z'）在惯性系 S 看来，实际上却是既有电场分量又有磁场分量的电磁场；在惯性系 S' 中看到的单一磁场（B_x'，B_y'，B_z'）在惯性系 S 看来，实际上也是既有磁场分量又有电场分量的电磁场。即在一个惯性系下看到的所谓电场和磁场，在另一个惯性系下就变成了统一的电磁场。

再考虑逆变换

$$\begin{cases} E_x = E_x', \quad E_y = \dfrac{E_y' + vB_z'}{\sqrt{1 - \dfrac{v^2}{c^2}}}, \quad E_z = \dfrac{E_z' - vB_y'}{\sqrt{1 - \dfrac{v^2}{c^2}}} \\[3em] B_x = B_x', \quad B_y = \dfrac{B_y' - \dfrac{vE_z'}{c^2}}{\sqrt{1 - \dfrac{v^2}{c^2}}}, \quad B_z = \dfrac{B_z' + \dfrac{vE_y'}{c^2}}{\sqrt{1 - \dfrac{v^2}{c^2}}} \end{cases}$$

同样看出，在惯性系 S 中看到的单一电场（E_x，E_y，E_z）、单一磁场（B_x，B_y，B_z）在惯性系 S' 看来，也都成了既有电场分量又有磁场分量的电磁场。

2 同上。

电磁场的相对性变换（即不同惯性系之间的电场和磁场的变换）关系表明：电场与磁场具有内在统一性和不可分割性。电场与磁场属于同一个实体——电磁场。在某一惯性系中，可以把电磁场分解为某种电场和磁场。在另一惯性系中，又可以把它分解为另一种电场和磁场，甚至只有电场或只有磁场[2]。换一种说法，借用狭义相对论中闵可夫斯基空间中时间和空间构成一个联合体的观点，电场和磁场实际上是一个相互联系的统一的客体——电磁场，从不同的惯性系看到的电场、磁场或电磁场实际上是从不同视角来看一个以客体存在的电磁场时所形成的不同映射。

2.5.2　从量子理论看电磁学理论

从前面介绍的电磁学的发展历程可以看到，麦克斯韦统一的麦克斯韦方程组取得了巨大的成功，它描述了电磁场运动变化的规律。洛伦兹改造、提出的洛伦兹力公式描述了电磁作用的规律。随后，电子的发现证明原子是可分的，油滴实验则表明电荷是量子化的，存在基本电荷。于是就产生了一个需求：能否用一个机制来统一解释电磁场、电子、电磁波（尤其是光）之间的运动变化和相互作用？

麦克斯韦的理论只描述了电磁场的波动性。由于爱因斯坦用光子的概念解释了光电效应，人们认识到场还具有粒子性。由此进一步认识到，电磁场是可以量子化的。电磁场的量子就是光子。1931年，物理学家狄拉克将相对论和量子力学结合在一起，创立了相对论量子力学。1947年，美国物理学家费曼、施温格和日本物理学家朝永振一郎把量子化了的电磁场理论与相对论量子力学结合起来创立了量子电动力学。它使我们从本质上认识了电磁相互作用的机制：电磁场的量子就是光子，电磁相互作用是通过交换光子来实现的。该理论解释说，一个电子放出一个光子，被另外一个电子吸收，该电子又可放出一个光子被原来那个电子吸收，于是两个电子间就发生了电磁相互作用。因为所交换的光子不能被我们观测到，所以把它们称作"虚光子"，交换光子的过程成为"虚过程"[1]。电磁波和实物粒子可以相互转化，例如高能正负电子对撞后湮没成两个 γ 光子。

因此从量子电动力学的角度看，考虑到波粒二象性成为微观世界普遍存在的共性，麦克斯韦的电磁场理论是波动性条件下的经典体现，洛伦兹力公式是粒子条件下的经典体现，尽管二者都具有一定局限性，但在各自的范围内，特别是在宏观条件下，可以分别有效地解决电磁场运动变化的问题和电磁作用的问题。

其实，电磁场理论不仅为人类生产、生活带来了革命性成果，做出了巨大的贡献，放在自然界发展的大背景下，电磁场理论还可回答一些事关生命发展和人类生存的重大问题。其中一个案例就是地磁场问题。地球存在全球性的磁场——地磁场，而火星不存在全球性磁场[2]。据科学分析，这成为地球适合人类居住，而火星却不适宜的关键因素。地磁场保护了地球的大气层和海洋不被太阳发出的带电粒子流——太阳风侵蚀，使生命在地球上生活成为可能。不仅如此，没有地磁场，人类就没有指南针和后续的罗盘的发明，就没有以哥伦布发现新大陆、麦哲伦的环球航行为代表的"地理大发现"，由此可能就没有人类近代文明的大发展。即便到了当

2.6
电磁场理论应用于大自然的生动案例——地磁场及其作用

1　陈时：《物理学漫谈：物理学爱好者与教授的对话》，261 页，北京，北京师范大学出版社，2012。

2　科学家根据探测推断，火星早期同地球相似，也存在全球性磁场，但在 39 亿年前该磁场消失了。

代，以地磁场为基础发展起来的地磁导航技术，仍可以为水下有人和无人潜航器、室内和地下空间活动等卫星导航难以覆盖的区域提供导航服务，成为卫星导航的有益的补充。此外，生物界的候鸟就是因为在进化过程中保留了体内可以感知地磁场的功能，所以能借助磁场辨别方向完成迁徙。另外，地磁场长期变化的重要特征是磁极倒转。历史上，地磁场极性发生过多次倒转，这些倒转往往伴随着诸如气候变化、生物大规模灭绝等灾变现象，它也成为人类关注的问题之一。科学家对地磁场的形成以及作用原理进行了大量分析，尽管还不能形成最终的结论，但了解这些成果可以使我们更好地认识人类赖以生存的地球，还可以使我们进一步体会电磁场理论的实际应用。

2.6.1 地磁场及其形成

地磁场是指地球内部存在的天然磁性现象。如图 2 – 47 所示，地球可视为一个磁偶极，其中地磁南极（S 极）位于地理北极附近，地磁北极（N 极）位于地理南极附近。磁轴（通过两个磁极的假想直线）与地球的自转轴大约成 11.3°的倾斜角。地球的磁场向太空伸出数万千米形成地球磁圈。

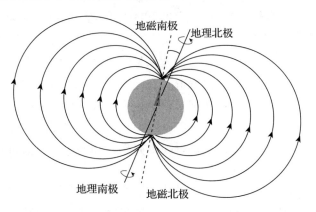

图 2 – 47 地球磁极及磁场示意

爱因斯坦把地磁场起源问题称作"五大物理学难题"之一。目前最有希望的地磁场起源理论是地球发电机理论。

如图 2 – 48 所示，圆盘发电机模型最早由法拉第提出。在此基础上，一些学者提出，法拉第单盘发电机模型中所需的磁场，开始时可以很微弱，只要外力提供能量使圆盘转动起来，当条件适中时，磁场的强度也能成指数放大。地球内可能存在热对流引起的液体回路，该回路起着类似于转动圆盘的作用。

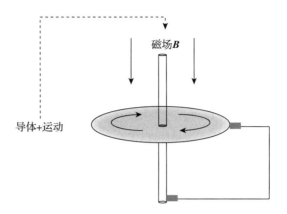

磁场**B**

导体+运动

图 2-48　单盘发电机示意

后来，地震学家根据地球外核不能传播横波的观测事实，判断地下 2 900 km 深处的地球外核是流体。物理学家推断，地核温度高达 4 000 ℃以上，压力可达 200 万个大气压；实验物理学家进一步推断，能承受这样高温高压的地核物质应该是具有高导电性的等离子体。地核内部的热不均匀性和成分不均匀性会引起地核对流。如果再有一个"种子磁场"（且不管它是怎么来的），依据电磁场理论，就满足了维持发电机过程的三个基本条件：磁场、导体和运动。这样就初步解释了地球磁场形成的来源[1]。一个简单的描述是：在"种子磁场"的作用下，地球内部在高温高压下形成的具有高导电性的等离子体发生对流，形成圆盘模型中的环形电流，进而形成极性磁场，与"种子磁场"合在一起使得原来的磁场的强度增大。而磁场的强度增大以后，又反作用在环形电流上，使得电流强度增大。环形电流的增大再次使得极性磁场的强度增大，如此反复形成自激放大的过程。现实的发电机模型还要求具有驱动流体流动的能量来源和机制。当磁感应引起的磁场增强能够补偿磁扩散造成的磁场减弱时，就可得到自持磁场，这就是地磁场。液态金属外核中的热对流和成分对流提供了驱动自持发电机所需的能量[2]。

再后来，为更好地解释地球磁场在长期变化中出现的随机性的极性翻转问题，又提出了双圆盘发电机模型。如图 2-49 所示，对流的物质可以看成两个上下叠放的旋转的圆盘（为方便画图，图中画成了并列），这两个圆盘会产生两股相反的电流，对应着两个极性相反的磁场。而且两个圆盘上连接的电路各自都处于另一个圆盘产生电流所形成的磁场之中。由于两个圆盘转速不同，其中更强大的磁场会占据优势并在电磁耦合效应的作用下不断增强放大，最终形成地球磁场，并随着外核对流的变化而变化。

1　徐文耀：《地球磁场的物理问题》，载《物理》，2004（33），551～557 页。

2　徐文耀：《地球发电机过程的实验室模拟研究》，载《地球物理学进展》，2005（3），698～704 页。

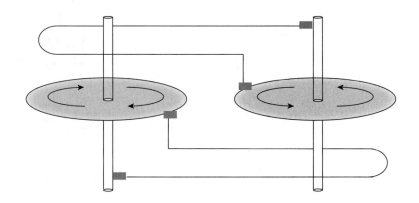

图 2-49　双盘发电机示意

1　关于混沌系统可以参考后面热力学章节（第 5 章）的介绍。

根据该假说，地核与地幔边界的对流就相当于一个庞大的混沌体系[1]，运动和磁场之间是非线性耦合，地球内部一点点轻微的变化都有可能导致磁性的变化，所以地球磁场总是在不断地变化。根据混沌理论，在非线性作用下，在远离平衡状态的区域，一个小的磁性变化就可能引发两个"圆盘"产生的磁场的主次关系发生变化，这时就会发生磁极翻转。这也是截至目前地球历史上发生的磁极翻转在当前看来呈现出随机性的原因。目前我们很难预测出下一次磁极颠倒发生的具体时间。

思想启迪

在探索地磁场起源这样复杂且没有头绪的问题时，依据电磁学理论，科学家们用一个简单的圆盘模型说明了地核自激发电机的原理，演示了地磁场自发维持或放大的过程。再通过把两个圆盘发电机耦合起来，揭示了地核过程的混沌特点和地磁场极性倒转的过程。这种把复杂问题转化为既简单又基本的原理模型的思想和方法十分值得我们学习、借鉴。

现在，科学家已经用大型计算机对地核磁流体方程组进行数值求解，模拟地磁场演化的历史，取得了一些进展。但由于人类目前对地球内部的性质和状态缺乏了解，一些关键的问题还停留在推测的程度上，离完全解决地磁场起源问题还很远，仍在进一步探索中。

2.6.2　地球环境的隐形卫士

近些年来，随着有关观察和研究的深入，人们越来越深刻地认识到地球磁场对于人类生存环境的重要性。

2010 年，《科学》杂志的一项研究指出地磁场形成于大约

34.5 亿年前。2015 年,《科学》杂志进一步提出地球磁场目前已届 42 亿岁高龄。这些研究表明, 在地球上的生命诞生之初, 如果没有地球磁场的保护, 致命的太阳辐射很快就会撕裂大气层, 蒸发海洋, 地球生命极有可能被扼杀在远古的摇篮里。而几十亿年来, 地球磁场为地球生物挡住了来自太阳的高能带电粒子流, 成为地球环境的隐形卫士。正如一位研究者所说:"据我们以前所知, 最古老的类地行星磁场出现在火星上, 差不多 40 多亿年前就存在。但随后的某个时间, 这个磁场消失了。比较地球和火星的进化情况, 我们会发现, 火星曾拥有更稠密的大气层和水, 但由于失去了磁场的保护, 太阳风的侵蚀导致大气层和水都失去了, 而地球一直拥有一个强有力的磁盾牌, 使得它适宜人类居住。"[1]

下面我们就看看地球磁场是如何成为我们地球环境的隐形卫士的。

首先地球面临来自宇宙射线的威胁。宇宙射线一般由高速质子、α 粒子和其他剥离了电子的原子核以及高能电子构成。其中, 质子可能是宇宙大爆炸后留下的, 那些较重的原子核可能是由发生爆炸的恒星蒸发出来的。由于具有极高的能量, 如果这些宇宙射线大量进入接近地球的范围, 将给地球上的生命带来极大的伤害。原因是这些高能粒子可能会催化产生一系列意想不到的化学反应。按照化学反应原理, 只有当分子的能量超过活化能时, 才能发生化学反应。在传统化学中, 这种能量通常是通过分子与分子或分子与壁面之间的碰撞进行传递的。而高能粒子则不同, 它们与分子碰撞时能传递更多的能量, 可以"轻易"将分子的共价键打断, 完成常规条件下不能进行的反应, 将中性分子变成多种活性组分, 这些活性组分再与其他化合物, 特别是有机物发生反应, 从而对地球上的生命造成严重伤害。

其次是来自太阳风的威胁。太阳风是来自太阳且以 200～800 km/s 的速度运动的高速带电粒子流, 主要由质子和电子组成, 而且是一种连续的存在。如果太阳风直接到达地球的话, 其危害和上面的宇宙射线类似, 这些能量很高的质子、电子通过碰撞传递能量, 可以打破一些比较稳定的物质的共价键, 触发常规条件下不能进行的反应。例如可以分解大气中的氮气, 而生成的产物又会和臭氧

---

1 http://www.cas.cn/kj/201508/t20150803_4407293.shtml

反应破坏地球的臭氧层。

再次是太阳辐射中波长较短的紫外辐射的危害。它们可以灼伤人类皮肤,甚至引起基因突变和癌变。据估算,地球每天接收来自太阳的能量大致相当于广岛爆炸的原子弹的能量的 1 亿倍,其中的能量主要以太阳辐射的方式传递。在地球大气上界的太阳辐射中,50% 是可见光,43% 是红外光,7% 是紫外线。在 7% 的紫外线中,又分为波长分别为 200 ~ 280 nm、280 ~ 320 nm、320 ~ 400 nm 的三部分。波长短的 200 ~ 280 nm 紫外线对人类的危害最大,其次是波长为 280 ~ 320 nm 的紫外线,它们都可以损害人体中的蛋白质和 DNA。而波长为 320 ~ 400 nm 的紫外线对人体有利,可以促进维生素 D 的合成,促进骨骼的生长。地球在演化过程中,形成一个"巧妙"的保护机制,即利用臭氧层进行保护。其基本过程如图 2 - 50 所示,氧气分子吸收波长不超过 242 nm 的紫外辐射,分解为两个氧原子,上述反应生成的氧原子与氧分子可以迅速结合成臭氧分子,由此这个过程(暂称为过程一)可消除太阳辐射中波长为 200 ~ 242 nm 的紫外线。而上述反应过程生成的臭氧分子可以再吸收波长不超过 320 nm 的紫外线,分解成氧分子和氧原子,一些臭氧分子还可以与氧原子结合生成两个氧分子,由此这个过程(暂称为过程二)可消除太阳辐射中波长在 320 nm 以下的紫外线。综合过程一和二,在臭氧的作用下,太阳辐射中对人体有害的短波长紫外线被消除,对人体有利的长波长紫外线被保留。在上述过程中,位于地球大气层中的臭氧(O_3)层发挥了关键作用。

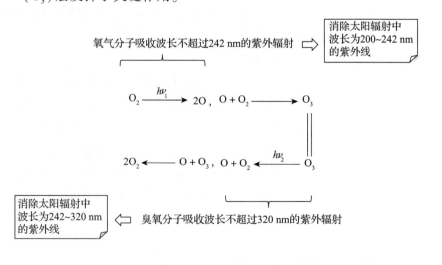

图 2 - 50　臭氧对太阳辐射中紫外线的吸收

地球磁场把地球笼罩在太阳风和宇宙线射吹不到的磁层中，而磁层作为地球大气的最上界，成为抵挡外来"杀手"的第一道防线，有效地避免了宇宙射线以及太阳射出的高速粒子流对地球生命的伤害。其大致过程是：高速太阳风会以每秒数百千米的速度飞向地球，在地球磁场和太阳风的共同作用下，靠近太阳一侧的地球磁场的磁力线被太阳风压缩，另一侧的磁力线被拉长，而太阳风绕过地球磁场，继续向前运动，于是形成了一个被太阳风包围的、彗星状的地球磁场区域，这就是磁层。根据电磁场理论，在磁层的作用下，高速运动的带电粒子流到达磁层附近时，将受到洛伦兹力作用而发生偏转，即带正电的粒子（如质子）偏转向一个方向，带负电的粒子（如电子）偏振向另一个方向，于是绝大部分粒子绕过地球。这样，地球磁场就偏转了来自太阳系以及以外的致命的高速粒子流，从而保护地球上的生命免受伤害。

在地球磁场的南、北两个磁极附近，少数带电粒子的前进方向和磁力线近似平行，这时洛伦兹力不起作用，因此少数带电粒子可能被南、北两个磁极捕获。根据近些年的观测，科学家发现这些进入南、北两个磁极的带电粒子像一道气流飞向地球，碰到磁极上空的磁场时又形成若干扭曲的磁场，带电粒子的能量在瞬间被释放，产生灿烂炫目的北极光，并且在扭曲磁场的作用下向四处发散，呈现出丰富多彩的造型。又因为在热成层的氮气和氧原子被电子碰撞，分别发出红色和绿色光，因此地球的极光主要有红、绿二色，与周围水色天光、地貌环境交汇呼应，就形成璀璨夺目、变幻莫测的极光美景。

地球磁场除直接抵御来自太阳和外太空的高速、高能带电粒子的致命威胁外，还有一个重要的作用，就是保护环绕地球的臭氧层。臭氧层位于离地表 1~50 km 处的平流层，它可以消除太阳辐射中对生命有害的紫外线，保留对生命有利的紫外线，是地球上生命得以生存演化的一道保护屏障。大约 27 亿年前，能进行光合作用的自养生物在地球骤增，它们释出的氧聚集在大气中，在大气上层分解为氧原子，氧原子又和氧分子结合，形成臭氧分子。在大约 6 亿年前，臭氧层终于形成。因为有了它，在大约 4 亿年前，在海中繁衍生息了 30 多亿年的生命终于得以登上陆地，踏上新的生命进化历程。可以说，有了臭氧层才有了陆地上的生命。

而地球磁场对臭氧层的存在起到了"保驾护航"的作用。如果没有地球磁场，来自太阳和外太空的高能带电粒子将直接进入平流层。这些高能粒子与平流层中的氧气分子、氮气分子碰撞时，不仅可以打开氧气分子的共价键，而且还可以将常规情况下十分稳定的氮气分子的共价键打开，从而生成一氧化氮和氧原子，在一氧化氮的作用下，氧原子和臭氧分子生成氧气分子，从而消耗掉臭氧分子。当高能粒子的数量达到一定程度时，它们就会破坏掉臭氧层，使得地球上的生物直接暴露在太阳辐射中的紫外线下，从而给地球上的生物带来致命伤害。而地球磁场的存在，避免了这样的悲剧的发生。

有时我们不禁感叹大自然的神奇：它为生命的诞生与繁衍生息造就了如此精巧、完美的地球环境。

2.6.3 地磁场与生物

生物体中的核酸、蛋白质、金属或非金属离子等或多或少都带有一定量的电荷。根据电磁场理论，带电粒子在磁场中运动会受到洛伦兹力的作用，尽管地球磁场的强度很弱，但在地球范围内，地磁场无处不在、无时不在，地球上的一切生物，都是在地磁场的影响下繁衍生存，于是地磁场与地球上的生命之间就结下了不解之缘。地磁场对生命的影响体现在生命的功能实现、灭绝与进化以及一些特殊生物现象（如候鸟的迁徙等）等方面。当然，随着现代研究的深入，除依据基本的电磁理论外，在进入分子层面以后，人们意识到在分析地磁场对生命的影响的微观机制时还要结合量子理论的知识。以下我们简要介绍地磁场对生命影响的几个方面。

1. 地磁场与生物分子的超导性

生物体内含有大量的高分子有机物，这些高分子中"装满"了电子。这些电子多位于原子核的周围。在地磁场的作用下，少数电子沿着整个分子骨架运动，就像金属超导体中的自由电子沿着晶格运动一样，从而产生超导现象。不同之处在于，金属超导一般在超低温时才能形成，生物分子的超导性可以在常温下形成。生命的活性很大程度上依赖于生物分子的超导性。例如，进入血液的物质，无论是中性原子还是离子或者气体分子，基本都发生水合作用，即被水分子的偶极子包围。在地磁场的作用下，由于电磁感应的作用，它们所共用的自由电子的运动方向将被"整理"，产生小小的超导体或者说是"超原子"。"超原子"的能量比周围的普通分子的动能一般大几十倍。因此这种"超原子"结构可以预防它们与其他分子的偶然反应，从而可以在较长时间内稳定地保持相互隔离和各自的独立性。而这对于生命来说是非常重要的[1]。

2. 细胞的能量、电磁波的辐射与信息传递

线粒体是在各种细胞中都存在的细胞器，它们是一些特别的蛋白质，执行产生电流的微型电池的功能。线粒体的电能由超原子充电而来。线粒体只能获得严格且固定数量的能量，超原子的能量一般大于线粒体能量的固定值，超原子充电后剩余的能量则以相应频率的电磁波的形式辐射出去。研究表明，在我们的机体中经常散发着由于超原子剩余能量而产生的 11 种不同波长的电磁波。其中 3 种在光谱的紫外线部分，4 种在可见光部分，另外 4 种在红外线部分。这些辐射完全有可能被用来进行细胞或器官之间的信息传递，或者用来进行机体与外部环境的联系。长期以来，生物体内器官或细胞之间的信息传递问题，以及生物体与外界环境的信息传递问题，一直是科学家十分感兴趣的课题。由于超原子剩余能量而产生的不同波长的电磁波为回答这个问题提供了一条思路[2]。

3. 地磁场与生物的灭绝和进化

在生命的发展史上，物种处于不断更新的过程中，生物进化一直遵循着出现—繁盛—灭绝—新生的规律进行。灭绝在其中起到关键的作用。物种的灭绝一般是全球同步的，而且往往突然发生。促使生物灭绝的因素很多，如小行星撞击、火山爆发、海洋的变化等，然而地磁场的变化也是一个重要因素。地磁极的倒转对生物的影响可能是灾难性的，往往会造成大规模的生物灭绝。从寒武纪生命大规模爆发以来的 5.4 亿年间里，地磁极的倒转频率与生物灭绝有着良好的对应关系，生物门类的大量灭绝总是发生在地磁极频繁倒转的时期。其原因是磁极倒转时磁场削弱直至消失，各种具有巨大杀伤力的射线长驱直入，杀死了那些缺乏抵抗能力的生物。另外，如果没有地磁场或者地磁场的强度降低到某种临界值，生命体中的超导状态就会消失，这会阻碍生命功能的实现，淘汰适应性弱的生物。同时，在地磁场削弱直至消失的过程中，各种射线长驱直入，又大大增加了生命形态发生变异的概率。这也导致生物多样化发生的时间与地球磁场反转发生的时间具有很大程度上的一致性。

4. 地磁场与动物对方向的识别和长距迁徙

鸟类的迁徙，在令人惊叹之余，也让人迷惑不已：迁徙路径那

1　向华明：《地磁场与生命》，载《自然杂志》，1982（9），650~652 页。

2　同上。

么长，鸟类却能准确到达目的地，它们是如何在茫茫天地间确定自己飞行方向和位置的？几十年来，科学家们围绕这一问题进行了坚持不懈的探索，现有的科研成果开始逐步揭开这一生物磁感应现象的神秘面纱。

除去飞行中的一些记忆因素，例如视觉所见到的山川河流，嗅觉所感知的海风味道等，以候鸟为代表的众多迁徙生物之所以能完成方向的识别和长距迁徙，主要是因为它们具有感应磁场的神奇本能，这使得它们与生俱来能够利用地磁场进行定向和导航。与人类使用的机械指南针不同，隐藏在迁徙生物身上的磁导航系统不仅能判断方位，还能测出当前位置的磁场的强度和磁倾角，这样就可以把某一地点的地磁场的强度和磁倾角看作"路标"，当候鸟经过一个位置时，该位置的地磁信息会被大脑记录下来，飞行经验丰富的成年鸟将一个个路标和它们之间的距离、方向信息组合在一起，就相当于绘制了一张完整精细的"地图"带在身上。当它们再次飞回的时候，只要把实时测量的磁场的强度和磁倾角信息和已有的地图进行比对，它们就可以完成定位和导航了。

目前，主要有两种假说来解释这些现象：基于磁铁矿颗粒的磁感应假说和依赖化学自由基对的磁感应假说。

基于磁铁矿颗粒的磁感应假说认为，候鸟等感磁生物体的特定细胞中含有成簇的微小磁铁矿颗粒。在外界磁场作用下，磁铁矿颗粒因被磁化而沿磁力线方向整齐排列，这些磁晶体的簇阵列会随着外加磁场方向的变化而改变，不同程度地触发下游的信号通路，从而实现对外界磁场的响应。

依赖化学自由基对的磁感受假说则认为，生物体内一种光敏感的色素蛋白，在受到特定波长的光刺激之后发生电子转移，产生了一对临时配对的自由基；这个自由基对的自旋状态能随着磁场的变化而快速改变，令生物在第一时间感受到变化的磁场信息[1]。

依赖化学自由基对的磁感受假说实际上是建立在量子力学理论和量子特性基础上的一种假说。上面所提到的自由基对的自旋状态由单重态和三重态构成，实际上构成了一组量子的叠加态。磁场的变化会引起单重态和三重态产量比值的不同。只要在一定时间间隔下测量单重态和三重态产量比值，原则上就可以得到该时间下的磁场的特征数值[2]。同时，这两个成对电子在激发之后仍然能在相当长的时间内保持一种"纠缠[3]"的状态，这种"纠缠"可能保证了电子重新回到基态轨道开始下一次"测量"，并且为本次"测量"

1 邵震宇，徐国良：《生物磁感应机制的研究进展》，载《生命的化学》，2019（39），838~848页。

2 这实际上可以看作生物完成的量子测量过程。具体量子测量参见后面6.4节。

3 关于量子纠缠可参见6.1.2节。

提供了足够长的时间（如几毫秒到几十毫秒[1]）。于是，当平行的地磁场穿过候鸟弧面的视网膜时，候鸟的这套磁感应系统以一定的采样速率完成对当前地磁场的一次次测量，经过和头脑中已经存储的地磁场"地图"的比对，就可以确定方向的朝向以及所处的纬度位置。所以从鸟儿们的视角看，它们的视野中不但包括所看到的景物，还包括朝向和纬度信息。或者说候鸟自带有一套"头戴显示系统"。

在自然界中生物能够感应磁场是一种普遍现象，地磁场对迁徙类生物起着重要的导向和导航作用。同时似乎存在着不同的磁感应机制，这可能是在漫长的进化过程中，生物适应地磁场并加以利用的结果。长期以来，科学家们在生物磁感应领域进行了大量的尝试，但还有很多关键性问题没有解决，仍在进一步的探索中。

2.6.4　基于地磁场的发明和技术应用

地磁场保护着地球上生物赖以生存的自然环境，为地球上生命的功能实现、灭绝与进化以及迁徙等特殊生物现象提供条件。不仅如此，人类还利用地磁场的天然方向性，发明了指南针、罗盘乃至现代的磁导航技术，这些技术成为各个时代人类定向导航的有力帮手。

在古代，我们的祖先发现了地磁场在辨别方向上的作用，进而发明了指南针，使人们在荒野戈壁、茫茫大海不会迷失。这是地磁导向最早和最简单的应用。指南针的发明使中国的航海事业在中世纪达到了世界最高水平。

在宋元时代，中国的指南针传入西方。磁针罗盘最早于 13 世纪在欧洲出现，由于它对航海有特殊的作用，罗盘制造技术有了很快的发展。到了 15 世纪，用于航海的罗盘已非常普及，并且人们认识到磁针所指与真正的地理南、北极方向有一个微小的差异[2]。

15—17 世纪，欧洲的船队出现在世界各处的海洋上，寻找着新的贸易路线和贸易伙伴，以发展欧洲新生的资本主义。在 15 世纪中叶，人类已知的陆地面积只占全体陆地的 2/5，航海区域只有全部海域的 1/10。但到了 17 世纪末，人类已知的陆地和海域都已达到全体的 9/10。从这个角度看，没有地磁场，就没有指南针和罗盘的发明，也就难以产生对人类社会发展有重大影响的"地理大发现"。

无线电发明以后，在第一次世界大战前后开始出现无线电导航技术。它利用无线电波传播的基本原理和传播特性来测定目标的导航参量（方位、距离和速度）。其优点是作用距离远，定位时间短，设备简单可靠；缺点是易被发现和干扰，并且需要载体外的导航台支持，如果离开导航台的覆盖区域或者导航台失效，导航将无法使用。在之后相当长一段时间内，无线电导航技术成为人类导航的主要技术。

20世纪六七十年代起，卫星导航技术开始发展，并逐步发展为全球导航卫星系统。全球导航卫星系统成为现代应用最广泛的导航定位技术。它采用多颗导航卫星对地面、海洋、空中和空间用户进行导航定位。导航卫星如同太空中的灯塔，可以实现全球、全天候、高精度的导航定位。

近些年来，利用地磁场进行载体导航的技术（磁导航技术）再次得到人们的重视。地磁场可以穿透岩石、土壤、水等介质，在陆地、海洋、水下及近地空间都有分布。地磁场是一个矢量场，其强度大小和方向是位置的函数，具有丰富的特征信息。因此，地磁场是一个天然的坐标系。利用地磁场的磁导航技术，可以实现对飞行器或水面、水下航行器等的导航定位以及近地卫星的姿态控制，并且具有简便高效、性能可靠、抗干扰等特点。该技术一直是世界发达国家不可缺少的基本导航定位手段，如自动化程度很高的波音飞机都装载有磁导航定位系统。

在军事领域，现代战争要求导航系统具有全球、全天候、自主隐蔽性导航的功能，并且具有较强的抗干扰能力和抗摧毁能力。在目前武器系统采用的多种导航技术中，惯性导航系统和卫星导航系统应用最为广泛。惯性导航系统是一种不依赖外部信息、不向外部辐射能量的自主式导航系统[1]。惯性导航系统难以克服的缺点是导航定位误差大，且难以长时间独立工作。卫星导航系统的缺点是抗干扰能力弱，并且由于无线电信号不能在水下远距离传播，因此卫星导航系统在水下的应用受到限制，而反卫星武器的出现使得卫星导航系统在现代战争中的生存能力变弱。地磁场在一定时间内不可能被大规模地摧毁或改变，而且不要求特殊的服务设施，因此是一个可靠的导航源。地磁导航和其他导航技术的结合使用可以进一步增强现代化复杂战场中武器导航的可靠性。

目前三大因素制约着地磁导航技术的发展和应用：地磁场描述精度、探测性能和匹配导航算法。首先，一个足够精确的地磁场模型或地磁图是实现地磁导航的基准和前提，当前的地磁场模型和地

1　惯性导航系统的基本工作原理是以牛顿力学定律为基础，通过测量载体在惯性参考系的加速度，将它对时间进行积分，把它变换到导航坐标系中，从而得到在导航坐标系中的速度、偏航角和位置等信息。其工作环境不仅包括空中、地面，还包括水下。

磁图水平尚难以满足高精度导航的要求。其次，在探测精度方面，由于地磁场的频谱范围很宽，地磁场探测很容易受到外部磁场的干扰，尽管目前已开发出精度很高的弱磁敏感器，但是在干扰磁场的消除和误差补偿方面尚缺乏有效的处理技术。最后，在匹配导航算法方面，地磁场是矢量场，可以用很多特征因素来描述，匹配导航算法的第一步就是选择适当的匹配特征量。该过程中需要考虑诸多的因素，如磁场特征量长期变化的稳定程度、短期变化的影响程度、与地理位置的相关程度、在匹配区域的特征信息、磁测设备性能指标等，从算法角度看，还是具有很大的复杂度。

当前，室内和地下空间活动等对导航定位的需求日益迫切，由于在室内和地下卫星导航受到很大限制，这给地磁导航等其他导航技术带来了新的发展机遇。相信随着大地测量、地球物理等领域研究的逐步深入，地磁测量仪的不断研发，以及人工智能技术的快速兴起，地磁导航面临的难题会逐渐得到解决。在不久的未来，地磁导航或许会有大的用武之地。比如目前有试验表明，基于智能手机内置磁力计和云端地磁图，理论上可以为用户提供米级精度的定位服务，可在地下矿井、停车场、大型建筑内等场所应用。

第3章 相对论

相对论和量子理论是在经典物理理论基础上发展起来的现代物理的两大理论支柱。它们的横空出世，揭开了物理学乃至全球性科学技术的变革与发展。

概要地说，相对论是关于时空和引力的理论，分为狭义相对论和广义相对论。在相对性原理和光速不变原理两个核心原理的基础上，狭义相对论揭示了时间、空间的可变性以及时间和空间、物质和能量的相互联系。进而，对狭义相对论的时空结构加以推广，不再把引力看作一种外力，而是作为时空结构的一部分，从而建立起新的时空观、运动观、物质观[1,2]。

广义相对论向宇观物质层面扩展，探索广阔时空下的各种物理现象，乃至对整个宇宙进行考察。狭义相对论不仅实现了对高速运动的宏观物体的时间、长度、质量的"修正"，还向微观世界层面扩展，为量子理论的发展提供了重要支撑[3]。

相对论的主要贡献者是爱因斯坦。有人把爱因斯坦比作思想上的探险家。就如同哥伦布一样，驾驶他的思想之舟，离开世界上熟悉的区域，远离经典物理的安全锚地，一直向西航行，来到未知莫测的大洋之中，直至探索到物理学新的大陆，为物理学的发展打开了广阔的空间。

在本章，我们就要一起领略下物理学上的这一伟大成果。

3.1 概述

在这一节，我们将首先回顾相对论为物理学的发展乃至人类文明的发展所带来的巨大影响，包括极大拓展了我们对物质世界的认知边界，大大提高了思想认识的边界和高度，直接或间接改变了世界和我们的生活，以及引领人类不断探索未知的太空和宇宙世界。随后，我们分析在理解、学习相对论时可能碰到的困难，进而提出降低困难、克服困难的一些方法。最后，我们给出相对论发展的演

1 [美] 爱因斯坦：《相对论》，183 页，北京，新世界出版社，2014。

2 [美] Laurie M. Brown 等：《20 世纪物理学》（第 1 卷），212 页，北京，科学出版社，2014。

3 微观下，粒子基本都是高速运动的，往往需要考虑速度引起的相对论效应。

进路线图，根据该演进路线图我们可以大致了解相对论的提出和发展的逻辑、主要内容以及内容间的内在联系和演进关系，为后面的具体介绍作整体性的准备。

3.1.1　意义

我们认为，如果从更一般意义的角度看，相对论是这样一个理论：它从相对性原理和光速不变的公设出发，探索并描述了物质与运动诸要素间的内在关系，并用公式的方式规定下来[1]，这些要素包括时间、空间、能量、质量、惯性、引力等。相对论根据前后阶段分为两个部分：狭义相对论和广义相对论。

概括起来，我们认为相对论具有以下方面的意义。

1. 极大拓展了我们对物质世界的认知边界

当我们仰望太空，天文学家给出的我们地球的星际地址是室女座超星系团→本星系群→银河系→太阳→地球[2]。我们通过下面一组最简单的数据，粗略感知一下物质世界向上的边界。地球所在的太阳系属于银河系，银河系包括 1 000 ~ 4 000 亿颗恒星和大量的星团、星云以及各种类型的星际气体和星际尘埃[3]；银河系属于本星系群，它是由银河系和相邻仙女星系、麦哲伦星云等 50 个星系组成的一个规模较小的集团，仙女座星系是本星系群里最大的星系，包含大概 10 000 亿个天体；本星系群属于室女座超星系团，室女座超星系团包含约 100 个星系群与星系团。我们人类还是很了不起的，近现代科学仅在百年间已经对如此大的宇宙有了一些了解，甚至建立了方程求解宇宙的形态。伟大的仙女座思想家布莱士·帕斯卡（Blaise Pascal）（1623—1662）在他著名的沉思录中精辟地阐述道"宇宙囊括了我，吞没了我，但由于思想我囊括了宇宙"。相对论就是现代人了解充满神奇色彩的宇宙世界，到达广袤无垠的物质世界边缘的有力工具。

2. 大大提高了思想认识的边界和高度

绝对的时间和绝对的空间，独立存在的时间、空间、物质和能量都曾是我们头脑中根深蒂固的观念，而相对论则将绝对的事物（如时间、空间、质量等）都变为相对的存在，即随速度改变，质量的存在还可以产生时空弯曲，孤立的事物变为相互联系（广义相对论实现了时间、空间、质量、能量、引力到物质的大统一），通过对物质和运动本源性问题的探索，大大提高了我们人类思想认

1　这些公式主要有洛伦兹变换、质能方程、闵可夫斯基时空、引力场方程等，后面章节有介绍。

2　[法] 皮埃尔·比奈托利，《追踪引力波：寻找时空的涟漪》，叶欣欣译，42 页，北京，人民邮电出版社，2017。

3　这里可能没有包括黑洞，有人估计在银河系就有一亿个黑洞存在。

识的边界和高度。对于我们普通人来说，即使从事和物理学不相干的工作，了解相对论这种打破思想藩篱的经历和过程，对于我们提高思想认识的高度也是很有帮助的。

3. 相对论相关的应用直接或间接改变了世界和我们的生活

爱因斯坦著名的质能方程既给人类带来了核能和放射性应用等福音，也带来了原子弹、氢弹这样彻底改变世界格局的不安因素。在航天航空领域，没有相对论，人类的探测活动难以离开地球。近年来，卫星导航和定位系统提供的导航和定位服务为我们的生活提供了很大便利，而卫星导航和定位系统如果离开相对论的帮助将无法工作。

4. 没有相对论也就没有量子理论，特别是现代量子理论

相对论和量子理论是现代物理学的两大基石，是现代物理学推动社会发展和技术革命的两大车轮，也是其他自然学科如现代化学、现代生物学以及相关的大量应用学科的基础。相对而言，量子理论的应用较相对论更广泛和具体。但是相对论对量子理论特别是现代量子理论的创立作用很大，或者说现代量子理论是在狭义相对论的基础上建立起来的，没有相对论也就没有量子理论，特别是现代量子理论，不了解相对论的有关原理，会对了解现代量子理论造成困难。

5. 探索宇宙、探索太空未知世界的有力工具

对普通人而言，对现代物理学的关注和兴趣往往来自希望了解广袤宇宙未知世界的渴望，广阔的太空和各种奇妙现象可以容得下我们人类最大胆的各种想象。人类探索宇宙的步伐也从未停止过，尽管人类目前最远的脚步只是踏上过地球卫星——月亮这颗离地球最近的星体的表面，人类飞的最远的航天器刚到达太阳系的边缘，但人类却早已幻想星际旅行、遨游银河系、探访外空文明了。相对论是探索宇宙、探索太空未知世界的有力工具，离开了相对论的知识，我们将难以理解诸如黑洞为什么既可怕又可爱和人类探索引力波的意义，也不会了解我们人类目前赖以生存的太阳从哪里来和未来到哪里去，以及宇宙从哪里来又到哪里去等问题。

从认识的角度看，"临渊羡鱼，不如退而结网。"即使对于一个普通的现代人，了解一些相对论的基本知识和基本原理都是有益的。

3.1.2 难度

相对论的创立是物理学，也可以说是自然科学认识领域的一次大的突破，在学习和领会上确实有比较大的难度，具体体现在以下方面。

（1）传统经验和传统感知在相对论领域不适用。由于人们对物质世界的直接经验主要来自地球宏观世界条件（我们暂且称为地球尺度）下的观察和感受，而地球尺度和相对论研究的尺度（前面提到的恒星、星系、宇宙尺度）相比实在是太小了，两个尺度相差太大，这时人们日常的直接经验和感受不仅不能促进人们对相对论的理解，反而成为一道需要克服的"屏障"。

（2）相对论在思想认知的深度和高度上大大提升。它体现了我们的思想认知的深度和高度要从初级的绝对、静止和孤立走向高一层次的相对、运动和联系。由于相对论所体现的这种认知高度上的提升缺少简单、直观的直接经验作支撑，具有很大的抽象性，更多是基于内在逻辑性的推理，所以在理解上有难度。

（3）相对论创立中借助了比较难理解的专业数学工具的帮助，如闵可夫斯基时空、曲面黎曼几何等，也造成一定的理解上的困难。

（4）经过近几十年的发展，人们利用相对论已经取得了一些巨大的成就。但相对论特别是广义相对论在指导我们认识宇宙的过程中又使我们感受到人类目前知识水平的有限，人类对宇宙现象有很多深层次的问题还远远没有解决。换句话说，人类目前认识的或许远远没有我们没有认识的多，包括广义相对论本身也绝不应是物理学理论的终点。这些未知也都增加了我们理解相对论的难度。

3.1.3 如何降低难度

尽管有困难，但相对论的创立毕竟已经经历了 100 多年的时间。当前我们人类在技术手段、思想认知水平上较 100 多年前已经有了不可相比的大发展，因此我们还是可以找到方法来降低相对论学习和理解的难度的，具体如下。

（1）梳理一个简明的体系和演进路线，突出发明、发现思想的分析说明，反映理论发展的内在逻辑，降低逻辑推理上的坡度。

（2）数学工具毕竟是为物理原理和概念服务的，通过加深对物理原理和概念间内在逻辑的理解去领会引入数学工具的意图和作用，从而最大限度地屏蔽在专业数学工具理解上的难度。

（3）我们要有充分开放的心态和思想，不凭借对地球宏观领域这个狭小物质世界的经验和理解，就在思想上画地为牢、先入为主。

（4）我们要善于借助哲学工具，站在哲学的高峰上，指导我们对相对论理论的理解，这一点至关重要。原因是相对论特别是广义相对论本身就是对物质和运动诸要素本源问题的探究，而哲学也是探索物质和运动一般规律的科学，所以二者的契合度很高，借助哲学的高度，可以降低相对论理解上的难度。当然，相对论又为哲学特别是辩证唯物主义哲学提供了生动的阐释和有力的支撑。

（5）可以充分利用物理学中相同的基本原理和思想，如守恒－对称－变换不变关系等，去降低相对论理解上的难度。

3.1.4 相对论路线图

一个体现内在关系的理论发展路线对我们学习和理解相对论是很有意义的。图3－1所示是我们提出的关于相对论的体系框图。

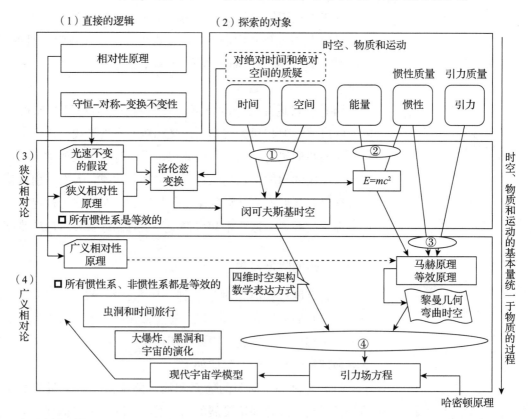

图3－1 相对论发展路线图

首先，我们先看理解相对论的提出和发展的两条轴线。第一条轴线是图中左边的轴线，又分为相对性原理和光速不变原理。它们可以视为相对论提出和发展的直接动力。第二条轴线是图中右边体现出的逻辑——时空、物质和运动的基本量（时间、空间、能量、惯性、引力等）从原来各自独立逐步走向相互联系并统一于物质的过程。

核心要义

在第一条轴线中，相对性原理是指物理定律在所有参照系中应有相同的形式，或者说对一个物理定律而言，每一个参照系都是平权的，不应存在哪个参照系更优越的问题。如果把这个思想体现在惯性系上，就是物理定律在所有惯性系中应有相同的形式，或者说对一个物理定律而言，每一个惯性系都是平权的，不应存在一个惯性系比另一个惯性系更优越的问题，这就是狭义相对原理，建立在惯性系都平权思想上的相对性理论就是狭义相对论。如果把参照系平权的思想进一步从惯性系推广到非惯性系，即认为所有的惯性系和非惯性系都平权，即同一个物理定律对所有的惯性系和非惯性系都具有相同的形式，不应存在惯性系比非惯性系更优越的问题，这就是广义相对原理，建立在广义相对性原理基础上的相对性理论就是广义相对论。

在第一条轴线中，还有一个核心就是光速不变原理。光速不变原理是爱因斯坦基于电磁场理论的结论以及物理学实验测量并通过上升为公理而提出的一条假设。我们前面已经分析，如果我们站在物理学的守恒－对称－变换不变性原理的视角，就不难看出光速不变原理的引入将会带来的影响。这实际是在原来牛顿力学的体系中，以一条新的不变（光速不变）代替了原来的不变（时间、空间的刚性不变）。于是，牛顿力学中原有对应的守恒、变换关系就需要由新的守恒、变换关系来代替。在后面我们将看到，从牛顿力学发展到相对论的突破口正是由洛伦兹变换代替了原来的伽利略变换。

相比第一条轴线，第二条轴线似乎没有那么明显，但我们认为这可能是爱因斯坦在提出和发展相对论中形成演绎思维的源泉。第二条轴线是对时空、物质和运动统一性问题的探索过程。通过狭义相对论实现时间和空间的关联以及能量和质量的统一，通过广义相对论进一步实现质量、惯性和引力的统一，并进而通过相对论最终实现时空、物质和运动到物质的大统一。在后面的分析中，我们会看到这条轴线更多侧重的是演绎的过程，正是因为爱因斯坦在提出狭义相对论和广义相对论中充分发挥了演绎思维的指导性作用，从而克服了探索过程中的难关问题，这也成为爱因斯坦提出相对论的特色之处。

在以上两条轴线中内容的驱动下，图 3 - 1 给出了狭义相对论和广义相对论的主要假设、主要原理、主要成果（结论）等要素间的逻辑关系和演进关系，这样既显示了狭义相对论和广义相对论的相对独立性，同时又显示了狭义相对论和广义相对论要素间的演进关系。

通过这个框图，我们可以大致了解相对论提出的直接逻辑、探索的对象、发现的具体规律以及这些规律间的内在联系和演进关系。具体的内容将在后面章节分别讨论。

3.2 狭义相对论

狭义相对论是爱因斯坦在 1905 年提出的。总体上看，狭义相对论是基于以下两个简单原理推导出来的。

（1）物理学原理在所有惯性系统中是一致的。

（2）光速在所有惯性系统中都是一个常数。

这两个看起来非常简单的原理，却蕴含着自牛顿以来人类对宇宙本质的最深刻洞察。由此，爱因斯坦导出了一个全新的时间、空间的图景[1]。

1　[日] 加来道雄：《爱因斯坦的宇宙》，徐彬译，44 页，长沙，湖南科学技术出版社，2006。

3.2.1　体系框架

为此，我们整理了狭义相对论的体系框架，并概括为两个假设和四个主要成果，如图 3 -2 所示。

首先，爱因斯坦把力学中的伽利略相对性原理进行了推广，描述为一切物理定律（力学定律、电磁学定律以及其他相互作用的动力学定律）在所有惯性参考系（惯性系）中都是等价（平权）的，没有一个惯性系具有优越地位，不存在绝对静止的参考系。

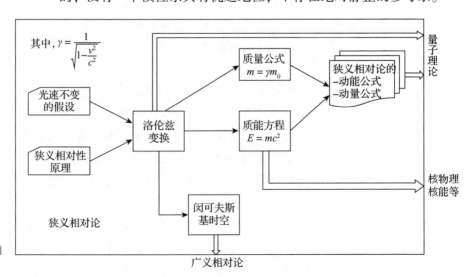

图 3 -2　狭义相对论体系框架

其次，麦克斯韦建立的电磁场理论为狭义相对论的建立奠定了基础。麦克斯韦根据麦克斯韦方程组得到光是电磁波，且"真空中光传播速度不变"的结论。爱因斯坦在结合实验观测的基础上把它上升为公理。

再次，爱因斯坦从狭义相对原理和光速不变假设出发，首先导出了洛伦兹变换，打破了牛顿力学中绝对时间和绝对空间且二者相互独立的观念，提出了时间和空间随着物体运动速度的不同都是可变的理论，并给出了变化的定量公式；在洛伦兹变换的基础上，爱因斯坦推导出了著名的质能方程，又导出了质量随速度变换的公式以及狭义相对论下的动能、动量公式。

最后，闵可夫斯基根据狭义相对论下的时空特征提出了闵可夫斯基时空理论。闵可夫斯基时空理论很好地解释了狭义相对原理，为狭义相对论向广义相对论的进一步发展打下基础。

狭义相对论的四个成果既是相互独立（解决的问题不同，可独立使用）的，如洛伦兹变换可以解决高速运动物体时间、空间校正问题；质能方程除理论推导上的作用外，还是核物理和核能开发的基础；狭义相对论的动能、动量公式在量子理论中发挥了重要作用；闵可夫斯基时空则为广义相对论的创立发挥了重要作用。同时，这四部分又是相互关联的，它们间的逻辑关系如图 3-2 中所示，具体关系我们在后面章节介绍。对狭义相对论而言，可以总结为以下观点。

（1）实现突破：洛伦兹变换。

（2）神来之笔：质能方程。

（3）无名英雄：狭义相对论的动能、动量公式。

（4）蓄势待发：闵可夫斯基时空，为广义相对论积蓄力量。

3.2.2　实现突破：洛伦兹变换与时间、空间上的伸缩

1905 年 6 月，爱因斯坦在其论文《论运动体的电动力学》的第一部分提出了洛伦兹变换及相对论时空效应。提出洛伦兹变换及相对论时空效应是狭义相对论的第一步，也是突破性的一步。洛伦兹变换是狭义相对论的理论基础，在狭义相对论中占据中心地位[1]。狭义相对论另外的主要成果，如质能方程和闵可夫斯基时空是在洛伦兹变换的基础上发展而来的，因此我们对爱因斯坦提出洛伦兹变换的过程作一些细致的分析。

关于是如何推开相对论这扇大门的，爱因斯坦曾经说过："我

1　高鹏：《时空密码：揭开相对论奥秘的科学之旅》，43 页，北京，清华大学出版社，2019。

1 [美] 亚伯拉罕 · 派斯：《上帝难以捉摸：爱因斯坦的科学与生平》，方在庆，李勇译，168 页，北京，商务印书馆，2017。

2 高鹏：《时空密码：揭开相对论奥秘的科学之旅》，37 页，北京，清华大学出版社，2019。

3 这里的洛伦兹变换和后面爱因斯坦提出的狭义相对论中的洛伦兹变换有差别。

4 [美] 亚伯拉罕 · 派斯：《上帝难以捉摸：爱因斯坦的科学与生平》，方在庆，李勇译，162 页，北京，商务印书馆，2017。

是怎样得到相对论的，这个问题从来就不好说。因为，存在着各种激发人类思想的隐藏的复杂性，而且他们起着大小不同的作用。"[1] 因此，为减小理解上的难度，下面我们采用现代的视角，而不完全是发现者的视角，来分析爱因斯坦提出洛伦兹变换及相对论时空效应的逻辑和过程，并剖析爱因斯坦之所以能做到的原因。

在爱因斯坦之前，少数物理学家如马赫（Ernst Mach）、庞加莱（Jules H. Poincare）等已经开始质疑牛顿绝对时空观。奥地利物理学家马赫于 1883 年出版的《力学时评》尖锐地批判了牛顿的绝对时空观。庞加莱在 1904 年还提出了"相对性原理"："相对性原理就是指根据这个原理，对于固定不动的和匀速运动的观察者而言，各种物理现象的规律应该是相同的。"[2]1904 年，洛伦兹已经发现伽利略变换不能满足相对性原理的要求，他从一些假设出发，提出一种新的时空变换方程——洛伦兹变换来代替伽利略变换[3]，但他的理论仍然坚持以太的概念，认为变换体现的是物体被以太风压缩，没有看出这是空间和时间的微妙转换。庞加莱在 1904 年的一篇演讲中提出了他的另一个了不起的思想："也许，我们必须构造一种新的力学，现在我们还只能抓住它的一点儿灵光……在这种力学中，光速将成为不可逾越的极限。"但是，他又说："我要赶紧说，我们还没到这个地步，也没有任何事情证明［旧原理］不会胜利地从这种斗争中走出并完整地保留下来。"[4] 然而，他没能抛开牛顿学说关于以太的观点，认为这些扭曲只不过是电磁现象，同样也没有看出这是空间和时间的转换。

但不管怎么说，在 1905 年，物理学已经来到相对论这扇巨大的大门前，一些必要的准备都已经完成，但需要跨越的台阶太大，以至于一些物理学家在大门前或犹豫徘徊，或难以割舍对传统物理概念的依恋，或找不到开门的钥匙，这些物理学家即使已经走到狭义相对论的门前，却无人能推开这扇大门。下面我们就以一个现代人的视角来客观分析一下爱因斯坦是如何突破前人所不能，提出洛伦兹变换，从而推开狭义相对论这扇大门的。

如图 3 - 3 所示，在图的左上部分，我们展示了在爱因斯坦之前物理学家们已经在观念上所作的探索，包括提出相对性原理，发现伽利略变换不满足相对性原理，开始质疑牛顿力学的绝对空间和绝对时间的时空观等。其余部分列出了爱因斯坦成功的主要的八个步骤。其中，①是明确了要打破绝对时空观，这是寻找新的变换关系的出发点；②是理论突破中关键性的一环，即如果要打破旧变换建立新变换，就需要引入新的假设，爱因斯坦选择了"光速不变"（在任意给定的惯性系中，光速总是一样的，而与发光体是否静止或匀速运动无关）作为公设[1]；③"光速不变"的公设不是爱因斯坦的空想，而是有两个来源，其一是来自"迈克尔逊－莫雷实验"的与其实验初衷完全相反的结论，其二是来自麦克斯韦方程组，麦克斯韦方程组的推论之一是如果在场中出现扰动而发出光，那么这些电磁波就会向四面八方均匀的以相同的速度即 300 000 km/s 传播，麦克斯韦方程组的另外一个推论是如果扰动的源头在运动，发射出来的光则以相同的速度 c 穿越太空，即呈现出光的传播速度和光源的运动状态无关的特性[2]；④是保留相对性原理（物理定律在所有惯性系中有相同的形式）作为另外一个公设；⑤爱因斯坦在以上两条公设的基础上，开始构造以下的理想实验。

1　我们后面会逐步体会到这个公设的创新之大和胆识之高。

2　[美] R. P. 费曼：《费曼讲物理：相对论》，周国荣译，53 页，长沙，湖南科学技术出版社，2004。

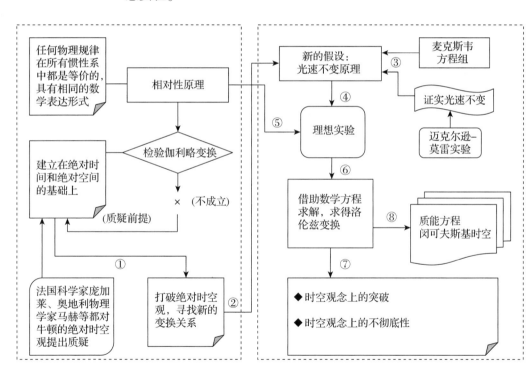

图 3 - 3　洛伦兹变换的导出和作用

如图 3 - 4 所示，考虑两个惯性系 (x, y, z, t) 和 (x', y', z', t')，第二个惯性系以速度 v 沿 x 方向相对于第一个惯性系运动。在两个惯性系的原点分别有两个球面光波光源，零时刻时两个坐标系重合，两个光源都从零时刻开始发射光波。t 秒后，两个光源都扩展为球面（图中为简化画成了平面部分）。需要特别指出的是，第二个惯性系中的光源虽然相对第一个惯性系中的光源有相对速度 v，但依

1 [美] 亚伯拉罕·派斯:《上帝难以捉摸：爱因斯坦的科学与生平》，方在庆、李勇译，181 页，北京，商务印书馆，2017。

据光速不变的公设，其运动的速度仍是 c，而不是 $(c+v)$[1]。

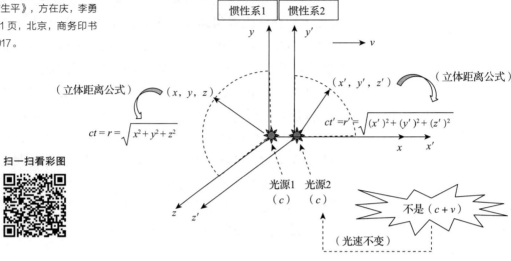

扫一扫看彩图

图3-4 光速不变下的理想实验

以下只要利用初等的物理和数学知识就可以分别在两个惯性系中得到以下关系：

$$x^2 + y^2 + z^2 = c^2 t^2 \qquad (3-1)$$

$$(x')^2 + (y')^2 + (z')^2 = c^2 (t')^2 \qquad (3-2)$$

显然，以上两式所体现的物理定律在两个惯性系中有相同的形式，符合相对性原理要求；同时，在两个惯性系中光速都是 c，符合光速不变的公设。再根据空间和时间的均匀性，这两个方程所蕴含的两组坐标之间的关系可假设为线性[2]。以下求解两组坐标之间的关系需要一些数学技巧，我们暂且略过。最后得到以下的结果：

2 同上。

$$\begin{cases} x' = \dfrac{x}{\sqrt{1 - v^2/c^2}} \\ y' = y \\ z' = z \end{cases} \qquad (3-3)$$

$$t' = \frac{\left(1 - \dfrac{v^2}{c^2}\right)t - \dfrac{v}{c^2}x}{\sqrt{1 - v^2/c^2}} \qquad (3-4)$$

以上各式就是洛伦兹变换。需要稍加说明的是，如前所述，洛伦兹在 1904 年曾提出了相似的一组变换，是直接通过假设引入的，但在洛伦兹的论文中这组变换表示的是某一惯性系相对于以太系的时空变换。到了 1906 年，庞加莱在一篇名为《电子动力学》的论文中，对洛伦兹 1904 年提出的变换进行了修正，这才写出了与爱因斯坦变换形式完全一样的变换格式，庞加莱将其命名为"洛伦

1　高鹏:《时空密码:揭开相对论奥秘的科学之旅》,37 页,北京,清华大学出版社,2019。

兹变换", 由此一直沿用了下来。爱因斯坦率先提出了这个变换, 却没有得到命名权, 这不能不说是一个历史性的遗憾[1]。但从另外一个角度看, 历史可能又是公平的, 洛伦兹变换的命名或许也可以看作是对爱因斯坦以前诸多物理学家在发现狭义相对论理论上所作贡献的一种体现和肯定。

在式 (3-4) 中, 可以看出不同的惯性系中对应的时间是变化的, 或者说不同的惯性系中的时钟快慢是变化的, 但没有直接给出不同的惯性系中的时钟快慢的关系 (还包含 x 项)。为此, 我们把上面的理想实验稍作改动, 把原来的光源换成光子钟 (图 3-5 (a)), 光子钟模型是指一个光子在两个镜面间, 从下镜面运动到上镜面再弹回到下镜面的过程 (这里忽略光子的波动性, 只考虑粒子性); 如图 3-5 (b) 所示, 在惯性系 1 和惯性系 2 下各自看到的本惯性系下的光子钟的运动是相同的, 都是下镜面和上镜面间的竖直运动; 如图 3-5 (c) 所示, 如果我们从惯性系 1 下看惯性系 2 下光子钟的运动, 将是水平运动和竖直运动的叠加, 但根据光速不变的公设, 光子的运动速度仍然是 c。由于惯性系 1 和惯性系 2 在竖直方向上没有差别, 因此竖直分量相同, 都是 ct_0, 水平分量为 vt, 斜边为 ct, 且构成直角三角形, 所以有

$$c^2 t^2 = c^2 t_0^2 + v^2 t^2$$

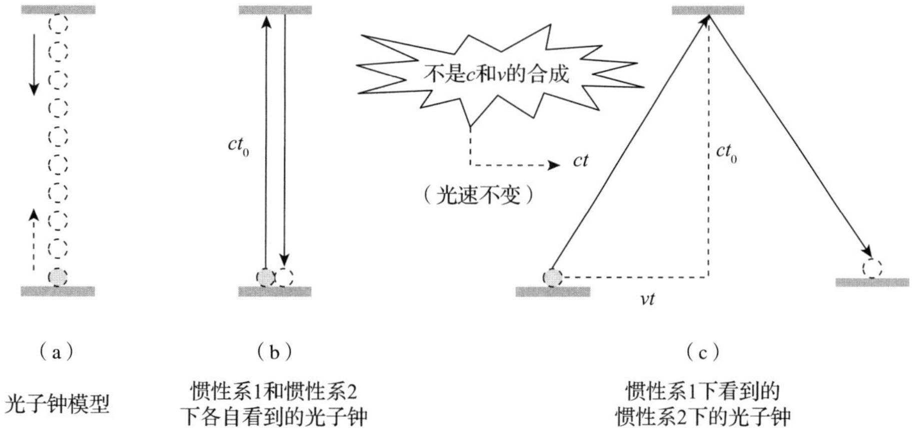

（a）
光子钟模型

（b）
惯性系1和惯性系2
下各自看到的光子钟

（c）
惯性系1下看到的
惯性系2下的光子钟

图 3-5　反映时间关系的理想实验

化简即可得到 t 与 t_0 间的关系如下:

$$t = \frac{t_0}{\sqrt{1 - \dfrac{v^2}{c^2}}} \qquad (3-5)$$

其中, t_0 为在惯性系 1 下测量的时间间隔; t 为在惯性系 2 下测量

的时间间隔。由于$\dfrac{1}{\sqrt{1-\dfrac{v^2}{c^2}}}>1$，所以 $t>t_0$，说明在惯性系中，运

动的时钟比静止的时钟走得慢，这种效应就是爱因斯坦提出的时间膨胀或钟慢效应。

如果将上述的光子钟模型分别满足牛顿绝对时空要求和狭义相对论要求的关系作以下对比，将更加清晰地看到二者的不同。如图 3－6 所示，二者最大的差异在于光速不变的公设，由于这个公设的引入，使得时间随 v 的不同而改变，于是时间的绝对性被打破了。

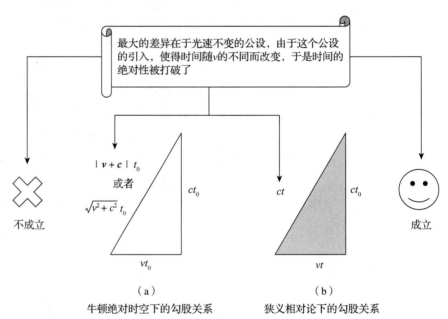

（a）
牛顿绝对时空下的勾股关系

（b）
狭义相对论下的勾股关系

图 3－6　两个时空关系下的
勾股关系比较

图 3－3 中步骤⑦是从洛伦兹变换所引发的物理观念特别是时空观念上的突破。这是物理学上革命性的突破，我们从以下两个层面来分析这种突破是什么，突破为什么。

1. 从绝对时空观到相对时空观

根据洛伦兹变换及相关推论，可以得到以下结论。

（1）度量物体长度时，将测到运动物体在其运动方向上的长度要比静止时缩短，即

$$l'=l_0\sqrt{1-\dfrac{v^2}{c^2}}$$

（2）度量时间进程时，将看到运动的时钟要比静止的时钟变

慢，即

$$t = t_0 \frac{1}{\sqrt{1 - \dfrac{v^2}{c^2}}}$$

在此，我们不妨再回顾下牛顿力学的绝对时空观。牛顿说：
"绝对的真实的数学时间，就其本质而言，是永远均匀地流逝着，
与任何外界事物无关。""绝对空间就其本质而言是与任何外界事
物无关的，它永远不动，而且永远不变。"按照这种观点，时间和
空间是彼此独立的、互不相关的，而且不受物质和运动的影响。这
种绝对时间可以形象地比作独立的不断流逝着的流水，绝对空间可
以比作容纳宇宙万物的一个无形的、永不动的容器。

 核心要义

而现在按照狭义相对论的观点，时间和空间不再是绝对的，
而是和物体的运动速度有关。速度不同，其对应的时间和空间也
不同，这样就打破了绝对时间和绝对空间的观念，打破了时间和
空间互不联系的观念，这是非常有意义的。如果我们不能突破牛
顿力学的绝对时空观的限制，我们对物质世界的探索领域也只能
永远停留在宏观、低速这一狭小的天地里，而且在面对自然世界
的来源这样的根本性问题时，只能走入客观唯心主义的泥潭而无
法自拔。而现在狭义相对论的时空观已经使我们走出了这种思想
禁锢，在探索自然世界更广阔领域和更广泛规律时推开了关键
性、革命性的一条缝，物理学将从此进入一个广阔的空间里，从
此人类对自然世界的认识范围和深度开始进入与过去完全不同的
崭新阶段。

2. 物理学层面

如前所述，狭义相对论最大的支柱是光速不变原理。一个可能
的理解上的难度是为什么这样一个公理的引入，就带来时空观上天
翻地覆的变化？

如果我们根据前面提到的对称－守恒－变换这个物理学上的基
本规律，并结合辩证唯物主义中的矛盾分析原理就可以比较清楚地
理解这个变化过程。辩证唯物主义认为，矛盾是推动事物向前发展
的动力。当一个事物中产生新的矛盾，原有的矛盾被打破以后，事
物就向前发展。对称－守恒－变换就是物理学上推动其发展的基本
矛盾。在牛顿力学里，绝对时间和绝对空间是一种守恒（或一种
对称性）[1]，这种守恒在牛顿力学完全成立；而光速不变是高层次的

1　只有在绝对时间和绝对空
间的条件下，才存在互独立
的能量守恒定律和质量守恒
定律，即绝对时间和绝对空
间对应着独立的能量守恒定
律和质量守恒定律，这两个
守恒定律在狭义相对论下将
成为一个守恒定律。

守恒（也是对称性），甚至目前也无法给出圆满的解释，但又通过电磁场理论和实验被发现和证实，又被爱因斯坦"神奇般"地选作一条公理应用于生成狭义相对论，于是一种高层次守恒的进入势必就打破了牛顿力学里绝对时间和绝对空间低层次的守恒，即新守恒代替了旧守恒。于是旧的理论就发展为新的理论，这也正体现了哲学意义上的"不破不立，有破才有立"的道理。爱因斯坦狭义相对论的提出是矛盾运动规律的体现，这是一种在科学探索上"不寻常规"的演绎式发明创造的思维方式，洛伦兹变换的提出正体现了爱因斯坦的超人之处。当然，狭义相对论是对牛顿绝对时空观念的重大突破，但还存在其不彻底性，主要是它尚不能解释时间和空间的源泉来自哪里，也就不能从根本上说清时间和空间的内在关系，而这个问题在广义相对论时会进一步讨论。

洛伦兹变换还只是刚刚拉开狭义相对论发展的序幕，它为后续的质能方程和闵可夫斯基时空的提出和建立提供了支撑。质能方程打开了人类认识核能、利用核能的空间，同时为量子理论的突破提供了有力的支撑；而闵可夫斯基时空则为相对论这条路径上理论的进一步发展即从狭义相对论走向广义相对论提供了必要的准备。

3.2.3　神来之笔：从洛伦兹变换到 $E = mc^2$

爱因斯坦在发表《论动体的电动力学》三个月后，又于 1905 年 9 月发表了另外一篇也可以看作为 20 世纪最重要的物理学文献之一的论文《物体的惯性与它所含的能量有关吗》，在该论文中，爱因斯坦给出了著名的质能公式 $E = mc^2$，爱因斯坦本人把这个公式看作狭义相对论的最重要的单项成果。在应用上这是一个改变世界面貌和改变世界进程的方程；在理论上也是带来观念性变革和重大理论突破的方程；在知名度上则作为相对论的代名词为世人所知。质能方程可以说是爱因斯坦在狭义相对论领域实现洛伦兹变换突破以后犹如"神来之笔"的又一个突破。但仅从表象看我们始终难以看出洛伦兹变换和质能方程的关联性，更难以想象爱因斯坦当时是如何从洛伦兹变换跨越并导出质能方程的。换一个角度讲，如果我们能分析出爱因斯坦完成这次跨越背后的逻辑，对于我们理解重大科学发现背后的原因，进而学习借鉴重大科学发现的成功经验将是十分有益的。因此，这里我们依据论文《物体的惯性与它所含的能量有关吗》，并在参考前人研究的基础上提出一种解释。

如图 3 – 7 所示，站在现代人的角度看，爱因斯坦完成从洛伦兹变换到质能方程的跨越可能主要有以下环节。

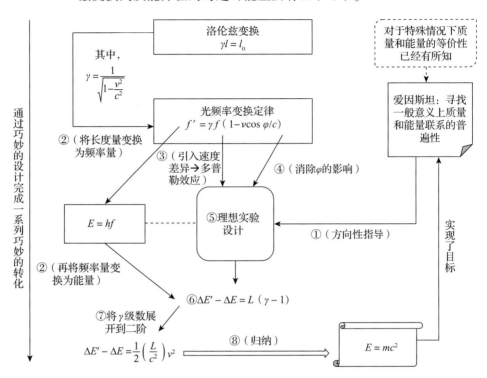

图 3 – 7　质能方程的提出

1　[美] 亚伯拉罕·派斯：《上帝难以捉摸：爱因斯坦的科学与生平》，方在庆，李勇译，187 页，北京，商务印书馆，2017。

步骤①是方向性指导。爱因斯坦在一开始就是带着目的而来的，即寻找一般意义上质量和能量联系的普遍性[1]。科学发现的过程一般是分析归纳，即从特殊性到一般性的过程。而爱因斯坦再次展现了过人之处，他采用了演绎性的指导，即从一般性到特殊性，或者说是带着质量和能量具有普遍联系的思路，目标就是寻求质量和能量具有普遍联系的规律性。如果联系爱因斯坦在完成狭义相对论之后，继续进行完全超越了人类同时代认知的广义相对论的研究，就可以推想爱因斯坦可能已经具有始终探索时空、物质及运动间的普遍联系的想法了（图 3 –1）。有了这个前提，我们就比较好理解为什么爱因斯坦在随后的理想实验环节所做的各种"完美"的设计环节了。

创新要点

步骤②、③是要想办法将洛伦兹变换中的长度项变为能量项。作为光量子的提出者，爱因斯坦自然会想到光，光的波长是长度项，通过普朗克公式 $E = hf$，光的波长与能量就建立了简单的转换关系，这样就可能想到光频率变换公式。

$$f' = \gamma f \left(1 - \frac{v}{c} \cos \varphi \right)$$

式中：φ 是频率为 f 的单色光线与 x 轴方向的夹角。这里使用了横向多普勒效应，即光源沿垂直于观测者的方向运动，在速度不同时产生频偏[1]。不同的速度就意味着不同的惯性系，频偏意味着能量差，这样就又向目标前进了一步。

步骤④是要通过设计，想办法消除 φ 的影响。考虑到对余弦函数有特征

$$\cos \varphi = \cos(-\varphi)$$

爱因斯坦设计使用了两束方向相反的光，这样能量作差的时候就可以消除 φ 的影响。

步骤⑤是爱因斯坦设计的理想实验，这时就很好理解了。考虑静止于给定惯性系 1 中的能量为 E_i 的物体，然后物体沿与 x 轴成 φ 角的方向发射能量为 $L/2$ 的光波，在相反方向上也发射等量的光波。发射以后物体能量为 E_j，于是 $\Delta E = E_i - E_j = L$。在以速度为 v 沿 x 轴方向运动的惯性系 2 中考虑相同的情况，$\Delta E' = E'_i - E'_j = \gamma L$，已消去了 φ 项，故与 φ 无关。

步骤⑥、⑦是数学处理，这样就有

$$\Delta E' - \Delta E = L\ (\gamma - 1)$$

将 γ 进行级数展开，取二级可得

$$\Delta E' - \Delta E = \frac{1}{2} \left(\frac{L}{c^2} \right) v^2$$

于是，爱因斯坦认为，"如果物体以辐射形式释放能量 L，则它的质量减少 L/c^2。离开物体的能量变成辐射形式的能量，这个事实显然没有什么奇怪的。"[2]

进而，爱因斯坦提出了物体质量和能量的普遍性关系：

$$E = mc^2 \tag{3-6}$$

这就是著名的质能方程，该方程不仅表明质量和能量可以相互转化，而且其真正意思是能量和质量是等价的，质量就是凝结了的能量。对此，爱因斯坦在一次演讲中有过精彩的总结："质量和能量在本质上是类同的，它们只是同一事物的不同表达形式而已。物体的质量不是一个常量，它随着其能量的变化而变化。"

质能方程反映的是静质量和能量的转换。在实际中，静质量到能量的转换一般都是困难的，而且往往也只有少量的静质量真正被转换。尽管如此，质能方程还是说明质量和能量是不可分割而联系

1 [美] 亚伯拉罕·派斯:《上帝难以捉摸：爱因斯坦的科学与生平》，方在庆，李勇译，183 页，北京，商务印书馆，2017。

2 同上，188 页。

着的,即使静止的物体也孕育着巨大的能量。一般来说,质量和物质相关,能量和运动相关,从这个角度看,质能方程反映了物质和运动的统一性。现代粒子理论也印证了这一点,构成静止物体的粒子内部仍然存在着运动,一定质量的粒子具有一定的内部运动能量;反过来,带有一定内部运动能量的粒子就表现出有一定的惯性质量。因此,质能方程还有哲学上的意义,它是对辩证唯物主义物质和运动不可分割观点的有力佐证。

现在还有一组问题需要解决,式(3-6)目前尚未区分运用于静止还是运动状态的物质。另外,还需要将牛顿定律进行扩展以实现可以满足洛伦兹变换,并且在低速下可以变为经典牛顿力学公式。同时,还需要修订牛顿力学中动能、动量的定义以提出满足狭义相对论的动能、动量的定义,并检视牛顿力学下的能量守恒定律、动量守恒定律和质量守恒定律。

如图 3-8 所示,列出狭义相对论中的一些重要关系。除前面导出的质能方程外,质量公式(不同惯性坐标系下的质量变换)是另一个重要公式。该公式可以通过利用狭义相对论导出的速度合成公式,设计两个惯性系下完全非弹性碰撞理想实验来导出[1]。这里我们还可以利用前面导出质能关系的光的横向多普勒效应,设计一个理想实验,并利用质能关系的结论,对质量公式的导出作简单示意。此处不是严格证明,仅仅是为理解上的便利。

1 过程比较复杂,这里不再给出,可参考赵凯华,罗蔚茵:《力学》,第 2 版,386 ~ 387 页,北京,高等教育出版社,2004。

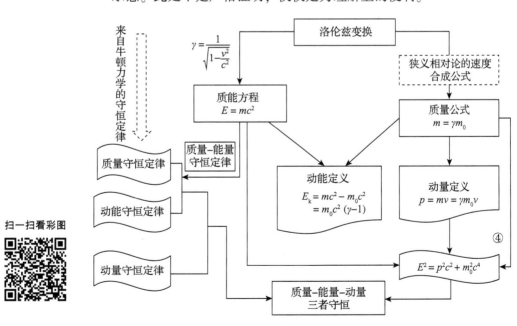

扫一扫看彩图

图 3-8 狭义相对论中其他重要关系的导出

考虑有两个惯性坐标系,惯性系 1 静止,惯性系 2 相对惯性系 1 沿 x 轴以速度 $v(v \ll c)$ 作匀速运动。在惯性系 1 中沿 x 轴垂直方

向发送一个频率为 f 的光子，根据横向多普勒效应，在惯性系 2 中看到的该光子的频率 f' 为

$$f' = \gamma f\left(1 - \frac{v}{c}\cos\varphi\right) = \gamma f \quad \left(\text{因为 } \varphi = \frac{\pi}{2}\text{，所以 } \cos\varphi = 0\right)$$

也就是在静止惯性系 1 下频率为 f 的光子在匀速运动的惯性系 2 中看到的频率为 f'，并且有 $f' = \gamma f$。考虑光子的能量公式 $E = hf$，则在静止惯性系 1 下能量为 hf 的光子在匀速运动的惯性系 2 中看到的能量为 hf'。仅仅为理论上的分析，利用质能方程 $E = \frac{1}{2}mc^2$，假定光子有静止质量[1]，则得到其在运动惯性系中的质量 m 是其在静止惯性系中质量 m_0 的 γ 倍，即有 $m = \gamma m_0$。

1 一般认为，光子没有静止质量。 这里假设光子有静止质量，仅仅是为示意的目的。

把这个关系推广到一般物体，即是质量公式：

$$m = \gamma m_0 = m_0 \frac{1}{\sqrt{1 - \dfrac{v^2}{c^2}}} \qquad (3-7)$$

利用质能方程和质量公式即可求得狭义相对论下物体的动能：

$$E_k = mc^2 - m_0 c^2 = (\gamma - 1)\, m_0 c^2$$

利用级数展开，有

$$E_k = \frac{1}{2}m_0 v^2 + \frac{3}{8}m_0 \frac{v^4}{c^4} + \cdots$$

可见，牛顿力学中的动能

$$E_k = \frac{1}{2}m_0 v^2$$

2 赵峥：《物理学与人类文明十六讲》，第 2 版，145 页，北京，高等教育出版社，2016。

只是全部动能在 $v \ll c$ 时的近似，该公式只对低速物体成立[2]。

把式（3-7）代入动量定义式，可得到狭义相对论下动量的表达式：

$$p = mv = \gamma m_0 v \qquad (3-8)$$

将式（3-7）两边平方，两边同乘以 c^4 化简，并代入式（3-6）、式（3-8）可得到

$$E^2 = p^2 c^2 + m_0^2 c^4$$

这就是相对论的能量、动量和质量三者之间的关系。该式在量子理论中有重要的应用。该式也表明质量 – 能量 – 动量三者守恒是一体的，牛顿力学中存在的三个独立的守恒——质量守恒、能量守恒、动量守恒，只不过是质量 – 能量 – 动量三者一体化守恒的特殊表现形式。前面已经指出，狭义相对论中新守恒对原有旧守恒的更替也就意味着相应的物理规律的升级。另外，质量 – 能量 – 动量三者一

体化守恒也意味着质量、能量、动量这几个量从牛顿力学时的相对独立的量变为相互联系的量，这和狭义相对论前面的结论也是一致的。

截至目前，我们分析了爱因斯坦完成狭义相对论两大成就——洛伦兹变换和质能方程的过程，体会了这些创造之伟大，也看到了这些伟大创造背后必然性的一面。爱因斯坦能在人类物理学上取得非凡的成就绝不是偶然的，而是具有诸多的必然因素，总结这些因素对于我们后人是非常有借鉴意义的。笔者认为，以下几点是特别具有启示意义的。

思想启迪

第一是创造精神。1911 年，苏黎世联邦理工学院准备推荐爱因斯坦为教授，向当时的著名物理学家庞加莱征求意见，庞加莱回答说："爱因斯坦先生是我所知道的最有创造思想的人物之一，尽管他还很年轻，但已经在当代第一流科学家中享有崇高的地位。我们应该特别欣赏他让自己适应新概念的那般轻松和从这些概念导出结果的那种能力。他不受经典原理的束缚，每当面临一个物理学问题时，他会很快想象到各种可能性，这使他马上在头脑中产生一些可以在未来得到实验证实的新现象的预言。不过，我想说，并不是他的所有期待都能在实验可能的时候经得住检验。相反，因为他在不同的方向摸索，我们应当想到他所走的路大多数都是死胡同；不过，我们同时也应当希望，他所指出的方向中会有一个是正确的，这就足够了。"[1] 如前所述，庞加莱为洛伦兹变换的创立做出了积累性的贡献，尽管后来他并不完全赞同相对论，当时对爱因斯坦的评价也未必完全客观，但笔者认为，他对爱因斯坦创造性的描述却是非常生动的。首先，他列出爱因斯坦创造性的一些具体表现，如"让自己适应新概念的那般轻松和从这些概念导出结果的那种能力"，"不受经典原理的束缚"，"每当面临一个物理学问题时，他会很快想象到各种可能性，这使他马上在头脑中产生一些可以在未来得到实验证实的新现象的预言"。其次，他指出了创造的艰苦性，"并不是他的所有期待都能在实验可能的时候经得住检验"，"相反，因为他在不同的方向摸索，我们应当想到他所走的路大多数都是死胡同"，前面我们分析爱因斯坦取得成就的道路是那么清晰，但不难想象，爱因斯坦在每一个关键路口的成功选择可能都是在否定、

1 [美] 亚伯拉罕·派斯：《上帝难以捉摸：爱因斯坦的科学与生平》，方在庆、李勇译，218 页，北京，商务印书馆，2017。

淘汰许多错误道路后做出的。因此，创造不是轻轻松松可以实现的，除了方法正确外，还需要有坚持和坚韧的精神。最后，越是不容易取得的创造成果，价值越大，"他所指出的方向中会有一个是正确的，这就足够了"，所幸的是，爱因斯坦所指出的方向中不止一个是正确的，而其中任何一个就足以让爱因斯坦成为可以载入史册的人。

第二是爱因斯坦具有扎实的物理学和数学功底，这在我们前面的分析过程中可以清楚地看到。扎实的物理学和数学功底需要经过严格的训练，创造性和训练看似是矛盾的，实则是可以取得统一的。二者不可偏废，在爱因斯坦身上就体现了创造性和扎实的基本功底的完美统一，因此我们绝不能为了所谓的创造性而忽视基本知识的学习和基本功底的训练。

第三是爱因斯坦所取得的巨大成就还得益于在哲学高度上的修养和关键时间节点上来自哲学的指导。爱因斯坦在其《相对论》一书回顾提出打破时间的绝对性、提出狭义相对论的历程时曾写道："时至今日，谁都知道，只要时间或同时性的绝对性这条公理不知不觉地留在人们的潜意识里，那么任何想要满意地澄清这个悖论的尝试，都注定要失败。清楚地认识这条公理以及它的任意性，就已经蕴含着问题解决的关键。对我来说，发现这个要点所需要的批判思想，是在阅读了休谟和马赫的哲学著作之后得到的决定性的进展。"[1] 在前面的分析中，我们看到爱因斯坦在探索过程中不断依据演绎法提供总体性、方向性的指导，这成为爱因斯坦区别于他人的独特之处。这正如 1911 年诺贝尔物理学奖获得者维恩推荐爱因斯坦为下年度候选人时所写到的："从纯粹的逻辑观念来看，相对论也一定可以认为是理论物理学所取得的最富意义的成就之一……［相对论］是在所有测定绝对运动的努力失败后，用演绎的方法得到的……"[2] 而演绎是从一般到特殊的过程，哲学作为在自然科学之上抽象出来的学科，其观点往往可以达到超越当前具体物理问题的高度，即通过演绎法建立对物理问题探索的总体性、方向性的指导。实际上，爱因斯坦在创立广义相对论的时候，这种哲学上提供的演绎指导作用更加明显，我们将在后面再具体说明。

第四是爱因斯坦所体现出来的丰富想象力和高度抽象思维能力。

1　[美] 阿艾伯特·爱因斯坦，《相对论》，易洪波，李智谋译，23 页，南京，江苏人民出版社，2000。

2　[美] 亚伯拉罕·派斯:《上帝难以捉摸：爱因斯坦的科学与生平》，方在庆，李勇译，154 页，北京，商务印书馆，2017。

3.2.4 从洛伦兹变换到闵可夫斯基时空

在前面导出洛伦兹变换公式时，有以下两个等式：

$$x^2 + y^2 + z^2 = c^2 t^2$$
$$(x')^2 + (y')^2 + (z')^2 = c^2 (t')^2$$

稍加改写有

$$x^2 + y^2 + z^2 - c^2 t^2 = (x')^2 + (y')^2 + (z')^2 - c^2 (t')^2 = 0$$

后又发现对洛伦兹变换，该等式具有一般性，即两个惯性系坐标之间满足

$$x^2 + y^2 + z^2 - c^2 t^2 = (x')^2 + (y')^2 + (z')^2 - c^2 (t')^2$$

依据这个关系，闵可夫斯基提出了把三维空间和一维时间结合成一个四维空间的思想。在 1907 年的一次演讲中，闵可夫斯基把洛伦兹变换等同于一个伪转动，在这种转动下，有

$$x_1^2 + x_2^2 + x_3^2 + x_4^2 \text{ 是不变量，} x_4 = ict$$

其中，x_1、x_2、x_3 为空间变量；x_4 为时间变量[1]。不久，闵可夫斯基发表了详尽的论文，提出了一系列的关于闵可夫斯基时空的专业术语和相关分析。闵可夫斯基时空学说对相对论的发展作用是非常大的（后面我们详细分析）。一方面，不熟悉数学的人对闵可夫斯基的学说无疑难以接受；另一方面，要理解狭义和广义相对论的基本概念，并不需要对闵可夫斯基的学说有精深的理解[2]。因此，下面我们将侧重从与相对论的关联方面讨论闵可夫斯基时空的作用。具体表现在以下方面。

（1）揭示了狭义相对论和牛顿经典力学在空间和时间关系上的根本性差别。一个流行的谬误认为，狭义相对论似乎应该在一定程度上首先发现了物理连续区的四维性，然而事实并非如此。经典力学也是建立在空间和时间的四维连续区域之上的，但是在经典物理学的四维连续区中，时间值恒定的界面有绝对的实在性，即与参照系的选取无关，因此四维连续区就自然而然地分解为一个三维（空间）和一个一维（时间），所以四维的观点对于人们就不是必需的了。与此相反，狭义相对论是作为一方的空间坐标与作为另一方的时间坐标在进入自然规律的过程中，产生了一种形式上的依存关系[3]，即时间和空间不再相对孤立、绝对不变，而是联系在一起组成一个共同的四维空间（客体）[4]。在这个时间和空间交织在一起的四维客体下，不同惯性系下的观测者对于时间和空间的测量，其实只是"转个角度看世界"。不同惯性系下的观测者所看到的时

1 [美] 亚伯拉罕·派斯：《上帝难以捉摸：爱因斯坦的科学与生平》，方在庆，李勇译，192 页，北京，商务印书馆，2017。

2 [美] 阿艾伯特·爱因斯坦：《相对论》，易洪波，李智谋译，107 页，南京，江苏人民出版社，2000。

3 同上，26 页。

4 考虑在广义相对论中，时间和空间都是物质的产物，所以笔者建议这里用客体或许能更好理解，并方便和广义相对论接轨。

间和空间是这个四维客体在不同角度下的不同投影。从这个角度看，闵可夫斯基时空的四维客体的投影观可以很好地解释狭义相对原理的要求，不同惯性系下看到的四维客体是同一个，即物理定律的形式是相同的。当然狭义相对论还没有解释这个时间和空间交织在一起的四维客体产生的源头，而广义相对论会继续回答这个问题，即该客体来源于物质，对这个问题我们在后面会继续讨论。

（2）正是有了时间和空间是相互交织在一起的一个四维客体的概念，就可以推断时间和空间的四维客体将不随外部的各种观测惯性系的影响，即和外部的观测角度无关，而应当取决于内部禀性，由内部禀性决定。这样就为广义相对论继续探究时间和空间的四维客体的来源并利用内蕴几何性特征完成对时间和空间的四维客体的构造提供了依据。

（3）闵可夫斯基提出了张量等数学概念，并将其应用于电磁理论的表述。第一次以现代张量形式提出麦克斯韦－洛伦兹方程，也用相同方法处理了质点力学方程[1]，这为相对论的后续发展提供了强有力的数学工具支撑。爱因斯坦曾评价说："在闵可夫斯基之前，为了检验一条定律在洛伦兹变换下的不变性，人们就必须对它进行一次这样的变换，可是闵可夫斯基却成功地引入了这样一种形式体系，使定律的数学形式本身就保证了它在洛伦兹变换下的不变性。"事实上，爱因斯坦在广义相对论引力方程中采用的就是张量的表示形式，只是由当前闵可夫斯基时空中的线性形式变为非线性形式。

因此，闵可夫斯基时空理论对相对论的发展，特别是广义相对论的提出起到非常大的作用。1912年，爱因斯坦也采用了张量的方法。1916年，他又感谢闵可夫斯基为狭义相对论到广义相对论的过渡提供了极大的方便。

此外，闵可夫斯基提出的张量工具对于我们理解前面提出的对称性－守恒－变换不变性之间的关系也有现实意义。如果我们把洛伦兹变换采用二阶张量（二阶矩阵）来表示的话，就是

$$\begin{pmatrix} x'_1 \\ x'_2 \\ x'_3 \\ x'_4 \end{pmatrix} = \begin{pmatrix} \gamma & 0 & 0 & i\beta\gamma \\ 0 & 1 & 0 & 0 \\ 0 & 0 & 1 & 0 \\ -i\beta\gamma & 0 & 0 & \gamma \end{pmatrix} \begin{pmatrix} x_1 \\ x_2 \\ x_3 \\ x_4 \end{pmatrix}$$

式中：$\beta = \dfrac{v}{c}$，$\gamma = \dfrac{1}{\sqrt{1 - \dfrac{v^2}{c^2}}}$。

1 [美] 亚伯拉罕·派斯:《上帝难以捉摸：爱因斯坦的科学与生平》，方在庆，李勇译，192页，北京，商务印书馆，2017。

从上面的二阶张量表示的洛伦兹变换中，我们可以清晰地看出洛伦兹变换所体现的对称性。

至此，狭义相对论将力学和电磁学统一起来，将时间和空间统一起来，带来了时空观念的根本变革；提出了质能方程，实现了质量和能量的统一；在狭义相对论中，速度只具有相对的意义，所有的惯性系都是平权的，没有哪一个惯性系更优越，从而排除了惯性系的绝对运动，而闵可夫斯基时空理论也为相对论的进一步发展提供了条件准备。但狭义相对论也存在着不足，主要表现为：①狭义相对论在否定绝对运动上还不够彻底，它否定了一个绝对静止的惯性系，但却肯定了所有惯性系比其他参考系更优越的地位，而且在究竟什么是惯性系的问题上还存在着逻辑循环，结果造成了已知物理定律却不知此定律赖以成立的参考系的尴尬局面，整个物理学犹如建筑在沙滩上[1]；②狭义相对论虽然提出时间和空间是交织在一起的四维空间，打破了牛顿力学中时间和空间的绝对性、孤立性，但没能揭示时间和空间的来源；③引力现象是物理学研究的广泛课题，狭义相对论不能处理引力涉及的问题。爱因斯坦在思考了这些问题之后，把狭义相对论发展为广义相对论。

1 [美] 阿艾伯特·爱因斯坦:《相对论》，易洪波，李智谋译，181 页，南京，江苏人民出版社，2000。

3.3 广义相对论

3.3.1　路线框图

遵循和前面狭义相对论一样的思路，这里我们提出一个以现代人视角的广义相对论建立发展的路线框图，如图 3 – 9 所示。我们列出了广义相对论相关的主要思想、主要原理、主要成果，显示了广义相对论发展建立的轨迹。图中三个椭圆图形里放置的分别是运动、引力或质量（能量）、时空三类基本量，按照前面介绍的相对论建立过程中具有特色的演绎思路，广义相对论就是要寻找出三类物理量之间的内在逻辑，并用公式的方式描述出来；序号①~⑥则标识出广义相对论的主要原理和成果。

爱因斯坦从广义相对性原理出发，指出物理学规律不应区分惯性系和非惯性系，要对所有的惯性系和非惯性系都平权，即对于运动规律要消除惯性系和非惯性系的差异。

马赫认为，惯性效应起源于物质间的相对加速，起源于物质间的相互作用，这种思想被爱因斯坦称为马赫原理。马赫原理说明了运动、引力和物质之间的关系。马赫原理对爱因斯坦有很大的启发作用。

爱因斯坦分析了引力质量和惯性质量的关系，指出引力场和加速度的效应等价，这就是等效原理。根据该原理，惯性系和非惯性系的差异等于是否引入引力作用，或者说在未来方程中引入引力就可以消除只存在引力下惯性系和非惯性系的差异。

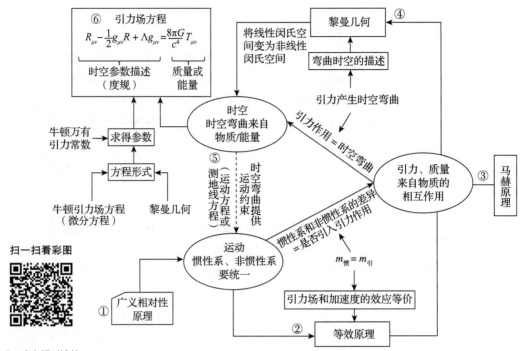

图3-9 广义相对论的
建立路径图

扫一扫看彩图

核心要义

　　爱因斯坦接着考虑，运动离不开时间和空间，引力或质量和时空有没有关系呢？基于弯曲时空的黎曼几何，爱因斯坦想到如果是引力或者说质量（能量）引起了时空的弯曲，就可以引入引力，还可以建立引力或者说质量（能量）与时空的关系。

　　弯曲的时空对物体的运动产生约束，这就是广义相对论下的运动方程。根据该方程可以求解不受其他力的物体在引力场产生的弯曲时空中运动的轨迹。而该方程可以由黎曼几何中的测地线（短程线）方程得到。

　　这样，广义相对论对运动、引力或质量（能量）、时空之间大统一的逻辑就打通了：惯性系和非惯性系的差异需要引入引力作用，引力作用引起了时空的弯曲，时空中运动的物体要受到时空弯曲的约束。

　　于是，现在只剩下最后的关键性环节，建立质量（能量）和时空弯曲间的定量关系，反映质量（能量）是如何引起时空弯曲的，这就是引力场方程。为此，爱因斯坦在牛顿引力场方程（微分形式）和黎曼几何的基础上首先分析出引力场方程的形式，而后把牛顿万有引力公式作为引力场方程的特例，利用万有引力常数确定了引力场方程的系数，得到引力场方程。

下面我们就对广义相对论建立过程中的重要环节和原理作具体说明。

3.3.2　从相对性原理到等效原理

物理规律应该在所有参考系都相同，包括惯性系和非惯性系，这就是爱因斯坦提出的广义相对论原理。对于这一想法的产生，爱因斯坦在不同场合有过多次阐述，我们来看看爱因斯坦自己的说法。

"我对广义相对论的最初想法出现在 1907 年，这种思想是突然产生的。我对狭义相对论并不满意，因为它被严格地限制在一个相互作匀速运动的参考系中，它不适合于一个作任意运动的参考系。于是我努力把这一限制取消，使得这一理论能在更为一般的情况下讨论。"

"自然界同我们的坐标系及运动状态究竟有何相干呢？如果为了描述自然界，必须用到一个我们随意引进的坐标系，那么这个坐标系的运动状态的选取就不应当受到限制，定律应当同这种选取完全无关。"

"迄今为止，我们只把相对性原理，即认为自然规律同参照系无关这一假设应用于非加速参照系，是否可以设想相对性原理对相互作加速运动的参照系也依然成立？"[1]

随后，爱因斯坦将惯性系和非惯性系的相对性问题转化为惯性质量和引力质量的问题（利用了演绎思路），或者说是转化为物质相互作用与相对运动间的关系问题。

惯性质量和引力质量的定义来源于牛顿力学。在牛顿力学中，使用了两种形式的质量定义，一种是从万有引力定律得到，质量表征产生引力和接受引力作用的能力，称为引力质量（$m_引$），它是对周围引力场强度的度量；另一种是从牛顿第二定律得到，质量是对惯性大小的度量，质量越大，物体的惯性就越大，这样的质量称为惯性质量（$m_惯$）。按照上述的定义，引力质量是描述物体间相互作用的度量，惯性质量是描述物体保持原有运动状态的度量，显然二者在物理概念上不同，分属物体间相互作用和运动两个范畴[2]。

自由落体实验是将万有引力定律和牛顿第二定律结合在同一物体上的实验，我们以此实验为例来分析其中的关系。

图 3 - 10（a）首先说明一个事实：小球和地球之间相互吸引，有万有引力 $F = G\dfrac{Mm}{R^2}$，小球和地球之间的万有引力使得地球上的

1　高鹏：《时空密码：揭开相对论奥秘的科学之旅》，108 页，北京，清华大学出版社，2019。

2　同上，117 页。

一切物体被同样地加速。

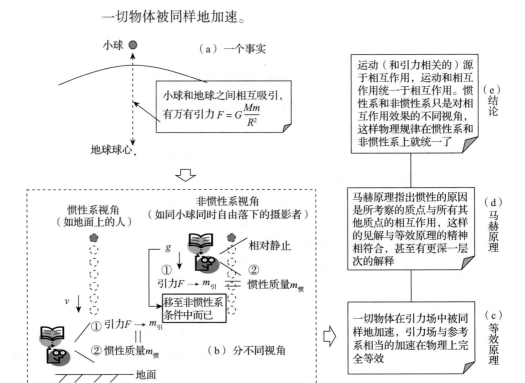

图 3-10　惯性质量和引力
质量的理想实验

图 3-10（b）显示了我们分别以惯性系和非惯性系的视角去
看小球的运动并分析其中的差别。惯性系视角：如果我们是站在地
面上看小球自由下落，小球是作一个加速度为 g 的向下的加速运
动，根据引力公式，此时它有引力质量 $m_{引}$，根据牛顿第二定律，
此时它也有惯性质量 $m_{惯}$，而且二者相等。非惯性系视角：如果我
们从保持和小球同时自由下落的角度，如从与小球同时自由落下的
摄影者的角度看，小球是处于相对静止的状态，这时观察者看不到
小球所受到的引力，但还能看到小球的惯性，即可以看到 $m_{惯}$，而
看不到 $m_{引}$，其实 $m_{引}$ 并没有变化，也没有消失，只是由于非惯性
系视角被"移至"非惯性系上，因为我们所选的非惯性系具有 g
的向下的加速度，那么如果我们把参考系和相对运动合在一起看，
惯性系中能看到 $m_{引}$ 和 $m_{惯}$，非惯性系中也能看到 $m_{引}$ 和 $m_{惯}$，两种
情况没有差别。就是说，如果我们不区分惯性系和非惯性系的话，
小球受地球吸引而发生运动的规律和选取什么样的参考系没有关
系，惯性系和非惯性系只是我们人类在认识的初级阶段为处理问题
方便而自己引入的概念。小球受地球吸引而发生运动的规律并不随
我们选取什么样的参考系而不同，这不就是爱因斯坦在寻找的对物
理规律统一惯性系和非惯性系情况的目标吗？

1　吴翔，沈葹，陆瑞征等：《文明之源：物理学》，第 2 版，211 页，上海，上海科学技术出版社，2010。

下面我们再从这个实验出发看一下等效原理和马赫原理的意义。等效原理的一种表述是一切物体在引力场中被同样的加速，引力场与参考系相当的加速在物理上完全等效[1]。这其实就是我们上面提到的 $m_引$ 并没有变化，也没有消失，只是由于非惯性系视角被"移至"非惯性系上。等效原理的另一个结论是引力质量等于惯性质量，即 $m_引 = m_惯$，这在我们上面的实验中也可以看到。爱因斯坦在一次题为《广义相对论的来源》的讲座中说："在引力场中一切物体都具有同一加速度。这条定律也可表述为惯性质量同引力质量相等的定律，它当时就使我意识到它的全部重要性。我为它的存在感到极为惊奇，并猜想其中必定有某种可以更加深入地了解惯性和引力的线索。"[2]

2　高鹏：《时空密码：揭开相对论奥秘的科学之旅》，118 页，北京，清华大学出版社，2019。

19 世纪，奥地利科学家马赫对惯性起因有大胆的见解：惯性的起因是所观察的质点与所有其他质点的相互作用。显而易见，这样的见解与等效原理的精神相符合，甚至是 $m_引 = m_惯$ 更深一层的解释，即惯性就来源于引力。爱因斯坦把这个见解称作马赫原理，并认为此原理"与广义相对论的思想的整个方向是一致的"。按照马赫原理，牛顿力学中所谓"绝对空间产生质点的惯性"的说法，显然是站不住脚的，这恐怕也是马赫最早质疑"绝对空间"的理由，马赫成为最早批判绝对时空观念的人，故爱因斯坦称马赫为相对论的先驱者[3]。

3　吴翔，沈葹，陆瑞征等：《文明之源：物理学》，第 2 版，212 页，上海，上海科学技术出版社，2010。

综合以上理论，我们就可以得到这样的结论：等效原理和马赫原理说明了相对运动的实质，相对运动（和引力相关的）源于相互作用（引力），相对运动和相互作用统一于相互作用（引力），惯性系和非惯性系的区分只是对相互作用效果的不同视角，这样物理规律在惯性系和非惯性系上就统一了，而且我们只要从相互作用（引力）出发，找出统一的物理规律就可以了。

3.3.3　时空弯曲与黎曼几何

如前所述，相对论的研究目标是物质、运动、时间和空间、引力的关系及规律。截至目前，狭义相对论完成了质量和能量的统一，等效原理和马赫原理完成了相对运动和相互作用（引力）的统一，自然就剩下时间、空间和引力的关系了。

爱因斯坦通过推论分析提出了在当时看来是石破天惊的观点，即时空和引力是相关的，引力场引起了时空的弯曲，时空不是无中生有的，时空是引力场的产物。

下面我们就继续站在一个当代人的角度，推测一些爱因斯坦提出这种观点的逻辑。

如图 3-11 所示，忽视地球公转和自转的因素，假设在地球上有一辆沿直线匀速行驶的汽车，为简单起见，我们假定其速度是第一宇宙速度，即所有的重力都刚好提供向心力。从汽车驾驶员的视角看，汽车在作惯性运动，其向前的视线和地平线是直线平行的关系。我们再假定位于汽车所在地球圆的截面中心垂线上、处于太空位置的一点有一个观察者，该观察者会看到汽车在作匀速圆周运动（非惯性运动），汽车驾驶员向前的视线和地平线仍然是平行关系，不过原来的直线平行变为曲线平行。根据前面提到的物理原理和参考系无关的观点，即按照广义相对论描述的运动应该只有一个，而不应该一个是惯性运动，另一个是非惯性运动。于是我们同前面一样，需要把运动、时空和引力三者结合在一起考虑。前一种情况是没有引力，惯性运动，空间是直线；后一种情况是有引力，匀速圆周运动（非惯性运动），空间是曲线。对比两种情况的差异，如果将引力的影响看作是使空间弯曲的话，即使空间的直线变为曲线，这样就消除了惯性运动和非惯性运动的差别，将两种情况解释为一个现象了。于是就有了引力场产生空间弯曲的想法。

图 3-11 "引力场引起时空的弯曲" 的理想实验

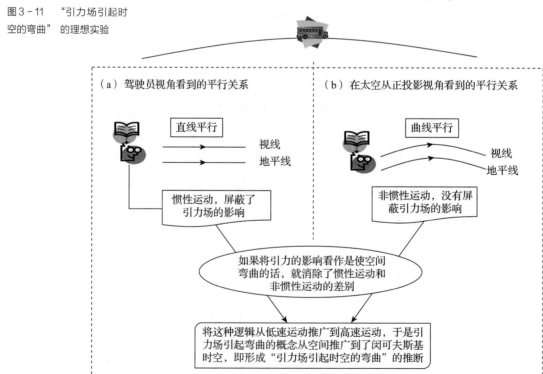

将这种逻辑从低速运动推广到高速运动，于是引力场引起弯曲的概念从空间推广到了闵可夫斯基时空，即形成"引力场引起时空的弯曲"的推断，这可能就是爱因斯坦当时做出石破天惊的观点的基本逻辑。

下面就是物理效应和几何上的数学工具的匹配问题了。这样的数学工具需要满足：①描述曲面空间几何，而不是平面空间几何；②该几何描述的关系和坐标系的选取无关；③易于和闵可夫斯基时空理论结合等要求。

为此，爱因斯坦花了几年的时间寻找上述问题的答案，并在原来苏黎世联邦理工学院同事格罗斯曼的帮助下找到了黎曼几何，在爱因斯坦看来，黎曼几何正是为他的引力理论量身定做的[1]。

黎曼几何是在去除欧几里得平面空间几何的平行假设的公理上发展起来的曲面空间几何。黎曼几何的一个重要特征：它是内蕴几何学，即它是内部可以完成构造的，和外部的视角或者坐标系的选取无关。这两点是和闵可夫斯基时空相似的，这样就为闵可夫斯基时空和黎曼几何的结合提供了基础性前提。

1　高鹏：《时空密码：揭开相对论奥秘的科学之旅》，134 页，北京，清华大学出版社，2019。

3.3.4　闵可夫斯基时空框架和黎曼几何的珠联璧合

不仅如此，黎曼几何中最基本的内蕴量是两点间的距离，而前面已经给出的闵可夫斯基时空的基本定义

$$x_1^2 + x_2^2 + x_3^2 + x_4^2 \text{ 是不变量，} x_4 = ict$$

和距离公式具有天然的相同的形式。在这一点上，可以说闵可夫斯基时空和黎曼几何的结合是珠联璧合。

下面的问题就变为如何将四维欧氏平面空间几何的距离公式改造为四维黎曼曲面几何的距离公式了。

在四维欧氏空间中，距离公式的微分形式是

$$ds^2 = dx^2 + dy^2 + dz^2 + dw^2$$

在黎曼空间下，由于空间是弯曲的，在 x，y，z，w 四个维度上都允许采取不同的伸缩，每个维度上都引入四个参数。于是，这些系数用矩阵表示就是

$$g_{\mu\nu} = \begin{pmatrix} g_{11} & g_{12} & g_{13} & g_{14} \\ g_{21} & g_{22} & g_{23} & g_{24} \\ g_{31} & g_{32} & g_{33} & g_{34} \\ g_{41} & g_{42} & g_{43} & g_{44} \end{pmatrix} \tag{3-9}$$

根据对称性，上面 16 个参数中只有 10 个是独立的。

再考虑闵可夫斯基时空中的时空间隔定义

$$ds^2 = dx^2 + dy^2 + dz^2 - c^2 dt^2$$

这样只要采用式（3-9）中的张量系数，闵可夫斯基时空就变成了非线性的弯曲时空，引力场的因素就体现在时空系数上了。

综上，闵可夫斯基时空体现的是反映时间和空间交织关系的基本时空架构，黎曼几何体现的是引力场对于时空的弯曲作用，二者的结合就把弯曲的特性和时空架构结合在一起，也就是把质量[1]、时间、空间结合在一起，实现了时间、空间、引力、运动、物质、能量[2]的大统一。当然，现在就差一步就可以生成引力场方程了。

3.3.5 广义相对论的最大成果：引力场方程

引力场的时空是弯曲的黎曼空间，引力场的物理效果可通过黎曼空间的度规张量来体现，寻找新的引力场方程，就是要找到度规场分布所满足的微分方程。但这方面没有直接可依据的观测知识，只能采取猜测性的推理[3]。

爱因斯坦寻找引力场方程的过程涉及比较艰深的数学知识，我们这里就不详细讨论了。大致过程是爱因斯坦根据牛顿引力场方程（微分形式）和黎曼几何首先分析确定了引力场方程的形式，而后把牛顿万有引力公式作为引力场方程的特例，利用万有引力常数确定了引力场方程的系数，得到以下的引力场方程：

$$R_{\mu\nu} - \frac{1}{2} g_{\mu\nu} R = \frac{8\pi G}{c^4} T_{\mu\nu}$$

这个方程的左边是时空的几何描述部分，其中 $R_{\mu\nu}$ 为时空的曲率张量，R 为曲率标量，$g_{\mu\nu}$ 为四维时空张量；方程的右边是物质分布部分，$T_{\mu\nu}$ 为能量动量[4]。因此，也有学者将引力场方程直接形象地称为"能量等于曲率"。两个基本常数也出现了，光速 c 与狭义相对论方程 $E = mc^2$ 中的 c 一致，引力常数 G 显示这个方程探讨的正是引力[5]。

爱因斯坦引力场方程的基本思想是物质体系的质量分布决定了时空的弯曲状态，或者说时空的几何性质反映了物质的分布状态。如果说狭义相对论将时间和空间统一在一个连续的域中，广义相对论则进一步将时间、空间和物质统一起来，这是广义相对论对人类文明最大的贡献[6]。

1915 年，爱因斯坦引力场在表述广义相对论时，为了能保证从引力场方程解得宇宙必须是静止的结果，在解方程中引进了一个

1 等效原理已经将引力质量和惯性质量统一为一个，这里用质量代表。

2 狭义相对论已经实现了质量和能量的统一。

3 俞允强：《广义相对论引论》，第 2 版，47 页，北京，北京大学出版社，1997。

4 高鹏：《时空密码：揭开相对论奥秘的科学之旅》，139 页，北京，清华大学出版社，2019。

5 [法] 皮埃尔·比奈托利：《追踪引力波：寻找时空的涟漪》，叶欣欣译，20 页，北京，人民邮电出版社，2017。

6 费保俊：《相对论在现代导航中的应用》，第 2 版，53 页，北京，国防工业出版社，2015。

称作宇宙常数 Λ 的"敷衍因素"去修正它的理论，于是修正后的引力场方程变为

$$R_{\mu\nu} - \frac{1}{2}g_{\mu\nu}R + \Lambda g_{\mu\nu} = \frac{8\pi G}{c^4}T_{\mu\nu}$$

宇宙常数 Λ 的提出仅仅是认为宇宙应该具有反引力的效应，反引力的效果是使时空具有一种内禀的膨胀倾向以平衡引力带来的收缩倾向，因此不像其他的力那样，不由任何特别的源引起，而是嵌入在时空的自身结构之中。爱因斯坦通过调节宇宙常数就可以调节这种倾向的强度，他发现他可以把它调节到恰好去平衡宇宙中所有物体的相互吸引，这样就可以得到静态的宇宙。后来，因为实际发现的宇宙处于膨胀状态而不是静止状态，爱因斯坦否认宇宙常数，将这个敷衍因素称为"最大的错误"。但史蒂芬·霍金（Stephen W. Hawking）等指出："正如我们很快就要看到的，今天我们有理由相信，他引进宇宙常数也许终究是正确的。"[1] 笔者认为爱因斯坦在对宇宙求解引力场方程时引入宇宙常数并没有错，引入反引力的效应去对抗引力的效应或许是他站在更高层面（如哲学）上的直觉，应该是没有问题的，而且这在当时是天才式的构想。只是爱因斯坦受到当时根深蒂固的"宇宙必须是静止的"传统观念的影响，错误地将宇宙常数和静止宇宙关联起来。按照辩证唯物主义的观点，对立统一推动事物的发展，换句话说就是没有对立统一的事物是不存在的。其实，对抗的结果既可能是静止的，也可以是运动的（膨胀或者收缩），静止只是一种可能。爱因斯坦的高超之处就在于他意识到了这样的一个问题，从而提出宇宙常数的想法，所以尽管当时爱因斯坦错误地将宇宙常数和静止宇宙关联起来，但这种错误不应该成为否定引入宇宙常数的理由。因此，宇宙常数的引入应该是高超、合理的。在对宇宙常数的应用上，当将引力场方程用于探求宇宙的演化模式时，添入宇宙常数往往是必须的，而且与物质分布相比，虽然宇宙常数取值很小[2]，但这一项并非无足轻重。而在将引力场方程用于某个具体的天体时，就往往可以忽略该常数的影响了[3]。

引力场方程解决了广义相对论最核心的问题：物质产生了时空弯曲，并以方程的形式刻画出来。而一个完整的引力场理论通常包括两部分：第一部分需要知道物质如何产生引力场，在牛顿力学中是万有引力方程，在广义相对论中是爱因斯坦引力场方程；第二部分是引力场如何作用在物体上，从而改变物体的运动状态，在牛顿

1 史蒂芬·霍金，列纳德·蒙洛迪诺：《时间简史·普及版》，吴忠超译，51 页，长沙，湖南科学技术出版社，2006。

2 沈葹：《美哉物理》，第 2 版，124 页，上海，上海科学技术出版社，2010。

3 这时构成和引力对抗的力往往是电磁力等，相比而言，反引力太小了，完全可以忽略。

力学中是第二运动定律，在广义相对论中是测地线方程，即物体在弯曲时空中运动所走的是最短路径，而最短路径在数学上可由测地线方程算出。于是通过爱因斯坦引力场方程确定时空度规后，就可以解测地线方程来得到自由粒子的运动轨迹。

3.3.6 广义相对论的实验验证与应用

在广义相对论创立后，首先应用在了天体运动和天体现象的分析上。有三个代表性的实验来验证广义相对论的正确性，分别是引力红移、水星近日点进动的解释、光线偏折。

1. 时钟变慢与引力红移

根据狭义相对论，运动的时钟会变慢。而根据广义相对论，又会产生一个新的效应：时空弯曲也会使时钟变慢，而且弯曲得越厉害，时钟走得越慢[1]。在太阳表面放一个时钟是难以做到的。但元素特定的光谱线却可以起到时钟的作用：每一种元素都有特定的光谱线，其中某一条频率为 ν 的光谱线就可以看作是原子内部一个以频率 ν 走动的时钟。太阳表面有大量的氢原子，因此比较太阳附近氢原子发射的光谱线和地球实验室中氢原子发射的光谱线，就可以比对太阳和地球两个环境下是否存在时钟的差异。根据广义相对论，太阳的质量远大于地球，太阳附近的时钟会更慢，从太阳射出的氢原子光谱线与地球上的氢原子光谱线相比，频率会减小，即其谱线会向红端移动，这就是广义相对论预言的引力红移。实际的观测实验验证了这一预言。根据牛顿万有引力，氢原子光谱线也会出现红移。不过广义相对论解释的红移比牛顿力学解释的红移精度要高。

2. 水星近日点进动偏差的解释

如果说牛顿力学和广义相对论对引力红移的解释只是精度上的差异，还无法独特验证广义相对论理论的话，对水星近日点进动偏差的解释中广义相对论发挥了独特的作用，牛顿力学无法解释的事实成为验证广义相对论理论的有力证据。

在太阳系中，在理想情况下，即不计行星间的万有引力的影响而只考虑该行星和太阳之间的万有引力作用时，依据牛顿万有引力定律和运动学定律可以解得行星应该围绕太阳沿一个相对固定的椭圆轨道作周期性运动。在实际环境下，当再考虑行星间的引力时，这条理想条件下的椭圆轨道会出现小的扰动，会导致行星每次到达

1 赵峥：《物含妙理总堪寻：从爱因斯坦到霍金》，53 页，北京，清华大学出版社，2013。

近日点时都会挪动一点点，一般称为行星近日点的进动。在太阳系八大行星中，水星是最靠近太阳的一颗行星，水星的进动现象最为明显。

太阳系各大行星对水星的引力产生的进动值可以通过万有引力定律计算获得。1859 年，法国天文学家勒维里埃（Le Verrier）发现，水星近日点的进动观测值比调整后的理论值每 100 年还快 38″，后来天文学家又把这个值修正为每 100 年快 43″，即对水星而言，存在一个每 100 年快 43″ 的剩余进动值的异常，其他几颗行星也有进动剩余现象[1]。19 世纪末和 20 世纪初，从理论上解释水星近日点进动异常的努力有很多，如勒维里埃关于水内行星和行星环的建议，以及水星的卫星、太阳可能是扁圆的，也有人建议根据万有引力的偏差来解释。这些尝试，最后都失败了[2]。可以看出，这些解释有一个共同点，都是基于经典万有引力定律和经典的时空观。

爱因斯坦广义相对论的发现解决了困扰科学家六十多年的难题。1915 年 11 月 18 日，爱因斯坦向普鲁士科学院提交了一篇论文《用广义相对论解释水星近日点运动》。在该论文中，爱因斯坦利用广义相对论理论，将水星的绕日运动看作是水星在太阳引力场（弯曲时空）中沿短程线（测地线）的运动，并计算得到了水星的近日点进动剩余为每 100 年 43″，这个结果惊人的准确，成为广义相对论最有力的证据。

下面我们不妨先粗略地看一下，对解决水星的近日点进动异常，为什么爱因斯坦广义相对论和曲面时空观能行，而经典万有引力理论和经典平面时空观为什么不行的逻辑。如图 3 – 12（a）所示，在大球的周围形成时空弯曲，假设有一小球静止在 A 点，在大球和小球的引力作用下，小球从 A 点滚到 B 点，再从 B 点往回滚，假设回到 A′点，按照我们的常识，A 和 A′点一定不重合，弯曲的曲率越大，A 和 A′点相距越大，弯曲的曲率很小时，A 和 A′点相距也就很小。在图中，我们为显示效果，将曲率画的很大，实际上，对水星和太阳而言，即使太阳的质量已经很大，但放在引力作用的范畴下，在水星周围空间形成的时空弯曲仍是很小的，因此 A 和 A′点相距（大致对应于太阳引起的水星的近日点进动）即使很小，但一定存在，这样就提供了水星的近日点剩余进动存在的逻辑，即水星的近日点剩余进动是广义相对论带来的时空弯曲观念下的内在的必然结果。

1 高鹏：《时空密码：揭开相对论奥秘的科学之旅》，149 页，北京，清华大学出版社，2019。
2 [美] 亚伯拉罕·派斯：《上帝难以捉摸：爱因斯坦的科学与生平》，方在庆、李勇译，321 页，北京，商务印书馆，2017。

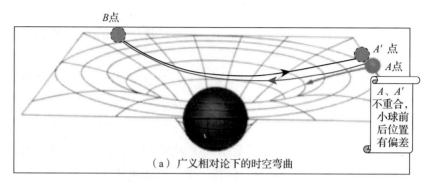

（a）广义相对论下的时空弯曲

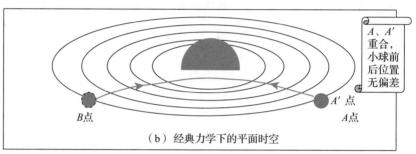

（b）经典力学下的平面时空

图 3 - 12　引力引起的时空弯曲破坏了原来平面时空的对称性

　　反观在图 3 - 12（b）中，根据经典力学及其平面时空观，大球引力不影响周围时空，即周围是平面时空，大球和小球如同位于一个水平桌面上。重复上面的运动过程，即静止的小球在大球的吸引下从 A 点滚到 B 点，再从 B 点滚回至 A′ 点，在水平平面下，根据经典力学可知，A、A′ 点会重合，即小球滚回到原来的 A 点，而不会产生什么差异，除非有其他因素的作用。这也就是为什么前面提到的很多研究者在经典万有引力和经典时空观念下，在不引入其他额外因素的情况下，无论如何也不能解释水星的近日点剩余进动的原因。

　　由此可以看出，水星的近日点剩余进动的数值非常小，但其背后所反映和折射的却是广义相对论的时空弯曲的概念和经典万有引力及对应的经典平面时空之间核心理念的差异。爱因斯坦利用广义相对论成功地解释了水星的近日点进动偏差问题，这是广义相对论在实际问题上的第一个应用和验证，因此也就不难理解爱因斯坦在解释了水星的近日点剩余进动问题后的异常兴奋之情了。

　　如果从对称性的角度看，直面地看，上面的对比也显示出质量引起的时空弯曲实际上是破坏了牛顿平面空间的 A、B 两点关于球心的对称性，在平面二维下成立的对称性在立体三维中不成立了，也可以说是发生了对称性破残，这种对称性破残推动了对运动规律的认识从牛顿力学发展到广义相对论的阶段。同时，在广义相对论中又隐含了更高一级的对称性，或许等待未来再次发生新的对称性破残，从而推动对运动规律的认识向更高阶段发展。

下面我们具体回顾下爱因斯坦利用引力场方程和其他物理学原理求得水星的近日点剩余进动的过程。如图 3 - 13 所示，这里我们只重点标识求解思路而不讨论其中复杂的数学公式和计算。该过程分以下五步：①将一般性条件、静态、各向同性等代入引力场方程，解得引力场的参数；②将解得的引力场参数代入测地线方程，即最短路径方程，原理仍是物理学的基本原理——最小作用量原理；③进行标准的约束轨道计算（类似我们前面示例中的轨道）；④得到行星公转一周的进动公式（类似我们前面示例中由于曲面空间带来的 A、A' 点的偏差）；⑤针对水星，将水星的半长轴、公转周期、偏心率代入上面的公式，求得水星每 100 年的进动值为 43"[1]。

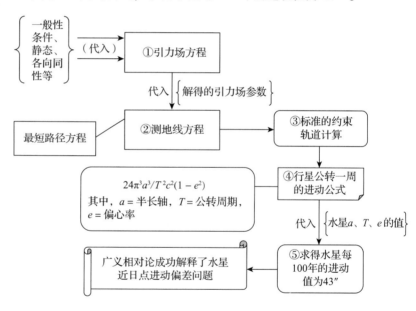

由太阳的引力引起的时空弯曲所带来的进动值和其他行星对水星带来的进动值相比很小，还曾经有人质疑爱因斯坦利用广义相对论对水星进动偏差的解释的可靠性。后来人们又计算了金星、地球等行星以及一些小行星的剩余进动值，都与广义相对论符合得很好。近年来，关于 PSR1913 + 16 脉冲双星的近星点进动观测值也与广义相对论相符，由于这个值比太阳系行星的进动值大数万倍，所以它成为对广义相对论强有力的验证[2]。

3. 光学偏折

光线偏折观测是验证广义相对论的另外一个实验。它和前面提

图 3 -13　爱因斯坦计算水星剩余进动值的过程示意

1 [美] 亚伯拉罕·派斯：《上帝难以捉摸：爱因斯坦的科学与生平》，方在庆、李勇译，321 页，北京，商务印书馆，2017。

2 高鹏：《时空密码：揭开相对论奥秘的科学之旅》，151 页，北京，清华大学出版社，2019。

到的引力红移相似，只是引力红移是太阳表面的光子从表面离开，而光线偏折是指其他恒星发出的光子经过太阳附近。利用牛顿力学和广义相对论都可以得出光线偏折的结论，但计算的机制是不同的。牛顿力学得到的偏转角是根据光子经过太阳附近受到万有引力产生的引力场势能的影响计算得到的，广义相对论得到的偏转角是根据光子经过太阳附近时受到太阳所造成的时空弯曲的影响计算得到的。因此，根据两种理论计算得到的偏转角数值不同，用牛顿力学算出的偏转角数值是广义相对论算出数值的一半。这样，如果能测量得到其他恒星的光线在经过太阳附近时发生光线偏转的实际数值，就可以对牛顿力学和广义相对论做出比较，从而也能验证广义相对论是否正确。人们利用 1919 年日全食的机会观测了其他恒星的光线经过太阳时发生光线偏折的数据。经过处理比对，发现光线偏折的偏转角接近广义相对论预言的数值，即观测支持了广义相对论。

对于地球这样"小"的天体，根据广义相对论所引起的时空弯曲是很小的，这种弯曲带来的影响往往在需要精确控制的情况下才能体现出来。现代卫星定位的时钟同步校正必须同时考虑狭义相对论和广义相对论效应的影响，这是相对论理论在实践上的一个生动的应用案例。

4. 卫星定位中时钟的同步校正

目前，现代人类的生活越来越离不开卫星定位系统提供的定位服务，如汽车导航和智能手机提供的丰富的基于定位的服务功能等。一般来说，使用卫星定位时，用户至少要接收来自四颗卫星的信号才能正确地算出时间和位置（在空间三维＋时间一维的四维时空中，需要纵横高度和时间这四个信息来确定位置）。卫星定位系统对时间精度要求很高，因为 1 μs 的定时误差都可能会带来 300 m 的定位误差。定位卫星上一般都搭载高精度的原子钟，如 GPS 卫星搭载了 3 万年才出现 1 s 误差的原子钟，但是无论多么精准的时钟都无法逃出相对论效应，即如果不对时钟的时间进行相对论效应的修正，所产生的时钟差异将使定位系统无法工作。

在 GPS 系统中，地球上的时间以国际原子时间为标准，它由静止于海平面的原子钟给出。GPS 卫星以 14 000 km/h 的速度绕地球飞行。对卫星上时钟造成影响的相对论效应主要有两个，一个是狭义相对论效应，即来自卫星快速移动对卫星时钟产生的时间差；另一个是广义相对论效应，即来自地球引力引起的时空偏差在太空中小于在地面上的差异。

根据狭义相对论，物体运动越快，时间就越慢，因此卫星钟比地面钟走得慢，用狭义相对论公式计算，每天大约慢 7 μs[1]。

下面我们重点讨论考虑地球引力引起的时空弯曲根据广义相对论效应带来的卫星钟与地面钟在时间上的差异。

为此，我们设计以下理想实验。如图 3 - 14 所示，我们先假设在真空中有一个理想的基准时钟，产生的时钟波形如图 3 - 14（a）所示，在每一个滴答的时钟单位内，有一个光子沿脉冲上沿（或下沿）从一端（A 点）移动到另一端（B 点）。由于没有引力的影响，该光子将沿直线运动，设 AB 间距离为线段 AB 长度。现在考虑有地球引力引起时空弯曲的情况，根据广义相对论，可以定性地知道在地球附近及周围，由于地球引力会产生时空弯曲，而且地面钟所在的时空弯曲度要大于卫星所在的太空轨道的时空弯曲度。

1　高鹏：《时空密码：揭开相对论奥秘的科学之旅》，155 页，北京，清华大学出版社，2019。

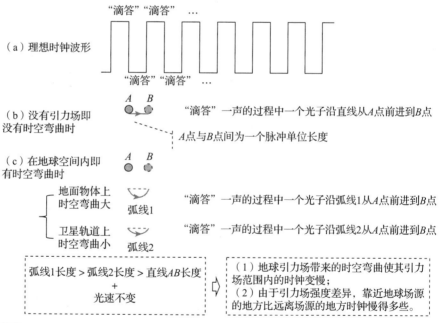

图 3 - 14　广义相对论效应带来卫星钟与地面钟时间差异的理想实验

2　这里为简化，我们假定将时间和空间分开，先单独考虑空间弯曲。

3　这里为显示效果，夸大了弯曲度。

如图 3 - 14（b）所示考虑和真空时钟一样的要求，即在每一个滴答的时钟单位内，有一个光子从一端（A 点）移动到另一端（B 点）（保持 AB 间直线距离同真空中一样，仍为线段 AB 的长度），光子在弯曲空间中实际是沿线段 AB 所对应的弧线运动[2]，于是地面钟中光子走过的路径为弧线 1，卫星钟走过的路径为弧线 2[3]。显然，弧线 1 的长度 > 弧线 2 的长度 > 线段 AB 的长度。再根据光速不变原理，在上述情况下，光子的运动速度不变，都为光速

c，于是就得到在一个滴答脉冲下，地面钟光子用时 > 卫星钟光子用时 > 真空基准钟光子用时。也就是说，在太空的卫星钟比在地面的地面钟走得快，具体定量值可以通过求解地球的引力场方程获得，实际的计算表明在太空的卫星钟比在地面的地面钟大约快 45 μs。

因此，如果同时考虑狭义相对论和广义相对论的影响，将二者合并后，GPS 卫星钟比地面钟每天快大约 38 μs。如果这看起来很小的 38 μs 偏差不校正的话，系统将会每天累计产生大约 11 km 的定位误差[1]，离开相对论，任何卫星定位系统都无法工作。

当然，广义相对论最适合发挥作用也取得了最大成就的地方还是在宇观领域。它推动和指导了物理宇宙学的大发展。

1 高鹏:《时空密码: 揭开相对论奥秘的科学之旅》, 155 页, 北京, 清华大学出版社, 2019。

3.4 ▇▇ 广义相对论在宇宙学和天体物理学上的应用

广义相对论创立以后，由于它更适合在大尺度、高质量区域中使用，因此宇宙学和天体物理学自然成为广义相对论发挥用武之地的领域。

什么是宇宙？它从哪里来？它又到哪里去？宇宙中又有哪些天体？它们是如何形成的？它们又到哪里去？自古以来这些都是诱发人们遐想、沉思的深刻问题。现在我们已经知道，宇宙空间之广袤、演化历史之长久、物理条件之极端，都使得人们对它的研究非常困难。而宇宙中的天体离我们如此遥远，观测如此困难，因此人们对宇宙、对宇宙中的天体谈论得很多，但真正用科学的方法去研究它们的历史却很短。

爱因斯坦在 1915 年提出了广义相对论以后，在 1918 年他把宇宙作为广义相对论的应用对象尝试地进行研究，开启了现代宇宙学研究的大门，也促使后来逐步开启了对宇宙中各种新天体研究的大门。由此，在大量天文观测资料和现代物理学的基础上产生了现代宇宙学、天体物理学等新兴学科。广义相对论成为支撑这些学科的最重要的基础理论。

3.4.1 概述

广义相对论在宇宙学和天体物理学上有广泛的应用。如图 3－15 所示，大致可以分为两类：一类是目前有天文观测支撑，并已取得一些激动人心成果的议题；另一类是目前尚无天文观测支撑，但却具有巨大魅力引发人们无限想象的猜想。

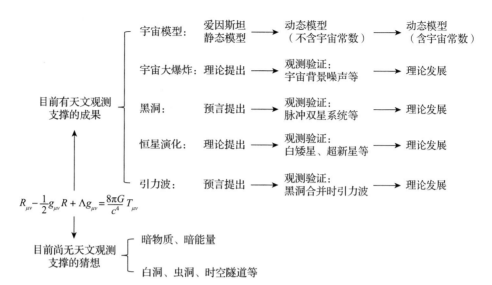

1 俞允强：《物理宇宙学讲义》，1~5 页，北京，北京大学出版社，2002。

图 3-15 广义相对论在宇宙学和天体物理学上的一些重要应用

在第一类议题中，首先是宇宙模型的建立。爱因斯坦在两个简化假设的基础上，利用广义相对论建立了第一个宇宙物理模型，这是一个静态宇宙模型。20 世纪 20 年代，天文学家开始发现宇宙有膨胀的迹象，这意味着爱因斯坦的静态模型并不是真实宇宙的写照。于是后来发展起动态的膨胀宇宙模型，这一模型包括前期的不包含宇宙常数的弗里德曼模型和现在的包含宇宙常数的弗里德曼模型。现在的包含宇宙常数的弗里德曼模型可以很好地解释宇宙加速膨胀的事实，但由此又带来理论上推断的暗物质、暗能量目前还没有被发现的困难。

而按照膨胀宇宙模型，宇宙的膨胀必定有一个时间上的起点。类似达尔文进化论认为一切生物物种都是演化产生的思想，人们提出了宇宙演化的思想，并且推想恒星和星系在远古的宇宙中都不存在。在它们形成之前，宇宙只是一片炙热的迅速膨胀着的均匀气体，人们习惯性地把这种理论称为宇宙大爆炸理论[1]。宇宙大爆炸理论开始没有得到学术界的认可。但随着大爆炸理论预言的低温背景辐射在 1965 年被偶然发现，以及预言的元素氦的原始产额与实测的氦丰度相接近等事实证据的出现，大爆炸理论开始被人们所接受，大爆炸理论也得益于现代量子理论的发展。利用广义相对论和现代量子理论等现代物理学理论，人们初步勾勒出了宇宙如何从一个无穷小的奇点不断膨胀并产生各种宇宙天体、各种物质形态的演化过程。

黑洞是来自广义相对论理论的最重要的概念性预言之一。在广义相对论发表不久，就产生了广义相对论的第一个严格的解——史瓦西解，它是根据广义相对论求得的球对称物体引起的时空弯曲的解，物理学家们根据这个解预言了黑洞的存在。随后，黑洞不见芳容却能吞噬万物的离奇性质吸引了人们对它的关注、观测验证以及更深入的研究。目前的天文观测中，超大质量黑洞和恒星级质量黑洞均已得到确认。天文学家也终于合成了第一张黑洞照片。研究表明，黑洞的成长与星系的演化以及宇宙的大尺度结构的形成有着密切的关系。黑洞从当初被认为的没有生命力的冷酷杀手成为有活力的、对宇宙结构和星系的演化有重大影响的天体成员。

作为居住在太阳系的人类，人们很早就对恒星产生了浓厚的兴趣。它们从哪里来？又会到哪里去？经过长时间的观测和探索，形成了恒星演化理论。依据该理论，恒星的形成是很大的气体云块因为自身引力不稳定而"碎裂"的结果。恒星不是逐个地形成的，而是成批形成的。就某一个"碎块"而言，它在自身引力作用下继续向质心塌缩，塌缩所释放的引力势能部分地转化成了气体的内能，造成气体温度不断升高，当中心温度达到 10^7 K 左右时，核心区将发生热核反应。当热核反应产生的对外压力和引力形成的向内塌缩的力相互平衡的时候，恒星进入稳定阶段，即主序星阶段。太阳目前就处于主序星阶段。而恒星最后的归宿，则根据其自身质量的大小，可能成为白矮星、中子星或者黑洞[1]中的一种。

引力波是广义相对论除黑洞外的另一个重要的理论预言。根据广义相对论，物质的存在会产生时空弯曲，时空的几何结构体现了引力场的大小。一般来说，场的变化会产生波。于是，一个很自然的想法就是时空几何的变动也会通过产生引力波来传递引力的信息与能量。只要有空间剧烈扰动的地方就会有引力波发生。但引力波并不像电磁波那样能够真正穿越空间而传播，它们或许只是空间自身的振动。电磁波在宇宙中穿行时会被恒星、星云、微细的宇宙尘埃等物质吸收，而引力波却能自由地穿越这些物质，因为它们与物质的相互作用太弱了。有人形容我们现在观察的遥远太空就像在看一部无声电影，只有画面，没有声音。在引力波检测后，它将为我们的宇宙电影配上声音，到那时我们就能听到黑洞碰撞时的雷鸣声或恒星塌缩时的嘶嘶声了[2]。

于是在广义相对论和其他物理学理论的推动下，各种新天体被陆续发现。长期以来被描绘成充满文雅的恒星、端庄的螺旋星系的安静居所的宇宙，现在则变得充满生机和活力了，不过有时候还会有雷霆万钧的发作。

1 俞允强：《物理宇宙学讲义》，30～39 页，北京，北京大学出版社，2002。

2 [美] 玛西亚·芭楚莎：《爱因斯坦尚未完成的交响乐》，李红杰译，16 页，长沙，湖南科学技术出版社，2007。

自然，还有一些来自广义相对论理论，但目前尚无天文观测支撑的猜测，例如除前面已经提到的暗物质、暗能量，还有白洞、虫洞、时间机器等，这些使我们对未知的宇宙奥秘充满了期待和想象。

3.4.2 宇宙模型

有了引力场方程后，下面就可以尝试人类由来已久的梦想了：通过引力场方程对宇宙的时空求解。围绕求解宇宙的引力场方程，并结合天文实验观测，构建宇宙模型的具体的发展过程如图 3 - 16 所示。宇宙模型分为静态宇宙模型和动态宇宙模型，动态宇宙模型又分为不包含宇宙常数和包含宇宙常数两种情况。

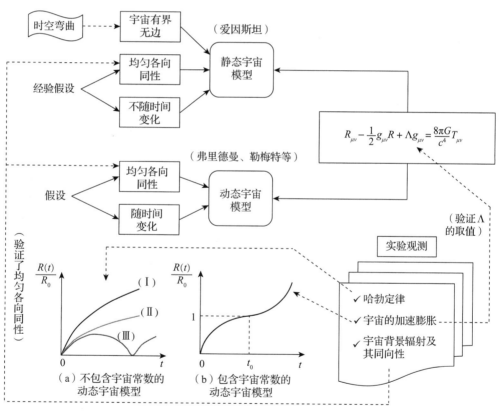

$$R_{\mu\nu} - \frac{1}{2} g_{\mu\nu} R + \Lambda g_{\mu\nu} = \frac{8\pi G}{c^4} T_{\mu\nu}$$

（a）不包含宇宙常数的动态宇宙模型

（b）包含宇宙常数的动态宇宙模型

图 3 - 16 构建宇宙模型的具体的发展过程

在广义相对论创立不久，爱因斯坦就开始考虑求解宇宙的引力场方程，构建宇宙模型。1917 年，他的研究成果《根据广义相对论对宇宙学所做的考察》为现代宇宙学奠定了理论基础，并提出了静态宇宙模型。要求解宇宙的引力场方程，就要确定边界条件和初始条件。针对边界条件，爱因斯坦提出了一个大胆的设想：宇宙空间是有限无界的，体积有限但没有边界，其实这是时空弯曲带来的自然的推论。在宇宙弯曲的时空中，我们认为自己沿着直线的方向一直向前，实际上是在沿着弯曲的曲线在前进。如果时间足够长，也只是绕一个大圈子，如前面示例（图 3 - 11）中的汽车驾驶员认为是在走直线前进，但其实汽车走的是曲线，如果时间足够长，也会再次回到起点。爱因斯坦还假设宇宙具有均匀质量密度，即具有均匀同向性，人们将这条假设称为宇宙学原理。另外，爱因斯坦又假设在宇观尺度上宇宙是静态的，初始的质量密度和现在的质量密度一样，不随时间变化。在上面这三个假设的基础上，爱因斯坦解得宇宙是一个体积有限但没有边界的静态弯曲封闭体，在宇观尺度上宇宙是静态的，不随时间改变。这是人类历史上第一个现代宇宙学模型[1]。但不久，天文学家发现了宇宙在膨胀的迹象，这意味着爱因斯坦的静态宇宙模型不成立了。

1922 年，前苏联数学家弗里德曼在不考虑宇宙常数的情况下，由爱因斯坦引力场方程导出宇宙动力学方程（这是一个关于时间的非线性微分方程），从而求得宇宙演化的三种情况。如图 3 - 16 (a) 所示，曲线（Ⅱ）是临界情况[2]，物质密度适中，时空是单调增长的函数，即宇宙将永远膨胀直至介质无限的稀薄，膨胀的加速度为负；曲线（Ⅰ）中物质密度小一些，引力弱一些，时空是单调增长的函数，速度的减少慢一些，膨胀的加速度也为负；曲线（Ⅲ）中物质密度过大，引力过大，时空函数在达到极大之后转向收缩，在膨胀阶段膨胀的加速度也为负。不考虑宇宙常数的弗里德曼模型是一个动态的宇宙模型，在三种情况中都包含时空膨胀的情形。1929 年，美国天文学家哈勃总结了当时的一些观测数据，提出了哈勃定律。该定律指出，河外星系的退行速度与它们离我们的距离成正比。哈勃定律反映的就是宇宙膨胀的规律。于是不考虑宇宙常数的弗里德曼模型符合根据天文观测总结出的哈勃定律，使得宇宙模型的研究取得重大进展。后来，天文观测和宇宙背景辐射及同向性的发现，还证实了宇宙均匀各向同性的假设是成立的。

但到了 1998 年，越来越多的天文观测表明宇宙不但在膨胀，而且在加速膨胀。而不考虑宇宙常数的弗里德曼模型中，膨胀的加速度都为负，这样不考虑宇宙常数的弗里德曼模型就又不符合最新的天文观测规律了。于是，物理学家又转向考虑包含宇宙常数的弗里德曼模型。一种方案如图 3 - 16 (b) 所示，根据观测结果物质密度取图 3 - 16 (a) 中（Ⅰ）的范围，以等效真空斥力的假设来解释宇宙常数。早期引力作用更大，等效真空斥力影响小，因此时

1 高鹏：《时空密码：揭开相对论奥秘的科学之旅》，166 页，北京，清华大学出版社，2019。

2 可以看作是以物质密度在空间的稀释换取时空的膨胀，因为是非线性关系，存在一个临界密度。

1　俞允强：《物理宇宙学讲义》，109 ~ 112 页，北京，北京大学出版社，2002。

2　赵峥：《物含妙理总堪寻：从爱因斯坦到霍金》，134 页，北京，清华大学出版社，2013。

空是减速膨胀。经过某一时刻以后，等效真空斥力影响变大，等效真空斥力才逐渐把减速膨胀转化成了加速膨胀[1]。

到目前为止，人类对于宇宙的研究还有很多不能回答的问题。暗物质和暗能量就是这样的问题，有人把它们形象地称为当代的两朵"乌云"[2]。

如图 3 - 17 所示，根据现在的天文观测和推算，通常所看到的亮星约占宇宙质量的 0.5%。在宇宙中可见恒星、星系的地方，还存在大量的、我们看不见的暗物质。暗物质跟普通物质聚在一起，是成团的结构。暗物质产生万有引力，但不参加电磁作用，对光透明，所以目前我们无法发现。暗物质分为重子物质（包括尘埃、气体、黑洞等）、热暗物质（如中微子）、冷暗物质。这三类物质在宇宙总质量中分别占 4%、0.3%、29%。亮星与暗物质共同对宇宙产生引力。

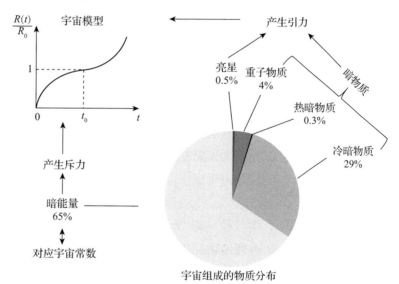

图 3 - 17　宇宙物质分布与宇宙模型

宇宙中还存在暗能量，大约占宇宙物质总量的 65%。暗能量不参加电磁作用，对于光是透明的，起源于宇宙常数，和前面提到的等效真空斥力相对应，对宇宙产生斥力。在宇宙膨胀过程中，暗能量的密度保持不变。因此，随着宇宙的膨胀，宇宙中的暗能量总量就越来越多，排斥力就越来越大，宇宙就由前期的减速膨胀变成了加速膨胀[2]。

3.4.3　宇宙大爆炸

围绕宇宙动态模型以及宇宙在不断膨胀的现象，人们自然会思考起宇宙的起源问题。1932 年，勒梅特（Lemaitre Georges）从宇宙膨胀的结论逆向思考，首次提出宇宙大爆炸的设想。1948 年，移居美国的俄国物理学家伽莫夫（George Gamow）在勒梅特的基础上正式提出宇宙大爆炸的理论。按照这种理论，如果我们把时间倒退回去，宇宙应该不断的收缩、收缩……，直至变成一个体积无穷小、密度和温度趋于无穷大的"奇点"。于是就可以推断宇宙是在 100 多亿年前由一个无限致密灼热的"奇点"开始的一次大爆炸后膨胀形成的。

建立"关系链条"：时间（t）— 温度（T）— 能量（E）— 粒子（G，物质组成）。

按照上面大爆炸猜想的逻辑，我们首先需要能够建立起大爆炸发生的时间（t）— 温度（T）— 能量（E）— 粒子（G，物质组成）之间的对应关系，这样就可以分阶段进行分析了。

首先，在温度 $T = 10^4$ K 时，气体粒子的平均热动能 kT 有如下关系：

$$kT \approx 1 \text{ eV}$$

即 $E = 1$ eV 与普通单位下 $T = 10^4$ K 相当，这样能量与温度就可以折算了[1]。

其次，根据早期宇宙的动力学方程、早期宇宙的理想气体模型导出的辐射密度与温度的关系、温度与半径的关系[2]，在理论上可以导出早期宇宙温度和时间存在以下关系[3]：

$$T(\text{MeV}) \approx t(\text{s})^{-1/2}$$

即以秒（s）为时间单位，以 MeV 为温度单位，用上面的关系就可方便地估计出早期宇宙中任意时刻的温度。

假定引力场有量子性特征，从量纲分析，量子引力起显著作用的能量是

$$E \sim T \sim G^{-1/2} = 10^{19} \text{ GeV}$$

这就是普朗克能量，与该能量对应的时间为

$$t \sim G^{1/2} = 10^{-43} \text{ s}$$

这就是普朗克时间。现在通常说的宇宙膨胀就是从普朗克时间开始的，它的起始温度低于普朗克温度，对应的能量低于普朗克能量。

另外，我们已经知道不同能量级别对应着不同的粒子组成和粒子结构。这样，我们就可以从普朗克时间开始，随着时间的增加，估算出对应的温度和能量级别，并进一步由能量级别对应到存在的粒子组成和粒子结构了。

1　俞允强：《物理宇宙学讲义》，129 页，北京，北京大学出版社，2002。

2　温度与半径成反比。

3　俞允强：《物理宇宙学讲义》，137 ~ 139 页，北京，北京大学出版社，2002。

1. 宇宙大爆炸的简要描述

利用我们上面建立起的时间（t）— 温度（T）— 能量（E）— 粒子（G，物质组成）的关系链条，我们先看大爆炸过程中的几个典型情形。

从 10^{-43} s 到 10^{-4} s，宇宙温度从 10^{19} GeV 降至 0.1 GeV，按能量级别算，这时应该是粒子宇宙学时代，宇宙气体大致由夸克、轻子和规范粒子等组成[1]。

大约在 10^{-4} s，宇宙介质中完成了从夸克到强子的相变，此后宇宙气体中有了质子和中子。大约在 1 s 时，温度降至 1 MeV 以下，宇宙进入了核物理的能量范围，原始的核合成主要在 3 ~ 30 min 发生，宇宙中开始出现了化学元素，主要是氢和氦。这时可以认为是核宇宙学时代。

从大约 10^{12} s 开始，宇宙温度降到了 10 eV 以下，开始进入原子物理的能量范围。在温度降至 0.3 eV 时，原子核和自由电子开始结合成为中性原子，宇宙介质变成了普通的中性原子气体，原来存在着的热光子从此失去了热碰撞对象，作为背景光子保存了下来。

之后继续冷却，宇宙主要成分为气态物质，并逐步在自引力作用下凝聚成密度较高的气体云块，最早的结团发生在 10^9 年前后，经过数十亿年的复杂发展，物质凝聚形成恒星和星系。而后才有了稳定的行星环境的出现，一系列复杂的生物化学复合体被孕育出来，产生了生命。不过宇宙结构的面貌演变没有停步，将继续演变下去。

在上面的宇宙大爆炸生成物质和天体的过程中，随着时间增加温度降低这个特征非常重要，它为粒子间结合形成稳定的复合粒子提供了保障。无论是基本粒子结合形成强子时，还是质子、中子结合形成原子核时，抑或是原子核和电子结合形成原子时，如果所处时刻宇宙的温度不改变，此刻宇宙中大量存在的光子的能量也就足够高，这些能量足够高的光子就会重新打开已结合的复合粒子，相应地也就不能存在稳定的强子、原子核或原子。而随着时间的不断增加，宇宙温度的不断降低，光子不再能打开已经形成的复合粒子，于是才依次形成强子、原子核、原子等现在宇宙的物质组成结构。

为获得对宇宙大爆炸变化一个形象化的认识，我们可以作一个简单的图示。如图 3 – 18 所示，时间间隔是从发生大爆炸后 3×10^{-28} s 的时刻开始到现在，宇宙大约膨胀了 10^{28} 倍，温度降低为 $1/10^{28}$。

1　但目前人类对能量远高于 3 GeV 的粒子的规律尚不能确切掌握，所以对宇宙最早阶段的历史还会随着量子物理的发展而进一步深化。

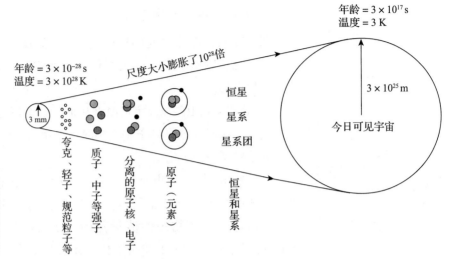

年龄 = 3×10^{-28} s
温度 = 3×10^{28} K

尺度大小膨胀了10^{28}倍

年龄 = 3×10^{17} s
温度 = 3 K

3 mm

夸克、轻子、规范粒子等

质子、中子等强子

分离的原子核、电子

原子（元素）

恒星
星系
星系团

恒星和星系

3×10^{25} m

今日可见宇宙

扫一扫看彩图

图 3-18　宇宙膨胀对比图示[1]

1　盛正卯，叶高翔：《物理学与人类文明》，第 2 版，160 页，杭州，浙江大学出版社，2000。

2. 宇宙大爆炸理论的验证

目前支持宇宙大爆炸理论的证据主要有两个：一是宇宙背景辐射的预言及验证；二是宇宙中氦丰度的预言及验证。

伽莫夫在提出大爆炸模型后曾预言，如果宇宙起始于遥远过去的某种又热又密的状态，则在大爆炸发生一段时间后，产生热核反应。后来，由于温度降低达不到热核反应的条件而停止，但其散落的残余辐射由于宇宙的膨胀而冷却被保留下来，至今它所具有的温度为绝对温度 5 K 左右，这就是宇宙背景辐射。该宇宙背景辐射应该是各向同性和均匀的。这是伽莫夫大爆炸模型能否成立的关键性预言。

如果更具体地说，星系形成前宇宙是中性原子组成的气体，氢原子是气体中最主要的组分。而氢原子是氢核和电子构成的束缚系统，它的结合能为 13.6 eV。当气体的温度高于 10^4 K 时，能量超过 13.6 eV 的光子大量存在。它们与氢的热碰撞使氢原子电离。此时，宇宙气体成为等离子气体，组分粒子是氢原子核、电子、光子等。当宇宙温度降至大约 0.3 eV（宇宙年龄大约 38 万年）时，原子核和电子开始结合成了中性原子，光子得以"脱耦"传到远处。随着宇宙的膨胀、温度的降低，这些早期的光子波长不断被拉长，现在已变到微波波段，形成"微波背景辐射"。

1964 年，美国贝尔实验室的两名工程师在测试天线时，发现了来自宇宙的微波背景辐射。这次发现是对大爆炸宇宙学的一个直接验证。此后，通过在各个波段的观测，都验证了微波背景辐射的存在。这样，大爆炸理论开始被人们接受。

伽莫夫等还有一个预测，他们认为在宇宙诞生初期，只有一种元素氢。但由于宇宙初期温度极高，在高温下氢原子核会发生热核反应聚合成氦原子核。后来，随着宇宙的膨胀，温度降低，热核反应停止。由此他们估算出热核反应停止时，氢元素聚合成的氦元素占全部物质的比例，该比例称为氦丰度。他们计算的估计值是百分之二十几，后来的天文观测证实宇宙中物质的氦丰度确实是百分之二十几。

大爆炸理论通过反向溯源并利用已知的物理法则，建构了宇宙在遥远过去的模型，取得了巨大的成功。不断膨胀、冷却的宇宙不仅在数十亿年间孕育了无数恒星、星系、星系团及其大尺度结构，还具有一个让人惊讶的特性，即距离我们越遥远的地方越古老。这就意味着每当我们望向它的越深越远之处，就等于在查看宇宙年代越久远的历史照片。

需要指出的是，和宇宙 137 亿年的历史相比，人类文明史不过五六千年，近现代自然科学的诞生不过五六百年，我们有理由为我们人类在这么短暂的时间内取得的科学成就而自豪。但也应该有清醒的头脑，毕竟在宇宙的历史长河中，我们人类现有的科学知识恐怕还只是处于非常初级的阶段，我们对宇宙的由来和演化有了一些成型的认识。但更早期的宇宙演化，尤其是其中的细节，恐怕还有待于科学的进一步发展才能得到正确的描述和验证[1]。

3.4.4　黑洞

黑洞现在成为我们津津乐道的关乎太空和未来的话题。理由很简单，对普通人而言，它离奇古怪、神秘莫测。天体学家甚至将黑洞称为一种文化意象："几乎所有人都知道黑洞的象征意义：张开血盆大口吞噬一切的怪兽，任何东西都难逃其魔掌。"对物理学家而言，黑洞不再是荒诞不经的怪物，而是宇宙的重要组成部件，在每个发育完全的星系中心似乎都存在着超大质量的黑洞，而星系（包括我们人类所在的银河系）的命运很可能就掌握在它们手里[2]。另外，黑洞还是恒星可能的最后归宿之一。

1915 年，在爱因斯坦提交广义相对论不到一个月之后，德国天文学家卡尔·史瓦西（Karl Schwarzschild）就得到引力场方程的静态球对称真空解。几周后爱因斯坦代表史瓦西向普鲁士科学院汇报了第二篇论文，这篇论文给出了均匀密度球体内部的引力场方程解[3]。同时，史瓦西发现在圆点的周围，突然出现一块儿区域。在

1　赵峥：《物理学与人类文明十六讲》，第 2 版，318 页，北京，高等教育出版社，2016。

2　[美] 玛西亚·芭楚莎：《黑洞简史》，杨泓，孙红贵译，3 页，长沙，湖南科学技术出版社，2016。

3　高鹏：《时空密码：揭开相对论奥秘的科学之旅》，180 页，北京，清华大学出版社，2019。

这个区域中，任何东西，无论是信号、一丝光线还是一丁点儿物质都不能从中逃逸，这个区域称为"史瓦西球体"。这项杰出的成就为科学界开启了向现代黑洞概念进发的漫漫历程。

我们不具体讨论复杂的数学推导过程，仅就相关的要点作介绍。

为在数学上取得简化，史瓦西采用了球面坐标系，经过一系列推导以后，得到公式：

$$ds^2 = -\left(1 - \frac{2GM}{c^2r}\right)c^2dt^2 + \left(1 - \frac{2GM}{c^2r}\right)^{-1}dr^2 + r^2d\theta^2 + r^2\sin^2\theta d\varphi^2$$

其中，M 为中心星的质量；G 为牛顿的万有引力常数；r、θ、φ 为球面坐标。该公式表明该模型下引力场的一个特征：引力场只取决于引力源的总质量，而与引力源的大小、类型以及物质密度随 r 的分布都无关。

可以看出，在上面的公式中就出现了按初等函数的观点需要避免的两个情况：一是 $r = 0$，二是 $1 - \frac{2GM}{c^2r} = 0$。按照高等数学的观点，前者称作奇点，后者称作奇面。奇面的半径 $r = \frac{2GM}{c^2}$。而且进一步分析发现，该奇点是真奇点，时空曲率在那里发散的特性不会因为坐标变换而消除；而该奇面却是假奇异，如果换一个坐标，此处的奇异性会消失，而且时空曲率在那里也正常，并不发散。于是人们开始探索该奇面可能代表的物理意义。

如图 3 - 19 所示，人们发现了一个有意思的现象，在这个奇面的内部，即当 $r < \frac{2GM}{c^2}$ 时，dr^2 和 dt^2 前面的正负号的情况和 $r > \frac{2GM}{c^2}$ 时的情况刚好相反，即 dt^2 前面的符号由正变为负。按照热力学第二定律可知，时间应该是单向的，按正常的逻辑不应为负。于是，人们就想到一个解释：在奇面的内部把时空坐标对换，这样就可以保证时间仍为正。由于在广义相对论中，时间和空间是一体的，所以这种互换也说得通。其实最重要的是，经过这种时空坐标对换，我们就可以利用已有的物理学原理对奇面的内部的特性进行一些分析描述了。在将 dr 与 dt 互换以后，仍然考虑时间的单向性（热力学第二定律）成立，考虑奇面内时间方向指向球心[1]，于是任何落入奇面内的物体（包括光子）都不能停留，都会奔向球心。人们把奇面以内的空间称为黑洞。另外，从上面还可以看出黑洞的

1　理论上也可以假定由球心向外，对应着后面介绍的白洞。

另外一个特点，那就是黑洞的内部除 $r=0$ 的奇点外，全部都是真空，没有任何物质存在[1]。这些就是人们对于黑洞的基本认识。

1 赵峥：《物含妙理总堪寻：从爱因斯坦到霍金》，86～87 页，北京，清华大学出版社，2013。

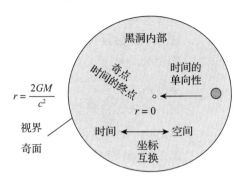

图 3-19 黑洞内部示意

在史瓦西提出黑洞的概念后，人们不断对黑洞进行更深入的分析，认识到除史瓦西提出的只包含质量的黑洞类型外，还有更复杂的黑洞类型，例如包含质量和电荷的黑洞，包含质量、电荷和角动量的黑洞等。关于黑洞机制方面的研究进展，我们在后面的现代热力学章节还会进一步介绍。

在引入这些类型的黑洞之后，还发现黑洞并不是死寂的、"只吃不吐"的怪物，而是有生命力并且对应宇宙的发展演化具有重要作用的角色。

在对恒星生命过程的认识中，人们发现提出恒星级黑洞的概念不可避免。当恒星的质量大于 10 倍的太阳质量的时候，其最后的归宿可能是形成一颗恒星级黑洞。据估计，如果大约 1 000 个恒星就有一颗在生命结束时隐藏在视界背后，在银河系大约就有 1 亿个这样的黑洞存在[2]。

2 [美] 玛西亚·芭楚莎：《黑洞简史》，杨泓，孙红贵译，217 页，长沙，湖南科学技术出版社，2016。

类星体的出现促成了对黑洞作用的再认识。第二次世界大战以后，射电天文迅速崛起。类星体是 20 世纪 60 年代被发现的一类特殊天体，它们因看起来是"类似恒星的天体"而得名，而实际上却是银河系外能量巨大的遥远天体。在类星体周围存在着巨大的气体云，其中包含着巨大的能量。据估计，要为一个活跃星系的气体云提供能量，需要相当于 10 亿个太阳质量的核燃料，这显然是不可能的，这意味着利用满足 $E=mc^2$ 的核能机制来提供这样大的能量就不可行了，也就预示着应该有新的机制出现。现在科学界普遍认为类星体的能量来源于超大质量黑洞，当黑洞吞噬环绕其周围的吸盘物质时，同时会喷射能量[3]。黑洞的快速旋转是其动力来源的关键，想象溜冰的人伸开双臂然后再收回来，会使他们加速旋转，这是角动量守恒的简单结果。大质量旋转恒星突然坍塌为一个小小

3 同上，154 页。

的黑洞，就是将这种守恒发挥到了极致，黑洞最终会以极快的速度进行旋转。这样就表现出两个界面：内部边界就是标准的视界，任何进入视界的物质和光线都无法逃离；还有一个外边界成球形但比较扁平，会延伸到黑洞的两极。任何进入内外边界之间区域的光和物质都会被带入到高速旋转运动中。任何进入这个特殊区域后又逃逸的物质和光，实际上是从黑洞快速旋转的过程中获得了极多的能量，损失者是黑洞，在释放能量的过程中，黑洞的旋转稍微慢了一点点。以此方式，能量被从快速旋转的黑洞中提取出来，这是目前已知的宇宙中最有效的质能转化机制。

黑洞是动态的、发展的、会存储能量和释放能量的天体，是宇宙的重要组成部分，甚至可以说是主宰者。现在通过黑洞，天文学家看到了一个演化链：从往昔的类星体（那些活跃的超大质量黑洞）到今天的星系。随着观测者的目光回溯的越来越远，他们观察到越来越多的亮度极高的类星体，那是因为宇宙曾经如此崭新而充满朝气，由无数星系构成，每个星系都充斥着许多由大量气体包围的新生恒星。在这种情况下，每个年轻的星系中心形成的超大质量黑洞能够大口大口地吞噬周围的物质，如同尽情享用自助餐一样。后来"食物供应"短缺，类星体绚丽的光芒会逐渐衰弱和冷却，退化到一个不活跃的状态，变成一个看起来再普通不过的星系。过去人们常以为类星体的活动很少，但天文学家现在相信，每一个体型庞大、中央隆起的星系中心都有一个巨型黑洞，古老的类星体依然可以被再次触发。比如，在我们银河系的中心，停泊着类星体的前任——一个仍在沉睡中的巨大质量黑洞。据估计，银河系中心黑洞的质量约为太阳的 400 万倍（与其他星系动辄数十亿倍太阳质量的黑洞相比，它还是太小了），现在正在低挡怠速运转。当旋转的银河系慢慢与近邻仙女座星系（其中心黑洞的大小约为银河系黑洞的 10 倍）相撞时，这头巨兽将被完全唤醒。两大星系将合并为一个椭圆形星系，它们的黑洞也会合并、碰撞，将会产生新鲜的气体资源，合并后的黑洞又将吞噬这些气体资源，一场新的演出又将拉开大幕[1]。

在理论研究的同时，人们也在天文观测中持续寻找太空中黑洞的身影。终于在 2019 年 4 月 12 日，包括中国在内的全球多地天文学家同步公布了首张黑洞真容，它是 200 多名科研人员历时 10 余年、从四大洲 8 个观测点"捕获"的视觉证据。露出真容的黑洞，位于室女座一个巨椭圆星系 M87 的中心，距离地球 5 500 万光年，

1　[美] 玛西亚·芭楚莎:《黑洞简史》，杨泓，孙红贵译，193 页，长沙，湖南科学技术出版社，2016。

1 央视网新闻：人类史上首
张黑洞照片面世，https://
baijiahao.baidu.com/s?id =
1630573749250297777&wfr
= spider&for = pc

质量约为太阳的 65 亿倍。它的核心区域存在一个阴影，周围环绕
一个新月状光环[1]。

　　未来，对黑洞本质的探索还能为现代量子理论和广义相对论的
统一提供帮助。截至目前，现代量子理论和广义相对论是相对分离
的。而对黑洞本质的探索，至少可以达到现代量子理论和广义相对
论共处一个应用场景：在黑洞这个狭小的空间里，无数粒子（可
能是基本粒子）被紧紧地压缩在一起，它们之间不仅存在强相互
作用、弱相互作用、电磁相互作用等三种作用，而且由于黑洞无限
大的质量，引力效应（引力带来的时空弯曲）也必须考虑。这样
四种相互作用就共处一个场景了，至少解决了现代量子理论和广义
相对论在应用场景上的相对分离的问题。只是目前人类对黑洞的研
究还处于初级阶段。

3.4.5　恒星演化

　　恒星的演化过程如图 3 - 20 所示。

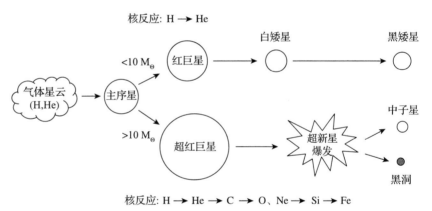

图 3 - 20　恒星的演化过程

　　恒星的演化开始于巨型星云。由于巨型星云自身引力的不稳定
性或者一些事件的发生（例如邻近的超新星爆发抛出的高速物质，
或者星系碰撞造成的星云压缩和扰动）都可能造成巨型星云大片
碎片的引力塌缩，形成原恒星。星体收缩释放的引力势能转化为气
体的内能，使得星体内部的温度逐步升高，当到达一定温度后，核
心区发生氢（H）转化为氦（He）的热核反应，所释放的核能足
够维持星体表面辐射的需要。当温度不再随时间变化时，星体的缓
慢收缩也停了下来。原恒星达到平衡的状态，安顿下来成为所谓的
主序星。

　　恒星在主序阶段的演化十分缓慢，每四个氢核聚合成一个氦核。

像太阳这样的恒星会从核心开始以一层一层的球壳将氢融合成氦。

当恒星核心部分的氢全部聚合成了氦，主序阶段就结束了。主序阶段以后恒星的演化将因质量的差异而出现差异。

一般来说，中小恒星（质量小于 10 倍太阳质量）因质量不够大，在点燃核心部分下一级核反应前（如氦反应）[1]，往往先点燃了氢壳，壳外气体将在光压的驱动下发生膨胀，膨胀使恒星的表面温度下降，颜色变红，从而变成了红巨星。壳上的氢燃烧使以氦为组分的星核逐步增大，星核的收缩又将会达到氦点火的要求。氦点火的过程非常剧烈，会引发爆炸，星体的部分或大部分物质将被抛向星际空间。红巨星的内部物质在热核能耗尽后发生引力塌缩，原子间的电磁力承受不住自身万有引力的猛烈挤压，原子的电子壳层被压碎。相互靠近的电子将因为泡利不相容原理产生排斥力，这种力将抵挡万有引力，使得星体不再塌缩，这就形成了白矮星。根据理论估计，泡利不相容原理产生的排斥力至多能与 1.4 个太阳质量（M_Θ）抗衡，因此白矮星的质量上限是 1.4 M_Θ。

对于大质量恒星（质量超过 10 倍太阳质量）而言，它们都能通过逐级核燃烧直至核心部分形成铁（Fe）星核。在其主序阶段之后，演变成超红巨星。星体中心铁核越来越大，当铁核质量超过 1.4 M_Θ 时，电子被压入原子核中，与质子中和，形成中子。中子间因为泡利不相容原理产生排斥力，这种力将抵挡万有引力。

在星体的中心形成中子态物质的同时，非中子化的外层开始塌缩，砸在核心的中子态物质上，发生强烈的反弹，形成超强冲击波，把超红巨星的外层包括核心部分的外层全部炸掉抛入太空，这就是超新星爆发[2]。

中子间因为泡利不相容原理产生的斥力能与 2 ~ 3 个 M_Θ 的引力抗衡，因此如果超新星爆发后留下残骸质量不超过 2 ~ 3 个 M_Θ，它就成为一颗中子星；如果残骸质量超过这个限度，它将成为一颗黑洞[3]。

从恒星的演化过程中可以看到一个有意思的现象：带有形成生命所需物质的岩质行星，只会出现在很多代的恒星死亡之后，因为它需要这些恒星耗尽燃料并瓦解，将其创造的元素返还到宇宙空间。恒星是碳（C）、氮（N）、氧（O）、硅（Si）、铁（Fe）等元素的来源，这些元素又是生物化学复合体乃至生命赖以存在的基础。我们体内的每一个碳原子核都来源于恒星。

3.4.6 引力波

引力波理论作为广义相对论的一个结论，诞生于爱因斯坦的两

1 这里以氦为例，在 Si 之前是相似的。

2 赵峥：《弯曲时空中的黑洞》，111 页，合肥，中国科学技术大学出版社，2014。

3 俞允强：《物理宇宙学讲义》，39 页，北京，北京大学出版社，2002。

篇论文，即 1916 年的《引力场方程的近似积分》和 1918 年的《关于引力场》。爱因斯坦预测了引力波的存在：如同运动的电荷会产生电磁波，运动的质量（比如在爆炸中）会产生时空曲率，而曲率就像落入水塘的石头在水面上激起的涟漪一样向四周传播。确切地说，引力波是曲率的波动。引力波的观测存在根本性困难就是由于引力非常微弱，因此与此相关的引力波也非常弱，让引力波的探测难度很大。振幅代表了波表现出来的物理效应的大小，人们寻找的典型引力波的振幅在 $10^{-24} \sim 10^{-21}$ 数量级[1]。因此人们等了100 来年才创建出无比精确的探测仪器，最终直接探测到了引力波。2016 年 2 月 11 日，一声巨雷在引力的天空响起，人们声称LIGO 干涉仪天文台观测到了来自 13 亿年前发生的一次黑洞合并产生的引力波，我们不妨回顾一下这次宇宙奇观带来的美丽的科学奇遇。

13 亿年前的两个黑洞，其质量大约均是 30 倍的太阳质量，从远古以来，它们就是一个围绕另外一个旋转，两个黑洞所形成的双黑洞系统以引力波的形式持续丢失能量。因此，它们之间越靠越近，旋转也越来越快。我们感兴趣的时刻是两个黑洞的视界相互接触之前那不足 1 s 的瞬间，两个黑洞之间的引力场非常强烈。可以想象一下，总计大约 60 倍太阳质量的天体挤在几百千米范围内，那该是怎样的场景？空间和时间都被巨大的质量弯曲了，而且这种扭曲以引力波的形式向所有方向传播。这一切发生的很快，两个黑洞合并成一个黑洞，新黑洞的视界最初保留了两个黑洞系统的记忆，但很快如同两滴水银融合为一滴，新的世界将经历一些变化，以引力波的形式失去最后的特征，并重新回到一种对称形式，这个全新的黑洞也会弯曲时空，但不再辐射引力波了。13 亿年后，确切地说是世界时间 2015 年 9 月 14 日 9 时 50 分 45 秒，时空的弯曲变化到达了地球，先后被位于两个地点的 LIGO 天文台探测到。一项更精准的分析确定了两个黑洞各自的质量，即分别为 29 倍和 33倍太阳质量，合并后比合并前少了 3 倍太阳质量。这意味着在数个0.1 s 内，双星系统以引力波的形式辐射出的质量能量达到了近10^{50} W，超过了整个可观测宇宙中所有天体在同一时间里以光能形式辐射出的全部能量[2]。

至此，爱因斯坦关于存在引力波的预言在 100 来年以后得到了证实。同时，引力波的发现成为宇宙观测的大事，堪比伽利略使用望远镜。不仅如此，引力波或许将开辟人类对宇宙认识的新路径和

1　[法] 皮埃尔·比奈托利：《追踪引力波：寻找时空的涟漪》，叶欣欣译，138 页，北京，人民邮电出版社，2017。

2　同上，163 页。

新纪元，这主要是由引力波的以下特性所预示的。

引力波在大距离上（能够一直达到全部可测宇宙的范围）传播时几乎没有变形，传播途中遇到的物质几乎干扰不到它们。正因为如此，对于所有源于引力的现象而言，引力波是一种绝佳的观测依据，特别是黑洞这种典型的引力天体。在宇宙发生巨变的情况下，在传播方面引力波比电磁波有优势，因为光的传播（更普遍地说是电磁波的传播）会被巨变的周围物质阻碍。想象一个宇宙巨变现象被尘埃云围绕，光必须穿过尘埃云才能得以传播。也就是说，为了到达地球，光要从一个尘埃到另外一个尘埃地曲折前进，光应当穿过了比直线距离长得多的距离。而引力波却可以无视这些尘埃，以直线的形式轻松穿过而不起任何反应[1]。

有一种观点认为，宇宙是由引力决定的，而引力波是引力间相互作用产生的时空变化的传播，是引力间相互作用的直接反映（光和电磁波或许可视为次一层次的反映）。因此，通过对引力波的探测和分析，或许可以直接反推天体的引力变化和天体间的相互作用。而光或电磁波在探测一些人类尚未知的物质天体，如暗物质、暗能量时，因为与光和电磁波不反应而无法探测，引力波或许是可能的途径。

3.4.7　白洞、虫洞、时空隧道等

广义相对论打开了人类关于宇宙、天体和时空等广阔领域的研究空间。上面介绍的内容是依据广义相对论在理论上有推导、天文观测实践上已经有支撑、在理论与实践结合后对机理有合理解释的概念或理论。还有一些概念或理论，依据广义相对论在理论上有某种可能性，但天文观测实践上尚没有支撑，因而现在完全属于想象阶段的概念或理论，如白洞、虫洞、时间机器等。或许正是因为这些概念的不确定性，而为人们留下了丰富的现象空间。以下将对这些概念或理论作一些简要的介绍。

1．白洞

白洞是黑洞的时间反演，也来源于广义相对论。在 3.4.4 节根据史瓦西解引入黑洞概念时曾提到，在史瓦西半径内部基于时间和空间符号的正负关系将时间和空间坐标互换，可以帮助我们利用已有的物理学理论——热力学第二定律（时间的单向性）理解新物理特性。时间单向性的属性不能选择，但方向可以选择。当选定的时间方向为向里指向球心的时候，史瓦西半径内部的物质只能向里

1　[法] 皮埃尔·比奈托利：《追踪引力波：寻找时空的涟漪》，叶欣欣译，141 页，北京，人民邮电出版社，2017。

进入球心（奇点），而不能向外，即具有只进不出的特征，这就是广义相对论理论预言的黑洞模型。而理论上时间方向也可以选择向外，于是史瓦西半径内部的物质只能向外，不能向里，即具有只出不进的特征，这就成为广义相对论所预言的一种性质正好与黑洞相反的白洞模型。

黑洞较白洞更符合人们的认识逻辑。因为按一般逻辑，洞是由星体塌缩形成的。开始形成洞的一瞬间，物质是向洞内跑而不是向外跑的。这一初始条件决定了洞的时间方向指向洞内，所以洞应该是黑洞[1]。所以，人们更多关注有关黑洞的、已经被天文观测所证实的研究，而对白洞关注较少。白洞目前还仅是一种理论模型，尚未被观测所证实。不过，也有一些观点利用白洞的概念从另外的角度去解释宇宙中一些高能现象。例如，有观点认为类星体的核心可能是一个白洞，这些白洞来源于最初宇宙的大爆炸。宇宙在超高密态爆炸时，由于爆炸的不均匀性，一些超密态物质在抛出后仍处于奇点状态，它们可以等待一定的时间以后才开始膨胀和爆发，而成为新的局部膨胀核心，这就是类星体。当这些类星体中的白洞内超密态物质向外喷射时，就会同它周围的物质发生猛烈的碰撞，从而释放出巨大能量，于是产生了高能物理现象。

2. 虫洞

把黑洞和白洞的概念结合起来，就产生了最初的虫洞概念。图 3 – 21 是球对称物质分布系统的引力场的完全史瓦西时空示意图，S 时空出现两个单向膜，半径均为 $r_s = 2GM/c^2$。S 时空分为了以下部分：左右分别为宇宙 I 、宇宙 II，上下分别为黑洞、白洞以及奇点部分。任何信号（包括实物粒子和辐射光子）通过单向膜都是单方向的。

1 赵峥：《爱因斯坦与相对论：写在"广义相对论"发表 100 周年之际》，192 页，上海，上海教育出版社，2015。

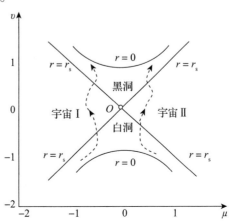

图 3 – 21 完全史瓦西时空示意[2]

2 沈葹：《美哉物理》，101 页，上海，上海科学技术出版社，2010。

1　赵峥:《弯曲时空中的黑洞》，148 页，合肥，中国科学技术大学出版社，2014。

宇宙Ⅰ、宇宙Ⅱ除 O 点外不相互连通，O 点称为爱因斯坦－罗森桥，后来被称为虫洞。只有超光速运动的质点或飞船才能通过此虫洞，从一个宇宙进入另一个宇宙。由于相对论认为不可能有超光速运动，所以这两个宇宙相互不能交流，因此爱因斯坦－罗森桥是不可穿越的虫洞[1]。

虫洞可以分为天然和人工两类。有观点认为，宇宙诞生的初期，由于量子效应猛烈，物质和时空处在沸腾的混沌状态，不断有"宇宙泡"诞生，"宇宙泡"间往往有虫洞相连；后来这些"宇宙泡"发展成为一个个继续膨胀的宇宙，连接"宇宙泡"的虫洞也被保留了下来。后来又有观点认为可以人工制造虫洞。

3. 时空隧道

基于虫洞的概念，有人又提出利用虫洞制造时间隧道的概念。它是指利用虫洞可以迅速抵达远方，使原本认为距离过于遥远（例如以光年为单位的两地）、几乎无法完成的星际旅行变得可能。但这样的结果可能会破坏因果关系，例如会出现回到从前、改变从前的事情。科学家的基本观点是应该有一条科学定律禁止这类破坏因果关系现象的产生。但这样的物理规律究竟是什么，目前还说不清楚。

2　赵峥:《爱因斯坦与相对论:写在"广义相对论"发展100 周年之际》，225 页，上海，上海教育出版社，2015。

另外，目前的研究表明，形成可穿越虫洞的条件十分苛刻。例如，为保证穿越时空隧道时原子结构不被撕裂，虫洞的半径至少需要在 1 光年以上，而撑开半径 1 光年的虫洞需要相当于银河系发光物质总量 100 倍的负能物质，现在看来显然是不可能的[2]。

但无论怎样，白洞、虫洞和时空隧道还是留给人们无限的遐想空间。关于它们的探索还都在进行中。

3.5 相对论和量子理论

相对论和量子理论是现代物理学的两大成就，是物理学驱动科技和相关产业发展的两大"车轮"。由于聚焦的问题不同，针对的对象不同，采用的数学工具也不同，因此相对论和量子理论呈现出相对独立的发展道路，但其实相对论和量子理论还是相互联系的。

量子理论研究的主要是微观粒子的运动及相互作用，在这种场景下，和其他三种作用相比，粒子间引力的作用非常不显著，因此粒子间引力产生的时空弯曲效应可以不考虑，即一般不考虑广义相对论效应。但微观粒子一般是高速运动的，而且存在质量和能量的转化，因此在量子理论中主要考虑狭义相对论的应用。具体表现在洛伦兹变换实现时间和空间随速度的变化，在量子理论中使用狭义相对论定义的动能、动量，使用质能方程实现质量和能量的转化等。

另外，爱因斯坦在创立相对论时采用的围绕对称性－变换不变性互对等效且变化发展的探索思路为后面量子理论，特别是现代量子理论的发展起到很大的启示作用。这就是杨振宁所说的"由对称性支配相互作用"，这种构建理论的方法，在 20 世纪后半期被杨振宁等许多理论学家所采用[1]。当然，这不仅仅是方法论的依据，本身也是对物理运动的一种全新认识，即我们前面所提到的旧的一对"对称－变换"关系出现破残导致高一层次上新的一对"对称－变换"关系的出现，从而使我们对物理规律的认识向前迈进一步。

自然，尽管相对论和量子理论围绕不同的问题在两个相互分离的轨道上发展而来，二者在物理学重大议题上还是可以密切配合、互为补充的。例如，前面讨论的宇宙起源过程的描述，就是相对论与现代量子理论合作的产物。

此外，现在人们正在探索将广义相对论和现代量子理论融合在一起的理论。目前，人们正在研究的一条思路是超弦理论，这一理论的目的是建立一个整体框架，以同时囊括描述基本粒子的量子物理学和描述引力作用的广义相对论。因此，这就需要从概念上消除二者的不能兼容的因素：量子粒子的时空是平面的、不易弯曲的，而广义相对论的时空却是弯曲的、动态的，这类时空总是被它所包含的物质的运动改变形状。超弦理论把我们所知的所有点状粒子替换为唯一的一种可展开的物体——超弦，它在比普通时空多出六个维度的时空中振动。在超弦理论中，不同形式的振动可以对应可能存在的不同粒子，如第一种形式对应电子，第二种形式对应夸克，第三种形式对应中微子等。同时，超弦还能容纳爱因斯坦在相对论上的所有成果：超弦在时空中运动，或迫使周围的空间弯曲，恰如爱因斯坦在 1915 年预言的那样。

超弦理论目前还没有任何可检测的预测。物理学家曾设想，额外维度的大小可能是物理学所能描述的最小的长度，即普朗克长

1　吴翔，沈葹，陆瑞征等：《文明之源：物理学》，第 2 版，222 页，上海，上海科学技术出版社，2010。

度，约为10^{-35} m。而这个长度远远超出我们目前所拥有的观察工具所能观察到的范围，包括最强大的粒子加速器（大概对应10^{-19} m量级）。关于额外维度的大小，目前出现的新说法也可能是10^{-19} m。如果是这样的话，那么与空间的额外维度相关的某些影响就有可能通过粒子加速器探测到。

总之，相对论和量子理论两种理论的最终统一还在探索中，或许需要一个长期的时间和过程才可能实现。

第 4 章 　量子理论

量子理论是 20 世纪物理学最伟大的成果之一。以 1900 年普朗克提出能量子为发端，经过几个大的阶段的发展，一代又一代的物理学家历尽艰辛，建立起不同阶段的理论，终于使人类对物质世界微观层面的认识进入了原子的层次，并延伸到亚原子——亚核的更深微观层次。立足于量子概念的量子力学、量子理论及物理诠释，大大促进了人类思想观念的改变，成为现代物质科学主要的理论基础之一。

有人把量子领域的理论比作是未带地图的旅行者创造出的理论。正是那些未带地图的众多科学家，经过屡次的迷路和跌倒，通过反复试错，建立起一个又一个的理论成果。据不完全统计，在该领域做出贡献的诺贝尔奖得主就有四五十名[1]。

作为后来人，我们有幸可以避开最初的探索者所经历的弯路和迷途，借助各个时代前人在这个领域留下的阶梯，借助哲学的工具，去了解量子世界的认识历程、理论体系，去领略量子世界的奇异风光。

1 [日] 大栗博司：《强力与弱力：破解宇宙深层的隐匿魔法》，逸宁译，30～31页，北京，人民邮电出版社，2016。

4.1　概述

4.1.1　意义

自 1900 年前后发现能量子，人们提出了量子的概念并对量子理论的研究不断深入，延伸到目前已经有 120 来年的历史了。这一过程大致经历了早期量子概念和量子特性、近代量子理论的阶段，后进入现代量子理论阶段。量子理论极大地扩展了人类认识物质世界的广度和深度，使我们对物质世界的认识延伸到原子、亚原子及以下层面，指导人类创造了众多革命性技术，深刻改变着我们的生活和社会，而且这种影响力完全是方兴未艾，量子理论和相关技术在未来对人类文明的贡献现在恐怕还很难估量。具体来说，量子理论的意义有以下方面。

其一，尽管量子理论是从微观粒子运动规律研究出发的，但伴随人们对基于量子理论的物质作用的统一规律的探索，即伴随现代量子理论建立统一的电磁相互作用、原子核内的弱相互作用及强相互作用的作用原理，人们也试图将量子理论延伸到宏观的万有引力领域，包括和量子理论相关的从亚原子级及以下到原子级、分子级的物质世界层次，再延伸到宏观世界，甚至宇观世界。由此，人类对物质世界的探索范围出现若干个量级的极大扩展，人类对物质世界的认识不再只是局限在眼睛能看见和触觉能感知的狭小空间了。

其二，量子理论带给我们一系列的新概念、新理论，帮助我们突破原来主要靠经验总结和发现规律的滞障。量子理论对我们的传统观念带来巨大的冲击和突破，为人类今后面对物质世界更加抽象、更加深层的研究提供了思想准备。

其三，量子理论指导人类创造的众多革命性技术深刻改变着我们的生活和社会。信息和计算机、核能、新材料是推动当下社会发展的最重要的源动力。半导体技术和激光技术是信息和计算机的基础支撑，半导体技术和激光技术的理论依据是量子理论（比较早期的量子理论）；核能的依据是原子核理论（基础是量子理论）；新材料的开发也是依据量子理论。但从未来的角度看，对量子理论的应用而言，这些恐怕都仅是"小试牛刀"。目前的关于量子理论的研究主要是基于对量子规律的统计特性和被动观测，也可以称为第一次量子革命，现在正在兴起的是第二次量子革命，是基于对特定量子的主动操纵和精准操纵，发挥量子具有的量子态叠加特性、量子对纠缠特性，开发量子计算、量子通信等更深刻的革命性技术，为改变我们未来的生活和社会提供源源不断的发展动力。另外，在亚原子层面我们的认识也有待进一步深入。即使对目前阶段的基本粒子（目前认为不再可分），我们对一些重要的基本粒子（如大量存在的中微子）还没有真正的认识，更说不上应用了；而就更远的理论而言，现在的基本粒子或许会进一步成为非基本粒子，下一级别的基本粒子或许也会出现，产生的革命性技术也会更加先进。从这个角度说，"真正的量子时代"还没有完全到来。

21 世纪，有人预计将从"经典时代"跨越到"量子时代"。量子理论的发展将对国民经济、社会发展、国防安全等产生直接而重大的影响，量子技术已成为世界各国抢占的战略制高点。我国量子科学的领军人物潘建伟院士认为，量子技术可能像 20 世纪的"曼哈顿计划"造出原子弹那样改变世界格局。

4.1.2 为什么感觉难

现在提起量子和量子理论，一个普遍的观点是"难"。只有了解了为什么"难"的问题，我们才能针对性地找出克服难的办法。

我们认为，至少有以下几个原因造成了量子和量子理论的难理解、难学习。

（1）传统经验和传统感知在量子领域的不适用。由于人们对物质世界的直接经验主要来自宏观世界条件下的观察，而微观量子世界的现象和反映的特点与宏观世界差异巨大，甚至是"相反的"，这时人们日常的直接经验和感受不仅不能促进人们对物理理论的理解，反而成为一道需要克服的"屏障"。

（2）经典物理观念和经典物理概念在量子领域的不适用。从物理学理论在物质世界的覆盖跨度看，和量子理论相比，经典物理学只是窄窄的一线天。进入量子理论领域，天地大大扩展了，观念和概念就要相应地有大的扩展，大的扩展就意味着有大的抽象，因此和经典物理相比，量子理论的一些观念和概念大大抽象化了，需要借助更高的手段去理解。

（3）人们认识量子、形成量子理论的过程比较复杂。这一过程曲折多、分支多、争论多，不少问题交织在一起，这也更增加了学习量子理论的复杂性。

（4）量子理论使用了大量抽象的数学工具，对非专业人士造成困难。

另外，尽管人类在量子理论领域有了很多成果和很大进展，但依然存在一些没有解决的根本性问题，这也对理解量子和量子理论产生了影响，加大了理解的难度。

4.1.3 降低难度的思路

针对上述造成量子和量子理论学习困难的问题，我们就可以针对性地找到降低难度的思路。

（1）要有开放的心态和思想。量子和量子理论带给我们的是和传统宏观领域不同的且极大扩展的空间，这就要求我们要有开阔的思想和观念，不能再凭借对宏观领域窄窄物质世界的经验和理解在思想上画地为牢、先入为主。

（2）针对量子和量子理论的抽象性，我们可以借助哲学工具。哲学来自经验又高于经验，可以成为联系我们经验和量子概念的桥梁，可以帮助我们站在另一个高峰上看清量子世界的道路。因此，在本书中我们会比较多地利用唯物辩证法的观点分析困难的量子问题。

（3）针对曲折多、分支多的特点，我们要抓主干、理整体。不简单地重复当时的认识过程，而是通过概念和原理间的内部联系来还原本来面目，梳理出清晰的骨干脉络，去除一些弯路。并依据自上向下、从整体到局部的顺序，逐级展开，突出思想和理论间的内在逻辑、横向比较的分析，形成符合认识规律和内在逻辑的纵横体系。

（4）针对量子理论使用了大量抽象的数学工具，我们主要关注思想，仅保留少量必要的、基础的数学公式和分析。

有人把量子理论比作雄奇俊美的山川美景，人们想徜徉其中，却经常在峰回路转间迷失了方向；想体会风光之美，却经常是雾里看花，难窥真容。其实，凡事都有其形成和发展的必然性和内在逻辑。量子理论是几大批"天才的"物理学家一棒接着一棒地探索出来的。在探索的过程中，有平直也有曲折，有分道前行也有殊途同归。仅从一个现代人必备的科学知识和素养看，在本书中我们更重视介绍量子理论的主干脉络和重点内容。于是，我们的策略为"登名山，领略山川美景"。我们首先追寻量子理论发现、发展的主脉络和演进路径，理清各个阶段中各个理论的中心思想和相互关系，这样我们就领略到了量子理论风光的"全貌之美"，以避免迷失。理论的重大突破之处就如同重点的风景之处，在这里我们会停下脚步重点剖析，体会当初发现者的精思之妙，这样就能领略到重点的风景的"奇妙之美"；奇妙之地往往也是艰险之地，这时我们往往借助哲学的思想，把自己"放置"到对面的高处，为走出艰险之地提供方向性指导。最后，在沿着发现的轨迹以归纳式的逻辑完成攀登之路之后，又站在最新发展的成果（或者说是理论的最高点）上以演绎的方式回看来路，从而消除来时路上残存的疑惑，体会"一览众山小"的"回望之美"。

4.1.4　量子理论路线图

量子理论概念抽象、理论多、内容庞大，且认识过程中分支多、曲折多、争论多。初学者往往是雾里看花、无所适从。一个反映量子理论体系轮廓的框架图对初学者或许是有用的，或许可以帮助初学者在量子理论茫茫的密林中把握定位，避免迷失方向。基于这种思路，不拘泥于重复认识过程，而是通过概念和原理间的内部联系来还原量子理论的本来面目，从而梳理出量子理论发展的相对清晰的骨干脉络，去除一些弯路，整理出一个量子理论的框架图，如图 4-1 所示。我们把量子理论的发展分为四个大的进程，并列出了各个阶段的主要成果。

第一阶段：开天辟地，初试锋芒。

第二阶段：发展孕育，承前启后。

第三阶段：创立理论，各具特色。

第四阶段：粒子世界，探索统一。

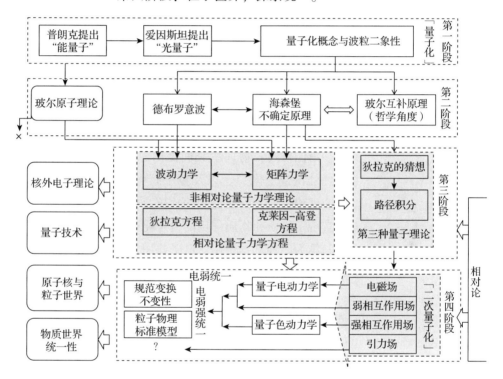

图 4-1　量子理论发展演进的示意

第一阶段，普朗克如开天辟地般提出了"能量子"，完成了能量的量子化。以之接续，爱因斯坦提出了"光量子"的概念，再次提出光的粒子性，成功解释了光电效应。其中，量子化的作用可谓"初试锋芒"。随之，量子化的概念开始逐步被人们认可、接受，光的波粒二象性也被提出和研究。

第二阶段，围绕把量子化概念引入更广泛领域以及对波粒二象性的认识，进入了量子理论的"发展孕育"阶段，对量子理论的形成起到"承前启后"的作用。围绕波粒二象性的内容主要包括：将波粒二象性扩展到所有粒子和物体，并提出物质波概念的德布罗意波理论；说明粒子动量和位置不能同时被准确测量的海森堡不确

1 海森堡不确定原理是在海森堡提出矩阵力学理论后面提出的，但我们这里是从内在逻辑出发进行了划分，所以提前放到了这里。

定原理[1]；玻尔从哲学角度提出的玻尔互补原理。从逻辑上看，我们认为德布罗意波理论、海森堡不确定原理和玻尔互补原理是从三个不同角度对波粒二象性概念的阐释和深化，将它们放在一起作横向分析，可以使量子理论的逻辑体系更清晰。另外，在这个阶段玻尔将量子化概念应用于原子结构，提出了玻尔原子理论。尽管从现代的角度看，玻尔原子理论有很大的局限性，并在波动力学和矩阵力学理论出现后退出了历史舞台，但它仍然具有开创性，为后续核外电子模型的形成起到铺路作用。

第三阶段，量子力学理论的创立阶段，先后形成了三个量子力学理论，分别是波动力学理论、矩阵力学理论和路径积分理论。前两个理论可以在数学上被证明是等效的，后一个理论具有更大的一般性，成为通向下一个阶段——现代量子理论的桥梁。另外，狄拉克等将狭义相对论与量子力学理论相结合，提出了相对论量子力学方程，并提出"真空不空"的论断，这些都为现代量子理论的形成创造了条件。

第四阶段，物理学家们提出了场的量子化概念（有时又被称为"二次量子化"），以及粒子间作用的机制是通过交换粒子来实现的理论。加上前面提到的狄拉克提出的"真空不空"，这样就全面实现了物质和物质作用的量子化过程。同时，物质间所有的作用被归结为四种基本作用：电磁作用、弱相互作用、强相互作用和引力作用，并推测四种基本作用都是通过交换粒子的方式完成的（引力作用尚未能验证）。在围绕对称和规范不变性的探索过程中，先是电磁作用理论和弱相互作用理论实现了统一，再后是二者又和强相互作用理论实现了统一，形成了基于规范变换不变性量子场论的粒子物理标准模型理论。而这三者与引力场的统一还在进一步探索中。

在图 4-1 中，我们列出了每一阶段的主要成果以及它们之间相互的关系，具体内容在后面相应章节进行介绍。

4.2
开天辟地，
初试锋芒

从普朗克提出能量子概念对能量进行量子化，到量子化概念和波粒二象性在科学界被在一定程度上接受，我们把这一阶段视为"开天辟地，初试锋芒"的阶段。在这个阶段中，我们看到了普朗克严谨、扎实与孜孜以求的科学态度，感受到了爱因斯坦对新事物的敏锐和热情拥抱，体会到了光的波粒二象性对人们传统观念的强烈冲击。

4.2.1　从黑体实验到普朗克能量子

在本节中，我们从普朗克进行的黑体实验研究入手，回顾普朗克发现普朗克常数以及提出量子假说的过程，并分析普朗克常数和量子假说提出的关键环节。

这个进程的核心是普朗克提出能量非连续的观点。关于这段探索历程，在众多书中都有描写，本文我们将重点回顾一些重要的但容易被跳过的内容，重点找寻核心观点的内在发现逻辑，并把它作为我们打开量子理论大门的第一把钥匙，开启我们对量子时代的发现之旅。

历史的发展总是偶然性和必然性的统一，自然科学的发展也是这样的。有人将普朗克常量 h 描述为"是在事先没有任何感性认识、没有任何思想准备的情况下，完全凭着人的创造性智慧发现的"。其实，在普朗克常量 h 发现的背后也有其必然性的一面，历史的机遇总是为掌握科学方法和创新思想，同时又永不满足和止步的人们准备的。为此，我们还总结了普朗克提出普朗克常数和量子假说这个重大创新、创造过程对我们的启示。最后，还从哲学的角度分析了量子假说将要带来的物理学上的重大转变，这对我们理解整个量子理论都将有一定的帮助。

1. 黑体实验——"经典物理学晴朗天空中的第二个乌云"

任何物体，只要其温度在绝对零度以上，就会向周围发射辐射。也就是说，处在不同温度和环境下的物体都以电磁辐射的形式发出能量。绝对黑体（简称黑体）是一种理想的热辐射体，它可以在任何温度下全部吸收落在它上面的一切辐射。黑体可以用一个带有小孔的辐射空腔来实现，可以认为从小孔进入空腔的辐射在腔体内不断反射后完全被腔体所吸收。

19 世纪末，维恩从玻尔兹曼运动粒子的角度出发，通过半理论、半经验的方法得到黑体辐射公式——维恩公式。维恩公式在短波方面与实验结果符合得很好，但是在长波方面则出现了理论与实验不一致的情况。

1900 年，瑞利和金斯根据经典物理中能量按自由度均分的原则导出了黑体辐射的理论公式瑞利 - 金斯公式。该公式在波长很长的情况下与实验曲线还比较接近，但是在短波（紫外光区）方面，按公式得到的值将趋向无穷大，完全与实验曲线不符，这就是物理学史上著名的"紫外灾难"。

瑞利－金斯公式完全是根据经典物理学的连续性原理推导出来的。按照经典物理学观点，热的辐射和吸收都是完全连续的过程，"紫外灾难"预示着经典物理学理论在热辐射实验上碰到的问题可能不是局部性的问题。因此，黑体辐射实验问题也被凯尔文看作"经典物理学晴朗天空中的第二个乌云"[1]。

1 吴翔，沈葹，陆瑞征等：《文明之源：物理学》，第2版，186~188页，上海，上海科学技术出版社，2010。

另外，黑体辐射的两个公式在一定程度上也体现了当时人们对光到底是粒子运动还是波动运动的分歧。维恩公式从玻尔兹曼运动粒子的角度出发推导而来，更侧重粒子运动，因此适用于短波；瑞利－金斯公式从麦克斯韦电磁波理论推导而来，侧重波动，因此适用于长波。

2. 普朗克常数的发现过程

如图4－2所示，普朗克发现并提出普朗克常数的过程大致可分为两个阶段。

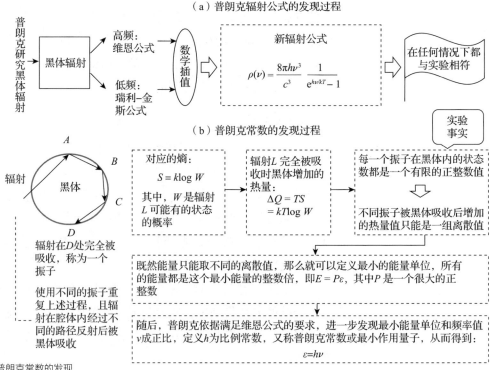

图4－2 普朗克常数的发现过程

在第一个阶段，如图4－2（a）所示，普朗克利用内插法将维恩公式和瑞利－金斯公式结合得到普朗克辐射公式。随后该公式被证明在任何情况下，无论是长波还是短波区域都与实验数据相符。

但普朗克对这样的成就并没有满意和止步，他认为这不过是一个侥幸猜中的内插公式，并不具备明确的理论基础。因此，他决心继续探索公式的真正物理意义，于是进入第二个阶段。在这个阶段，普朗克提出了能量是不连续的假设，并推导了普朗克辐射公式。由于我们关注的主要是普朗克关于能量是不连续的假设以及普朗克常数提出的过程，因此我们以下的分析将集中在这个焦点上，而不展开涉及复杂数学过程的普朗克辐射公式的推导。

如图 4 – 2（b）所示，普朗克在这里设计了一个理想实验，建立了振子的概念。我们可以把一个振子看作是进入黑体腔体的一个辐射，它经过多次和腔体的碰撞、反射最终完全被黑体吸收。例如图示的 L，设该辐射在腔体内经过 $A \to B \to C \to D$ 四次和腔体的碰撞反射后在 D 点被腔体完全吸收，这对黑体而言就是一个振子。这里，普朗克创造性地引入熵的概念。他认为该振子的熵是由它可能具有的状态的概率 W（可能有的状态数的倒数）确定的，即 $S = k\log W$。如果最后该振子被黑体完全吸收，即意味着该振子的熵变为"负熵"，于是黑体完全吸收该"负熵"后，根据热力学第一定律，黑体增加的热量（这种情况下也可以看作是增加的能量）是 $\Delta Q = T\Delta S = kT\log W$。

假设我们重复以上的过程，每次向黑体输入一个频率相同、强度不同的辐射，并经过与腔体的碰撞反射后最后被腔体完全吸收（成为振子）[1]，于是就会在黑体中形成一组相对应的增加的能量的数值。

1　这实际上和一次向腔体输入不同强度的多个辐射是等效的，只是用重复分解的方式相对更容易叙述和理解。

核心要义

以下我们分析这组能量的数值的特点。每一个能量数值都是由一个有限的正整数对应的对数值决定的，显然这组能量的数值是离散的，而不是连续的，这就是问题的关键。这也就使普朗克认识到，为解决总能量在各个振子上的分配，必须"放弃能量是连续的"这样的经典物理学观念。

进而，普朗克提出，既然能量只能取不同的离散值，那么就可以定义一个最小的能量单位 ε，所有的能量都是这个最小能量的整数倍，即 $E = P\varepsilon$，其中 P 为一个比较大的整数。

随后，普朗克在推导普朗克辐射公式的过程中，依据满足维恩公式的要求，进一步发现每个频率对应的最小能量单位 ε 和其频率 ν 成正比，于是普朗克定义这个比例系数为 h，称作最小作用量子，从而得到以下著名的公式：

$$\varepsilon = h\nu$$

3. 普朗克能量子的意义

核心要义

综上所述，普朗克为解释十分成功的普朗克辐射公式背后的物理含义，在分析的过程中"无心插柳"地触及并得到了一个对于经典物理学来说"石破天惊"的革命性的量子假说：黑体在吸收发射频率为 ν 的电磁能量时，能量不是连续的，只能一份一份地进行，这一份一份的能量是一个最小能量单元的整数倍，这个最小的不可再分的能量单元称为能量子，能量子的数值为 $\varepsilon = h\nu$，其中 ν 为频率，h 为最小作用量子，后称普朗克常数。

爱因斯坦曾评价："普朗克提出了一个全新的、从未有人想到的概念，即能量量子化的概念。""该发现奠定了 20 世纪所有物理学的基础，几乎完全决定了其以后的发展。"

关于普朗克常数 h 以及公式 $\varepsilon = h\nu$ 关系，我们会在后续量子理论发展中看到它们的身影，比如我们马上要介绍的玻尔原子模型、德布罗意波、不确定原理等。普朗克常数 h 以及公式 $\varepsilon = h\nu$ 成为量子理论大厦的重要基石。

总之，普朗克常数和量子假说的提出是对经典物理学一切过程都是连续变化的观念的重大突破，它同相对论一起导致了物理学的一场重大革命，从根本上改变了物理学的面貌。

4. 普朗克常数和量子假说发现过程带给我们的启示

普朗克发现普朗克常数和提出量子假说是物理学史上一个划时代的事件和成就。后来的科学史家们将普朗克在德国物理学会上报有关成果的日子定为量子的诞生日。普朗克取得上述成绩的过程可以带给我们很多有益的启示。

思想启迪

其一，在科学探索的道路上不能因一时或表面的成功而轻易满足，甚至止步，而是要"刨根问底，上下求索"。如前所述，在第一个阶段中，普朗克利用数学技巧得到普朗克辐射公式，并随后被证明在各种情况下都与实验数据相符，就解决黑体辐射的规律而言，这已经取得了成功。但普朗克却认为，这不过是一个侥幸猜中的内插公式，他需要继续探索公式的真正物理意义。而正是这种"刨根问底，上下求索"的坚持，使得普朗克最终发现普朗克常数和提出量子假说。

其二，短时的绽放是建立在长期艰苦努力的基础上。有人说，普朗克在前后两个月内的两篇论文使他取得了巨大的成功，其实在这之前，普朗克已经努力了六年而没有得到任何成功的结果。

其三，创新需要深厚的积累和扎实的功底。在普朗克建立模型和导出结果的过程中，综合运用了他在力学、热力学、数学等方面的积累，将辐射转为振子，再将振子与熵联系起来，然后再利用各种变换技巧和严密的逻辑推理，最后形成发现普朗克常数和提出量子假说的创新成果。

其四，对于划时代的创新观点，即使发明者本人，有时也需要一个接受的过程。作为一个严肃的科学家，即使普朗克为了说明物体热辐射的规律被迫假设能量子的存在，但他内心却难以接受这种和传统的连续概念"相悖"的假设。在能量量子化假设提出之后的十余年里，普朗克本人一直试图利用经典的连续概念来解释辐射能量的不连续性，但最终归于失败。普朗克曾经说过一句关于科学真理的真理，它可以叙述为"一个新的科学真理取得胜利并不是通过让它的反对者们信服并看到真理的光明，而是通过这些反对者们最终死去，熟悉它的新一代成长起来"。这一断言被称为普朗克科学定律，并广为流传。它带给我们的启示是我们每个人都应该具有开放的、与时俱进的思想，这样才能跟上知识更新的步伐。

5. 从哲学角度理解普朗克量子假说的突破

如果我们从哲学的角度看，或许能对普朗克量子假说有更清晰的认识。从哲学角度看，离散和连续是一对矛盾体，二者构成了对立统一的关系，该对立统一的关系就存在于物质世界中[1]。在普朗克提出不连续的能量子概念之前，我们看到和感知到的度量物质世界的量在感官上都是连续的，如果我们把连续称为物质世界"这个硬币的一面"，那么根据对立统一的关系，物质世界还有"硬币的另一面"，即离散的一面，只是在之前我们没有看到和感知到。一个完整的物质世界应该是离散和连续的对立统一。借用哲学的描述，物质世界离散和连续的关系可以描述如下：二者具有统一的关系，即物质世界的离散和连续两个属性都不能单独存在，比如在物质世界里离散成分（物理量或物理属性）和连续成分（物理量或物理属性）共存；二者具有对立关系，即就物质世界的某一个具

1　爱因斯坦在《物理学进展》第四章量子章节首先讨论的就是连续和不连续的根本问题。

体的物理量或物理属性来说，在一个时刻，它要么是连续的，要么是离散的，不能同时既连续又离散。另外，根据哲学上矛盾分析的观点，矛盾的两个方面还有主次之分。在物理学上离散和连续这对矛盾从提出（在一定程度上可以说是量子理论的发端）到量子理论发展到现在为止，离散的方面可能更占主体一些，更本质一些，是矛盾的主要方面，这是因为从目前的观察结果看，越是本质的、越是深层的，则越是离散的。比如在现代物理学观点几个最基本的量中，能量是离散的，电荷是离散的；整个物质世界都是由各种基本粒子通过复杂的相互作用形成的，基本粒子的世界更侧重于离散的世界。因此，普朗克提出的能量子是突破人们传统连续观念的第一个离散的量，其意义在于人类的认识范围从此开始从物质世界的小天地走向物质世界的大天地，并且是无法预测有多么广大的大天地。从这个角度看，也就比较好理解量子理论的大发展和大应用了。

4.2.2　从能量子到光量子

普朗克提出量子假说后，最早认识到这一假说的重要意义并对量子概念的发展起到重大推动作用的是爱因斯坦。他意识到，量子概念必将引起物理学理论的根本变革。他赞成能量子假说，但他不满足于普朗克把能量的不连续性局限在辐射的吸收或发射的特殊性上。

经过认真研究，爱因斯坦于 1905 年把普朗克的量子假说推广到光本身，提出了光量子假说。他大胆假定，光同原子、电子一样，也有粒子性，光不仅在吸收或发射时是不连续的，光在空间的传播也是不连续的，光就是以光速 c 运动着的粒子流。他把这种粒子叫作光量子，同普朗克的能量子一样，每个光量子具有的能量也是 $E = h\nu$。后来他又根据相对论质能关系式，给出了每个光量子的动量 $p = \dfrac{h}{\lambda}$，λ 为光的波长。

根据光量子假说，爱因斯坦对光电效应进行了解释。在 19 世纪后期，一些科学家已经发现光能够从各种金属表面激发出电子，这就是光电效应。用于观察光电效应的实验装置的示意图如图 4-3 所示，光照射在带负电荷的光敏金属表面使其释放电子，被释放的电子受吸引到达正极板，并产生可测量的电流。为测量离开金属表面电子的最大动能，还需要在板极间加一个反向的外加电场，并且电场需要足够大，以至于离开金属表面的具有最大动能的电子也无法到达阳极，即电流中断。测得这时外加的反向电场的电势 U_s，根据 $eU_s = \frac{1}{2}mv_m^2$，计算得到激发的电子的最大动能。

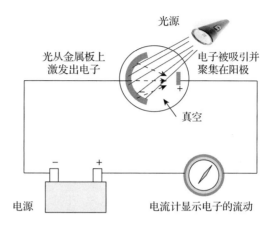

图 4-3　光电效应实验装置示意

对早期研究人员来说，光电效应发出电子的现象并不令人惊讶。这可以由经典波动理论进行解释：入射的光波增加了电子的振动，振幅越来越大，直到电子从金属表面挣脱并释放出来，正像水分子从加热的水表面挣脱约束一样。对于微弱光源，则需要相当长一段时间来给金属中的电子提供足够的能量，使它们从表面"汽化"出来。但不幸的是，光电效应实验中却出现了利用上述经典波动理论无法解释的现象，突出体现在以下方面：①打开光源与发出第一个电子的时间间隔不受光的亮度或光的频率影响；②用紫光或紫外线很容易就观察到光电效应，但用红光即使长时间照射也观察不到光电效应；③发出电子的最大能量不受光亮度的影响，但却有迹象表明电子的能量依赖于光的频率[1]。

而如果利用爱因斯坦的光量子观点，上述的问题就可以迎刃而解。对于问题①，由于是粒子流，光量子被电子吸收的过程是瞬时发生的过程，不存在如"波动能量"的积累而发生延迟的情况。对于问题②，根据能量守恒，爱因斯坦给出解释光电效应的爱因斯坦方程，即 $h\nu = \frac{1}{2}mv^2 + A$，其中 $A = h\nu_0$，对应于某种金属的光电子脱出功，ν_0 为截止频率。当入射光频率小于截止频率时，入射光的能量不足以提供金属光电子脱出功，这时没有光电子放出，红光照射时观察不到电子就属于这种情况。对于问题③，根据解释光电效应的爱因斯坦方程可知，发出电子的最大能量确实依赖于光的

1　[美] 保罗·休伊特：《概念物理》，第 11 版，舒小林译，483 页，北京，机械工业出版社，2015。

频率，而不受光亮度的影响。这样，爱因斯坦用简洁的语言就彻底解决了经典理论无法解释的问题。

不过，爱因斯坦光电子理论缺少直接的实验验证支撑，直到1916年密立根光电实验和1923年康普顿X射线散射实验才证明了爱因斯坦光电子理论的正确性[1]。

4.2.3　波粒二象性和量子化概念

关于光是粒子还是波的争论在物理学史上存在着对立，发生过反复。牛顿倾向于粒子说，并提出光是一种微粒的看法。在牛顿力学时代，由于牛顿的地位，所以粒子说占据了主导地位。后来麦克斯韦根据麦克斯韦方程组提出电磁波，并推断光是电磁波，而且得到了实验的验证，这样光的波动说又取得了暂时的胜利。当光的波动说在解释光电效应时又遇到了不可克服的困难，而爱因斯坦提出的光量子理论简洁地解决了这些问题。于是，光是粒子还是波的争论不可避免地又被提了出来。

爱因斯坦认为，在光产生与转化的瞬时现象中，光的波动说与经验事实是不符的，他认为麦克斯韦理论仅对时间平均值有效，而对瞬时现象则必须引进粒子概念。但爱因斯坦在引入光量子概念的同时，并没有排斥光的波动性，因为光量子能量 $E = h\nu$ 联系着波动频率 ν，也就是说，爱因斯坦第一次把光的波动性与粒子性统一起来是人们对光的认识的一大飞跃[2]。当然，爱因斯坦也在历史上第一次揭示了微观客体的波粒二象性。

波粒二象性是量子理论的基本概念和出发点，也是理解上的难点，在这里我们用哲学的观点对其进行分析，这不仅对帮助我们理解近代量子理论，乃至理解现代粒子理论都是有益处的。

我们认为，波粒二象性是前面讨论的离散和连续问题的延续，同样应当按照对立统一的观点去理解。以光的波粒二象性为例，对立性是指粒子性和波动性是两种不同的属性，在一个条件下只能取其一，而不能同时存在；统一性是指粒子性和波动性相互依存，在一定条件下粒子性和波动性可以相互转化。按照现代粒子理论的思想，可以把上述的对立统一关系看得更清晰些。现代粒子理论认为，物质是由粒子构成的，场也是由粒子构成的，即使真空也是不空的，其中充满了各种各样的正负粒子。各种物质和场之间的相互作用都是通过粒子实现的，即物质的组成、运动、作用都是通过无数个各种各样的粒子间的相互作用来完成的。对一组微观粒子

1　在康普顿X射线散射实验中，康普顿根据爱因斯坦的光量子理论，根据碰撞粒子的能量和动量守恒，导出频率改变与散射角的依赖关系，从而更加直接地证明了光量子的粒子性。

2　这里，也再次体现了普朗克常数 h 的重要作用，它是联系和统一粒子性和波动性特征量的桥梁。

（如一点光）而言，它在空中的传播可以看作是组成它的一组粒子和周围无数个其他粒子相互（前面我们提到的"虚光子"）碰撞、相互作用的结果，所以从组成这点光的单个光量子的角度看，它每向前传播一点都是和周围粒子相互碰撞、相互作用的过程，这就体现了光的粒子性。但从组成这点光的全部光量子的角度看，所有光量子向前传播时在一定时间内会形成一个"宏观"和"过程"的反映，呈现出波动的特征，这就是光的波动性。从上面的过程可以看出，站在不同的条件下，一方面只能说光具有粒子性和波动性的其中的一种属性，即二者是对立的；另一方面粒子性和波动性又是光传播这同一个过程的两个方面的不同体现，是不能分离和单独存在的，体现了二者的统一性。这种统一性甚至体现在相应的光量子 $E = h\nu$ 的公式中。即使把上面的光缩为只有一个光量子，它也是处于无数个其他粒子的包围中，这时它向周围的传播在局部表现为和周围某个粒子的相互碰撞、相互作用，表现为粒子性；从整体看，在某一时刻，它具体和周围哪个粒子相互碰撞、相互作用是不确定的，它的运动就体现出了不确定性和概率性，表现为波动性。因此，光还是波动性和粒子性的对立统一。

不过，在 1900—1925 年这些年份里，量子现象是隐晦的、神秘的，而且变得越来越重要。普朗克在 1910 年这样谈道："（理论学家）现在以前所未有的大胆工作着，在当今没有一条物理定律被当作是确定无疑的，每一条物理定律都可以敞开讨论。常常就像是在理论物理学中混乱的日子又临近了。"[1]这就是当时物理学领域可能孕育更大的成就，同时又充满更多神秘色彩的情况写照。量子物理自此进入了发展孕育、承前启后的阶段。

1　[美] Laurie M. Brown, Abraham Pais:《20 世纪物理学》（第 1 卷），刘寄星译，59 页，北京，科学出版社，2014。

4.3
发展孕育，承前启后

量子理论由萌芽走向成熟经历了不断发展孕育的过程。在这个过程中新旧思想不断碰撞，新生力量不断凝聚，阶段成果不断涌现。这些为量子理论的创立完成必要的积累，在量子理论的形成过程中起到承前启后的作用。我们选取了其中最具代表性的四项成果：玻尔原子理论、德布罗意波、不确定原则和玻尔互补原理进行讨论。

玻尔第一次将量子观点引入原子理论。玻尔的方法可以称为原子内部运动的量子化，因此玻尔原子理论对海森堡创建矩阵力学理论，对基于德布罗意波发展起来的波动力学的发展都发挥了作用，而且量子定态和量子跃迁后来被当作量子力学和量子场论的两个基本概念，因此玻尔原子理论在量子理论的发展进程中也起到承前启后的作用。

　　我们认为，德布罗意波、不确定原则、玻尔互补原理都和物体的波粒二象性有关，它们分别侧重从波动性、粒子性、哲学三个不同的出发点对波粒二象性进行了阐释，因此从逻辑角度看，三者在量子理论体系中处于相同的"位置"。将它们放在一起介绍不仅使得量子理论的逻辑体系更加清晰，而且三者可以互相补充，方便读者理解。

　　由此，我们把海森堡的不确定原则提到了前面。所谓的"提早"是指海森堡在 1925 年提出了量子力学的第一个版本——矩阵力学，在 1927 年他才提出不确定原则，即从发现进程看，不确定原则的提出晚于相应的量子理论的提出。但从内在关系看，如果说矩阵运算是矩阵力学的表的话，物理操作的非对易性是量子力学的核心[1]，而物理操作的非对易性的背后是所观察的物理量的不确定原则。在海森堡本人所著的《量子论的基本概念》一书中，也提出："……我们仍会发现，在很多情况下，同时测量两个不同物理量时总是存在一个不能再提高的精度下限。相对论对经典概念进行批判的出发点，是假设不存在大于光速的信号速度。类似的，我们可以把同时测量两个不同的物理量有一个精度下限，即所谓测不准关系，假设为一条基本定律，并以此作为量子论对经典概念进行批判的出发点。"因此，我们从介绍量子理论体系的角度看，遵循由因到果、从里向外、自上向下的"演绎"方式也符合认识的逻辑。

4.3.1　玻尔量子化原子模型

　　经典电磁场理论不仅在解决光电效应中碰到了问题，该理论在当时原子结构的研究中也碰到了难以克服的障碍。黑体辐射与光电效应所揭示的事实，以及普朗克和爱因斯坦对此所做的相应的大胆设想，已经开始动摇经典理论对人们思想的束缚。玻尔利用量子思想对卢瑟福原子模型进行改造，提出玻尔量子化原子模型，这是一个量子思想和经典理论相结合的理论，这里我们将介绍玻尔量子化原子模型产生的背景、形成的过程和后续的影响。

　　先看其产生的背景，如图 4 - 4（a）所示，1897 年 J. J. 汤姆孙在研究阴极射线的时候，发现了原子中存在电子，明确地展示出原子是可以继续分割的，它有着自己的内部结构。1910 年，卢瑟福完成了著名的"卢瑟福实验"，并于 1911 年提出了卢瑟福模型——"行星模型"。但看似完美的模型却存在难以克服的障碍，主要问题就在于从传统理论推导，这样的体系应该是不稳定的，即由原子构成的世界会因为原子自身的塌缩而毁于一旦。但事实是实际的原子结构很稳定，我们的世界也很稳定，显然"行星模型"存在严重的缺陷。

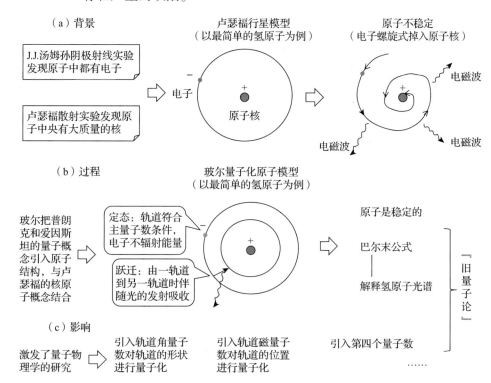

图 4 - 4　玻尔量子化原子模型提出的背景、过程和影响

再看其形成的过程，如图 4 - 4（b）所示，玻尔（Niels H. D. Bohr）把普朗克和爱因斯坦的量子概念引入原子结构，与卢瑟福的核原子概念结合，提出两点假设：①定态假设，即原子中的电子只能处于分离的定态，具有特定的能量，沿着特定的轨道绕核作圆周运动，既不吸收也不辐射能量，即处于稳定状态，玻尔规定，电子运动的动量矩为 $\frac{h}{2\pi}$（h 是普朗克常数）的整数倍，这就是玻尔提出的轨道量子化条件；②跃迁假设，因某种外部原因，电子由一特定轨道移入离核或近或远的另一特定轨道时即产生能级跃迁，这时将伴随着光的发射与吸收，其辐射频率 $\nu_{mn} = |E_m - E_n| / h$（$E_m$、$E_n$ 分别为电子跃迁前后定态所对应的能量）。

玻尔在以上两个假设的前提下，再加上电子被保持在轨道上的条件（把电子拉向原子核的静电引力提供向心力），就导出了巴尔末公式[1]。该公式是用于表示氢原子谱线波长的经验公式。这样，玻尔量子化原子模型也就解释了氢原子谱线波长的位置问题。

由于玻尔假定电子绕核运动时既不吸收也不辐射能量，而只在发

1　[美] Laurie M. Brown，Abraham Pais：《20 世纪物理学》（第 1 卷），刘寄星译，69 页，北京，科学出版社，2014。

生能级跃迁时伴随着产生光的发射与吸收，这样就可以保证原子是稳定的。由于玻尔并不能给出这种假设的内在机理，因此玻尔量子化原子模型也就具有了很大的局限性。而且在推导巴尔末公式时还采用了经典物理学理论，玻尔量子化原子模型就具有了很大的不彻底性。

但不管如何，玻尔在氢光谱方面取得的引人注目的成功使得量子物理学的研究开始传播。之前的半个世纪里积累了大量的光谱数据有待解释，而新发现的光谱现象也提出了新的挑战，于是"整个工作领域真的已从一个非常孤寂的状态，突然变成了一个拥挤得要命的领域，其中几乎每个人似乎都在努力工作"[1]。

在这样的氛围下，新的量子数被引入进来：在轨道能量量子化的基础上，引入轨道角量子数对轨道的形状进行量子化；引入轨道磁量子数对轨道的位置（空间取向）进行量子化；1920 年，还引入了第四个量子数[2,3]。

有人把出现于 1900—1925 年的量子理论称为"旧量子论"，这些启发式理论是对于经典力学所做的最初始的量子修正，玻尔量子化原子模型是旧量子论中亮丽的成就。但玻尔模型的局限性也注定了真正的量子理论不能从玻尔模型上诞生，而是要根植于量子的基本特性——波粒二象性上。于是围绕波粒二象性，就产生了不同角度的深化。

4.3.2　德布罗意波

1924 年，德布罗意（Louis Victor Dull de Broglie）在其博士论文中介绍了两部分内容。首先，德布罗意把爱因斯坦提出的光的波粒二象性大胆推广到一切实物粒子。其次，德布罗意利用狭义相对论（包括质能方程）和爱因斯坦光量子公式，借助"相波"和"相波波包"的概念，将波包与经典粒子等同，试图以经典的图像来描述微观粒子的波动性，即建立粒子和波的定量关系并解释波粒二象性。以下我们对德布罗意上述的两个观点分别作简要说明。

对于内容一，假设具有动量 p 和动能 E 的物质客体都具有波动性，其频率和波长分别通过下式确定：

$$E = h\nu \tag{4-1}$$

$$p = \frac{h}{\lambda} \tag{4-2a}$$

或

$$\lambda = \frac{h}{p} \tag{4-2b}$$

1　[美] Laurie M. Brown, Abraham Pais：《20 世纪物理学》（第 1 卷），刘寄星译，73 页，北京，科学出版社，2014。

2　同上，74～83 页。

3　1925 年，第四个量子数被解释为电子的自旋。

式（4-2）称为德布罗意公式，其含义是实物粒子在运动时，伴随着波长为 λ 的德布罗意波（物质波）。对于运动的宏观物体，h 已经很小，动量 p 很大，德布罗意波会非常非常小，这种波动在宏观物体时几乎体现不出来。但对微观粒子（如电子）而言，尽管其动量 p 小，计算得到的德布罗意波的波长已经和晶体晶面间间距大小具有可比性了，在这种情况下这种波动就会体现出来。因此，德布罗意曾预言："通过电子在晶体上的衍射实验，应当有可能观察到这种假定的波动效应。"

1927 年，科学家在晶体实验中发现了电子衍射现象，证实了德布罗意波的存在，而且理论计算的波长与实验测量相一致，从而证明了电子的波粒二象性的存在。此后，人们相继在中子、质子、氢原子和氦原子等粒子流中同样观察到衍射现象，充分证实了所有实物粒子都具有波粒二象性，而不仅限于电子[1]。

对于内容二，利用一组波叠加形成的波包来模拟微观粒子的粒子性的思想是非常有开创性的，尝试建立粒子和波的定量关系并解释波粒二象性，德布罗意是第一人。德布罗意波对即将出现的波动力学理论有很大的作用，就历史意义而言，德布罗意波是一种概论波，它为波动理论的创立打下了基础。当 1926 年薛定谔发表他的波动力学论文时，曾明确表示："这些考虑的灵感，主要归因于德布罗意先生的独创性的论文。"另外，海森堡在提出论证不确定原理时也借用了该模型[2]。

不过由于德布罗意波的推导是基于狭义相对论，因此在具体采用的波的形式上具有一定局限性。比如由于在真空中也存在色散，各个分波的传播速度不同，由此波包的原始形态很快就被破坏，而且随着时间的推移，波包将无限制地扩散，这对德布罗意波理论带来不利影响。特别是德布罗意波的基本思想是通过波来生成"粒子性"，即默认波动性是波粒二象性的主要方面，这种思路和后来被量子理论的实际发展所验证的粒子性是波粒二象性的主要方面的思想是相悖的，这或许就是德布罗意波后续理论处于量子理论主流之外的原因吧。

最后从哲学的角度看，波是连续的，不同的波间又是离散的，德布罗意波理论用多个连续的波通过叠加构造出离散的粒子性，其实也是离散和连续这对矛盾的统一关系的具体体现。

4.3.3　不确定原理

在这一节里，我们不仅给出了不确定原理的内容，更主要的是

1　高鹏:《从量子到宇宙:颠覆人类认知的科学之旅》，41 页，北京，清华大学出版社，2017。

2　[德]W. 海森伯:《量子论的物理原理》，王正行，李绍光，张虞译，9 页，北京，高等教育出版社，2017。

分析了它在量子理论的逻辑体系中所处的位置，即它是对物体波粒二象性属性的又一个具体的阐释。

1. 不确定原理内容

1927 年，海森堡发表了具有历史意义的论文《量子理论运动学与动力学的直观内容》。该论文中指出，"决定微观粒子的运动状态有两个参数：微观粒子的位置及其速度。但是，永远也不可能在同一时间里精确地测定这两个参数；永远也不可能在同一时间里知道微粒在什么位置，速度有多快和运动的方向。如果要精准测定微粒在给定时刻的位置，那么它的运动速度就遭到破坏，以致不可能重新找到该微粒。反之，如果要精准测定它的速度，那么它的位置就完全模糊不清。"这就是著名的不确定原理（或称测不准原理）[1]。

海森堡给出了测不准关系式：

$$\Delta x \Delta p \geqslant \frac{h}{4\pi}$$

其中，Δx 为粒子坐标的不确定度；Δp 为粒子动量的不确定度；h 为普朗克常数。

测不准关系式告诉我们，微观粒子的坐标偏差和动量偏差的乘积永远等于或大于常数 $\frac{h}{4\pi}$。这就是说，微观粒子的坐标和动量不可能同时具有确定的值，即我们要想准确地测定粒子的位置，就无法测定它的动量；反过来，要想准确地测定它的动量，就无法准确地测定它的位置。

在我们的常规经验中（这些经验来自日常生活的宏观世界），物体的位置和动量是可以同时准确测量的，因此按常规经验看，不确定原理告诉我们的结论是"反常规""反经验"和"颠覆式"的，这就是不确定原理难以被理解的直接原因。其实如果能说明不确定原理和德布罗意波一样，也是物体的波粒二象性原理的一种阐释，这样就比较好理解了。事实上，在后来海森堡解释不确定原理时就用到了德布罗意波模型。

这里，我们不妨借助下哲学的观点和方法。哲学告诉我们，认识一个事物需要放在整体中去看待，放在联系中去看待，而把一个事物放到整体和联系中的前提是梳理好这个事物上下左右的综合演绎关系。

如前所述，不确定原理是海森堡在 1927 年后于矩阵力学

1 吴今培：《量子概论：神奇的量子世界之旅》，40 页，北京，清华大学出版社，2019。

（1925 年）提出的，其认识过程体现的是分析归纳关系，而不是综合演绎关系。所以，第一步也是关键的环节，就是把原来的分析归纳关系调整为综合演绎关系。

2. 把分析归纳关系调整为综合演绎关系

为什么说海森堡对不确定原理的发现体现的是分析归纳关系呢？我们不妨大致回顾下海森堡等对矩阵力学和不确定原理的创建和提出过程。如图 4 - 5 所示，海森堡从实验得到的原子谱线分裂的量子数出发，发现了量子数的不对易性（步骤①②）；引入矩阵运算实现量子化过程并依据哈密顿方程创建矩阵力学（步骤③④）；随后再对矩阵力学进行机理上的解释分析，在分析的过程中借助德布罗意波的模型和结论提出不确定原理（步骤⑤⑥）；再设计实验对不确定原理进行实验验证（步骤⑦）；最后发现根据不确定原理可以导出量子数的不对易性，从而指明不确定原理应该假设为一条自然定律，并以此作为量子论对经典概念进行批判的出发点[1]（步骤⑧）。

1　[德]W. 海森伯：《量子论的物理原理》，王正行，李绍光，张虞译，2 页，北京，高等教育出版社，2017。

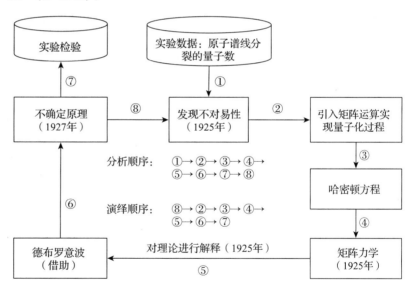

图 4 - 5　把不确定原理的提出从分析归纳关系调整为综合演绎关系

从上述的过程可以看出，海森堡等是从原子谱线的实验数据入手，通过观察、归纳"天才般"地发现了量子数的不对易性，又"天才般"地引入矩阵运算实现量子化，依据哈密顿方程创建矩阵力学，通过对理论的解释发现提出了不确定原理，并将其确定为量子理论的基本准则，所以整体上体现的是从特殊到一般的分析归纳过程。如果调整为综合演绎过程，则应该是先有不确定原理（来源于物质的波粒二象性），然后导出不对易性，然后引入矩阵运算

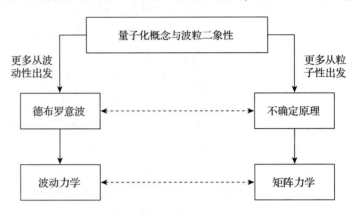

实现量子化，依据哈密顿方程导出矩阵力学，即⑧→②→③→④的顺序（从一般到特殊的过程）。

如果考虑到后面波动理论和矩阵理论的等效性，在我们把不确定原理的提出从分析归纳关系调整为综合演绎关系以后，就得到波动力学和矩阵力学两条"对称"的技术路线，如图4-6所示。

图4-6 两条"对称"的技术路线

3. 不确定原理的简要论证

在理清了上述的综合演绎关系后，我们再看海森堡不确定原理。相比于海森堡不确定原理，德布罗意波的概念采用了贴近人类传统认知的波的概念，可能更容易被人们理解一些，因此从物质的波粒二象性到德布罗意波再到不确定原理的路径也更容易理解一些。其实，海森堡于1930年在其《量子论的物理原理》中，重新审定量子论的基本原理，讨论测不准原则时就是借助德布罗意波的概念和模型展开的[1]。

因此，我们以下就从定性和定量两个层面分别讨论如何从德布罗意波发展到测不准原则。

先从定性层面考虑，我们不妨简单地设计一个理想实验。如图4-7所示，先不考虑德布罗意波的因素，物体严格位于 S 点，且具有一组动量值 P_1、P_2、P_3、P_4、$\cdots$、P_i，然后我们考虑德布罗意波的因素，分以下两种情况讨论。

我们先固定粒子性，即假定物体的动量在某一时刻可以准确确定，其动量分别为 P_1、P_2、P_3、P_4、$\cdots$、P_i。根据德布罗意波理论，物体在 S 点将分别产生 Δx_1、Δx_2、Δx_3、Δx_4、$\cdots$、Δx_i 的波动，即物体的位置都具有相应的波动范围（或者说是概率事件）。设上面波动范围的交集是 Δx，即物体在 Δx 内都可能出现，这也就意味着对每一个动量值，该物体的准确位置都不能完全准确地被测量。

1 [德]W. 海森伯：《量子论的物理原理》，王正行，李绍光，张虞译，9页，北京，高等教育出版社，2017。

场景1：不考虑德布罗意波的效应，物体严格位于S点，且具有一组动量值P_1、P_2、P_3、P_4、$\cdots$、P_i

场景2：考虑德布罗意波的效应，物体在动量值P_1、P_2、P_3、P_4、$\cdots$、P_i下对应的围绕点S的波动范围分别为Δx_1、Δx_2、Δx_3、Δx_4、$\cdots$、Δx_i

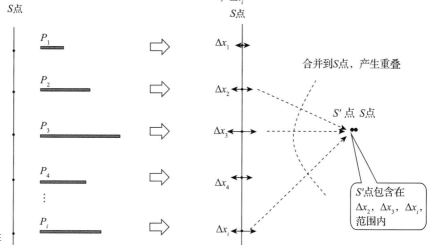

图 4-7 不确定原理定性说明

　　反过来，我们先确定物体的准确位置。假设在 S 点附近存在 S' 点，我们把 Δx_1、Δx_2、Δx_3、Δx_4、$\cdots$、Δx_i 合并在 S 处，并假定 S' 包含在 Δx_2、Δx_3、Δx_i 内。于是在 S' 点，物体在三个动量值 P_2、P_3、P_i 按照概率都可能出现，即如果确定物体的准确位置，物体的动量就会在一个范围内出现，也不能唯一、准确地被测量。

　　再从定量层面考虑，海森堡在其《量子论的物理原理》中给出了一个大致的证明。海森堡首先指出，电子的位置只能测量到一定的精度 Δq，这个事实在波动图像中可以用这样一个波函数来描述，它的振幅只在大约为 Δq 的一个很小区域内才显著地异于零。这种结构的波函数总可以由一定数量的分波叠加而成，这些分波相互干涉，在这个小区域 Δq 内彼此加强，而在这个小区域之外彼此相消，我们把这种图像称为波包。普遍的数学定理表明，由多个分波适当的叠加可以构成任意一个形状的波包，一般说来，随着时间的推进，这个波包的大小和形状都会逐渐变化，除了某些特殊情况外，最后将弥散到整个空间。波包的速度就相当于电子的速度，但波包的准确速度无法定义。因为如上所述，波包除了前进之外，还会扩展和发散。波包的发散给动量的测量带来一定的不确定性。我们用 Δp 表示动量的测不准值。在描述完以上模型后，海森堡写到：“根据最简单的光学定律和数学附录中的 M(83)、M(85)[1]，可以推出 $\Delta p \Delta q \geqslant h$。”

　　在书中，海森堡没有给出所使用的光学定律是什么，对于一些

1　M(83)是德布罗意公式$\lambda = \dfrac{h}{p}$ 和普朗克公式$\nu = \dfrac{E}{h}$；M(85)是根据以上公式导出的群速度公式$v_g = \dfrac{h}{\lambda\mu}$。

推导的重要细节过于模糊或直接跳过（或许是因为作为物理大家，认为显而易见而忽略不写），但对量子理论的入门者，却常常成为理解上的障碍。这里，我们结合自己的理解，对海森堡的论证过程作了以下的补充和整理。

如图 4-8 所示，设粒子对应的德布罗意波的波长为 λ_0，$\Delta\lambda$ 为描述粒子波包所必需的大致的波长范围，并且 $\Delta\lambda \ll \lambda_0$。从而波包可看作是波长在 $\lambda_0 - \Delta\lambda$ 与 λ_0 之间的一组平面波叠加而成，并且叠加后的振幅在 Δq 内显著不为零，在 Δq 之外为零。

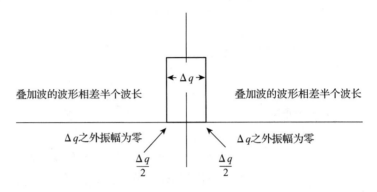

图 4-8　不确定原理的导出图示

根据要满足至少在 Δq 外为零的条件，可以在 $\lambda_0 - \Delta\lambda$ 与 λ_0 之间的一组平面波中选择两个相差最大的平面波，即波长为 $\lambda_0 - \Delta\lambda$ 和波长为 λ_0 的平面波；在 Δq 之外为零的最低要求是在边界 $\frac{\Delta q}{2}$ 处，以上两个平面波至少相差半个波形（即 $\frac{1}{2}$ 波长），这样在 Δq 内这两个平面波至少相差一个波形或一个波长（即海森堡在书中所说的一个波峰和波谷）。如果对波长为 λ_0 的平面波，设 Δq 内包含 n 个波峰和波谷，那么对波长为 $\lambda_0 - \Delta\lambda$ 的平面波，则在 Δq 内至少应包含 $n+1$ 个波峰和波谷。用数学式来表达上面要求的结果，于是有

$$n = \frac{\Delta q}{\lambda_0} \tag{4-3}$$

$$\frac{\Delta q}{\lambda_0 - \Delta\lambda} \geqslant n+1 \tag{4-4}$$

将式（4-3）代入式（4-4），并利用 $\Delta\lambda \ll \lambda_0$，化简可得

$$\frac{\Delta q}{\lambda_0^2}\Delta\lambda \geqslant 1 \tag{4-5}$$

根据德布罗意公式，波的群速度为

$$v_g = \frac{h}{\lambda_0 \mu}$$

因此，与 $\Delta\lambda$ 对应的波包弥散为

$$\Delta v_g = \frac{h}{\lambda_0^2 \mu}\Delta\lambda$$

再根据定义 $\Delta p = \mu \Delta v_g$，有

$$\frac{\Delta\lambda}{\lambda_0^2} = \frac{\Delta v_g \mu}{h} = \frac{\Delta p}{h} \tag{4-6}$$

把式（4-6）代入式（4-5），化简得

$$\Delta p \Delta q \geqslant h$$

该式就是不确定原理最初的形式。

从上面的推导过程，可以看出：①不确定原理的本质还是波粒二象性；②不确定原理的推导利用了德布罗意公式，二者是可推的，而德布罗意公式也来自波粒二象性。因此，不确定原理和德布罗意波都可以认为是物体的波粒二象性的不同反映，它们从不同侧面对波粒二象性进行了阐释，这也进一步验证了我们前面提出的不确定原理和德布罗意波在量子理论中处于大致相当的位置的观点。

4. 不确定原理的进一步理解

不确定原理和我们已经建立的经验体系不相符，理解起来有一些难度。不过如果我们站在更高的层面和角度来看待时就能看得更清楚一些，就能看清不确定原理的实质。这个角度就是哲学和现代粒子理论相结合的角度。

从哲学的角度讲，世界是物质的，物质是相互联系的，不存在完全孤立的物质。现代粒子理论为上述哲学观点提供了一个生动的阐释。按照现代粒子理论的观点，一个物体就是由各种基本粒子通过四种基本相互作用而形成的一个有机的"粒子体"，物体所处的空间（即使是我们通常意义上的"真空"），也是由无数不同种类的正负粒子对构成的，即一个物体不可能存在于一个"完全孤立"的环境中，而是始终处于一个各种粒子组成的"汪洋大海"之中。不仅如此，一个物体和其周围的粒子始终是处于粒子间直接作用（如碰撞）或是间接作用（如交换粒子）[1] 的过程中。

当一个物体运动时，它同样运动在周围粒子组成的粒子海洋之中，并且在运动的过程中不断地与周围的粒子碰撞或进行粒子交换。如图4-9所示，对应一个宏观的物体来说，假定在空间内该物体以速度 V 向右运动，它在运动的过程中会受到周围粒子的碰撞，还可能交换粒子，严格来说，也会产生波动（前面所说的德布罗意波），即产生波粒二象性。但由于其质量"巨大"，周围这

1　即使是通过场完成的作用，按照现代粒子理论，场也是由粒子构成的，场的作用也是粒子交换的过程。

些相对随机的粒子的作用对于其运动轨迹而言几乎没有影响，即产生的波动性太小而显现不出来。这时我们可以认为物体的动量和位置都是确定的，都是可以"准确"测量的[1]。

1 但其实还是不能完完全全"准确"测量的。

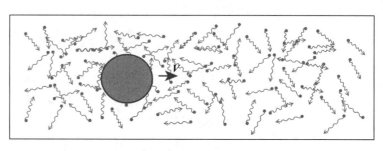

图4-9 宏观物体在"粒子海洋"中的运动

但如果把该宏观物体换作一个微观粒子，情况就完全不同了。如图4-10所示，假定在空间内该微观粒子以速度V向右运动，它在运动的过程中会受到周围粒子的碰撞，还可能交换粒子，由于其质量和周围粒子具有可比性，相互作用以后该微观粒子的轨迹就产生了随机性，即波动性。也就是说，产生的波粒二象性被显现出来。在这种情况下，就出现该微观粒子的位置和动量不能同时被"准确"测量的结果，最后对立统一的条件就是满足不确定原理：$\Delta p \Delta q \geqslant h$。

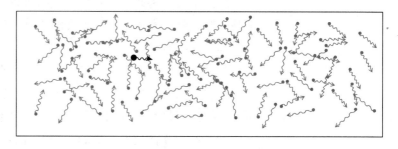

图4-10 微观粒子在"粒子海洋"中的运动

所以，不确定原理其实还是波粒二象性的一个定量化的要求。如果联系后面要发展起来的现代粒子理论的基本观点，并运用哲学思想的帮助，理解起来就相对方便一些了。

玻尔互补原理则是从哲学的角度对波粒二象性进行的探讨。

4.3.4 玻尔互补原理

1927年9月16日，在意大利科莫召开的"纪念伏打逝世一百周年"的大会上，玻尔在题为《量子公设和原子理论的晚近发展》的演讲中第一次提出互补原理，他认为量子现象无法用一种统一的物理图景来展现，而必须应用互补的方式才能完整地描述。玻尔的原话是："一些经典概念的应用不可避免地排除另一些概念的应用，而这'另一些概念'在一些条件下又是描述另外一些现象不可缺少的，而且必须将所有这些既互斥又互补的概念汇集在一起，才能且定能形成对现象的详尽无遗的描述。"

显然，玻尔的互补原理的背景是基于量子理论在当时的发展成果以及由此产生的困惑，即利用传统物理学观念难以理解的困难。

1924 年，德布罗意提出物质波，认为一切实物粒子均具有波动性，并提出相应物质波波长与频率的计算公式；1925 年，海森堡从不对易性出发提出矩阵力学；1926 年，薛定谔（Erwin Schrödinger）从波动性导出波动力学，这两种理论虽然出发点大不相同，但在解释量子现象时却得出同样的结果；1926 年，狄拉克（Paul A. M. Dirac）证明了这两种力学在数学上是等价的。这说明，不论从粒子性还是从波动性出发进行理论分析都会得到相同的结果。以上事实都表明了微观粒子既具有波动性，又具有粒子性，这两种互相排斥的属性同时存在于一切量子现象中，这让量子力学的本质变得扑朔迷离和难以理解。

玻尔试图从哲学的高度去看待和理解粒子的波动性和粒子性这种关系，由此提出了互补原理。应该说，玻尔的互补原理很好地解释了粒子的波动性和粒子性的"辩证"关系，为理解量子理论提供了帮助和指导。

从现在的角度看，玻尔互补原理其实可以说是辩证唯物主义的对立统一原理在量子论上的一个生动而具体的体现。其核心思想体现的就是辩证唯物主义对立统一原理的主要内容，为说明这个问题，我们作了如表 4 – 1 所示的比较。

表 4 –1　玻尔互补原理与对立统一原理的比较

矛盾的对立统一原理			玻尔互补原理	量子论中的体现
斗争性	互相排斥	一切过程中矛盾着的各方面本来是互相排斥、互相斗争、互相对立的	一些经典概念的应用不可避免地排除另一些经典概念的应用	波动性与粒子性不会在同一次测量中出现
同一性	互相依存	事物发展过程中的每一种矛盾的两个方面，各以和它对立着的方面为自己存在的前提，双方共处于一个统一体中	而另一些经典概念在另一条件下又是描述现象不可或缺的；必须而且只将所有这些既互斥又互补的概念汇集在一起，才能形成对现象的详尽而无遗的描述	波粒二象性，波动性与粒子性同时存在于粒子中
	相互转化	矛盾着的双方依据一定的条件，各向着其相反的方面转化	—	德布罗意波中，利用波的叠加产生的波包的方式表示粒子性；大量粒子的宏观表现又转化为波动性

从上面的比较中可以看出，玻尔互补原理和矛盾的对立统一原理在前两项（即互相排斥和互相依存）上基本是一致的。不过矛盾的对立统一原理的同一性中还包括矛盾的双方依据一定的条件可以相互转化的内容，这一项在同一性中具有更深刻的内涵和价值，往往体现矛盾双方的本质联系，形成理论的核心思想。而在玻尔互补原理中，这方面的内容没有明显的体现，因此玻尔互补原理是一位物理学家站在哲学的高度对粒子的波动性和粒子性关系的深刻思考和描述，这已经是难能可贵的了。但相比更加完整、更加具有普遍性的对立统一原理而言，还是有一些不足。另外，矛盾的对立统一原理还包括矛盾的主要方面和次要方面的划分及性质，这也是玻尔互补原理所不包括的。

关于粒子的波动性和粒子性的对立统一的辩证关系，将深刻体现在整个量子理论的探索过程中，我们还会继续进行深入探讨。

4.4 创立理论，各具特色

在经过量子化思想的突破、普及和孕育积累之后，开始形成相对完整的量子力学理论。如图 4 – 11 所示，一般认为，量子力学的理论有三个，分别是波动力学、矩阵力学和费曼积分量子力学。波动力学、矩阵力学和费曼积分量子力学的具体理论部分都涉及复杂的数学工具和推导，对基础物理而言，我们认为可以尽量屏蔽掉这些复杂的、具体的数学推导，而更多地集中讨论其核心的思想和内在的联系，从而在量子理论体系中认识它们所在的位置、所起的作用和相互的关系。

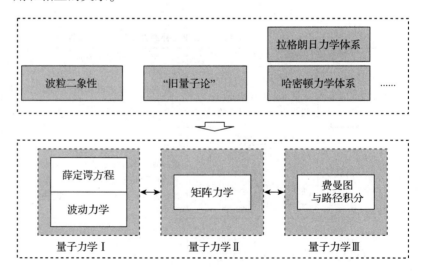

图 4 - 11 量子力学的准备与量子力学

从在量子理论体系中的位置看，波动力学、矩阵力学和费曼积分量子力学处于相近的位置，是量子力学的三个不同的理论，但三者间又存在着区别。波动力学、矩阵力学是等效的，它们都采用了偏微分方程的形式，对应的力学体系是哈密顿力学体系。而路径积分理论则采用无穷维积分（泛函积分）的形式，对应的力学体系是拉格朗日力学体系[1]。三个量子力学理论中，波动力学最符合从传统力学向量子力学过渡的习惯，比较容易理解；矩阵力学从数学出发引入定义，相对抽象；路径积分理论更具有一般性。

为此，我们重点分析了波动力学中薛定谔方程的导出过程，以及在特定条件下的薛定谔方程；对于矩阵力学，则是重点进行了它与波动力学创建方面的比较，间接地说明了二者为什么是等效的；对路径积分理论，重点分析了它与波动力学、矩阵力学的不同之处，说明为什么对路径积分理论在后续的现代量子理论中有更大的应用。

1　侯伯元，云国宏，杨战营：《路径积分与量子物理导引：现代高等量子力学初步》，8 页，北京，科学出版社，2008。

4.4.1　波动力学

波动力学是根据微观粒子的波动性建立起来的用波动方程描述微观粒子运动规律的理论，是量子力学理论的一种表述形式。1926年，薛定谔提出了微观粒子运动满足的波动方程，并成功地将其用于解决氢原子问题。后来，他将该理论用于其他问题，并发展了完善的近似计算方法。从不同的角度剖析波动力学的创建过程是非常有意义的，其意义甚至突破了单纯学习量子理论的范畴，具体来说，有以下几方面的意义。

（1）站在发现者当时的角度，通过剖析波动力学的创建过程，可以使我们探索薛定谔方程和波动力学"天才发现"背后的必然性的一面，领略重大科学发现中采用的方法，特别是看似不相干领域间类比的方法。

（2）站在现代物理学的角度，对波动力学的创建过程进行一些横向的比对分析，我们就可以认识波动力学在量子理论体系中的位置以及与周边理论的关系，从而有助于形成对整个量子理论体系的认识。

（3）波动力学最成功的应用是原子核外电子能级的划分，即通过引入不同的量子数形成了原子核外电子层级模型。核外电子层级模型是理解元素周期律、元素周期表、化学键等化学基础概念的基石，也是整个化学学科的基石。同时，元素周期律、元素周期表规律的由来又是学习化学的难点，因此理解波动力学对学习化学的基本理论是十分有益的。

（4）最后从学习的角度看，波动力学使用人们比较熟悉的波动语言和偏微分方程，比较适合于初学者，并且在量子理论的基本应用中最常使用的也是这种形式。

基于上述的考虑，我们对薛定谔创建波动力学作了几个角度的剖析，重点参考了薛定谔《关于波动力学的四次演讲》中第一讲的内容。在分析过程中，我们重点突出对其发现过程中思想方法和重点环节的分析，对其中具体的细节和数学推导不作详细展开。

1. 薛定谔方程导出的过程

如图 4-12 所示，按照我们的理解，波动力学的创建（包括薛定谔方程的提出）、成功应用和验证过程可以大致分为 8 个步骤，以下分别加以说明。

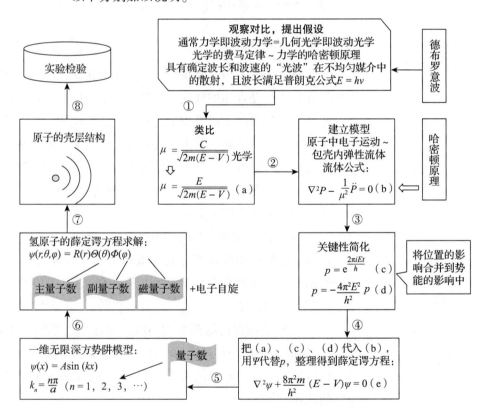

图 4-12　薛定谔方程的导出和求解

步骤①~④是薛定谔方程的提出过程。薛定谔方程将普朗克常数 h、不对易性、哈密顿方程融合在一起，并且形式优美，被称为"天才的构想""梦幻般的公式"，是波动力学的核心。在薛定谔方程导出的过程中，薛定谔将严谨的推导和大胆的假设结合起来，实现了感性和理性的完美结合，这种既"脚踏实地"又"异想天开"

的科学创造精神值得我们体会、学习和借鉴。以下我们就探究一下薛定谔方程的提出和发现的过程。

在步骤①中，薛定谔通过观察、比较指出光学的费马定律和力学的哈密顿原理是相似的，通过光学从几何光学到波动光学的过渡，类比出传统力学向波动力学的过渡。根据类比，推测质点波动的相速度应依赖质点的总能量，如同波动光学中的光的相速度依赖光的能量一样，从而利用波动光学的一些方法推导出质点波动的相速度公式（图 4 - 12 中公式（a））[1]。

1　[奥地利]E. 薛定谔：《关于波动力学的四次演讲》，代山译，3~5 页，北京，商务印书馆，1965。

在步骤②中，薛定谔再将粒子的波动看作弹性体的运动（或振动），并利用一种装在包壳里的弹性流体来模拟它的运动，用压强来模拟波函数，根据流体理论（依据是哈密顿原理）得到压强方程公式表（图 4 - 12 中公式（b））[2]。

2　同上，8~9 页。

在步骤③中，根据流体理论进行标准求解时，压强项本应包括两部分：一部分是能量、时间依赖项，另一部分是空间坐标依赖项。薛定谔这时进行了一个大胆的设想，考虑到空间坐标依赖项权重较小而且会在势能公式中包含，因此在压强表达式中果断放弃空间坐标依赖项，而只保留能量、时间依赖项，从而将极其复杂的压强标准形式简化为一个简单的指数函数（图 4 - 12 中公式（c）），并获得简单的微分形式。该简化成为造就简洁优美的薛定谔方程的关键。这里，薛定谔写道："当我最初接触这些问题时，我曾以为后一种简化是致命的……后来，我意识到系数的更复杂形式（即 $V(x, y, z)$ 的出现）好像起了通常由边界条件所起的作用，即对 E_1 的确定值的选择作用。"[3] 在这里，如果我们用后人的角度从量子化的角度看，薛定谔的这一假设不就是体现了把能量和连续空间进行了分割，从而实现了空间在能量上的量子化的思想吗？并且在实现量子化的同时，还大大简化了方程的复杂性，从而造就了突破传统且简洁优美的薛定谔方程。

3　同上，10 页。

思想启迪

科学大家的伟大或许就体现在这里吧。基于已有原理，又高于已有原理，不循规蹈矩，不画地为牢，常常在具有合理性假设的条件下提出大胆的设想，也就成就了后人看到的"神来之笔"。如果从感性和理性的角度看，这些"神来之笔"在当时看往往是偏向当事人在理性推理基础上的某个感性创造。如果说自然学科的学习和训练偏向理性，而艺术和社会学科的学习和训练偏向感性，那么科学上大的创造和突破往往是需要理性和感性的统一，这也可能是为什么历史上拥有突破性成果的大科学家往往是既在自己的专业领域具有造诣，又往往在艺术或社会学上具有爱好和特长的综合型人才吧。

在步骤④中，在完成上述的工作后，薛定谔方程的诞生就水到渠成了。把相关的几个公式进行代入整理就得到了单粒子的薛定谔方程：

$$\nabla^2\psi + \frac{8\pi^2 m}{h^2}(E - V)\psi = 0$$

薛定谔方程用于描述质量为 m 的微观粒子在势函数 $V(x, y, z, t)$ 中运动时的状态情况。因为微观粒子具有波粒二象性，或者说体现出物质波的波动性，所以粒子的具体位置是不确定的，其位置状态体现为波函数 $\psi(x, y, z, t)$。当势函数 V 不依赖于时间 t 时，粒子具有确定的能量，粒子的状态称为定态，定态时粒子的波函数变为 $\psi(x, y, z)$。以下讨论都假定为定态情况。

从数学角度看，薛定谔方程是一个二阶线性偏微分方程。反映粒子运动状态的波函数 $\psi(x, y, z)$ 是待求函数，算符 ∇^2（拉普拉斯算符）是对 $\psi(x, y, z) = 0$ 的梯度求散度。

从物理角度看，薛定谔方程显示微观粒子的波函数（态函数）$\psi(x, y, z)$ 和质量 m、势函数 $V(x, y, z)$、动能 E 的数量关系。

核心要义

薛定谔方程还有另外一种表示方式：

$$i\frac{h}{2\pi}\frac{\partial\psi}{\partial t} = H\psi \tag{4-7}$$

其中，H 为哈密顿函数。这时的薛定谔方程是一个一阶线性偏微分方程。

量子力学中求解粒子问题常归结为解定态薛定谔方程。在给定初始条件、边界条件以及波函数所满足的单值、有限、连续的条件下，可解出波函数 $\psi(x, y, z)$。

薛定谔方程是量子力学的基本方程，它揭示了微观物理世界物质运动的基本规律。薛定谔方程广泛地用于原子物理、核物理和固体物理，对于原子、分子、核、固体等一系列问题中求解的结果都与实际符合得很好。

2. 量子波函数的波恩概率诠释

薛定谔方程描述的波函数和经典的波函数具有不同的物理意义。

1926 年，波恩发表了一篇题为《散射过程的量子力学》的论文，提出了著名的"波恩概率诠释"：波函数模的平方（波的强度）代表了粒子在 t 时刻出现在空间 r 处单位体积中的概率，从而将微观粒子的"粒子性"和"波动性"统一起来，既体现了粒子的完整性，又体现了粒子在空间出现的概率性，是一种波粒二象性要求的最为简单的合理解释。对于单个粒子而言，波函数模的平方给出该粒子在空间和时间上的概率分布密度；而对于 N 个粒子而言，波函数模的平方给出粒子数在空间和时间上的概率分布。

3. 一维无限深方势阱模型下薛定谔方程的求解

为求解定态下氢原子核外电子的能级分布，人们首先对最简单的一维无限深方势阱模型进行了讨论。

如图 4-13 所示，一维无限深方势阱是固体物理金属中自由电子的简化模型，其特点是在势阱外，粒子的势能为无穷大，粒子毫无可能逃出去，因此波函数

$$\psi = 0 \quad (x < 0, \ x > a)$$

在势阱内，粒子的势能为零，定态薛定谔方程为

$$-\frac{h^2}{2m}\frac{\mathrm{d}^2\psi}{\mathrm{d}x^2} = E\psi$$

上面的方程是简单的二阶线性微分方程，即使不通过数学求解的方式，通过正弦、余弦函数导数的特征，也容易得到该微分方程的通解为

$$\psi(x) = A\sin(kx) + B\cos(kx)$$

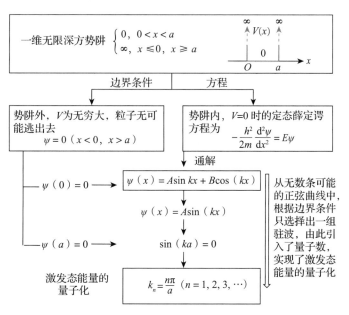

图 4-13 一维无限深方势阱模型求解

利用边界条件 $\psi(0)=0$，可得到系数 $B=0$，于是有 $\psi(x)=A\sin(kx)$。也就是说，在 k 取不同值时，波函数可能是满足上述关系的无数条正弦曲线。

再利用边界条件 $\psi(a)=0$，得到

$$\sin(ka)=0 \quad (ka=n\pi)$$

即由于正弦函数只有在整 π 倍数时才为零，因此 k 的取值只能是离散的，取决于引入的量子数 n 的值：

$$k_n=\frac{n\pi}{a} \quad (n=1,\ 2,\ 3,\ \cdots)$$

4. 利用无限深方势阱模型求解氢原子结构

解薛定谔方程需要较深的数学基础，这里我们只介绍用波动力学处理氢原子结构的基本思路和重要结论。

核心要义

波函数是和坐标有关的量，在直角坐标系下表示为 $\psi(x,y,z)$。对于表述电子在原子中的运动状态而言，采用球坐标更合适，所以先将直角坐标变换为球坐标 $\psi(r,\theta,\varphi)$。再将薛定谔方程这样一个含有三个变量的偏微分方程，用数学上的分离变量法转换为三个只含一个变量的常微分方程。随后，对每一个方程都采用前面介绍的无限深方势阱模型方法求解。于是对三个变量的常微分方程而言，就分别引入了三个量子数 n、l、m，其物理含义正是在 4.3.1 节中所介绍的主量子数（轨道能量的量子化）、角量子数（轨道形状的量子化）、磁量子数（轨道的位置量子化）。利用这三个量子数及约束关系，就大致描述了氢原子核外电子的"轨道"结构[1]。

1 这里沿用轨道一词，只是由于量子力学借用了经典力学的术语。它已经不是玻尔模型中的固定轨道的含义，而是指电子在核外运动的某个空间范围。

需要说明的是，薛定谔方程是在不考虑相对论效应的条件下得到的，因此存在局限性。这也是根据薛定谔方程求解氢原子核外电子结构只能引入三个量子数而缺少第四个量子数的原因，这个问题我们在 4.4.4 节再作说明。

4.4.2 矩阵力学

矩阵力学是量子力学的一种形式，它使用矩阵的形式来描述粒子体系的运动规律。矩阵力学由德国物理学家海森堡于 1925 年首先提出，而后由波恩（Max Born）、海森堡、约尔丹等合作完成。相对而言，矩阵力学比较抽象，设计的数学工具较复杂，对其具体

内容我们这里不作讨论。我们这里的分析重点集中在矩阵力学和波动力学创建方法上的比较，矩阵力学创建的过程说明，以及矩阵力学和波动力学的关系上。

在理论创建方面，矩阵力学和波动力学走的是两条不同的道路，但最后都"殊途同归"。

如图 4 - 14（a）所示，总体上看，波动力学走的是相对传统的创建之路。它从粒子的波粒二象性出发，产生了寻找与粒子波动性对应的波动方程的"自然"需求。通过和传统光学的对比，经过一些假设和技巧变化得到粒子的波动方程，再在限定的条件下求解方程，得到核外电子的运动规律。在这个过程中，发现对核外电子的"轨道"进行量子化是求解薛定谔方程必然的要求，从而引入三个量子数，完成对核外电子的"轨道"的描述，最后成功解释了氢原子光谱的大部分问题，并得到实际的验证。

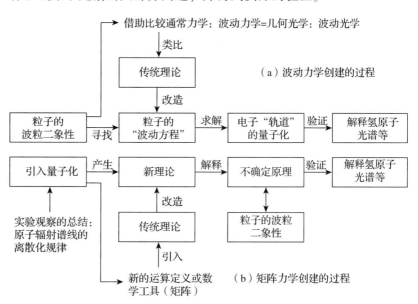

图 4 - 14　波动力学和矩阵力学"殊途同归"

如图 4 - 14（b）所示，海森堡提出矩阵力学则是"另辟蹊径"的。有观点认为海森堡是借鉴了爱因斯坦提出狭义相对论的思路，即把实验中观察到的事实作为公理或假设[1]，并认为是正确的，然后从这样的公理或假设出发，去结合和改造传统理论，形成新理论，再想办法去解释新理论，最后新理论的结果要接受实践的检验。对于矩阵力学而言，海森堡从原子辐射的谱线离散的规律入手，引入新的乘法规则，并将其应用于经典理论，开启了矩阵力学创建的大门。

矩阵力学和波动力学还有一点不同：如果说创建波动力学的主

1　二者是有区别的。公理具有更广泛的适用性，而假设可能只在一个具体范围内适用。比如，在创建狭义相对论时，爱因斯坦是把实验中发现的"光速不变"上升为公理，因此狭义相对论具有广泛的适用性。而海森堡在提出矩阵力学时，是从原子谱线离散的特征入手，引入量子化的准则，适用性较窄，所以是假设而不是公理。

要贡献者是薛定谔的话，矩阵力学则是经过多人的努力才最终完成的。在海森堡"另辟蹊径"完成第一篇论文后，波恩看到了论文的价值，意识到海森堡定义的数集就是矩阵，于是在海森堡论文的基础上，把位置坐标 q 和动量 p 都用矩阵来表示，并且从量子化条件出发，得出 p 和 q 的对易关系：$pq - qp = -ih\boldsymbol{I}$。其中 $\boldsymbol{I}$ 为单位矩阵，h 为普朗克常数。之后，波恩、海森堡、约尔丹共同合作，发表了一篇新的论文，提出求能量力学的一般方法。对矩阵力学做出贡献的还有狄拉克和泡利。狄拉克抓住了量子力学中力学量的不可对易性和经典泊松括号之间的联系，把海森堡理论置于力学的哈密顿形式之上，这样就能用经典理论的全部成果来研究量子现象。泡利则成功地用矩阵力学解决了氢原子问题，得出了巴尔末公式。

1926 年，海森堡提出著名的不确定原理：$\Delta p \Delta q \geqslant \dfrac{h}{4\pi}$。其中 q 为位置，p 为动量。如我们前面的分析，不确定原理是波粒二象性的具体体现，这样矩阵力学和波动力学就具有了共同的基础——波粒二象性。只是在创建波动力学和矩阵力学过程中，波粒二象性和量子化的顺序有所不同，波动力学是从波粒二象性导出了量子化，矩阵力学是先假定量子化，再回到波粒二象性。

核心要义

　　1926 年，薛定谔等发现，波动力学和矩阵力学在数学上是完全等价的，可以通过数学变换从一个理论转化到另外一个理论，因此它实际上是同一个理论，二者殊途同归，统称为量子力学。

　　量子力学的建立，加速了原子和分子物理学的发展，并架起了从物理学通向化学、生物学的桥梁，改变了化学和生物学的面貌。

量子力学取得巨大成功的同时，还存在两个问题：①波动力学和矩阵力学都没有考虑狭义相对论的要求，即对低速的粒子情况，典型的如对原子核外层电子是适用的，但对高能、高速的微观粒子不再适用；②从波动力学和矩阵力学创建和应用的过程看，二者都和原子模型相关，在应用范围上具有一定的局限性，还需要一种更广泛的量子理论。

针对问题①，就产生了相对论量子理论，其最重要的成果是狄拉克相对论量子力学方程。

针对问题②，则触发产生了第三种量子理论——费曼的路径积分理论。

4.4.3　相对论量子力学方程

要描述高能、高速的微观粒子的运动规律，就需要考虑狭义相对论效应，而波动力学和矩阵力学都没有考虑狭义相对论的要求。因此，需要发展满足狭义相对论要求的量子力学方程，即相对论量子力学方程。

相对论量子力学方程的建立也经历了一个从认识出发并不断深入的过程。

1. 有意思的"插曲"

如图 4 - 15 所示，相对论量子力学方程的建立首先经历了一个有意思的"插曲"。最初，薛定谔从相对论的能量动量关系出发，找到了一个符合条件的波动方程，然而用该方程算出的结果和实验不符，为此他才不得不退回到牛顿力学，从非相对论的关系导出薛定谔方程。

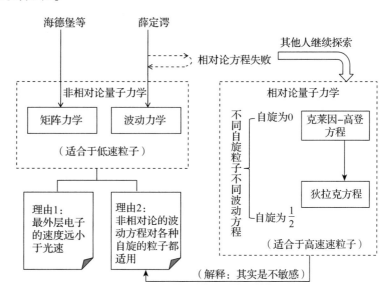

图 4 -15　相对论量子力学方程的发展

从现代物理的角度看，非相对性量子力学（包括矩阵力学和波动力学）对最外层电子比较适用。原因有二：其一，最外层电子速度远小于光速，属低速粒子的情况；其二，非相对论的波动方程没有考虑粒子的自旋因素，所以"对各种自旋的粒子都适用"。

2. 克莱因 - 高登方程

克莱因 - 高登方程由瑞典理论物理学家奥斯卡·克莱因和德国人沃尔特·高登于 20 世纪 20、30 年代分别独立推导得出。其基本

1 [美] Laurie M. Brown, Abraham Pais:《20世纪物理学》（第1卷），刘寄星译，174页，北京，科学出版社，2014。

思路是按照相对论的时空对等性要求和方程在洛伦兹变换的不变性对薛定谔方程进行"改造"，得到的方程如下[1]：

$$\Delta\psi - \frac{\partial^2}{\partial t^2}\psi - \frac{4\pi^2 m^2 c^2}{h^2}\psi = 0$$

其实我们不需要分析上式的具体含义，只要关注它的特征就可以了。该方程满足了相对论的要求，但出现了对时间的二阶导数，用此方程计算氢原子能级与实验值符合得不好，说明该方程至少对电子不适用。更严重的是，该方程无法纳入现有量子力学的框架。所以，一般认为克莱因－高登方程是相对论量子力学中的薛定谔方程的相对论形式，是用于描述自旋为零的粒子的基本方程。

相对论量子力学需要"更高一级"的相对论量子力学方程。

3. 狄拉克方程

基于克莱因－高登方程碰到的问题，狄拉克开始寻找新方程的工作。他既希望找到的新方程是一个对时间的一阶方程，以便纳入已有的量子力学框架，同时又希望新方程的解仍然满足克莱因－高登方程。经过思考，狄拉克认为需要改变原来状态函数 ψ 的空间形态（三分量场），引入新型的场——四分量旋量场 ψ_μ，就可得到符合上述要求的线性微分方程[2]：

2 同上。

$$\left[i\sum_{\nu=1}^{4}\gamma_\nu\frac{\partial}{\partial x_\nu} + \frac{m}{h/(2\pi)} \right]\psi_\mu = 0 \qquad (4-8)$$

其中，γ_ν 为 4×4 的矩阵。

狄拉克方程的一个直接结果是得到电子的自旋为 $\frac{1}{2}h/(2\pi)$。而这个结果完美解释了斯特恩－盖拉赫实验。该实验显示，电子磁矩不单不为零，而且有两种取向。之前的薛定谔方程无法完整解释该实验结果，而狄拉克方程做到了。

狄拉克方程的另外一个重要结果是推出 $E = \pm c\sqrt{p^2 + m^2 c^2}$。狄拉克根据该式预测了当时尚未知的电子的"反粒子"，它与电子有相同的质量，但是带一个单位的正电荷。同时，该式又与"真空不空"概念的提出紧密相关。"反粒子""真空不空"这些概念的提出为后续量子理论——现代粒子理论的发展创造了条件，这部分的具体内容我们在4.5章节再作介绍。

4.4.4 路径积分理论

路径积分理论是费曼在狄拉克前期思想的基础上于1942年提

出的。

路径积分理论认为，粒子在某一时刻的运动状态完全由过去某一时刻到现在时刻的所有可能的运动状态来决定，并定义了传播函数和作用量。费曼从概率幅的叠加原理出发，利用作用量量子化方法建立了路径积分理论。其核心思想是从一个时空点到另一个时空点的总概率幅是所有可能路径的概率幅之和，每一路径的概率幅与该路径的经典力学作用量相对应[1]。系统沿着作用量最小的方向演化。

对路径积分理论具有下面的几个优势。

（1）费曼路径积分理论与拉格朗日力学体系相对应，拉氏量依赖于坐标和速度两个量，作用量是相对论不变量，易于从非相对论推广到相对论，这点在后续的现代量子理论中很重要。因此，现代量子场论都以路径积分为出发点，特别是较难处理的规范理论量子化问题用路径积分量子化最为方便[2]。

（2）从后续量子理论发展的事实中体现出的粒子化趋势看，特别是微观粒子的相互作用是在通过交换粒子来实现的基本假设下，采用无穷维路径描述体系的量子化行为可以更加形象、更加直观地体现量子力学与经典力学的联系。路径积分理论成为连接经典物理与现代量子物理的桥梁。

（3）路径积分将包含时间问题和不含时间问题置于同一理论框架下处理。正因为如此，路径积分理论已经成为量子场论、量子统计学、量子混沌学、量子引力理论等现代量子理论的基础理论。创立夸克模型的盖尔曼曾这样评价："量子力学路径积分形式比一些传统形式更为基本，因为在许多领域它都能运用，而其他传统表达形式将不再适用。"[3]

1　高鹏：《从量子到宇宙：颠覆人类认知的科学之旅》，85 页，北京，清华大学出版社，2017。

2　侯伯元，云国宏，杨战营：《路径积分与粒子物理导引：现代高等量子力学初步》，9 页，北京，科学出版社，2019。

3　高鹏：《从量子到宇宙：颠覆人类认知的科学之旅》，89 页，北京，清华大学出版社，2017。

4.5
粒子世界，探索统一

尽管 19 世纪 20、30 年代量子力学得到了很多发展，但 1930 年流行的"标准模型"的基础是两种组成粒子——电子和质子，它只有一种相互作用，即电磁相互作用。另外，还有一个信使粒子——光子。而我们知道今天的"标准模型"用了 48 个粒子（36 个夸克和反夸克以及 12 个信使粒子）。从 1930 年的"标准模型"走到今日的"粒子物理标准模型"，经历了不断探索的历程。

我们大致把这个历程分为三个进程：现代量子理论的准备阶段、现代量子理论的发展阶段和现代量子理论的成果获得阶段，如图 4 - 16 所示。我们认为，为创建现代量子理论所做的必要准备除前面介绍的路径积分理论外，主要还包括物质相互作用的机制

（通过交换粒子实现）、"真空不空"和"反粒子"的引入（为解释交换粒子机制等起到支撑作用）、场的量子化（前面两项的要求）以及原子核的质子－中子模型。前三个要素相互关联，为粒子化和探索粒子及粒子间作用机制打下基础。质子－中子模型则成为进一步探索粒子世界、建立标准粒子模型的出发点。

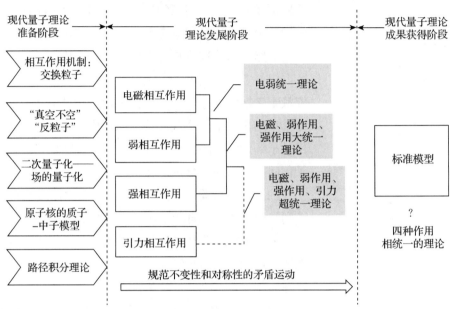

图 4 - 16　现代量子理论的大致过程

在现代量子理论的发展阶段，我们介绍了基于规范不变性量子场论建立起来的电磁相互作用理论、弱相互作用理论和强相互作用理论，以及如何在规范不变性和对称性的矛盾运动中实现电弱统一理论，实现电弱强作用的大统一。

在现代量子理论的成果获得阶段，最重要的成果是标准模型粒子理论。它诠释了如何从极为有限的基本粒子出发，一步一步地构建出丰富多彩的物质世界。

4.5.1　现代量子理论的准备

这里，我们仅仅对前面提到的，为现代量子理论的创立作准备和铺垫的概念、机制和思想作简要说明。其内容主要包括交换粒子的相互作用机制、"真空不空"和"反粒子"、场的量子化、原子核的质子－中子模型。

1. 交换粒子的相互作用机制

根据经典物理学，一个粒子作用在另外一个粒子上的过程是第一个粒子产生的场在空间中传播，该场再作用于另外一个粒子。而在量子物理学的框架下，如果两个粒子间有相互作用，那一定在这个过程中交换了某些东西，而这个东西便是相互作用的特征粒子。换句话说，只有通过第三个粒子的交换才能使两个粒子之间进行相互作用。简单地说，就是粒子间的相互作用等于第三个粒子的交换。在学术上，这样的第三个粒子被称为相互作用的"规范玻色子"。通过这种机制，粒子间的相互作用相应地也实现了"量子化"。通过交换粒子实现粒子间的相互作用是现代量子理论中的一个基本物理机制，是理解粒子物理学发展的一条"有价值"的轴线。以下，对它的提出、形成和在现代量子理论中的体现作概要说明，如图 4 – 17 所示。

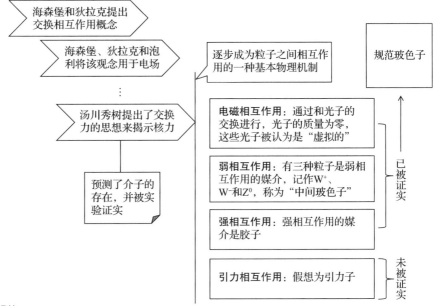

图 4 -17　交换粒子实现粒子间的相互作用

1928 年，海森堡和狄拉克同时各自独立提出交换相互作用的概念，引入交换力。其后，海森堡、狄拉克和泡利（Wolfgang E. Pauli）又将这种观念用于电场，他们假定两个带电粒子之间的相互作用是通过交换光子而进行的，由此推断出静电力的库仑平方反比定律。

1935 年，日本物理学家汤川秀树提出交换力的思想来揭示核力。他认为质子和中子等核子之间的核力是由于交换某种粒子而产生的，他还利用不确定关系预言了这种粒子的质量，估算过程如下[1]。

核子间的距离大约是原子核半径 r，交换粒子的时间大概是

1　赵峥：《物理学与人类文明十六讲》，第 2 版，218 页，北京，高等教育出版社，2016。

$$\Delta t = r/c$$

由不确定关系

$$\Delta t \Delta E \sim \hbar$$

可算出被交换粒子的能量是

$$\Delta E = \frac{h}{\Delta t} = \frac{hc}{r}$$

再利用质能方程

$$\Delta E = \Delta m c^2$$

可以计算这种粒子实化后的质量大约为

$$\Delta m = \frac{\Delta E}{c^2} = \frac{\hbar}{cr} \approx 200 \; m_e$$

式中，m_e 是电子质量。由于这种粒子的质量介于质子和电子之间，因此称其为介子。1947 年，从宇宙射线发现的 π 介子符合这种要求，汤川秀树因此获得了 1949 年诺贝尔物理学奖。

汤川秀树介子交换理论在原子核物理学和粒子物理学的发展中起了重要作用。它揭示了粒子之间相互作用的一种基本物理机制，促进了对粒子内部结构及其相互作用的深入考察，使得这一基本物理机制成为理解粒子物理学发展的一条轴线。

按照这种机制，电磁相互作用是通过和光子的交换进行的。光子的质量为零，这些光子被认为是"虚拟的"，但这并不是说它们是人造的，而是因为当两个带电的粒子交换光子时，光子无法单独被探测到。弱相互作用有三种粒子作为相互作用的媒介，记作 W^+、W^- 和 Z^0，称为"中间玻色子"。强相互作用的媒介是胶子。这三种相互作用交换的粒子已经被发现，构成"粒子物理标准模型"中的"规范玻色子"。目前，引力相互作用是一个例外。引力子被假想为引力相互作用的媒介，但截至目前没有被发现和证实。

2."真空不空"和"反粒子"

前面我们提到，狄拉克求解狄拉克方程的另外一个重要结果是推出 $E = \pm c \sqrt{p^2 + m_0^2 c^2}$，其中 p 为粒子动量，m_0 为粒子静止质量，c 为光速。由此看出，不仅有正能粒子，而且有负能粒子。当时人们对于负能粒子很难理解，真实环境更没有见到过，这就是所谓的"负能困难"。

为此，狄拉克提出了一个崭新的真空概念，并巧妙地利用泡利不相容原理克服了负能困难。首先，狄拉克按照公式描绘出电子能级图。如图 4 - 18 所示，狄拉克认为，既然存在能量为正的正能电子，也存在能量为负的负能电子，正负能态之间是禁区。

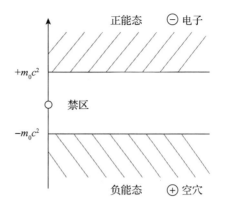

图 4-18　狄拉克"真空"
概念

按照上述模型，一个正能电子不仅可以通过量子跃迁，即从正能态跳到负能态并发出光来，而且可以从负能态下降到更低的负能态进一步释放能量。由于负能级没有下限，这个过程可以无休止地进行下去。狄拉克认为，真空是"能量最低"的状态，"能量最低"不仅意味着没有正能粒子，而且意味着存在着最多的负能粒子。打个比方，什么样的人最穷？身上没有一分钱还不是最穷的人，只有那种不仅一分钱没有，还欠了大量外债，而且欠的没有地方可以再借债地步的人才是最穷的人。所以，狄拉克认为，作为能量最低状态的真空并不是一无所有的状态，而是所有负能态都已填满、所有正能态都空着的状态，这种真空称为狄拉克真空。由于负能态已经被负能电子填满，根据泡利不相容原理，就不能再有电子进入负能态，所以正能电子不可能跃迁到负能态，而处于负能态的电子是真空的一部分，因而我们看不到它[1]。

狄拉克真空概念的提出伴随着"反粒子"概念的提出。1931年，在艰难地阐释工作以后，狄拉克终于隐约地感觉到，如果这些负能量存在的话，那么它们描述了一种从前从未被观察到的新粒子，这种粒子与电子质量相同，且带有正电荷。于是预言了一种新的微观物体——正电子的存在，它是电子的反粒子。1932年，一位年轻的美国物理学卡尔·大卫·安德森（Carl David Anderson）在宇宙辐射中探测到了正电子。今天我们已经知道所有的粒子都有与之相反的反粒子，它们有着相同的质量，而所带电荷相反。当一个粒子遇到了它的反粒子，它们的质量会立即完全转变为一种纯能量，随后这种能量很快又"物质化"成为其他的粒子和反粒子[2]。例如，一个电子和一个正电子相遇，相当于一个正能电子跃入了一个负能空穴，必有 γ 射线在这一跃迁过程中产生。这一过程实际上是正负电子对湮灭生成一对光子的过程，生成的光子不是一个，而

1　赵峥：《物理学与人类文明十六讲》，第 2 版，220页，北京，高等教育出版社，2016。

2　[法] 埃蒂安·克莱恩：《物质的秘密：藏在微观粒子里的神奇世界》，龚蕾，郭彦良译，90 ~ 91 页，桂林，广西师范大学出版社，2018。

是一对,从而保证动量守恒。

各种粒子和反粒子的提出和验证又一次印证了中国古代哲学中朴素的辩证思想:"空就是满""满就是空"。如果用唯物辩证法来看,粒子和反粒子、"空"和"满"是两对矛盾(对立统一),在我们目前讨论的问题中,两对矛盾构成了本质与现象的关系范畴。在反粒子提出前,我们只是从前一个矛盾的一个方面(即粒子方面)来看;由此我们也只看到后一个矛盾的一个方面,即"空就是空""满就是满",因此是片面的、不完整的。在引入反粒子以后,同样一种情况,如果从反粒子的角度看,即从矛盾的另一个方面来看,则正好结果是相反的,于是就产生从粒子看到的真空,在反粒子的角度看恰恰是满的。辩证法要求我们认识事物需要从矛盾的两个方面同时来看,于是如果同时从粒子和反粒子两个角度来看的话,一定空间和时间下将始终充斥了许许多多的粒子和反粒子。如果再考虑这样的粒子和反粒子有很多种类,于是一定空间和时间下将始终充斥了许许多多的、各种各样的粒子和反粒子,它们遍布了空间和时间的各个角落,这种存在就为粒子间通过交换粒子完成相互作用观念的提出提供了物质基础。

另外,物理学家意识到这个反物质的存在是和最基础也可能是最重要的物理学原理相关联的,这原理就是因果性原理。它使得事件在时间轴中按照不可逆转的顺序排列,一旦一个事件已经在过去发生,那么我们将无法再改变这个事件,在狄拉克方程的解中,负能量的出现最终不过是展示了这一原理的某些结果。方程式在粒子物理特殊的框架下,表达了一件在物理学里无论如何都不可能发生的事情——回到过去[1]。

显然,粒子间通过交换粒子完成相互作用的机制对通常的连续场的概念提出量子化的要求,同时伴随反粒子的出现,将出现正负粒子对湮灭、产生的过程,而这种过程,通常的连续场也不支持。于是,就引入了场的量子化问题。

3. 场的量子化

在量子场论出现之前,人们认为物质世界有两种存在方式,即实物粒子和场。后来在量子理论的探索过程中,人们意识到只有把实物粒子和场统一起来才能达到量子理论的要求,即量子和场是同一事物的两种不同表述形式,任何场都可以量化为粒子,任何粒子也可以视为一种相应的场[2]。于是,场的量子化理论——量子场论

1　[法]埃蒂安·克莱恩:《物质的秘密:藏在微观粒子里的神奇世界》,龚蕾,郭彦良译,90～91页,桂林,广西师范大学出版社,2018。

2　陈时:《物理学漫谈:物理学爱好者与教授的对话》,261页,北京,北京师范大学出版社,2012。

应运而生。

量子场论认为，每一种粒子都有自己相应的场，粒子就是场的量子激发。粒子之间的相互作用和动力学可以用量子场论来描述。

于是，量子场论给出了这样的物理图像：在全空间充满着各种不同的场，它们互相渗透并且相互作用着。场的激发态表现为粒子的出现，不同激发态表现为粒子的数目和状态不同。场的相互作用可以引起场激发态的改变，表现为粒子的各种反应过程。在反应过程中，各种粒子的数目一般不守恒，存在各种粒子的产生和湮没的过程。

量子场论的建立则来自三方面的基础：经典场论、狭义相对论和量子力学。经典场论提供了基础的场的概念，比如可以用一些定义在全空间的量描述；狭义相对论主要是来自狄拉克相对论量子方程的要求；量子力学体现在对易性和不对易性等方面的要求。同时，量子场论还要满足用场合成激发粒子，并且表示出粒子间相互作用的过程、各种粒子的产生和湮没的过程。

1929 年，海森堡和泡利建立了量子场论的普遍形式。但后来发现，在用量子电动力学计算任何物理过程时，尽管用低阶近似计算的结果和实验是近似符合的，但进一步计算高阶修正时却都得到了无穷大的结果，这就是量子场论中著名的发散困难。于是，一种称为"重整化"的方法被提了出来，即用实验测得的电子质量和电子电荷代替电子的无穷大质量和无穷大电荷，高次近似计算中的无穷大便被吸收到电子质量项和电荷项之中，成为有限的值，进而可以与实验结果相比较，也就是高阶修正时得到的无穷大的发散被消除了。于是，这种"重整化"的方法被用到后来的弱相互作用、强相互作用的量子场论的处理过程中，被证实是一种行之有效的方法。

有观点认为，在量子场论的框架下所建立起来的任何关于基本粒子及其相互作用的理论都必须能够"重整化"。不能"重整化"的理论是没有意义的，它已经成了一个理论是否会成功的重要标志[1]。

对于量子场论中"重整化"的理解，如果我们借助哲学上相对真理和绝对真理的关系或许就变得相对容易接受了。哲学上的"绝对真理"就类似物理学上的"终极理论"。事实上，"绝对真理"和"终极理论"并不能达到，我们的认识是会不断地从一个相对真理（在一定条件下正确的理论）到另一个更高层次的相对真理（在更广泛条件下正确的理论），不断前进，不断逼近"绝对

1 陈时：《物理学漫谈：物理学爱好者与教授的对话》，262 页，北京，北京师范大学出版社，2012。

真理"的过程。因此，在每一个相对真理的阶段，其实并不需要把所有的条件都考虑在内，而可以以当前阶段所对应的条件为基准，考虑当前对应的低阶条件，忽略有限的高阶条件。对应在量子场论上，就是以实际值比对好低阶近似项，消除高阶修正时得到的有限的无穷大的发散项。

4. 原子核的质子 – 中子模型

对于现代人，原子核由质子和中子构成是一个很普遍的常识，但在当初人们对原子核的质子 – 中子模型有一个漫长的认识过程，如图 4 – 19 所示。在发现原子核的 30 年里，物理学家一般认为所有元素的原子核都由氢核（后来称为质子）和电子所构成[1]。这样，正负电荷间的吸引力或许就解释了原子核的结合力问题。但经过系列的实验探索，物理学家发现原子核是由带正电的质子和电中性的中子构成的，即形成原子核的质子 – 中子模型。原子核的质子 – 中子模型对于后续量子理论的提出和形成具有十分积极的作用。因为一个基本的问题促使物理学家去思考，即什么力量或机制能够使多个带同种电荷的质子和不带电的中子克服电磁斥力紧密结合在一起成为原子核？对于这个基本问题的不断探索，触发了费米为解释 β 放射性问题提出费米 β 放射性理论，并形成后来的弱相互作用

1 [美] 斯蒂芬·温伯格：《亚原子粒子的发现》，杨建邺，肖明译，166 页，长沙，湖南科学出版社，2018。

图 4 –19　原子核质子 – 中子模型的形成和对量子理论的意义

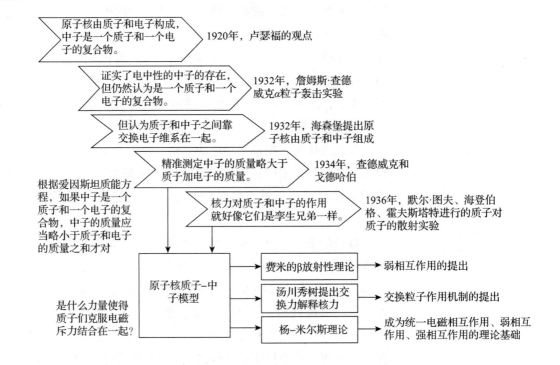

理论；也触发了汤川秀树为解释核力提出交换介子实现质子和中子间相互作用的机制；还触发了杨 – 米尔斯理论的提出，该理论成为日后统一电磁相互作用、弱相互作用、强相互作用的理论基础。

首先，我们简单回顾下原子核的质子 – 中子模型的形成过程。早在 1920 年，卢瑟福（Ernest Rutherford）根据其轻核分裂的实验，曾经提出"原子核由质子和电子构成，中子是一个质子和一个电子的复合物"的观点。1932 年，詹姆斯·查德威克（James Chadwick）α 粒子轰击实验证实了电中性的中子的存在，但他仍然认为中子是一个质子和一个电子的复合物。1932 年，海森堡提出原子核由质子和中子组成，质子和中子之间靠交换电子维系在一起。1934 年，查德威克和戈德哈伯（Goldhaber Maurice）精准测定中子的质量略大于质子加电子的质量，而根据爱因斯坦质能方程，如果中子是一个质子和一个电子的复合物，中子的质量应当略小于质子和电子的质量之和才对，显然实验结果不能满足原来假设的设想。1936 年，默尔·图夫、海登伯格、霍夫斯塔特（Robert Hofstadter）进行的质子对质子的散射实验表明质子与质子间的作用力和质子与中子间的作用力恰好一样强大，核力与电荷无关，核力对质子和中子的作用就好像它们是孪生兄弟一样。从此以后，人们开始认为中子和质子一样基本了[1]。

下面我们再看一下原子核质子 – 中子模型对量子理论发展的积极意义，这对我们理解量子理论发展的脉络是有作用的。

如果中子不是由质子和电子构成，原子核里就不再有电子，那么又该如何解释 β 射线中原子核发射电子的事实？为解决这个疑难问题，1933 年，费米提出了 β 放射性的新理论：在发射前，原子核里没有电子，发射粒子不是由于电磁力，而是由一种全新的作用完成，这种作用使得一个中子衰变为一个质子和一个电子，同时共同放射出一个反中微子，这种作用后来被称为弱相互作用。可以说，原子核质子 – 中子模型在很大程度上促成了弱相互作用理论的形成。

是什么力量使得质子们克服电磁斥力和中子紧紧地结合在一起？为解释核力，1935 年，汤川秀树提出了通过交换介子的方式实现质子和中子间相互作用的理论。该理论推动了粒子交换实现粒子间相互作用成为一种基本物理机制，促进了后续粒子物理学的发展。

同时，由于没有任何经典力能解释核内聚力，于是就产生了一

1　[美] 斯蒂芬·温伯格：《亚原子粒子的发现》，杨建邺，肖明译，168 ~179 页，长沙，湖南科学出版社，2018。

个假设：在原子核内存在一种非常强的力，这就是强相互作用，它的作用距离范围非常短，约10^{-15} m。20 世纪 50 年代，物理学家注意到质子和中子在某些方面非常相似。就核力而言，质子和中子没有区别。因此，推测对强相互作用而言，质子和中子应当是统一的"核子"粒子的两个不同版本。1954 年，杨振宁和罗伯特·米尔斯（Robert Mills）提出这样一种概念：我们应允许中子和质子在空间中的每一点转动变为对方[1]，由此提出杨 – 米尔斯场论。在当时，用这个理论来解释强相互作用的具体模型并没有取得成功，但这个理论框架却奠定了现代量子物理学的基础[2]。相关内容我们在后面章节还会介绍。

1 [美] 肖恩·卡罗尔：《寻找希格斯粒子》，向真译，166 页，长沙，湖南科学技术出版社，2018。

2 戴瑾：《从零开始读懂量子力学》，48 页，北京，北京大学出版社，2020。

4.5.2 四种基本相互作用

通过对能够观察到的所有现象进行归纳，物理学家们发现需要引入四种他们认为的"基本的力"或称为基本作用。如果按照发现的顺序，首先是万有引力，3 个世纪多以前由牛顿发现；其次是电磁相互作用，由麦克斯韦在 19 世纪下半叶发现，它体现在日常生活中的一些物质的内聚力；最后是弱相互作用和强相互作用，弱相互作用于 20 世纪 30 年代被发现，它通常引起原子核和粒子的衰变，控制着某些放射性过程，特别是 β 放射性，强相互作用与弱相互作用几乎同时被发现，它们稳定地将原子核的不同组成部分连接在一起[3]。

3 [法] 埃蒂安·克莱恩：《物质的秘密：藏在微观粒子里的神奇世界》，龚蕾，郭彦良译，77 页，桂林，广西师范大学出版社，2018。

在图 4 – 20 中，我们按照作用尺度"从大到小"的变化趋势，给出了四种基本相互作用的主要特点和主要作用范围，以便我们对这四种基本相互作用有一个初步的认识。①引力相互作用。它的特点：强度最弱，可以忽略在粒子层面的影响；只有吸引作用；作用可以叠加，投入的粒子数越多，引力越强，体现"集腋成裘"的效果，最终形成总的巨大力量；作用范围趋向于无穷大。引力的主要作用范围包括宏观物体空间和宇观物体空间内。②电磁相互作用。它的特点：强度比万有引力强；既有吸引作用，也有排斥作用；在远距离时它的叠加效果会因为物质整体呈中性而被抵消；作用范围趋向于无穷大。它的主要作用范围包括原子核内质子间、核外电子与原子核间，原子、分子间，带电性和磁性的宏观物体间。③强相互作用。它的特点：作用距离短，约为10^{-15} m；强度在四种作用中最强。它的作用范围只在原子核内，主要体现在由核子（质子、中子）构成原子核以及由夸克构成核子。④弱相互作用。

它的特点：作用距离更短，约为 10^{-18} m；强度只比万有引力稍强。它的作用范围也只在原子核内，主要体现在基本粒子间（夸克、中微子、电子）的作用和转化。

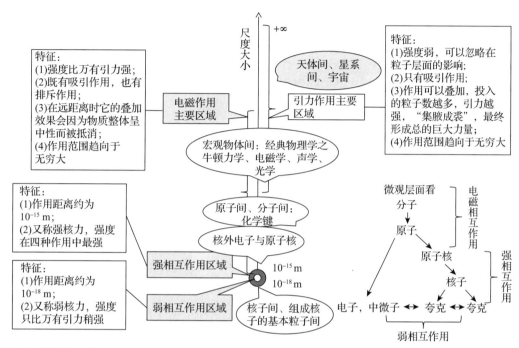

图 4-20 四种基本相互作用的特点和作用范围

下面，我们结合 4.5.1 节中提到的几方面的因素（交换作用的粒子和交换作用的机制、场的量子化等），对四种基本作用作简要描述。在顺序上，考虑引力相互作用和其他三个相互作用的不同，把引力相互作用放在最后，其他三个按照电磁相互作用→强相互作用→弱相互作用的顺序展开。其原因是这个顺序体现了微观层面从大到小、从外到里逐步深入的关系，如图 4-20 右下角小图所示。

1. 电磁相互作用

电磁相互作用是第一个在微观上被系统性认识的基本相互作用。

从渊源看，电磁相互作用理论是经典电磁理论的深化。一方面，麦克斯韦方程组和洛伦兹力公式构成了经典电磁学的两大支柱，分别描述了电磁场运动变化的规律和电磁作用的规律，共同构成经典电磁理论完整的理论体系，经典电磁理论取得巨大成功。另一方面，麦克斯韦方程组和洛伦兹力公式并没有实现统一，前者侧重在"场"，后者侧重在"粒子"。麦克斯韦方程组和洛伦兹力公式基本是在各自范围内分别适用，但在更基础的微观层面尚未建立统一的机制来统一二者的关系。相对论、量子力学理论的先后出现，为微观粒子的研究提供了有力武器。如果再考虑图 4 - 20 中四种基本作用的作用范围，电磁相互作用处在刚好能被当时实验观察能够触及的范围。于是对电磁相互作用的研究就具备了以下的有利条件：完整的经典电磁理论、相对论、量子力学理论以及可触及的实验能力。由此，我们就不难理解为什么电磁相互作用成为在微观上被系统化地深入认识的首选了。

也正因为如此，在电磁相互作用的探索过程中，综合经典场论、相对论、量子力学，形成了一些新的思想和概念，如 4.5.1 节中提到的量子场论、交换光子的作用机制、"反粒子"等，以及为克服发散困难而提出的"重整化"处理方法。这些思想和方法首先在形成电磁相互作用理论——量子电动理论中取得成功，随后还被继承和推广到建立弱相互作用和强相互作用的理论过程中。

在电磁场的量子化方面，电磁场对应电磁波，而电磁波的能量是量子化的，每一份能量就是一个粒子，这就是光子，于是用电磁场的激发就可以表示光子。而对电子而言，根据 4.4.3 节中狄拉克相对论量子方程（式（4 - 8）），电子（包括电子、正电子）对应一个四分量旋量场，即电子和正电子都可以看作是各自四分量旋量场的激发。这样，电子、正电子、光子三者之间的作用就可以统一用场的相互作用来处理，而通过场的相互作用的处理就可以获得电子、正电子、光子三种粒子间的作用关系。

在量子物理学中，真空并不是真正空的空间。真空被"疲劳物质"填满。这些"疲劳物质"具有这样的特征：它们由的的确确在那里却又并不真实存在的粒子组成。这是因为它们拥有的能量不足以真正物质化，所以它们不能被直接观察到。它们有时又被称为"虚粒子"。有人把这些"虚粒子"比作是正在冬眠中沉睡的睡美人，要想让她们醒来成为真实存在，就必须赋予她们完全重生所需要的能量。而真空扮演的角色更像是个没耐心的银行家，他同意借给虚粒子能量，但同时开出了严苛的条件：虚粒子必须很快将能量还给他。根据这个合同，虚粒子能够从真空中出现，却又必须几乎立刻被摧毁并重返真空，以此来偿还能量债务[1]。

根据交换粒子的作用机制，电磁场内所有的电磁作用（电磁场间、电磁场与带电粒子间、带电粒子与带电粒子间）都是通过交换光子或虚光子来实现的，这样也实现了电磁场运动变化的规律和电磁作用的规律在微观上的统一，即麦克斯韦方程组和洛伦兹力公式在微观机制上的统一。

1 [法] 埃蒂安·克莱恩：《物质的秘密：藏在微观粒子里的神奇世界》，龚蕾，郭彦良译，104 页，桂林，广西师范大学出版社，2018。

有了上述的理论要点，我们就可以分析电磁相互作用的主要表现了，包括光的吸收与传播、正负电子对的产生与湮灭、正负电子对湮灭为双光子、电子 – 电子相互作用、电子 – 正电子相互作用等。至此，电磁相互作用理论的主要内容如图 4 – 21 所示。

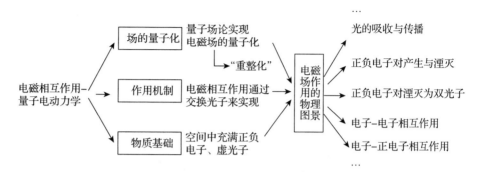

图 4 – 21　电磁相互作用要点图示

利用量子场论处理电磁相互作用需要比较高等的数学理论，一种直观而形象的表示方式是费曼发明的费曼图。不同属性的粒子用不同的线型来表示。图 4 – 22 是一个费曼图示例，它表示光散射的几种可能方式：方式（a）表示的是原光子先被一个电子吸收而后一个光子从电子中出来；方式（b）表示一个电子可能先释放出一个新光子，而后再吸收原光子；方式（c）复杂一些，它表示原光子先变成一个电子和一个正电子，产生的正电子再和原来的电子湮灭产生一个新光子和一个新电子。从这个简单的示例可以推想：原则上，一个光子的散射有许许多多的方式，这也验证了为什么费曼路径积分在现代量子理论中有更广泛的应用。

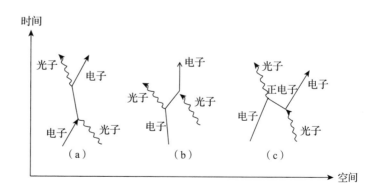

图 4 – 22　几种方式下的光散射费曼图示

1　[美] R. P. 费曼：《QED：光和物质的奇妙理论》，张钟静译，82 页，长沙，湖南科学技术出版社，2012。

另外一个例子是电子通过与质子交换光子而被束缚在原子核附近的一定范围内。如图 4 – 23 所示，这里画的是氢原子，有一个质子和与之交换光子的一个电子，这里把质子近似看作静止的粒子[1]。

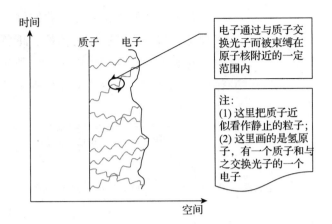

图4-23 电子与质子交换光子

我们还可以再回头看一下光是如何体现波粒二象性的。我们具体以光在真空中传播为示例。如图4-24所示，（a）中示意的是真空中有一光源，在光源周围的真空中充满了负能量的空穴（正电子）；（b）中示意光源产生的光子在真空中运动的过程，在一个方向上，光源发出的光子和一个空穴（正电子）结合后马上分离，再和该方向上邻近的下一个空穴结合并再分离，即向前走一步就结合一次、分离一次，循环往复，不断向前，在各个方向，不同的光子进行相同的过程，呈现波动传播的特征。以上就可以看作是光的波粒二象性在微观上的一个解释：每个光子在向前的每一步其实都是一次粒子性过程，每个光子和周围空间相邻的哪个负能量的空穴结合并再分离都是概率事件，且可以认为是等概率事件。因此，当光子数目很大时，在整体效果上，光向前的传播就呈现出了波动性效果。

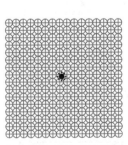

注：真空不空，真空能量最低，其中充满了负能量的空穴（正电子）。

（a）

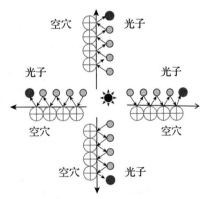

注：①在一个方向上，光源发出的光子和一个空穴（正电子）结合后马上分离，再和该方向上邻近的下一个空穴结合并再分离，即向前走一步就结合一次、分离一次，循环往复，不断向前。②在各个方向，不同的光子进行相同的过程，呈现波动传播的特征。

（b）

图4-24 光在真空中的传播

总之，电磁相互作用理论——量子电动力学完整地描述了电磁相互作用，是迄今为止被物理学家认为最成功的理论之一。它是量子场论的原型和第一个实际例子，它同时鼓励物理学家们进一步去完善一切相互作用都是通过交换媒介粒子来完成的观点。因此，对研究其他基本相互作用力理论的发展产生了深远的影响[1]。

1 陈时：《物理学漫谈：物理学爱好者与教授的对话》，261 页，北京，北京师范大学出版社，2012。

2. 夸克模型

本书在讨论强相互作用和弱相互作用前先讨论夸克模型，这是因为物质间基本作用和物质的组成结构密切相关，如图 4-20 所示。在一定程度上，物理学家对强相互作用和弱相互作用机制的突破是建立在物理学家对物质结构认识的进一步深化和重大突破上的，这个重大突破就是夸克模型的提出。所以，尽管夸克模型首先是为解释强相互作用而提出的，但它是理解强相互作用和弱相互作用的重要环节，因此对夸克模型的提出、与强相互作用和弱相互作用的关系先加以介绍。

为发现新的粒子和探索物质的微观结构，自 19 世纪 30 年代起，能量逐步升高的粒子加速器被建造出来。同时，粒子探测技术也不断改进，几百种的粒子被发现。其中，为数众多的是强子，即参与强相互作用的粒子，其种类达 350 多种。这些粒子绝大多数存在的时间很短。元素周期表为人们认识众多的、曾经"杂乱无章"的各种元素提供了很大的帮助。而元素周期表的规律来源于原子内核外电子排列的规律性。于是，物理学家开始联想这些数目众多的强子应该也有规律性，且这些规律性也源于强子内部结构的规律性。

早在 1949 年，费米（Enrico Fermi）和杨振宁首先尝试用质子和反质子、中子和反中子等来解释 π 介子。由于质子和中子都不是奇异粒子，所以由它们也就不可能构成奇异粒子，所以费米–杨模型不能很好地解释奇异粒子[2]。1955 年，日本物理学家坂田昌一提出了强子的复合模型，该模型认为所有强子都由三种更为"基本"的粒子所构成，这三种基本粒子是质子、中子和一种奇异粒子——Λ 粒子（超子）。该模型认为，介子由一个基础粒子和一个反粒子构成，中子由两个基础粒子和一个反粒子构成。坂田模型利用质子、中子和超子这三个基础粒子复合出了当时已知道的强子，这一理论是将物质具有无限层次这一思想具体化的一次可贵

2 奇异粒子具有两个明显的特点：① 产生快，衰变慢；② 成对（协同）产生，单个衰变。由于在起初对此无法解释，故称奇异粒子。我们现在知道奇异粒子总是在强相互作用中很快地、至少两个一起同时产生，而后分别通过弱相互作用慢慢地衰变成为非奇异的粒子。

的尝试[1]。坂田模型预言了 η^0 粒子的存在并为以后的实验所证实，但在考虑质量因素的时候遇到了问题。比如从量子数的角度出发，坂田模型可以认为 π 介子是由一个质子与一个反中子复合而成的，但从质量的角度来看，就难以解释了。因为一个核子与一个反核子，总的静止质量约为 1 880 MeV，而一个 π 介子的静止质量约为 140 MeV，两者相差十几倍。两个较重的基础粒子，如何"复合"成一个轻得多的复合粒子呢？另外，对于后来发现的 Ω^- 粒子，这个模型也无法解释。从这个角度看，破除质子、中子为"基本粒子"的认知，引入更小的组成单元也就是必然的选择了。另外，坂田模型提出后，物理学家提出了完全对称性理论，并最先揭示了 π 介子和 K 介子是八重态的成员，并根据八重态预言了 η 介子，后得到证实[2]。完全对称性理论和八重态等概念的引入也为下一步夸克模型的提出打下了基础。

1961 年，美国物理学家盖尔曼（Murray Gell-Mann）等提出了用 SU（3）群对强子进行分类的"八正道"方案（或称为八重法）。该方案是对称性理论和奇异数相结合的分类方案，即把具有相同自旋和宇称对称性但奇异数不同的粒子放在一起作为同一粒子的超多重态，例如八重态、十重态等。这样 SU（3）群对强子进行的分类就体现了这样的要求：宇称对称且奇异数"可变"。1964年，盖尔曼等进一步根据 SU（3）群的分析，提出了强子的夸克模型，这可以认为是赋予 SU（3）群物理含义的直接结果。与 SU（3）群的三维基础对应的是三种粒子，中子、介子等所有的强子都是由这三种粒子及其反粒子构成的。这三种粒子分别被称为上夸克（u）、下夸克（d）和奇异夸克（s）。其中，中子由三个夸克构成，介子由两个夸克构成。结合前面提到的显示对称性的八重态、十重态，由夸克构成的两组强子的示例如图 4 - 25 所示，分别是

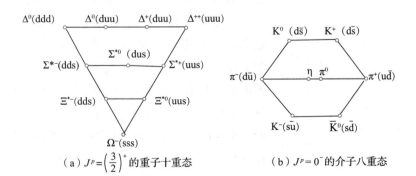

图 4 - 25 强子多重态示例

（a）$J^p = \left(\dfrac{3}{2}\right)^+$ 的重子十重态

（b）$J^p = 0^-$ 的介子八重态

$J^P = \left(\dfrac{3}{2}\right)^+$ 的重子十重态和 $J^P = 0^-$ 的介子八重态，分别是对称、美观的正三角形和正六边形图案。

站在现在的角度看，盖尔曼等通过对强子进行有目的性的分类并进而提出组成强子的内在结构的思路是十分巧妙的：通过基于满足强相互作用要求对强子进行的分类，实际上是先暂时屏蔽掉弱相互作用的影响（因为弱相互作用是实现了基本粒子间的转化的），但奇异数还包含在分类内，实现化"动"为"静"；再借助数学上的群论工具，把强子的 SU（3）群分类模型转化为强子的内部结构模型，即生成夸克模型。

盖尔曼三夸克模型[1]的基本参数如表 4 - 2 所示。

1 后来物理学家又陆续发现了第四种夸克（粲夸克 c）、第五种夸克（底夸克 b）、第六种夸克（顶夸克 t）。

表 4 - 2　盖尔曼三夸克模型的基本参数

夸克	d	u	s
质量（GeV）	0.34	0.33	0.54
电荷	-1/3	2/3	-1/3
自旋	1/2	1/2	1/2

夸克模型的建立，奠定了人们探求基本粒子内部结构及性质的理论基础。夸克模型后来被人们不断发展完善，显示出强大生命力，推动了基本粒子物理学的发展。

结合夸克模型，我们大致可以找到它与强相互作用和弱相互作用的关系：夸克的类型不发生变化，只是结合在一起形成强子的相互作用是强相互作用；引起夸克类型发生变化的相互作用是弱相互作用。

为避免强相互作用和弱相互作用的交叉，物理学家为夸克定义了两套量子数，分别被称为"色"和"味"。"味"是标准量子数，以 u、d、s 夸克相区别，基本参数如表 4 - 2 所示；"色"是第二套量子数，以红、黄、蓝相区分。两套量子数彼此独立。强相互作用处理第二套量子数，弱相互作用处理标准量子数[2]。

2 [美] 安德鲁·皮克林：《构建夸克：粒子物理学的社会学史》，王文浩译，172 页，长沙，湖南科学技术出版社，2012。

3. 强相互作用

强相互作用是指在强子内部夸克之间的相互作用力。如前所述，夸克的自旋是 1/2（按说应该是费米子），应该遵守某种和泡利不相容原理相似的准则。但实际上，物理学家根据对强子进行夸克组成的分析，不仅有两种相同夸克共存于一个强子，还有三种相同夸克共存于一个强子的情形，例如存在 Δ^-（ddd）、Δ^{++}（uuu），这与费米子"两个相同粒子不能处于相同状态"的性质是矛盾的。为解决上述的矛盾，物理学家引入了夸克的第二套量子数——"色"（可以视为是色荷），不同色的夸克就带有某种色荷。粒子物理学家给这一特征起名为"色"，并不是说它真的和真实的颜色一样有着不同的颜色，夸克完全没有普通意义上的颜色。它们的颜"色"只是它们所携带的标签，这个标签表明了它们之间强相互作用的作用方式。通过分析，物理学家确认夸克的"色"有三种选择，以红、蓝、绿相区分[1]。还以 Δ^-（ddd）、Δ^{++}（uuu）为例，在引入色荷之后，原来的三个相同的粒子 d、d、d 变成了三个不同的粒子 d（红）、d（蓝）、d（绿），原来的三个相同的粒子 u，u，u 变成了三个不同的粒子 u（红）、u（蓝）、u（绿）。于是，原来的矛盾就不存在了。另外，类似于在原子物理中电中性的原子是最稳定的，在强子物理中色中性或无色的强子被认为也是最稳定的，这被称为强子的无色原理。

再依据前面提到的交换粒子实现相互作用的机制，物理学家认为夸克间的强相互作用是通过交换"胶子"的方式来实现的，这样三种色夸克和八种色胶子就相对应起来。胶子成为传递夸克之间强相互作用的粒子，它们把夸克"捆绑"在一起，使之形成质子、中子及其他强子，胶子共八种"颜色"，电荷为零，质量为零。

综合起来，我们就可以大致勾勒出从夸克模型出发，结合胶子传递强相互作用的机制，在强相互作用下生成各类强子（介子、原子、中子、其他强子等）的过程。如图 4 - 26 所示，为简明起见，我们只选取了最常见的第一代夸克 u 和 d 为例，另外各种粒子的反粒子也没有画出。

由图可以看出，在单个夸克之上，首先是由两个夸克构成的各类介子，它们是再上一层质子、中子（三个夸克构成）相互作用时形成原子核时要交换的粒子。

图中第三层是质子和中子，它们都由三个夸克通过强相互作用组成。在质子和中子中，三个夸克中的每一个都有不同的颜色，也就是说有一个红夸克、一个蓝夸克、一个绿夸克。一般来说，质子和中子是白的，因为白色可以视作所有颜色的叠加。

再其上是质子、中子等核子相互作用（以交换介子的方式）形成的原子核，以及其他组合形成的其他强子。

1 [美] 安德鲁·皮克林：《构建夸克：粒子物理学的社会学史》，王文浩译，173 ~ 175 页，长沙，湖南科学技术出版社，2012。

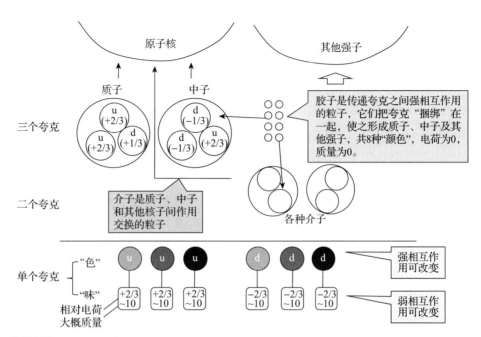

图 4 - 26 夸克、胶子与强相互作用关系示意

这里，对质子、中子相互作用形成原子核仍属于强相互作用的范畴（即核力仍属于强相互作用的问题）作简单说明。核力是通过传递 π 介子完成的，π 介子也是由两个夸克构成的，传递核力的 π 介子在靠近质子和中子时，可以认为它泄漏了一部分胶子给质子或中子中的夸克，结果仍相当于在质子或中子的夸克间传递了胶子，从而使质子和中子间产生了强相互作用，这就是核力。核力可以被认为是强相互作用力的一个次级作用[1]。换句话说，核力也可认为是夸克间强相互作用的剩余作用（由正反夸克组成的介子云重叠，共有夸克）。这正如分子间的范德华力仍是原子内部的电磁相互作用的剩余作用一样（电子云互相重叠，电子共有）[2]。

下面，再对交换胶子实现夸克"色"的改变机制作简单说明。如图 4 - 27 所示，这里是一个红 u 夸克发射出一个红 - 反绿胶子变为绿 u 夸克，而另一个 d 夸克吸收了这个红 - 反绿胶子而变为红 d 夸克（如果"色"在时间上反向倒行，这个"色"的前面加上反）[3]。

由于强相互作用具有跟着"色"而动的特点，所以描述强相互作用的量子理论被称作量子色动力学。

1 陈时：《物理学漫谈：物理爱好者与教授的对话》，268~269 页，北京，北京师范大学出版社，2012。

2 宋世榕：《汤川交换作用与 π 介子的发现》，载《工科物理》，1995 年第 2 期，41 页。

3 [美] R. P. 费曼：《QED：光和物质的奇妙理论》，张钟静译，114 页，长沙，湖南科学技术出版社，2015。

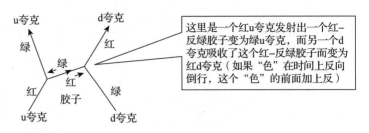

这里是一个红u夸克发射出一个红-反绿胶子变为绿u夸克,而另一个d夸克吸收了这个红-反绿胶子而变为红d夸克(如果"色"在时间上反向倒行,这个"色"的前面加上反)

图4-27 交换胶子改变夸克色的示例

强相互作用具有一个和我们常识相悖的特性,引力和电磁力都是距离越远力越弱,而强相互作用却是距离越远力越强,距离越近力越弱(粒子会更加自由)。斯坦福大学的 SLAC 国家加速实验室根据实验数据提出质子内部存在"自由转动粒子"的主张。为解释这一现象,霍夫特利用"重整化"的杨-米尔斯理论计算强相互作用时发现多出一个"负号",这个结果随后也被其他物理学家发现。这个负号意味着强力具有与引力和电磁力相反的性质,距离越远力越强,距离越近力越弱[1]。于是,这就使得夸克具有了"渐进自由"和"禁闭性"的特征。所谓的"渐进自由",是指当夸克之间越来越近时,强力就会变得越来越弱,以至于紧靠在一起时,夸克就像是自由的一样。与夸克"渐进自由"相对应的是夸克的"禁闭性",即强相互作用力在夸克间的距离增大时迅速增强,以至于我们即使对强子注入很大的能量,也不可能将一个单独的夸克分离出来,从而使我们不可能看见一个自由的夸克。

1 [日] 大栗博司:《强力与弱力:破解宇宙深层的隐匿魔法》,逸宁译,76 ~ 79 页,北京,人民邮电出版社,2016。

4. 弱相互作用

相比于强相互作用,物理学家对弱相互作用的认识经历了更长一些的历程。图4-28 给出了对典型的 β 衰变中弱相互作用进行解释的几个过程。

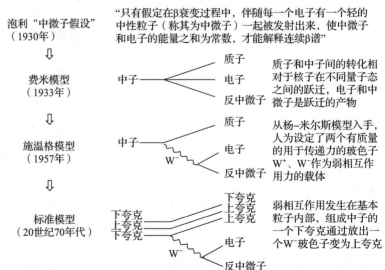

图4-28 对弱相互作用的认识历程

1930 年，泡利为解决 β 衰变中能量和动量守恒问题提出 "中微子假设"："只有假定在 β 衰变过程中，伴随每一个电子有一个轻的中性粒子（称其为中微子）一起被发射出来，使中微子和电子的能量之和为常数，才能解释连续 β 谱"。在此假设的基础上，费米于 1933 年提出 β 衰变的电子－中微子理论（费米模型）：质子和中子间的转化相对于核子在不同量子态之间的跃迁，电子和中微子是跃迁的产物，它们并不存在于核内。这正如 γ 衰变放出的光子是电子在不同能级之间的跃迁产物一样。1957 年，施温格从杨－米尔斯模型入手，人为设定了两个有质量的用于传递力的玻色子 W^+、W^- 作为弱相互作用力的载体，形成施温格模型。20 世纪 70 年代，在标准粒子模型和夸克模型成熟以后，形成现在的标准模型解释：弱相互作用发生在组成质子和中子的基本粒子内部，组成中子的一个下夸克通过放出一个 W^- 玻色子变为上夸克，相应地一个中子变成一个质子，放出的 W^- 玻色子随即衰变成一个电子和一个中微子[1]。

可见，物理学家对弱相互作用的认识经历了一个不断深入的过程，而且还和电弱理论的统一等过程交织在一起。同时，还带来新的问题，特别是需要解决理论中包含非零质量且带电的矢量玻色子问题。所以，这里我们先对弱相互作用的一些结论加以说明，将一些解释放在 4.5.2 节基本相互作用的统一章节中。

弱相互作用的力程非常短，小于 10^{-18} m，比强相互作用的力程 10^{-15} m 还有短很多。弱相互作用强度很小，在四种基本作用力中，仅比万有引力略大一点，只有电磁力的千万分之一，并且它不涉及明显的吸引作用，这些使它对构成原子核基本没有贡献。但弱相互作用的真正作用是它能存在于基本粒子的内部，使所有夸克和轻子内部发生作用，是唯一能够改变夸克 "味" 的相互作用。弱相互作用会影响所有费米子，即所有自旋为半奇数的粒子。同时，小的强度使弱相互作用下粒子衰变的寿命比较长，一般大于 10^{-10} s。而相比之下，强力作用下衰变的粒子的寿命是 10^{-23} s 量级，电磁作用下衰变的粒子的寿命是 10^{-20} s 量级。

弱相互作用也是通过交换粒子的方式完成的。有三种粒子是弱相互作用的媒介，我们称为中间玻色子，并将它们叫作 W^+、W^-、Z^0。弱相互作用的三种交换粒子和前面介绍的电磁相互作用的交换粒子（光子）以及强相互作用的交换粒子（胶子）有显著的区别，那就是 W^+、W^-、Z^0 质量非常大，几乎达到质子质量的 100 倍。

1 [美] 肖恩·卡罗尔:《寻找希格斯粒子》，向真译，249 页，长沙，湖南科学技术出版社，2018。

同时，W⁻、W⁺还可以分别取走（−1）、（+1）个电荷。这成为利用规范场理论统一基本相互作用时碰到的一个巨大挑战，直接触发了希格斯机制的提出（这在下一节具体介绍）。

在现实中，弱相互作用也发挥着作用，最典型的就是它可以使太阳缓慢燃烧并维持相对的内外平衡，从而为我们地球的生存提供生命之源。

如图 4−29 所示，太阳的体积相当于 100 万个地球，其能够在自身引力作用下坍塌，强大的压缩力导致太阳核心的温度高达 1 500 万摄氏度。在这种温度下，质子开始融合，形成氦核，并在融合过程中释放能量。

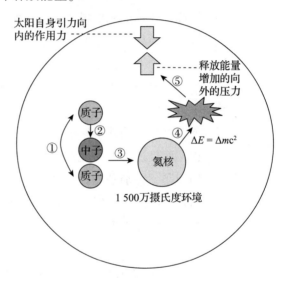

图 4−29　弱相互作用和太阳的燃烧

具体而言，当太阳核心中两个快速运动的质子相互接近时，由于电磁相互作用，它们会互相排斥而无法靠近（图 4−29 中①）；这时一个质子会通过弱相互作用（参见图 4−28 中弱相互作用）变成一个中子（图 4−29 中②）；由于中子不带电荷，新形成的中子和剩下的质子就能非常接近，质子和中子能融合在一起（受强相互作用），形成一个氘核，两个氘核结合在一起形成一个氦核（图 4−29 中③）；在这个过程中会发生质量的变化，减少的质量根据质能方程变为能量而释放出来（图 4−29 中④）；释放的能量增加了太阳外层的压力，它与引力向内的作用力达到相对的平衡（图 4−29 中⑤），防止太阳表层过度坍塌。在这个过程中，太阳的燃烧速度取决于第一阶段引起反应的弱力的大小。科学家推算，如果弱力比现在大 10% 的话，太阳的寿命就会因此缩短 20%；如果再大，在 41 年亿年前地球上生物进化成人类之前，太阳就已经

1 [日] 大栗博司：《强力与弱力：破解宇宙深层的隐匿魔法》，逸宁译，20 页，北京，人民邮电出版社，2016。

燃烧殆尽了。今后 50 亿年我们之所以不用担心太阳的能量，是因为弱力会保持着目前的大小而不会改变[1]。

另外，在弱相互作用过程中，绝大部分都涉及中微子。中微子不带电，质量极小，不参与电磁相互作用和强相互作用。目前，在现实中只发现左旋的中微子和右旋的反中微子，中微子的这种"手征性"破坏了弱相互作用的宇称守恒（P）和电荷共轭守恒（C）。中微子有三种类型，即电子中微子、μ 中微子和 τ 中微子，分别对应于相应的轻子，即电子、μ 子和 τ 子。由于中微子与其他物质几乎不发生作用，它能轻易地穿过普通物质而不发生反应，号称宇宙间的"隐身人"。由于它很难探测，是我们了解最少的基本粒子，现在还存在大量的未解之谜。

5. 引力作用

前面已经介绍，引力作用和上面的三种作用具有不同的特点，它强度最弱，可以忽略在粒子层面的影响，只有吸引作用，作用可以叠加，是宏观世界中最重要的力。而强相互作用、弱相互作用、电磁相互作用是微观世界里起着重要作用的力。这样，引力作用和其他三种作用相比，就显得有些格格不入。事实也证明了这一点，物理学家根据现代量子理论对引力作用进行了构想，预测有引力子的存在。但科学家至今还没有发现引力子，即它是否真实存在仍然存疑。因此，接下来我们讨论的基本相互作用的统一主要是强相互作用、弱相互作用、电磁相互作用三者的统一。

4.5.3 基本相互作用的统一

在物理学发展的历史上有很多次值得纪念的、重大的统一事件。牛顿把天上和地上的力学规律进行了统一，麦克斯韦把电、磁和光进行了统一，爱因斯坦把能量、质量、惯性以及时间、空间等进行了统一，德布罗意对粒子与波动进行了统一，量子场论把物质粒子与场进行了统一[2]。在一次又一次物理理论的统一过程中，人类对物质世界组成和运动规律的认识才得到一次又一次的提升。建立统一的物理理论既是物理学家梦寐以求的理想，又是推动物理学不断进步的源泉和动力。

2 陈时：《物理学漫谈：物理学爱好者与教授的对话》，290 页，北京师范大学出版社，2012。

实际上，这是唯物辩证法矛盾运动推动事物发展规律在物理学上的具体体现。当原有的矛盾实现了对立统一以后，事物的发展就从一个较低的阶段发展到一个较高的阶段，不过随之而来的是新的矛盾的出现。当这个新出现的矛盾又被解决以后，事物的发展就进入更高一级的阶段，循环往复，不断发展。

实现四种基本相互作用的统一自然也成为物理学家追求的宏大目标。而这个过程从开始起，就和强相互作用、弱相互作用单个的理论探索和完善交织在了一起，形成一个错综复杂的过程。因此，我们这里没有去重复这个复杂的发现过程，而是从一个后来者的角度，站在高处，从内在关系出发，对这个过程进行了整理，以期能体现基本相互作用的统一的逻辑和脉络。

我们认为，如果要实现四种基本相互作用的统一，至少要具备以下可能的条件：①以一个共同的量子场理论作基础；②找到"可操作的"驱动矛盾运动的具体"抓手"；③二者有机结合和互动，实现相互作用的统一。

从基本相互作用的发展历程看，前一个要素就是称为规范理论的杨－米尔斯量子场论，后一个要素就是对称性的不断变化。二者构成一个矛盾运动，伴随各种作用力的出现不断发展或完善出对应的理论。

所以，我们首先对规范理论的杨－米尔斯量子场论作简单介绍。然后给出杨－米尔斯量子场论、对称性变化、规范粒子间关系的模式，再利用该模式具体分析电磁作用、弱相互作用、强相互作用理论提出和完善的逻辑。

1. 杨－米尔斯量子场论

在经典电磁学中，麦克斯韦方程组中的电场和磁场本身表示为矢量势和标量势的导数，于是麦克斯韦方程组表现出一定的任意性。也就是说，由于我们可以调整势的空间和时间依赖关系而不改变与之关联的场，因此尽管势的表示具有一定的任意性，但这种任意性不改变与之关联的场，这种性质在经典电磁学里称为"规范不变性"。如果引入变换，"规范不变性"可表示为对势函数做局域变换，即将势函数由一个时空点变换到另一个时空点而不影响理论预言的结果[1]。亦即，这些不同的矢量势连同配套的不一样的波函数，代表的是同一个物理状态[2]。

20 世纪 50 年代，杨振宁和米尔斯认为量子电动力学应当保留这种不变性，进而一起把规范不变性进行了推广，从对一个复数的场的相位旋转推广到多个场之间的旋转，提出了一种更加复杂但非常漂亮的理论，即杨－米尔斯场论[3]。

为此，量子电动力学的拉格朗日量可写作

1　[美] 安德鲁·皮克林：《构建夸克：粒子物理学的社会学史》，王文浩译，128 页，长沙，湖南科学技术出版社，2012。

2　戴瑾：《从零开始读懂量子力学》，47 页，北京，北京大学出版社，2020。

3　同上，48 页。

$$L(x) = \overline{\psi}(x)\mathrm{D}\psi(x) + m\overline{\psi}(x)\psi(x) + (\mathrm{D}A(x))^2 + eA(x)\overline{\psi}(x)\psi(x)$$

这个拉格朗日量在下述变换

$$\psi(x) \rightarrow \psi(x)\mathrm{e}^{ie\theta(x)}$$

$$A(x) \rightarrow A(x) + \mathrm{D}\theta(x)$$

下是不变的[1]。这里的 $\theta(x)$ 是从一个时空点变换到另一个时空点的量。

一个具体的例子，在电子场的局域变换下，由于存在微分因子 D，因此第一项会获得额外的部分。在完整的拉格朗日量里，这个额外的部分会和第四项带来的相等而反号的贡献项（描述电子与光子相互作用）相互抵消。因此，光子的存在（以某种特定方式与带电粒子相互作用）是电磁场规范不变原理的形式要求。这种原有平衡被打破又需要建立新平衡的思想会体现在强相互作用和弱相互作用的分析上。

2. 基于杨-米尔斯量子场论和对称性变化的模式

在 20 世纪 40 年代末和 20 世纪 50 年代，物理学家一般假设拉格朗日量的各项与物理可观测粒子之间存在直接的对应关系。例如，在量子电动力学里，拉格朗日量的前两项 $\overline{\psi}\mathrm{D}\psi + m\overline{\psi}\psi$ 表示真实的、有质量的电子在空间的传播，而第三项 $(\mathrm{D}A)^2$ 则表示真实的无质量的光子的传播。等到了 20 世纪 60 年代初，这种假设受到挑战，原始的场与可观测粒子之间的直接对应关系可能被打破。这样就需要"另辟蹊径"地寻找场和粒子之间的关系，随即一种新的模式出现了，如图 4-30 所示。

1 [美] 安德鲁·皮克林：《构建夸克：粒子物理学的社会学史》，王文浩译，128 页，长沙，湖南科学技术出版社，2012。这里我们不必完全理解和在意公式的具体含义，只要注意下公式的形式，以便理解后面的叙述即可。

图 4-30 相互作用的分析模型示意

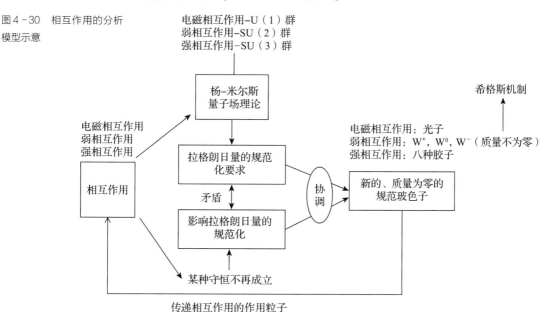

按照这种模式，对一种相互作用的分析可以从两方面入手：一是从杨－米尔斯量子场论入手得到拉格朗日量的表达和规范化要求；二是从该相互作用中所体现的某种守恒不再成立的事实出发，分析其对拉格朗日量的规范化产生的影响。通过提出新的、质量为零的规范粒子协调、解决二者的矛盾，保证满足规范化的要求。而提出的新规范粒子往往就是传递相互作用的作用粒子。

下面我们按照这个思路，再简要看下电磁相互作用、弱相互作用、强相互作用的情形。

对电磁相互作用，由于存在微分因子 D，打破了拉格朗日量的平衡，需要引入光子的存在（以某种特定方式与带电粒子相互作用）以保证电磁场规范不变原理继续成立，而光子也成为传递电磁场和电子作用的作用粒子。在群论的语境下，使量子电动力学保持不变的局域规范变换可以用群 $U(1)$ 来表示。

对弱相互作用，原来成立的宇称守恒现在不再守恒。1958 年，西德尼·布罗德曼在不考虑电磁相互作用的条件下，提出弱作用的中间矢量玻色子不过是杨－米尔斯规范理论的规范粒子。他认为有三种这样的粒子构成"弱作用同位旋"空间下 $SU(2)$ 群的三重态，即 W^+、W^0 和 W^-，并人为地给它们附上大的质量，使之成为拉格朗日量的适当项[1]。这样，弱相互作用规范理论实现了夸克"味"的局域规范不变性。

对强相互作用，由于夸克是费米子，按说应当受到泡利不相容原理的限制，不应出现多个相同的夸克共存在一起的情况，而实际中却出现了，也就是泡利不相容原理对夸克而言出现了不适用。为解决这个问题，物理学家为夸克引入了"色"的概念，对应于三种色，引入新的玻色子——八种带色荷、没有质量、不带电荷的胶子。这样，再次实现在夸克"色"变换下保持局域不变性的目标。满足强相互作用的群是 $SU(3)$ 群。

需要说明的是，最初在弱相互作用分析中，从满足杨－米尔斯量子场论的角度看，为引入三种作用粒子 W^+、W^0 和 W^- 人为地附上大的质量和电荷，这样就破坏了规范粒子质量为零的要求。为此，后来又引入了希格斯机制和希格斯粒子来解决这个矛盾，这在后面再简要介绍。

另外，引力作用应该是一个例外。广义相对论的提出已经使我们认识到引力在宏观和宇观世界里的中心地位，而量子理论是针对微观世界适用的理论。所以，尽管通过引力波的发现，证明了引力

[1]　这时的结论和后来电弱统一后的结论稍有差别，在电弱统一后，这里的 W^0 变为 Z^0。

场的存在，而且依据量子理论提出量子化的引力场的"引力子"概念，并根据量子场理论计算出了"引力子"是一个自旋为 2、质量为 0 的玻色子，但目前还只能说是猜想，至今还没有探测到关于引力子存在的一点踪迹。因此，关于引力场的量子理论尚得不到实验上的直接支持。

3. 电弱统一

从前面介绍的提出过程可以看出，杨 – 米尔斯规范理论与量子电动力学密切相关。由此，人们不禁推想：在某种意义上，弱作用和电磁作用是不是一个统一的电弱力的不同表现形式？

1957 年，施温格（Julian Schwinger）直接统一了弱作用和电磁作用的机制：它们是单一原因的不同表现——单一粒子族成员之间的交换。但弱作用和电磁作用的区别是相当明显的：电磁作用的强度要比弱作用大几个量级；电磁作用的力程无限大，而弱作用的力程极短；电磁作用是宇称守恒的，而弱作用不守恒。如何将如此大的差异进行统一？

1961 年，格拉肖（Sheldon L. Glashow）提出了一个理论模型。这个模型既包含中间矢量玻色子的三重态，也包含单态。三重态势由一正、一负和一个电中性的中间矢量玻色子组成，而单态中间矢量玻色子也是电中性的。通过对规范理论拉格朗日量的质量项的明智选择，格拉肖确保单态和三重态的中性成员重新以这样的方式组合：产生一个质量非常大的粒子（Z^0）和一个可等同于光子的无质量粒子。而这种调整也使得三重态的另两个带电成员（W^+，W^-）的质量变得非常大。对轻子做出同样明智的安排以便得到规范对称群 $SU(2) \otimes U(1)$ 的表示。这样，格拉肖确保了电磁作用（由光子传递）满足宇称守恒，而弱作用则不满足[1]。

其他物理学家也给出了类似于格拉肖模型的电弱统一规范理论。它们的共同特点是中间矢量玻色子的质量由人为给定。

在实现电弱统一的过程中，对称性群论已显示出威力。其原因在于对称性群论恰当地表达了规范协变原理，有助于构建新的量子规范场论。这在后面的电弱强"大统一"中还有进一步应用。

4. 电弱强"大统一"

大统一理论是指将电磁相互作用、弱相互作用和强相互作用这些粒子物理学的所有力，统一到单一的规范理论下。从前面的介绍中已经看出它们具备了统一的基础：都基于杨 – 米尔斯量子场论和

1　[美] 安德鲁·皮克林：《构建夸克：粒子物理学的社会学史》，王文浩译，132 ~ 133 页，长沙，湖南科学技术出版社，2012。

对称性变化，同时还都借助了对称群理论的支持。20 世纪 70 年代初，理论学家用希格斯机制将电磁作用和弱作用统一为一个规范理论。1973 年，理论学家又提出了强相互作用规范理论——量子色动力学。于是，人们认为将电弱理论与量子色动力学统一起来就只是一个时间问题，要做的只是如何扩充群结构，如何适当选择希格斯粒子以便能够重现低能现象[1]。

1 [美] 安德鲁·皮克林:《构建夸克：粒子物理学的社会学史》，王文浩译，309 页，长沙，湖南科学技术出版社，2012。

如图 4-31 所示，将强相互作用与弱电作用统一起来，在群的处理上是采用了 $SU(3) \otimes SU(2) \otimes U(1)$ 直积的方式，生成的群共有 24 种规范粒子，其中 12 种是传递三种作用场的中间色粒子，还有 12 种是传递未知规范作用的未知规范粒子。

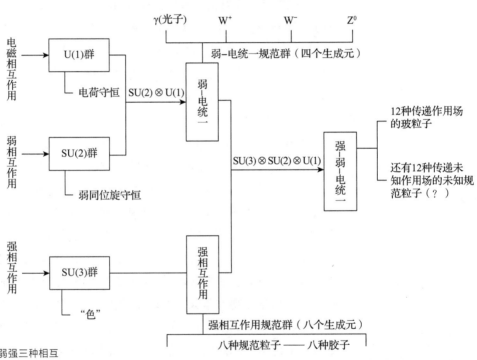

图 4-31 电弱强三种相互作用的大统一

群论工具在助力物理学基本作用统一过程中所发挥的作用又一次说明：利用和物理学概念（模型）相匹配的数学工具，可以为寻找更普遍的物理学规律提供先行的指导。其原因可能是数学较之物理具有更大的抽象性和一般性。在我们探索物理问题的过程中，一定要具有寻找与物理学原理相匹配的数学工具的意识。

5. 希格斯机制

在规范场论里，为了满足定域规范不变性，必须设定规范玻色子的质量为零。但在弱相互作用中，W^+、Z^0、W^- 玻色子的质量不为零。为了解决这个问题，1964 年，希格斯提出了一种生成质量的机制，称为希格斯机制。

希格斯机制应用自发对称性破缺来赋予规范玻色子质量。设想如果某种对称群变换只能将最低能量态变换为自己的，则称最低能量态对于这种变换具有"不变性"。假若拉格朗日量与最低能量态都具有同样的不变性，则称这个物理系统对于这种变换具有"外显的对称性"；假若只有拉格朗日量具有不变性，而最低能量态不具有不变性，则称这个物理系统的对称性被自发打破，或者称这个物理系统的对称性被隐藏，这种现象称为"自发对称性破缺"。弱相互作用中的 W^+、Z^0、W^- 玻色子就符合这种现象：拉格朗日量具有不变性，而最低能量态不具有不变性。

针对弱电相互作用的 $SU(2) \times U(1)$ 规范场论，相适用的是 $SU(2) \times U(1)$ 希格斯机制。在这个模型里，希格斯场是复值二重态，即

$$\phi(x) = \begin{pmatrix} \phi_1 + i\phi_2 \\ \phi_3 + i\phi_4 \end{pmatrix}$$

其中，ϕ_1、ϕ_2、ϕ_3、ϕ_4 都为实函数。

这种希格斯场是由两个复值标量场或四个实值标量场组成的。其中，两个带有电荷，两个是中性。在这个模型里，还有四个零质量规范玻色子，如同光子一样，都是横场，具有两个自由度。于是总合起来，一共有十二个自由度。自发对称性破缺之后，一共有三个规范玻色子会获得质量，同时各自添加一个纵场，总共有九个自由度，这三个获得质量的玻色子就是 W^+、Z^0、W^-。另外，还有一个具有两个自由度的零质量规范玻色子，这就是光子。剩下的一个自由度是带质量的希格斯玻色子，它是粒子物理学标准模型预言的一种自旋为零的玻色子，不带电荷、色荷，极不稳定，生成后会立刻衰变。希格斯机制已被实验证实，但是物理学者仍旧不清楚关于希格斯机制的诸多细节。

4.5.4　标准模型和物质世界

前面量子部分内容的最高成果就是输出标准模型以及基于标准模型对物质世界的诠释。

1. 标准模型

汇总前面的分析，就形成了一套描述强相互作用、弱相互作用

1 [英] 布莱恩·考克斯，杰夫·福修：《量子宇宙一切可能发生的正在发生》，伍义生，余瑾译，164 页，重庆，重庆出版社，2013。

及电磁相互作用这三种基本相互作用及组成所有物质的基本粒子的理论模型，被称为粒子物理标准模型[1]，如图 4－32 所示。

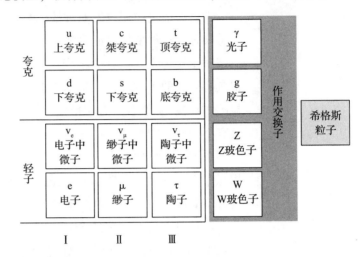

图 4－32 粒子物理标准模型示意

2 [法] 埃蒂安·克莱恩：《物质的秘密：藏在微观粒子里的神奇世界》，龚蕾，郭彦良译，88 页，桂林，广西师范大学出版社，2012。

标准模型立足于少量基本粒子的存在，这些粒子没有已知的内部结构并且是不可分割的。人们在习惯上把这类粒子分为两类，一类是轻子，另一类是夸克。我们将那些保持对原子核内聚力的强相互作用不敏感的粒子叫作轻子。今天我们知道轻子有六种：前三种不带电，且质量非常轻，它们是中微子；另外三种是大质量的轻子，且带电，它们是电子、μ 子、τ 子。除了质量和寿命，它们从各方面看都是相同的粒子。μ 子是电子质量的 206 倍，会在几个微秒内衰变为电子、中微子和反中微子。τ 子则更重，而且寿命非常短暂，只有 10^{-13} s 左右[2]。

标准模型里聚集了三个构造相同的夸克和轻子家族，每个家族都有两个夸克和两个轻子组成，如图 4－32 中 Ⅰ、Ⅱ、Ⅲ 所标。事实上只需要一个家族（第一个由电子、它的中微子以及 u、d 两个夸克组成）就足以表现我们周围的物质，例如原子是由原子核及围绕它旋转的电子组成，原子核本身又由质子和中子组成，也就是最终由 u、d 组成的。那么，其他两个夸克和轻子的家族有什么用呢？为什么自然选择了"重复"这样的东西，创造了三次几乎一样的东西？这是物理学家到现在还不能回答的两个问题。

2. 从标准模型到物质世界

如果抛开复杂的理论，形成我们的物质世界就是四种相互作用加上标准模型粒子。

图 4－33 是一个简化的示意图，它示意了如何从基本粒子开始，

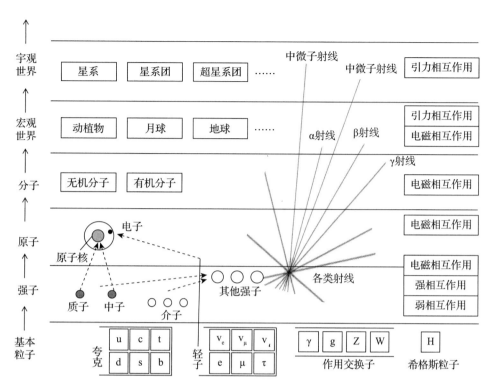

图 4-33 从标准模型到物质世界

在四种基本相互作用下一级一级不断结合，经过基本粒子→强子→原子→分子→宏观世界→宇观世界等层次，形成丰富多彩、千姿百态的物质世界的过程。在不同层次中，起主要作用的相互作用类型是不同的。例如，在形成强子层次和原子核的过程中，强相互作用和弱相互作用发挥主要作用，当然电磁相互作用也要考虑，而引力因为太弱，基本就可以忽略了；而从原子核和电子形成原子到原子形成分子（包括有机大分子），通过各种化学键形成单质、化合物的层面，则主要是电磁相互作用发挥主导作用，强相互作用和弱相互作用已经不再起作用；而到了宏观世界，则主要是电磁相互作用和引力相互作用发挥主要作用；到了宇观世界，则是引力相互作用发挥主要作用。另外，需要说明的一点是，在强子和原子层面，会产生大量的、多种的射线，如人们已经认识的 α 射线、β 射线、γ 射线以及人类目前尚没有认识的中微子射线等。

通过对粒子世界的认识，我们还可以结合相对论的知识对宇宙的形成演化进程有一个描述[1]。如图 4-34 所示，宇观物质层面的演变过程：① t 在 $0 \sim 10^{-43}$ s，称作普朗克时代，所有作用力（引力乃至时空量子化）完全统一；② t 在 $10^{-43} \sim 10^{-35}$ s，大统一时代，引力分离，在 $t = 10^{-35}$ s 时，突然爆胀，伴随着大量夸克和轻

[1] 3.4.3 节是从广义相对论的角度看宇宙的形成演进，这里是侧重从现代量子理论的角度看宇宙的形成演进，二者可以形成互补。

子的产生，强作用分离；③ t 在 $10^{-35} \sim 10^{-10}$ s，夸克－轻子时代；④ t 在 $10^{-10} \sim 1$ s，强子－轻子时代，弱作用和电磁作用分离；⑤之后，形成原子核（$t = 3$ min）、原子（$t = 38$ 万年）、星体和星系等[1]。

1 沈葹：《美哉物理》，136页，上海，上海科学技术出版社，2010。

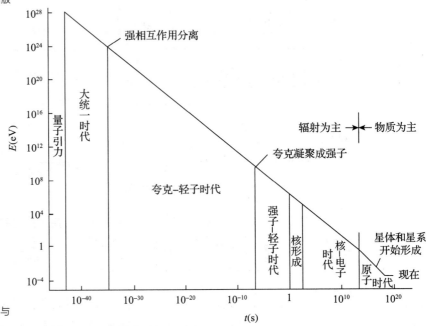

图 4 - 34 四种基本作用与宇宙的形成和演化

第 5 章　热力学

　　热力学是物理学的一个重要分支，它是从宏观角度研究物质的热运动性质及其规律的学科。尽管同是主要的物理学理论，但和牛顿力学、电磁学、相对论和量子理论等几个物理学理论相比，热力学具有以下几个特点。①热力学理论的形成源于生产实践的驱动，与当时的生产实践迫切要求寻找合理的大型、高效热机有关；而其他几个理论，多是形成一个成熟的理论在前，带来相应的技术革命在后。②牛顿力学、电磁学、相对论和量子理论几个物理学理论之间的内在演进关系十分清晰而紧密，并共同遵循基本的物理学规则（如最小作用量原理、协变不变性等），而热力学则基本独立于上述的物理学体系，并且与上述的物理学准则关系不密切。③热力学通过能量转化的过程又和其他物理理论密切关联。

　　如果把前面的几个物理学理论比作同一个恒星系下的行星系统[1]，热力学似乎像是这个恒星系中巨大的彗星，它与行星在时空上有交集，但又保持距离和对立性。

　　如果从现代物理学角度看，热力学在理论上还有一个其他几个物理学理论没有取得的"成就"，即它解决了"时间之矢"或"时间箭头"的问题，而其他几个物理学理论在时间方向上是没有区分的[2]。进而不可逆热力学的研究又从根本上改造了这门科学，通过耗散理论，大致解释了为什么在一个熵递增的宇宙里，像人这样具有极其微妙结构的生物仍然可以出现这类的演化问题[3]。

　　另外，卡诺循环模型热力学还解决了连续做功的问题，并进而推广到一个系统的可持续发展问题。

5.1　概述

　　我们首先分析了一个现代人为什么需要了解一些热力学的相关知识。其次，面对一个非物理学专业人士的需求给出了解热力学（包括现代热力学）核心要义的方法和体系框架。

1　其实这样的比喻并不合适，因为相对论理论与牛顿力学和电磁场理论之间是一般性和特殊性的关系。

2　[英] 彼得·柯文尼，罗杰·海菲尔德：《时间之箭》，江涛，向守平译，10 页，长沙，湖南科学技术出版社，2018。

3　同上，18 页。

5.1.1 为什么要学些热力学相关知识

热力学可以说是一个既"古老"又"新生"、既"传统"又"现代"的物理学分支。所谓"古老"和"传统",是因为人类很早就认识到一些热的现象,而人类对火(最简单的热现象)的认识和运用,对人类文明的产生和进化起到重要作用。近代人类对蒸汽的认识和运用,直接导致了第一次工业革命的出现,人类文明发展进入新的阶段,而且发展起来的热力学理论也继续为人类动力应用提供指导,间接为第二次工业革命做出贡献。后来随着量子理论、相对论等近现代物理学新领域的大发展,热力学似乎有过一段沉寂,似乎变得有些"古老"和"传统"。说到热力学的"新生"和"现代",主要是指从 20 世纪 30 年代起,热力学的研究发生了重大改变,普里戈金(I. LlyaPrigogine)对不可逆热力学的研究已从根本上改造了这门科学,使之重新充满活力,他所创立的理论打破了化学、生物学领域和社会科学领域之间的隔绝,使它们建立起了新的联系。耗散结构论、信息论、生命科学、一般非线性科学等新兴学科的兴起,开启了人类和自然的新对话,展示了热力学的"新生"和"现代"。为了说明热力学的"新生"和"现代",我们还介绍了黑洞热力学的基本内容。霍金用现代热力学、广义相对论、量子理论共同提出和解释了著名的"霍金辐射",从而使黑洞从"恒星生命的死亡归宿"变成"充满生命力的活跃之星",彻底改变了人类对黑洞的认知,从而引发人类对于宇宙发展和演变的认知。

我们认为,要理解热力学的地位和作用,最重要的是需要从研究主体的视角来看待热力学所处的位置。从整体上看,物理学(甚至是自然科学)研究的主体无怪乎两大类别:个体为主和群体为主。经典力学、相对论(包括量子理论)研究的主体基本都是基于小数个体[1]。而事实上,物质世界的存在除个体范畴外,还有大数群体[2]范畴。对包含庞大数目个体的群体而言,单独研究其中一个个体是没有意义的,而需要把所有的个体当作一个群体作为研

---

1 经典力学、相对论采用的是确定性描述,量子理论采用的是基于概率的不确定性描述,研究出发的主体都不是群体。

2 这里暂时没有使用热力学中所用的系统的概念,因为笔者认为这里用系统的概念无法体现热力学中哪怕是小块物质所包含的 10^{23} 个分子这样大数量级的特征。 在后面具体讨论时,我们将回归到使用热力学定义的系统概念。

究主体，抽象出表示群体共性的概念和规律。个体为主体的研究和群体为主体的研究都是不可或缺的。热力学就是从最常见的群体（热分子）出发研究物质群体具有的共性概念和规律，其发展起来的概念和规律不仅为认识自然界群体物质提供了规律性依据，而且也越来越多地被应用于人类社会的社会群体活动的分析上。因此从这个角度看，对一个现代人而言，学习一些热力学相关知识是十分必要的。

2002 年诺贝尔化学奖得主姜·范恩（John B. Fenn）在其著作《热的简史》引言中指出，《热的简史》这本书诞生于他的"两个信念：一是受过开明教育的人，应该懂些热力学法则；二是任何一个有点儿智力的人，即使没有或几乎完全没有科学和数学的背景，也只需要适当地努力便可以懂得热力学。"

对于第二点，笔者认为可能是该书作者更多地从鼓励的角度来讲的，对于一个普通的现代人，如果要搞清热力学的相关原理，特别是热力学在现代物理和其他领域的拓展，还是需要花些时间和精力的。

5.1.2　学习的思路

在现实中，热力学的学习还是有难度的。同样在《热的简史》一书引言中作者也写道："至于第二点，则与校园里流传的说法有点矛盾，俗谓：即使是理工科的学生，也得在钻研两三遍之后，才能理解热力学的精髓。"在热力学第二定律中还引入一个重要的概念——"熵"，它被称作谜一般的概念。熵的应用非常广泛，从热力学中的熵，到社会学中的熵，再到信息学中的熵，"它过去迷惑了许多世代的学子，而同样许多世代的老师们也被搞得很狼狈，总是想向学子们解释清楚"[1]。

因此，热力学的学习也印证了那句时髦的话"理想很美好，现实很残酷"。对于一个非专业的、普通的现代人而言，更需要合适的方式达到了解热力学基本概念、基本原理和应用的目的。本书采用以下思路来实现这个目标：按照热力学内在的逻辑，分为三个依次提升的层面，每个层面围绕一个中心议题展开，形成一个相对独立但又相互关联并依次深入的体系。

5.1.3　学习的框架

如图 5 - 1 所示，第一层面围绕一般人在日常生活中都熟悉的

1　[美] 姜·范恩：《热的简史》，李乃信译，241 页，北京，东方出版社，2009。

"热交换"议题展开，形成热力学中最为基础的部分。首先是基于"热"和"冷"的常识，采用等温传递的方式，定义了温度的概念，这就是热力学第零定律。在此基础上，指出在热交换的过程中始终遵循能量守恒规则，这就是热力学第一定律。再讨论热交换过程中的方向问题，提出了热力学第二定律，在这个过程中人们发现了"熵"这个新的物理量。最后指出，存在一个绝对最低温度，定义为绝对温度的零度，并指出人们只能无限接近绝对温度的零度但却无法达到，这就是热力学第三定律。

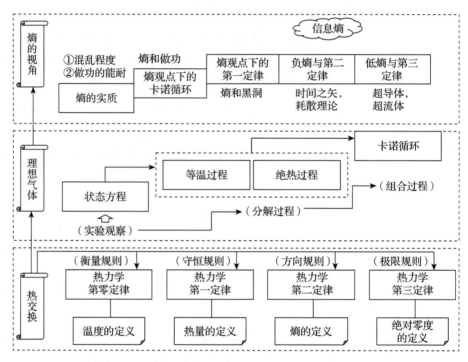

图 5-1 三个依次提升的层面架构

第二层面围绕"理想气体"展开，具体讨论了气体热交换相关过程中的运行规律。理想气体虽然是对实际物质世界中最常见热现象的理想化的简化，是最简单的热过程，但却引出了影响人类文明进程的成果，即通过对气体温度、压强、体积等状态量的观察总结，给出了理想气体的状态方程，随后讨论了理想气体的等温和绝热过程，再在此基础上讨论了一个等温和绝热过程的"天才般"组合——卡诺循环。在这个过程中，还充分体现了科学探索的典型过程，即从实验观察入手总结经验规律建立理想化模型，再对理想化模型进行分解式分析（分析过程），最后在分解分析的基础上完成组合式分析（综合过程）。

第三层面则围绕"熵"的概念展开。熵是人们在研究热交换的方向规则问题时发现的一个新的物理量。当初人们发现熵这个新的物理量时，可能远远没有意识到它对物理学，乃至自然科学、社会科学所带来的深远影响。随着我们对熵的概念和实质认识的不断深入，这个概念所蕴藏的巨大价值被不断地发掘出来。在这个层面，我们再次回到熵，对其内在的实质和意义进行了再认识，并且利用对熵的再认识，再次审视卡诺循环、热力学第一定律、热力学第二定律，从而领悟到热力学这个"古老"的物理学学科所重新迸发出的灿烂夺目的光彩。在这里我们探讨了卡诺循环与自然社会、熵与黑洞、熵与时间之矢、熵与耗散理论、熵与信息论等方面的议题。

为方便起见，我们把以上的三个层面分别称为基本概念原理层面、理想气体模型层面和热力学拓展拓广层面。

在对热力学基本概念、基本定律的介绍中，除归纳的思路外，我们还侧重演绎的思路，这样能更清晰地理解热力学的体系关系。同时，围绕热力学的一些难以理解的点，引入哲学的思想降低理解上的难度。

5.2 基本概念原理层面

如前所述，在这个层面我们围绕最常见的热交换问题，搭建了热力学的最基本的概念原理体系（图 5 - 2）。

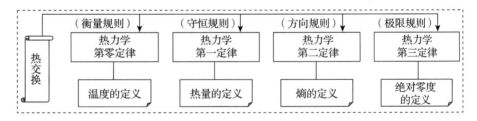

图 5 - 2 热力学的最基本的概念原理体系

5.2.1 热力学第零定律

在演绎化的体系中，一般应先给出该体系的基本定义。从体系上看，热力学第零定律主要是解决热力学中的一个基本的物理量——温度的定义问题。

要严格科学地定义温度即通俗所说的冷热程度，又需要引入热平衡概念：在与外界影响隔绝的条件下使两个物体互相热接触，则热的物体变冷，冷的物体变热，经过一段时间，它们的宏观性质不再变化，我们说它们达到了热平衡状态。

20 世纪 20 年代，福乐（R. H. Fowler, 1889—1944）根据实验

提出热平衡定律。在与外界影响隔绝的条件下，如果处于确定状态下的物体 C 分别与物体 A、B 达到热平衡，则物体 A 和 B 也是相互热平衡的。这条热平衡传递定律称为热力学第零定律。

热力学第零定律揭示了互为热平衡的物体之间必定存在一个共同的宏观性质，这样就给出了温度的宏观定义：表征物体热平衡的宏观性质的物理量，处于热平衡的系统有相同的温度[1]。

从微观上看，热力学研究的对象是由大量微观粒子（分子、原子等）组成的，这些原子和分子处于永不停息的无规则运动之中，这种运动称为热运动。因此从分子运动论观点看，温度是物体分子热运动的剧烈程度的标识。具体而言，是物体分子运动平均动能的标识。温度是大量分子热运动的集体表现，含有统计意义，对于个别分子来说，温度是没有意义的。

温度的定义和热力学第零定律看似简单，其实具有以下十分深刻而丰富的含义，也是演绎出热力学其他定律的基础。

（1）温度是物质系统中的"量化"性质。它为系统增加了向度，基本上不同于其他可以用质量、长度和时间等来表达的性质[2]。由此，温度也成为物理学中与质量、时间、空间、惯性等等同的基本物理量。

（2）温度又是物质高度抽象的共同属性，它涵盖了目前已知所有的物质[3]，屏蔽了物质分子的各种具体类型和形态，只保留了物质分子热运动平均动能大小这样一个具有共性的度量。

（3）也正因为温度是物质高度抽象并共同具有的属性，其超越了各种物质分子的具体类型和形态的差异，建立了物质间最广泛的交换（热交换），并且与另外的物质相互作用（这里主要指做功）构成一个最普遍的能量交换平台，在这个平台上遵循共同的、一般性规律完成交换。这样的一般性规律主要有三个：一个是关于交换中能量守恒的，即热力学第一定律；另一个是关于方向的，即热力学第二定律；第三个是关于极限的，即绝对零度不可抵达，它是建立在大量实验资料归纳总结上的，这就是热力学第三定律。

5.2.2　热力学第一定律

定义了温度以后，我们开始讨论物体间围绕热的相互作用[4]。热力学第一定律是描述热交换过程能量守恒的定律，其含义比较容易理解，这里我们重点回顾一下热力学第一定律归纳导出的过程。

1　吴翔，沈葹，陆瑞征等：《文明之源：物理学》，第 2 版，119 页，上海，上海科学技术出版社，2010。

2　[美] 姜·范恩：《热的简史》，李乃信译，44 页，北京，东方出版社，2009。

3　这里的物质是指具有一定数量的分子（或原子）的物质，单个或极少数目的微观粒子除外。

4　为区分描述，热力学中采用系统和环境的定义。

如图 5 – 3 所示,其基本过程是人们通过实验和实践发现通过加热提高温度或者外部做功(如钻木取火)都能使物体的内能增加,而著名的焦耳实验则在定量层面证明了功和热可以等效,提出热功当量的概念。于是人们将功和热影响内能的两种因素合并,提出了包含以上两种因素的热交换过程的能量守恒规则,即热力学第一定律。

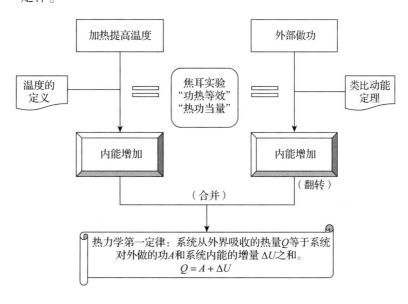

图 5 – 3 热力学第一定律的形成

这里我们主要介绍一下著名的焦耳实验。如图 5 – 4 所示,下落的砝码搅拌了浸没在各种液体中的搅拌桨,这些液体包括水、汞和抹香鲸油。焦耳(James P. Joule)用一个灵敏度约为 1/200 ℉ 的温度计来测量这种因搅拌而引起的温度上升。1850 年,焦耳对于热机械动量的测定值是 4. 155 J/cal,这个数值与当今最好的实验值相差不到 1% 。测量技术和实验经过一个多世纪的发展演进,也比焦耳的结果稍微增加不及 1% [1]。焦耳实验第一次通过科学实验验证了功和热在增加系统内能上的等效性,并相当准确地测量到热机械当量的值。在今天看来,焦耳实验似乎平淡无奇,但它带给我们

1 [美] 姜 · 范恩:《热的简史》,李乃信译,129 页,北京,东方出版社,2009。

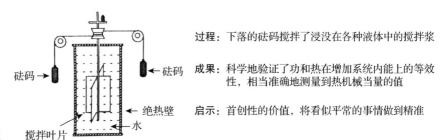

图 5 – 4 焦耳实验示意

一个启示——首创性在科学探索中的价值，并让我们看到将看似平常的事情做到精准的科学精神。

其实，在焦耳实验之前，当时的科学家对能量守恒原理已经进行了相当深度的探索，焦耳实验使能量守恒原理得到了公认。在此基础上，人们总结得到热学上的能量守恒定律，即热力学第一定律。它是能量守恒定律在涉及热现象的宏观过程中的具体描述。如果系统经历一个过程，从外界吸收的热量为 Q，系统对外界做功为 A，系统的内能增加为 ΔU，那么

$$Q = A + \Delta U$$

即系统从外界吸收的热量等于系统对外做的功和系统内能增量之和[1]。或者说是，一个系统总能量的变化等于功热交互作用的总和[2]。

1　吴翔，沈葹，陆瑞征等：《文明之源：物理学》，第 2 版，131 页，上海，上海科学技术出版社，2010。

2　[美] 姜·范恩：《热的简史》，李乃信译，140 页，北京，东方出版社，2009。

5.2.3　热力学第二定律

相比于热力学第一定律的简明性和易理解性，热力学第二定律就复杂得多。首先，从一开始热力学第二定律就体现出与其他物理学定律有差异的地方，即出现了不同的、看似差异还比较大的表述方式。其次，热力学第二定律又出现一次认识上的飞跃，产生了熵的概念，完成从定性描述到定量描述的转变。再后，热力学第二定律的应用范围不断扩大，其适用范围突破热学范畴，成为自然科学领域内的一条基本规律。因此对热力学第二定律的认识可能需要我们站在当代的高度，从高处去梳理清楚这其中的内在逻辑性，这样更容易帮助我们看清热力学第二定律的脉络、探索过程和演进变换。

为此，我们先站在全局的视角提出一个关于热力学第二定律内在逻辑性的模型（图 5-5）。作为典型的实践类科学，人们首先观察了热传递和热转化为功的过程，形成了热力学第二定律的克劳修斯说法和热力学第二定律的开尔文说法，即发现了二者都具有不可逆过程的特征，同时还关注到不可逆过程在自然界的广泛存在，从而通过归纳形成可逆过程和不可逆过程的概念。随之人们开始探索描述可逆过程和不可逆过程的状态度量，于是就有了 1865 年克劳修斯（Rudolf J. E. Clausius）首先发现了一个新的状态度量，并命名为"熵"。在此基础上，克劳修斯给出了热力学第二定律的定量表达式，即著名的熵增加原理 $\Delta S > 0$，熵增加原理暗含孤立系统的发展是一个不可逆过程。由于不可逆过程在自然科学领域中广泛存

在，于是人们发现热力学第二定律在自然科学领域广泛适用，由此人们越来越认为热力学第二定律所揭示的规律是自然科学中的基本规律。后面的事实确实也验证了这一点，随着人们围绕熵的概念和热力学第二定律研究的不断深入，人们不断发现蕴藏在其内的宝藏。

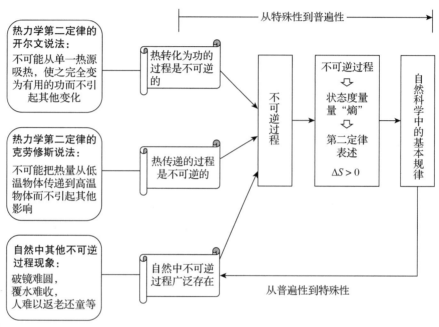

图 5-5 对不可逆过程的认识过程

1. 热力学第二定律的克劳修斯说法

1850 年，克劳修斯发表题为《论热的动力以及由此推出的关于热学本身的诸定律》的论文。论文的第二部分在卡诺定理的基础上研究了能量的转换和传递方向问题，提出了热力学第二定律的最著名的表述形式（即克劳修斯表述）：热不能自发地从较冷的物体传到较热的物体。这也就是热量传递的不可逆性。对应它的可逆过程，热量从低温热源流向高温热源，则需要借助致冷机。有关这一不可逆过程，克劳修斯如是说："不可能把热量从低温物体传递到高温物体而不引起其他影响"。[1]

2. 热力学第二定律的开尔文说法

开尔文（Kelvins）则是从另外一个角度，即抓住热机中热转化为功时存在能量损耗的关键性问题在 1851 年提出了：不可能从单一热源吸热使之完全变为有用的功而不引起其他变化。这就是说，对于任何热力学过程而言，系统在吸热对外做功的同时，必然

1 冯端，冯少彤：《溯源探幽：熵的世界》，修订版，20页，北京，科学出版社，2016。

会产生热转化为功以外的其他影响。比如，可逆等温膨胀确实可以把从单一热源吸收的热全部转化为功，但在热转化为功的同时，已使得原来的世界不再保持原状：系统的体积膨胀了。开尔文说法揭示了自然界中的一个方面：功热不等价，热转化为功时具有不可逆性。

3. 不可逆过程

虽然热力学第二定律的克劳修斯说法与开尔文说法描述的是两类不同的现象，表述意义很不相同，但二者都强调了不可逆过程。克劳修斯的说法实质上是热传递过程是不可逆的，而开尔文的说法实质上是功转化为热的过程是不可逆的，即二者都体现出不可逆过程的共性。

其实，现实的生活有许多不可逆的自然现象。例如，生活中破镜难圆，覆水难收，人难以返老还童等。与热有关的自然过程中，自由膨胀的气体不会自动收缩回去；一滴墨水均匀地扩散到一杯清水中，不可能自动地再凝结成一滴墨水；飞轮制动时机械工变成了热，不可能把热收集起来使轮重新转动。

就是说，不可逆性背后是自然中普遍存在的现象。既然是一种现象或者状态，就应该存在一个能反映可逆和不可逆这种方向性的状态量。或者说，除了热力学第一定律外，一定还存在着另一个定律来制约自然过程进行的方向，因为过程的两个方向都不违反热力学第一定律，即能量守恒定律[1]。

4. 熵的提出和熵表述的热力学第二定律

为此，在发现热力学第二定律的基础上，人们期望找到一个关于系统的状态物理量（态参量），以建立一个普适的判据来描述或判断自发过程的进行方向，克劳修斯首先找到了这样的物理量。1854 年，他发表了题为《力学的热理论的第二定律的另一种形式》的论文，引入了一个新的后来定名为熵的态参量；1865 年，他发表了题为《力学的热理论的主要方程之便于应用的形式》的论文，把这一新的态参量正式定名为熵。

熵采用了增量的定义方式：热量的增加值 ΔQ 与其绝对温度值 T 的比值[2]，即

$$S = \frac{\Delta Q}{T}$$

因而

1　吴翔，沈葹，陆瑞征等：《文明之源：物理学》，第 2 版，138 页，上海，上海科学技术出版社，2010。

2　这里没有区分微分的形式。

$$S(B) - S(A) = \int_A^B \frac{\mathrm{d}Q}{T}$$

有了熵的定义，就可以得到热力学第二定律的数学表达式。对于孤立系统（即不与外界发生相互作用的系统），有

$$\Delta S \geqslant 0$$

上式可以描述为：在一个与外界隔绝的系统中，熵只能增加或保持不变，而不能减少。对于可逆过程取等号，对于不可逆过程取不等号。由于孤立系统中进行的自然过程都是不可逆的绝热过程，所以有

$$\Delta S > 0$$

这就是熵增加原理，它表示孤立系统发生的自然过程总是沿着熵增加的方向进行。因此简单地说，热力学第二定律就是熵增加原理。

热力学第二定律的证明需要较复杂的物理和数学知识，我们这里不去涉及。但用一个简单的理想实验从最直观的经验：热不能自发地从较冷的物体传到较热的物体出发，即可说明热力学第二定律即熵增加原理的正确性。

如图 5 -6 所示，我们假设两个绝热容器 T_1、T_2 分别装有 T_1、T_2 温度的水，设 $T_1 > T_2$。两个绝热容器相互靠近的一侧可以进行热交换，起始状态时用绝热隔板隔离从而使两个容器间不发生热交换。由于熵是一个状态物理量，因而熵具有加和性质（简单来说就是具有代数相加的性质），于是我们把容器 T_1 中水的熵分成两部分，一部分对应于 ΔQ（随后两容器间交换的热量），记为 $\dfrac{\Delta Q}{T_1}$，

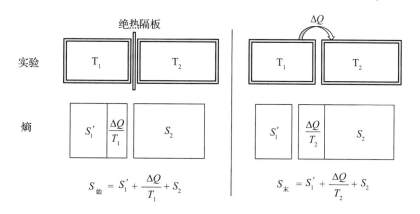

图 5-6　孤立系统下熵增加原理的说明

其余的熵记为 S_1'；把容器 T_2 中水的熵记为 S_2，然后把两个容器 T_1、T_2 合在一起看作一个系统，从而在初始状态下该系统的总熵为

$$S_{始} = S_1' + \frac{\Delta Q}{T_1} + S_2$$

现在我们撤掉两容器间的绝热隔板，使部分热量 ΔQ 从高温的容器 T_1 转移到低温的容器 T_2，于是容器 T_1 中的熵变为 S_1'，容器 T_2 中的熵增加了 $\frac{\Delta Q}{T_2}$。由 T_1、T_2 构成的系统末态时总的熵为

$$S_{末} = S_1' + \frac{\Delta Q}{T_2} + S_2$$

由于 $T_1 > T_2$，所以 $\frac{\Delta Q}{T_1} < \frac{\Delta Q}{T_2}$、$S_{始} < S_{末}$，即在上述这个自发热交换的过程中熵增加了。

克劳修斯采用热量温度比值形式定义的熵，含义很抽象，不容易理解熵的实质和实际意义。1877 年，奥地利物理学家玻尔兹曼（Ludwig E. Boltzmann）指出，熵是分子无序的度量，熵 S 与无序度 W（即某一宏观状态对应的微观态数目或者说宏观态出现的概率）直接的关系为

$$S = k\log W$$

上式称为玻尔兹曼关系式，其中 $k = 1.38 \times 10^{-23} \text{J/K}$ 称为玻尔兹曼常数。

玻尔兹曼关系式使得抽象而神秘的克劳修斯熵的含义变得容易理解了。熵高意味着混乱和分散，即无序；熵低意味着整齐和集中，即有序。

至于玻尔兹曼是如何发现熵的实质含义以及熵 S 与无序度 W 的对数关系的，我们在 5.4.1 节中以一个具体的例子进行探究。

特别需要指出的是，玻尔兹曼对熵的定义不仅方便了我们对熵实质含义的理解，而且大大提升了熵定义的一般性，熵的概念或许成为和质量、时间、空间、惯性、引力、温度一样的基本物理量。不仅如此，熵的概念还在诸如信息论、控制论、宇宙科学、生命科学、社会科学等现代科学技术领域中得到广泛的应用，关于熵的应用我们在 5.4.1 节中作进一步说明。

5. 自然科学中的基本规律

如前所述，尽管热力学第二定律是最初在研究热学相关问题时

提出的，但它本身反映的是关于不可逆过程的规律性认识，而不可逆过程在自然科学中普遍存在。按照现代量子理论的观点，物质都是由大量的各种基本粒子构成的，这些基本粒子中的每一个粒子的状态都是随机的，物质间的过程（无论是物理过程，还是化学过程）都可以看作是分属不同物质的无数个处于随机状态的基本粒子相互作用的过程。显然，这种作用过程从绝对意义上看是不可逆的，因为我们无法再将每一个分属不同物质的无数个处于随机状态的基本粒子都从作用后的状态完全不变地恢复到作用前的状态，所谓的可逆应当是相对的，或者是宏观上统计的结果。从这个角度看，自然科学中的可逆过程一般来说是相对的、有条件的，不可逆过程才是绝对的、无条件的。因此，不可逆过程在自然科学中具有广泛性和重要性。于是作为反映不可逆过程的一般性规律，热力学第二定律的适用范围也就远远超出热学的范畴，而成为自然科学中的基本规律。有关热力学第二定律的拓展，我们会在 5.4.3 节中进一步讨论。

5.2.4　热力学第三定律

1906 年，能斯特（Walther H. Nernst）在研究低温下各种化学反应性质时，总结大量实验资料，得出了一个普遍规律，即

$$\lim_{T \to 0} (\Delta S)_T = 0$$

用文字可表述为：凝聚系统的熵变在等温可逆过程中随温度趋向于零而趋向零。它被称为能斯特定理。后来人们发现，能斯特定理的表达方式没有充分体现热力学规律应具有的普遍性，而能斯特定理的一个推论：绝对温度不可能达到。这一原则更具有普遍性，因而一般把"绝对温度不能达到"原则作为热力学第三定律的标准说法。在历史上，热力学第三定律是从大量实验事实中总结出来的。作为经验规律，它与热力学第一、第二定律共同构筑了热力学整个逻辑基础的公理化原理体系。从统计学的观点来看，第三定律是物质微观运动的量子力学本性[1]。

热力学第三定律看似简单，但随着人们在低温领域的实践探索，其背后蕴藏的含义被不断发现。它不仅开启了低温世界的大门，而且还架设了联系低温和低熵的桥梁，使得人们能够窥探自然界最奇妙的有序现象——超导体和超流体。具体的内容我们将在 5.4.5 节介绍。

1　冯端，冯少彤：《溯源探幽：熵的世界》，修订版，160 页，北京，科学出版社，2016。

5.3

理想气体模型层面

5.3.1 理想气体下的状态方程

对气体而言，除温度外还有两个状态量：压强和体积。将气体的温度、压强、体积等状态量中的两个或多个联结起来的关系式称为气体的状态方程。忽略气体分子的自身体积，将分子看成是有质量的几何点；假设分子间没有相互吸引和排斥，即不计分子势能，分子之间及分子与器壁之间发生的碰撞是完全弹性的，不造成动能损失，这种气体称为理想气体。

在统计物理学出现之前，人们对理想气体状态方程的认识主要是来自在实验的观察总结基础上的"感性"规律。如图 5-7 所示，主要包括：温度 T 固定不变时 $pV = $ 常数的波义耳－马利特定律，压强 P 不变时 $\frac{V}{T} = $ 常数的查理－盖吕萨克定律，以及阿伏伽德罗定律（即无论是哪一种化学成分的气体，在一样的温度和压力下，只要体积相同，就含有相同的分子数）。

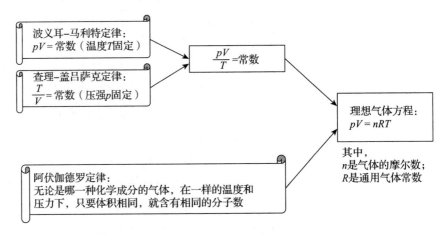

波义耳－马利特定律：
$pV = $ 常数（温度 T 固定）

查理－盖吕萨克定律：
$\frac{T}{V} = $ 常数（压强 p 固定）

$\frac{pV}{T} = $ 常数

理想气体方程：
$pV = nRT$

其中，
n 是气体的摩尔数；
R 是通用气体常数

阿伏伽德罗定律：
无论是哪一种化学成分的气体，在一样的温度和压力下，只要体积相同，就含有相同的分子数

图 5-7　理想气体实验定律及状态方程

1　具体导出过程涉及气体动理学理论，这里跳过。

在这些实验定律的基础上，利用气体动理学理论导出理想气体方程[1]：

$$pV = nRT$$

理想气体方程是我们下面分析特定情况下理想气体变化过程的基础。

5.3.2 理想气体等温过程

等温的含义是指在恒定的温度下，即 $\Delta T = 0$ 或者说 T 可视为一个常数。以下我们根据该等温条件、理想气体状态方程、热力学第一定律推导理想气体等温过程的特征关系。理想气体等温过程及其特征关系是后面讨论卡诺循环和卡诺定理的基础。

对理想气体，内能变换 $dU = C_V dT$（其中 C_V 为定容比热容），于是 $dU = 0$。根据热力学第一定律有

$$\Delta Q = W$$

再根据理想气体的状态方程有 $p = \dfrac{nRT}{V}$，于是有

$$\Delta Q = W = \int_{V_1}^{V_2} p dV = \int_{V_1}^{V_2} \frac{nRT}{V} dV = nRT \int_{V_1}^{V_2} \frac{dV}{V} = nRT \ln \frac{V_2}{V_1}$$

等温膨胀（即 $V_2 > V_1$），过程中理想气体从外部吸收热量并全部对外做功，内能保持不变，但体积增加，熵增加，做功能力下降。

等温收缩（即 $V_2 < V_1$），过程中外部对理想气体做功，理想气体向外部放出热量，内能保持不变，但体积减小，熵减小，做功能力增加。

另外，理想气体等温过程 p、V 满足如下关系：

$$pV = 常数$$

5.3.3　理想气体绝热过程

绝热是指"没有热量流动"，即 $dQ = 0$。以下我们根据该绝热条件、理想气体状态方程、热力学第一定律推导理想气体绝热过程的特征关系。理想气体绝热过程及其特征关系也是后面讨论卡诺循环和卡诺定理的基础。

由于 $dQ = 0$，热力学第一定律变为

$$dU = -dW = -p dV$$

考虑到 $dU = C_V dT$，于是有

$$C_V dT = -p dV$$

再根据理想气体状态方程 $pV = nRT$，对等式两边求导有

$$p dV + V dp = nR dT$$

联合以上两式消去 dT 有

$$\left(1 + \frac{nR}{C_V}\right) p dV + V dp = 0$$

设 $\gamma = 1 + \dfrac{nR}{C_V}$（显然 $\gamma > 1$），将等式两边同时除以 pV，有

$$\gamma \frac{dV}{V} + \frac{dp}{p} = 0$$

对上式两边同时积分，得 $\ln pV^\gamma = 常数$，于是有

$$pV^\gamma = 常数$$

再把上式带入理想气体状态方程，得

$$TV^{\gamma-1} = 常数$$

对于理想气体，绝热膨胀时气体对外做功，温度降低，内能减少，压强也减小，但熵不变；绝热收缩时，外部对气体做功，温度升高，内能增加，压强也增大，但熵不变。

同时，我们需要特别注意理想气体等温过程和绝热过程在 p、V 关系上的差异，等温过程的关系是 $pV = 常数$，绝热过程的关系是 $pV^{\gamma} = 常数$（$\gamma > 1$）。也就是说，在 $p-V$ 坐标系下，等温过程的 $p-V$ 曲线的陡度小于绝热过程的 $p-V$ 曲线的陡度，从而在 $p-V$ 坐标系下可以构成以下形状的闭合曲线（图 5-8），而该闭合曲线就是卡诺循环的条件。图中，曲线段 AB 表示理想气体在温度 T_1 下的等温膨胀过程，满足"$pV = 常数$"类型的关系；曲线段 BC 表示理想气体在温度 T_1 时开始的绝热膨胀过程，满足"$pV^{\gamma} = 常数$"类型的关系，曲线段 BC 下降的陡度要大于曲线段 AB 的陡度；曲线段 CD 表示理想气体在温度 T_2 时开始的绝热收缩过程，满足"$pV = 常数$"类型的关系；曲线段 DA 表示理想气体在温度 T_2 时开始的绝热膨胀过程，满足"$pV^{\gamma} = 常数$"类型的关系，曲线段 DA 上升的陡度要大于曲线段 CD 的陡度，这样才能保证曲线段 DA 与曲线段 AB 交于 A 点，完成闭合（或者说循环）。另外，根据理想气体做功的定义 $dW = pdV$，可以知道四条线段围成的闭合区域（图中阴影部分）的面积代表四个过程的做功之和。图 5-8 中所示的理想气体的四个具体过程我们还会在下一节具体介绍。

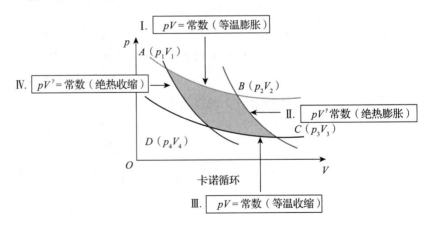

图 5-8　卡诺循环示意

5.3.4　卡诺循环

法国青年工程师萨迪·卡诺（Nicolas L. S. Carnot）是热力学的创始人之一，也是第一个把热和动力联系起来的人。在热能转化为机械能的应用上，到 18 世纪末，瓦特（James Watt）完善了蒸汽机，使之成为真正的动力机械，但效率很低。为此，卡诺希望能探索到蒸汽机真正的动力来源和内在机制以提高热机的效率和经济效益。卡诺出色地、创造性地用"理想实验"的思维方法实现了对蒸汽机模型的抽象而彻底的简化，提出了最简单、但有重要理论意义的热机循环——卡诺循环。

在对蒸汽机苦思冥想后，卡诺悟到其中连续发生的过程的实质是：一定量的水在锅炉里蒸发成水蒸气，水蒸气在气缸中膨胀，推动活塞，耗尽能量后，在冷凝器里又回到了水的状态。那个时代引擎都直接排掉冷凝水，但是卡诺明白，冷凝水可以再回到锅炉里，这样一来水便经历了一个完整的循环，经过一系列的步骤和程序，最终回到其初始状态。卡诺进一步抓住了要点：要使蒸汽机持续不断地运转下去，水不只需要从锅炉中吸热，还必须在冷凝器中把热"排放"给冷凝水，即功的产生需要有热，从一个高温源传递到一个低温槽。以我们现在的观点来看，如果要持续做功，引擎必须同时与热源和冷槽有交互作用。卡诺进一步以理想气体代替水为工作物质，这个想法避开了相变（即从液态水到水蒸气，再从水蒸气到液态水）的复杂性，并且可以利用已建立的理想气体的状态方程来作定量性分析[1]。

1 [美] 姜·范恩：《热的简史》，李乃信译，108 页，北京，东方出版社，2009。

1. 卡诺循环的过程描述

卡诺循环的原理示意图如前面图 5 - 8 所示，下面我们对卡诺循环的四个具体过程作介绍和分析。

卡诺循环的第一个过程是理想气体的等温膨胀。如图 5 - 9 所示，气体温度保持 T_h 不变，内能不变，体积从 V_1 膨胀到 V_2，气体从外部吸收热量并全部转化为对外做功。根据等温条件、热力学第一定律、理想气体状态方程等可以导出

$$Q_1 = W_1 = nRT_h \ln \frac{V_2}{V_1}$$

卡诺循环的第二个过程是理想气体的绝热膨胀。如图 5 - 10 所示，气体体积由 V_2 膨胀至 V_3，温度由 T_h 下降为 T_1，内能减小，对外做功为 W_2。根据绝热条件、热力学第一定律、内能定义可以导出

$$W_2 = -\Delta U = C_V(T_h - T_1)$$

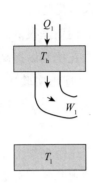

过程一：理想气体等温膨胀由 p_1、V_1、T_h 至 p_2、V_2、T_h（$A \to B$）

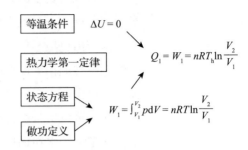

图 5-9 卡诺循环中理想
气体的等温膨胀

过程二：理想气体绝热膨胀由 p_2、V_2、T_h 至 p_3、V_3、T_l（$B \to C$）

绝热条件	$Q = 0$
热力学第一定律	$W_2 = -\Delta U = C_V(T_h - T_l)$
内能定义	$\Delta U = C_V(T_l - T_h)$
状态方程	在后面寻找过程间关系时使用

图 5-10 卡诺循环中理想
气体的绝热膨胀

卡诺循环的第三个过程是理想气体的等温收缩。如图 5-11 所示，气体温度保持 T_l 不变，内能不变，体积从 V_3 收缩到 V_4，设外部对气体做功为 W_3，气体释放的热量为 Q_3，根据等温条件、热力学第一定律、理想气体状态方程等可以导出

$$Q_3 = W_3 = nRT_l\ln\left(\frac{V_4}{V_3}\right)$$

过程三：理想气体等温收缩由 p_3、V_3、T_l 至 p_4、V_4、T_l（$C \to D$）

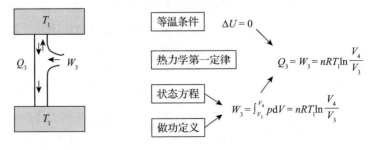

图 5-11 卡诺循环中理
想气体的等温收缩

卡诺循环的第四个过程是理想气体的绝热收缩。如图 5-12 所示，气体体积由 V_4 收缩至 V_1，温度由 T_l 上升回至 T_h，设外部对气体做功为 W_4，内能增加，根据绝热条件、热力学第一定律、内能定义可以导出

$$W_4 = -\Delta U = C_V(T_1 - T_h)$$

过程四：理想气体绝热收缩由 p_4、V_4、T_1 至 p_1、V_1、T_h（$D \rightarrow A$）

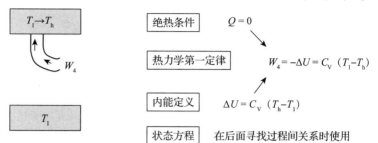

图 5-12 卡诺循环中理想
气体的绝热收缩

另外，针对过程二和过程四，根据状态方程还存在特征关系，如图 5-13 所示，在过程二中，有如下特征关系：

$$T_h V_2^{\gamma-1} = T_1 V_3^{\gamma-1} = 常数$$

在过程四中，有如下特征关系：

$$T_h V_1^{\gamma-1} = T_1 V_4^{\gamma-1} = 常数$$

两式相除得到过程间的一个重要关系：

$$\frac{V_2}{V_1} = \frac{V_3}{V_4}$$

过程二：理想气体绝热膨胀由 p_2、V_2、T_h 至 p_3、V_3、T_1（$B \rightarrow C$）

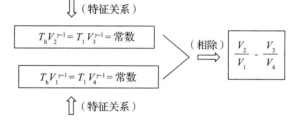

图 5-13 卡诺循环中状态
方程的特征关系

过程四：理想气体绝热收缩由 p_4、V_4、T_1 至 p_1、V_1、T_h（$D \rightarrow A$）

2. 卡诺循环的效率分析

以下我们汇总以上四个过程计算卡诺循环的做功效率。

先合并功，从过程二和过程四可以看出 $W_2 = -W_4$，所以卡诺循环过程中的总功为

$$W = W_1 + W_3 = nRT_h \ln \frac{V_2}{V_1} + nRT_1 \ln \frac{V_4}{V_3}$$

利用关系 $\dfrac{V_2}{V_1} = \dfrac{V_4}{V_3}$ 得到

$$W = nRT_h \ln \frac{V_2}{V_1} + nRT_1 \ln \frac{V_4}{V_3} = nR(T_h - T_1) \ln \frac{V_2}{V_1}$$

在卡诺循环过程中，外部输入的热为

$$Q = Q_1 = nRT_h \ln \frac{V_2}{V_1}$$

从而计算得到卡诺循环的做功效率 η 为

$$\eta = \frac{W}{Q} = \frac{T_h - T_l}{T_h} = 1 - \frac{T_h}{T_l}$$

另外，我们还观察到

$$\frac{Q_1 - Q_3}{Q_1} = \frac{nRT_h \ln(V_2/V_1) - nRT_l \ln(V_4/V_3)}{nRT_h \ln(V_2/V_1)} = \frac{T_h - T_l}{T_h}$$

因此，也有

$$\eta = \frac{Q_1 - Q_3}{Q_1}$$

说明卡诺循环中，有 $W = Q_1 - Q_3$，即热机从高温 T_h 热源吸收的热量中，一部分转化为功，另一部分传给低温 T_l 热源，因此也从侧面验证了热力学第一定律。

3. 卡诺循环的意义分析

卡诺循环至少存在以下几个方面的意义。

（1）卡诺循环的进一步研究促成了热力学第二定律的建立。卡诺循环带来的一个结论，正如卡诺本人所做的这段论述"没有任何一个引擎循环和工作物质的结合，可以导致从低温到高温的自发性的热传递"，应该是我们现在称为热力学第二定律的第一个正式表述。与此相等的表述还有：没有引擎能够产生功而不向低温热贮有净热排放[1]。如同我们在前面已经看到的事实，在卡诺循环的过程三中由高温 T_h 热源传递到低温 T_l 热源的热量 Q_3 不能在下一次循环时再由低温 T_l 热源反向传递给高温 T_h 热源，否则卡诺循环的整个结论就要重新改写了。如果我们再看一下热力学第二定律的另外两种表述（克劳修斯表述和开尔文表述）就不难看出它们之间的关系了。热力学第二定律的克劳修斯表述为：不可能有这样的过程，其唯一的结果是将热量从低温物体传到高温物体。热力学第二定律的开尔文表述是：不可能有这样的过程，其唯一的结果是热量完全转化为功。以上两种表述都可以在卡诺循环中看到它们的影子。应该说，这些陈述并非是从一个更基本的普遍原理中推演出来的，而是从经验中提炼出来的，代表了真实世界本质的一种通性，它们是最原始的真相，值得列在基础定律当中[2]。

1　[美] 姜·范恩：《热的简史》，李乃信译，120 页，北京，东方出版社，2009。

2　同上，121 页。

（2）卡诺循环进一步回答了到底有多少热量可以转化为功的问题，即不存在比卡诺循环的引擎有更高效率的引擎。卡诺定理阐明了热机效率的限制，指出了提高热机效率的方向（提高 T_h，降低 T_l，减少散热、漏气、摩擦等不可逆损耗，使循环尽量接近卡诺循环）。

（3）如前面我们所做的分析，卡诺循环还验证了热力学第一定律。有趣的是，在人们以经验总结热力学第一定律之前，热力学第二定律就已经被明确叙述。但人们在理解第一定律的基础——"能量守恒"之前，卡诺定理的普遍性定律条文和含义并未得到肯定和完全接受，即第一定律虽然"后出"，却先得到世人广泛的理解和接受。

（4）从研究方法看，卡诺这种撇开具体装置和具体工作物质的抽象而普遍的理论研究方法已经贯穿在整个热力学的研究之中。

（5）卡诺循环开创了热机的概念，即一个运行于循环过程将热量转化为功的系统，它必须是循环的，才能使得它可以持续运行，产生稳定的功率。这种概念深刻影响了社会生产力的发展，由此可以启发我们开展社会生产中可持续发展模型的研究。

最后，如果从熵的角度出发，卡诺循环或许还具有另外更深入的内涵，我们将在 5.4.2 章节中具体探讨。

5.4
热力学拓广层面

100 多年来，熵的概念一直是人们讨论的话题，有人视其如一神秘的幽灵，有人视其的出现是一道新思想的闪光，为这混沌的世界展现了一幅值得深思的哲学途径。然而，当回顾人类在这一世纪中的成败得失时，人们格外感觉熵这一自然科学理论的无限深邃，并将它认为是一种新的发展理念。这种理念在诸如信息论、控制论、宇宙科学乃至生命科学等现代科学技术领域中得到了广泛的应用[1]。

1 吴翔，沈葹，陆瑞征等：《文明之源：物理学》，第 2 版，142 页，上海，上海科学技术出版社，2010。

5.4.1 熵概念的探究

我们已经知道热力学第零定律讲的是温度这个性质的存在。第一定律讲的是能量，这个性质不但存在，而且不能无中生有，也不可能从有化无。温度和能量是我们熟悉的事物，因此相对比较好理解。热力学第二定律讲的熵的概念，与我们的日常生活没有直接的挂钩，而且产生过程也不是简单、直接的，而是深藏在经验和公式之下，所以显得非常抽象和不好理解。同时，从本源上了解熵的概念的由来、熵的含义以及为什么是用对数方式表示对深入理解熵和应用熵是十分有益的。因此我们这里以理想气体为例，通过一些简单的设计和分析，看一下熵的概念是如何被发现和提出的？熵为什么是概率的对数值？以及上述两个问题中的内在逻辑是什么？

1. 熵的概念是如何被发现和提出的

与前面的温度、热量、功等概念不同，熵不是在实验观察的基础上直接归纳得到的量（或者说是物质的基本属性），而是潜伏在人们的直接经验之下，经过对基本关系的变化、提炼，首先从形式上发现进而再到含义的探究和对含义的不断深化。下面看熵的概念是如何被发现和提出的。

如图 5-14 所示，对于理想气体而言，分子间势能为零，内能的变化见诸于温度的变化。因此有内能变换 $dU = C_V dT$，再利用理想气体状态方程 $pV = nRT$ 得到 $p = \dfrac{nRT}{V}$。

创新要点

将以上两式代入热力学第一定律得

$$dQ = C_V dT + \frac{nRT}{V} dV$$

从上式看，dQ 不是状态量。但如果两边同时除以温度 T，得

$$\frac{dQ}{T} = C_V \frac{dT}{T} + nR \frac{dV}{V}$$

在这个式子中，式子的右边两项都是状态量（和过程无关），因此式子左边 $\dfrac{dQ}{T}$ 就成为一个新产生的状态量，用 ΔS 表示，这就是熵变。将上式两边同时积分，得

$$\int_{S_1}^{S_2} \frac{dQ}{T} = C_V \ln \frac{T_2}{T_1} + nR \ln \frac{V_2}{V_1}$$

这就是理想气体的熵变的计算公式[1]。

显然，上式右边的值完全取决于 T 和 V 的起始值和终了值，换言之，不论系统如何从开始状态 T_1 和 V_1 走到终了状态 T_2 和 V_2，左边的积分都只有一个值，这种与路径无关的本色说明，$\dfrac{dQ}{T}$ 是系统的性质，是系统的状态量。

1 [美] 姜·范恩:《热的简史》，李乃信译，249 页，北京，东方出版社，2009。

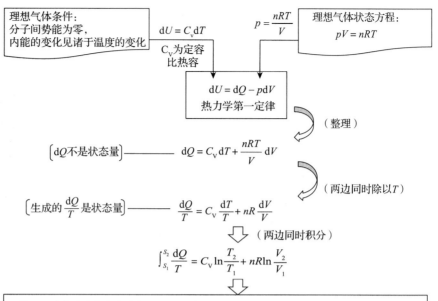

图 5-14 熵的概念被发现和提出的过程

这样，一个反映深藏在我们经验和感受之外的性质就被发现了，并由此打开一片广阔的大天地。

2. 如何理解熵的含义和熵的对数定义式

人们在发现了熵这个状态量以后，就开始探索熵的内在含义和熵的计算式。以下我们结合理想气体的理想实验，以一种简单、直观的方式给出理解。

我们从上述得到的理想气体的熵变公式出发，再假定一个理想实验。如图 5-15 所示，理想气体在起始时刻放在体积为 V_1 的绝热容器中，经过等温下绝热无功的自由扩散过程，在末状态扩散到总体积为 V_2 的绝热容器中并达到稳定状态。

在该过程中，$T_1 = T_2$，$\ln \dfrac{T_1}{T_2} = 0$，这样消去温度项得到

$$\Delta S = \int_{s_1}^{s_2} \frac{\mathrm{d}Q}{T} = nR\ln\frac{V_2}{V_1}$$

为了能从微观的角度探究，将理想气体的摩尔数 n 换成分子数目 N，有

$$\Delta S = \int_{s_1}^{s_2} \frac{\mathrm{d}Q}{T} = kN\ln\frac{V_2}{V_1}$$

可以自然地想到，利用对数性质将分子目 N 放到对数的指数位置，于是有

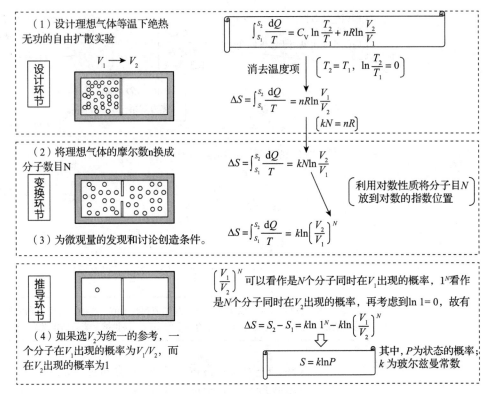

图 5-15　关于熵变公式的
理想实验

$$\Delta S = \int_{s_1}^{s_2}\frac{\mathrm{d}Q}{T} = k\ln\left(\frac{V_2}{V_1}\right)^N$$

由于讨论的熵变 ΔS 是相对值，所以只要保证取相同的参考条件，即可对始末状态的熵值没有影响。于是选 V_2 为统一的参考，在 V_2 下，一个分子在 V_1 出现的概率为 $\frac{V_1}{V_2}$，而一个分子在 V_2 出现的概率为 1（即必然出现），由概率乘法定律 $\left(\frac{V_1}{V_2}\right)^N$ 可以看作是 N 个分子同时在 V_1 出现的概率，1^N 看作是 N 个分子同时在 V_2 出现的概率，再考虑到 $\ln 1 = 0$，有

$$\Delta S = S_2 - S_1 = k\ln 1^N - k\ln\left(\frac{V_1}{V_2}\right)^N$$

于是就归纳出熵的定义式为

$$S = k\ln P$$

其中，P 为状态的概率；k 为玻尔兹曼常数[1]。

我们还以上面的理想气体等温下绝热无功的自由扩散过程为例，从两个角度再扩展一下熵的内在含义。

3. 序与乱[2]

我们先从微观角度透视熵的含义，以概率术语来说，系统处于某一状态时的熵与系统处于该状态的概率紧密相关。在上面的例子

1 [美] 姜·范恩：《热的简史》，李乃信译，286 页，北京，东方出版社，2009。

2 同上，287 页。

中，我们是通过单个分子出现的概率来计算系统的熵的。如果转换为所有分子集合的话，那么熵也就取决于所有分子在容器之中有多少种摆置的方法。容器越大，每一个分子可以摆的位置就越多，可以摆放的组合数就越大，于是这群分子所组成的系统的熵值就越大。在真实气体中，一个分子不仅有位置，而且有速度，因此就有动能，而动能是所谓的"内能"的微观基础。显然，群体的总内能越大，每一个分子可能带有的内能大小的选择就越多。而选择越多，系统能量分配给每个分子的方法就越多，因此和体积位置摆放概率的道理一样，系统内能增加时，其熵值也增加了。

和这些观念息息相关的概念是：系统里的熵越大，意味着系统存在的可能的组合数越大，即系统的混乱无序化程度越大。看起来任何一个系统的自然倾向都是从有序到无序的。比如我们周末收拾完一次房间，这时房间里的东西都井井有条、各归其位，除非我们花些力气去维持既定的秩序，否则很可能到了下个周末房间里的东西就又变得乱七八糟了。

于是再将熵的概念扩展到一般性意义：对于任何一个系统，其具体的熵就称为其无序性的度量。熵增原理告诉我们，孤立系统中发生的自然过程总是向熵增加的方向进行，也就是从有序向无序的方向进行。好在系统都不是孤立的，因此原则上我们可以通过与外界的交互作用，如吸收负熵或通过做功的方式，改变熵增加的方向，使得系统维持有序或向更加有序的方向发展。关于这方面的一些示例我们在后面的应用部分介绍。

4. 能耐贬值[1]

下面我们从宏观上再来检视一下先前试验中发生的事情。当一个气体在刚性绝热的容器中自由膨胀，我们发现它的熵增加了；因为自由膨胀的过程中并没有做功，我们似乎可以公平地说，熵增加的同时，气体的能量也丧失了一些做功的能力；如果再考虑到该过程的不可逆性，那么在没有做功的自由膨胀空间中，新产生的熵就相当于一个无法弥补的损失：一个永远无法回头再来做的"功"。

我们再来看一下当系统的内能是从其他形式的能转化而来的情况。我们一再发现，热引擎将内能转化到功时其转化比取决于热源和冷槽之间的温差，而且无论如何都不会小于 1。引擎从高温热源取得的内能，至少有一部分一定会排失到低温的热贮里。总之，其他形式的能量转化为内能时所产生的熵也同样可以看作是无法挽回的做功能力的损失。

核心要义

沉思及此，我们不禁会领悟，熵所度量的其实是能量退化、耗散或稀释的程度，使系统的做功的能耐变得更小。如果能量是系统得以做功的能耐，那么熵就是这个能耐的贬值。

与上面含义类似的还有另一种表达：熵度量一个系统可变的能力[1]。我们认为，这个表达更具一般性。

以上我们分析了人类对熵的发现、熵本质认识的逻辑，熵是一个广泛存在的、深藏在人们直接感官之下的重要的基本性质。对于熵的认识，人们是先从简单特殊的场景中发现既定的目标规律，再将该规律从特殊场景扩大到一般性场景，并通过实验或实践来验证，这种发现规律的方法值得不断地总结和借鉴。

5.4.2 卡诺循环的熵分析

在前面的压强－体积（$p-V$）坐标系下，对卡诺循环而言，有两个因素限制了利用图形对卡诺循环内在机理的分析：①一般在每一个过程中 p、V 两个量都在变动（表现在图形上是曲线），比较难直观地看出变化的规律；②更为重要的是，由于 p、V 两个量还不是体现做功能力的最直接的量，也使得卡诺循环的实质含义难以体现。

与此对应的是，如果我们在引入熵的概念并探究了熵的真实含义以后，采用温度－熵（$T-S$）坐标系，再画出卡诺循环的热机模型过程（图 5-16），得到的图形有两点优势：①卡诺循环的四个过程都变为了直线，简化了讨论，增加了直观性；②更为重要的是，通过以熵为中心的过程，使我们更清楚地看到了卡诺循环的实质。

1 [英] 彼得·柯文尼，罗杰·海菲尔德：《时间之箭》，江涛，向守平译，14 页，长沙，湖南科学技术出版社，2018。

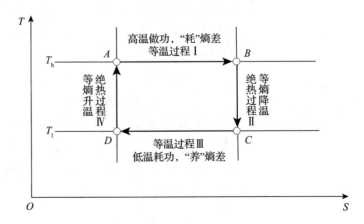

图 5-16　用熵表示的卡诺循环

核心要义

如前所述，除了表示混乱度以外，熵还有一个含义，即它表示了能量退化、耗散或稀释的程度（或者说是做功的能耐的度量）。对热机而言是将热能转化为其他形式的能，熵越低，做功能耐越大，即把热能转化为对外做功的能耐越大。同时，对外做功消耗的是熵差（不是熵的值）。对于相同的熵差来说，高温下（即低熵下）可以做更多的功；与之对应的，如果在低温（即高熵下）恢复上面消耗的相同的熵差，外部只需要较少的功即可实现，这就是卡诺循环的核心。在以上两个过程的基础上，再增加各自一个降低温度和升高温度的绝热过程，就构成了卡诺循环。

在 $A \to B$ 等温过程中，理想气体处于高温 T_h 下，熵相对比较低，该过程从 A 点开始，不断消耗熵值（即对外做功的能耐）在高温 T_h 下做功，到了一定程度，熵值也升高到一定程度（图中 B 点）。为能连续工作，需要开始考虑如何能恢复理想气体的熵值。为降低代价，可采用在低温 T_l 下恢复熵值，为此就有了 $B \to C$ 的绝热过程。在这个过程中，没有热量的交换（即 $\Delta Q = 0$），由 $\Delta Q = T\Delta S$ 知 $\Delta S = 0$，即这个过程中温度从 T_h 降低到 T_l 而熵不变。于是，在温度降低到 T_l 以后（图中 C 点），理想气体在 T_l 下开始一个等温过程，在外面做功的条件下不断降低熵，直至理想气体的熵重新恢复到起始的值（图中 D 点）这就是 $C \to D$ 的过程。随后，理想气体开始一个绝热过程，在熵不变的情况下，在外面做功的条件下，将理想气体的温度从 T_l 升到 T_h，即回到 A 点。

也就是说，如果围绕熵的概念和含义，卡诺循环实际上是经历了以下四个过程：在高温、低熵下，消耗做功能力对外做功，把热能转化为其他能，即所谓的"高温做功，耗熵差"；在高熵的时候，保持熵不变将温度降下来，为低温下恢复熵差（做功的能耐）创造条件，即所谓的"等熵降温"；随后，在低温下，利用较低的代价恢复熵差（做功的能耐），即所谓的"低温耗功，养熵差"；最后，再经历"等熵升温"，回到原来的状态，从而实现以上过程的反复循环，完成连续工作。

需要说明的是，以上四个过程中，只有在 $C \to D$ 过程中，一部分做功的量不可避免地传递给了冷源，造成了损耗，这一点与用压强–体积（p–V）坐标系分析的结果一样。

思想启迪

卡诺循环作为一个连续、可持续发展的理想模型，在自然和社会领域都能带给我们有意义的启发。

比如我们地球上一年中的春夏秋冬其实也可以看作是一次卡诺循环的过程。夏天温度高，万物（尤其是植物）在低熵条件下做功，为动物和人类提供了充足的食物，消耗了熵差，如果一直消耗没有恢复，这个过程是不能持久的。于是有了冬季，温度低，万物（尤其是植物）在高熵条件下开始"养熵"（也要消耗光能等能量），将夏季消耗的熵差恢复回来。两个过程下做功的差异大致决定了大自然的产出。秋季和春季可以看作是各自一个从高温到低温和从低温到高温的过程。于是地球上一年中的春夏秋冬就大致构成了一次卡诺循环的过程（当然不是理想气体这样简单的模型）。年复一年，循环往复，就构成了地球上自然世界的连续、可持续发展。

与之对应的，还有我们人类自古以来在夏天繁荣收获，在冬天保土养熵的耕作模式。

于是，卡诺循环给我们的启示是：在低熵下对外做功，在高熵时休养生息，这样效率才能高，同时也才能实现长久的可持续性发展。

人类社会的社会性活动也是一样的，即需要在低熵（表现为有秩序、头脑清晰、有活力、有激情等）抓紧工作，在高熵（表现为无秩序、头脑混乱、疲倦懈怠等）应抓紧休息恢复熵差，这样才是高效的模式。如果反其道行之，则是低效的模式。

5.4.3 负熵与热力学第二定律

克劳修斯于1865年首先引入了熵的概念来定量地阐明热力学第二定律。他从明确地表述第二定律到正式引入熵的概念经历了15个春秋，他本人也说"在头脑中掌握第二定律要比第一定律困难得多。"或许也正是因为用熵表达的热力学第二定律的开创性，其内在和潜在的价值才被不断挖掘出来，以至于英国作家斯诺（Charles P. Snow）在他的有关"两种文化"的两次演讲中都曾经提及："人文知识分子不懂热力学第二定律，就好像科学家未读过莎士比亚一样令人遗憾。"[1] 这里我们选择了热力学第二定律的两个典型拓展：时间之矢（或时间箭头）和耗散系统加以简要介绍。

1 冯端，冯少彤：《溯源探幽：熵的世界》，修订版，前言，北京，科学出版社，2016。

1. 时间之矢

"时间一去不复返""光阴似箭日月如梭"这些都是古往今来人们对时间单向性的生动描述，尽管这是一个被证明的不争的事实，在熵描述的热力学第二定律提出前，却一直难以找到支撑的理由。就物理学而言，时间从一开始就结合到了动力学（即运动）的研究中去了，而且时间也一直是狭义相对论讨论的重点。但是在动力学描述中，无论是经典力学的描述，还是量子力学的描述，引入时间的方式都有很大的局限性，这表现在这些方程对于时间反演 $t \rightarrow -t$ 是不变的[1]。而根据熵描述的热力学第二定律，人们对时间之矢给出了一种解释：每一个可以想到的程序（至少在概念上）都可以正向和反向进行。在时间持续上的一系列状态，也可以有正向和反向经历。既然我们已经证明了任何一个自发的状态必定会比它之前的状态有更大的熵值，那么所有自然（自发）程序的进行序列就会是按照熵值增加的规则进行的。因此，时间方向本身就被熵增加的原则所决定，所以熵增被称为"时间之箭"[2]。

也就是说时间的方向性是由孤立系统下系统熵自发增加的方向性决定的。如前所述，孤立系统下系统熵自发增加的规律是源于人们对自然现象的不可逆过程的思考，典型如热量不能自动地从低温物体传给高温物体。于是按照上述的演绎逻辑，我们只要能理解事物（事件）的不可逆过程，就能理解时间的单向性。

普里戈金在其《从存在到演化》书中对不可逆过程提出以下的观点：第一，不可逆过程和可逆过程一样实在；第二，不可逆过程在物质世界中起着基本的建设性的作用；第三，不可逆性深深扎根于动力学中[3]。

笔者认为，如果我们划分宏观和微观两个层面的可逆过程和不可逆过程，并且定义什么是时间的回退，或许就能看清这个问题。时间的回退应该是最严格意义上的可逆，即不仅表现在宏观上可逆，而且还应保证在微观层面上所有微观粒子的成分、状态都能完全准确地回退。以化学反应为例，化学反应在宏观层面上是反应物和生成物在量上的变化，在微观层面上则是无数活化分子相互拆开、结合的过程。通常的可逆反应是指满足了宏观上的回退，但却不满足上面提到的时间回退在微观层面的严苛要求，即所有反应后的粒子都严格、完全恢复到反应前的成分、状态，因为就每个反应粒子而言，其状态是随机的。所以，可逆反应只是宏观上、统计上

1 [比利时] 普里戈金：《从存在到演化》，沈小峰译，3页，北京，北京大学出版社，2007。

2 [美] 姜·范恩：《热的简史》，李乃信译，276 页，北京，东方出版社，2009。

3 [比利时] 普里戈金：《从存在到演化》，沈小峰译，4页，北京，北京大学出版社，2007。

的可逆。下面我们把上面的情形用到物理上。按照现代量子理论，物质都是由无数的、不同层面的粒子（分子、原子、夸克、胶子等）组成的，这些粒子的状态都是随机的。对孤立系统而言，这些粒子根据热力学第二定律的作用，将向熵增加的方向运行，考虑时间回退的严格要求，如果时间可以回退就要求运行后的某一时刻的所有粒子在状态上都完全恢复到之前某时刻的状态，这显然是不可能的，因为这些无数粒子的状态在前后都是随机的。如果不是孤立的系统，我们考虑简单的测量问题。波尔强调了在测量中有一个附加的因素，每个测量从内在的意义上说都是不可逆的。事实上，我们认识物质，尤其是它的微观性质，仅仅是依靠测量设备才能进行的，而这些测量设备本身就是有大量的原子和分子组成的宏观客体[1]。如前面提到的化学反应一样，测量设备的无数粒子和被测量系统无数粒子间的物理作用也是不可逆的过程。

由此，通过熵描述的热力学第二定律，利用微观量子理论我们就对不可逆过程有了定性的认识，从而对时间单向性有了定性的认识。

2. 从"孤立系统"到"开放系统"，从"相对孤立"到"相互结合"

上面我们对于通过孤立系统中熵增的方向性分析（即系统从有序向无序演化）讨论了时间之矢，也就是时间的单向性，体现了热力学第二定律在一种情况下的价值。下面我们重点讨论开放系统。首先分析两种单一的开放系统（熵增系统示例和熵减系统示例）的差异，指出差异的根源在于其内部成员（分子）是"相对孤立"还是"相互结合"的。其次说明自然界中生物的演进为什么是从简单到复杂、从低级到高级的，即遵循熵减的规律，而不是遵循熵增的规律，从复杂到简单、从高级到低级的演进。再次，讨论一个开放系统的熵的表达式和应用示例。最后，根据热力学研究从以平衡态和可逆过程为主到以非平衡态和不可逆过程的转变，结合熵的表达式，介绍了耗散结构的概念和基本思想。

实际上，在自然界中完全孤立的系统几乎不存在。绝大多数的系统是开放系统，即系统与外界有相互作用，有能量和物质的相互交换。但相同条件下，不同的开放系统，熵的变化可能呈现不同的特征。例如，对于一个理想气体系统，在外界输入能量的情况下，假设气体既不发生物理形态的变化，也不发生化学反应，即各分子保持各自独孤立，由于理想气体各分子间来自外界的能量转化为气

1 [比利时] 普里戈金：《从存在到演化》，沈小峰译，30 页，北京，北京大学出版社，2007。

体分子的动能，使内能增加，熵也应该增大，呈现熵增的特征。而对于另外一个理想气体系统，在外界输入能量的情况下，气体分子间发生了化学反应（假定几乎没有温度的变化），即来自外界的能量主要转化为气体分子间的结合能，分子变得比原来有序，熵反而减小了。这两种情况都遵从热力学第一定律（能量守恒）和热力学第二定律，只不过在前一种情况中，系统的各成员相对孤立，不相互结合；后一种情况中，系统的各成员不是相对孤立的，而是相互结合了。通过结合将外部的能量主要转化为结合能，并变得更加有序，从而使系统的熵减小。

考虑到联系的普遍性，自然界生物的演化是后一种情况。在地球外部的能量（主要是来自太阳的能量）的作用下，地球上从无机物到简单有机物，再到大分子有机物，从简单生物到复杂生物，从低等生物到高等生物，结构越来越紧密，都呈现出熵减的演化特征，即生物界从低级向高级进化，有序度升高，不同发展阶段的生命物质系统的平均熵降低[1]。

实际上，对于一个具体的开放系统，熵的变化 dS 可以认为由两项组成，第一项 d_eS 是通过系统边界的传输，第二项 d_iS 是系统内部所产生的熵[2]，有

$$dS = d_eS + d_iS \quad d_iS \geq 0$$

比如生命有机体，它不是孤立系统，由于自身的 $d_iS \geq 0$，因此生命体需要不断从外界吸收低熵态（有序度高）的养料，排泄高熵态（有序度低）的废物，即不断从外界汲取负熵，从而促使自身新陈代谢、生长发育、摆脱死亡和维持生命。如果 $|d_eS| \geq |d_iS|$，即负熵在抵消着自身的熵增，则有机体得以健康地生存；如果有一天不再有负熵 d_eS 流入，生物体的熵 S 将逐步达到最大值，生命过程也就终结了[3]。

再回到我们前一节讨论的问题，由于熵的概念的引入，人们对可逆过程和不可逆过程的认识发生了重大改变，从以往的以可逆过程为主转向以不可逆过程为主。由于与可逆过程相关联的主要是平衡态，与不可逆过程相关联的主要是非平衡态，于是伴随而来的是在20世纪30年代以后热力学的研究的重大改变：从研究平衡态和可逆过程为主的传统热力学转向研究非平衡态和不可逆过程的现代热力学，而这竟然将物理学以至科学引入意想不到的奇异境地。非平衡态热力学的显著进展，可以算是20世纪后半期最有价值的科学成就之一[4]。

以下我们就开始讨论不可逆过程下的非平衡态的情况。按照一

1　沈葹：《美哉物理》，213页，上海，上海科学技术出版社，2010。

2　[比利时] 普里戈金：《从存在到演化》，沈小峰译，6页，北京，北京大学出版社，2007。

3　沈葹：《美哉物理》，213页，上海，上海科学技术出版社，2010。

4　同上，214页。

般性规律，在不同的热力学系统中总存在着某种势函数，其极值驱使系统趋向平衡态。现在的问题是，在非平衡态是否也存在类似的势函数。驱使系统朝向某种稳定的、但不是平衡的状态演变。普里戈金提出，在"力"和"流"保持线性关系的领域之中，熵产生为最小值就提供这样的势函数，这就是最小熵产生原理[1]。

1　冯端，冯少彤：《溯源探幽：熵的世界》，修订版，90页，北京，科学出版社，2016。

系统中熵产生为极小值的状态是非平衡的定态，这是一种非平衡态，存在着速率不为零的耗散过程，但描述系统的热力学量是和时间无关的。因此系统的熵值也与时间无关，这样系统熵的变化就为 0，即存在

$$d_e S = -d_i S < 0$$

熵产生和熵流相平衡。

定态和平衡态一样也是稳定的，即系统对于干扰的响应导致干扰的消减，纵有微小的涨落，亦破坏不了系统的稳定性。在近平衡区域中，如果外界约束条件不允许系统达到平衡态，那么系统不得已而求其次，将向熵取值为最小的定态演化，这也体现了近平衡区在恒定约束条件下热力学的时间之矢。在向定态的演变之中，初始的条件都被遗忘了，只有趋向的终态明确无误[1]。

但在远离平衡态的区域，微小的涨落会被放大，从而导致系统突变，进入截然不同的全新状态。这时近平衡区定态所遵循的"最小熵产生原理"已不复存在，广义"力"与广义"流"之间的线性关系也不复存在。外界输入的负熵 $|d_e S| > |d_i S|$，即 $dS < 0$。这时，系统就可能走上愈加有序化的进程，或可形成特殊的时空结构，这种"自组织结构"往往以能量（和物质）耗散为代价，故称之为耗散结构[2]。正是远离平衡态的研究，给热力学第二定律以新的解释和重要补充，物理学、化学中各种有序现象的起因和演变在这里得到解释，甚至如生命的起源、生物的进化乃至宇宙发展等复杂问题也在这里初步得到启示的线索。[3]

2　沈葹：《美哉物理》，215页，上海，上海科学技术出版社，2010。

3　冯端，冯少彤：《溯源探幽：熵的世界》，修订版，107页，北京，科学出版社，2016。

业已证明，远离平衡区域中系统的演化并不遵循某种变分原理，因而不可能像平衡态或接近平衡区那样，有某种势函数来确定变化趋向的终态。在远离平衡区，如果希望能够追踪系统的演化过程，显然不能依靠纯粹的热力学方法来确定，而需要仔细分析、描述系统行为的动力学方程。这时得到的方程是非线性的，而且必然存在耗散，因而反映了不可逆的行为。值得注意的是，当偏离平衡参量增大，非线性方程的解会一再出现分叉，最终导致混沌，即决定性方程管辖下出现的随机性。系统的行为对于初始条件的微量变

化极其敏感，初始值若有了微小变化，方程所给出的某变量的变化轨迹会偏移甚大，甚至会面目全非。换言之，初始涨落会被非线性动力学机制放大许多，并带有很大的随机性。

　　图 5 – 17 为自组织下耗散结构的示意。图中 x 为热力学系统的强度量（例如浓度），它是特征参量 λ 的函数。$\lambda = 0$ 对应于平衡态，λ_c 是临界值。当 $\lambda < \lambda_c$ 时，系统处于线性非平衡区，尚且稳定；当 $\lambda \geqslant \lambda_c$ 时，系统进入远离平衡态的非线性非平衡区，自此刻起，系统状态变化所满足的非线性方程的解出现分叉，代表原先解的一个热力学分支变为两个颇为对称的稳定分支。在每个分叉附近（图中虚线小球示意的区域），如 $b_1 b_2$ 分叉处，涨落或随机因素起着支配地位，导致系统随机地选择 b_1、b_2 两个分支中的一个；而一旦选定了其中的一个分支，在到达下一个分叉之前，系统稳定在所选择的分支上。分支还会继续分叉，随着 λ 增大，系统离平衡态越来越远，分支一级级地分叉，系统也就一次次随机地选择不同的分支，从而自组织形成分层次的耗散结构。

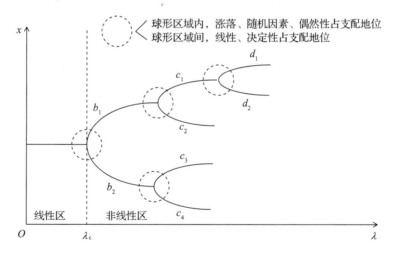

图 5 - 17　自组织下耗散结构示意

核心要义

　　总之，开放系统的熵减使开放系统走向有序，耗散结构依赖于负熵流；这种由有序化导致的时空结构演变成动态的稳定，是系统的演化过程中某一阶段的稳定形态。此乃远离平衡区里的相对稳定，与线性力学系统的稳定轨迹和孤立的热力学系统之平衡态的绝对稳定大相径庭。耗散结构作为有序化的结果，表明熵减过程更具积极意义，它导致了系统进化朝着从简单到复杂，从低级到高级的方向发展。生命是宇宙进化过程中的局部结晶，是自然发展史的进化顶峰，又可算得上是耗散结构的最佳范例。

耗散结构论架起了从平衡态热力学到非平衡态热力学，从线性物理到非线性物理的桥梁。耗散结构论本身也是从线性科学到非线性科学的桥梁之一，它所带来的随机化、复杂性、非线性演化乃至进化的研究成为物理学未来发展的重要方向。不仅如此，耗散结构论还促使熵和负熵的概念向化学、生物学、信息学乃至社会学等领域全面渗透，它打开了展望科学未来的一扇窗。从这扇窗看出去，可以看到一片更为奇异且灿烂、不断进化、生机勃勃的新天地[1]。

最后，需要指出的是，耗散结构论还在哲学上具有实际意义，耗散结构论验证和体现了丰富的唯物辩证法的思想。此外，唯物辩证法的思想又可以反过来帮助我们更好地理解耗散结构论。这方面的内容我们在5.5.2节中具体讨论。

1 沈葹：《美哉物理》，220页，上海，上海科学技术出版社，2010。

5.4.4　熵与黑洞

自1970年霍金（Stephen William Hawking）、贝肯斯坦（Jacob Bekenstein）等在黑洞物理学中引进热力学，黑洞热力学发展已经成为现代黑洞物理学的两大主要组成部分之一（另一个是黑洞量子力学）。这里我们不去讨论黑洞热力学高深的理论，而是从物理学发展的魅力和方法论层面粗略探究其中的神奇之处。

首先，仅从表象上已经可以发现黑洞热力学是一个奇妙的东西：其一，黑洞热力学将物理学中热力学这个"古老"的分支和黑洞这个"年轻"的方向结合在了一起；其二，黑洞热力学将热力学、量子理论和广义相对论三个或传统、或现代的理论结合在了一起；其三，黑洞热力学使得黑洞从"恒星生命的死亡归宿"变成"充满生命力的活跃之星"，彻底改变了人类对黑洞的认知，从而引发人类对宇宙发展和演变的认知。

黑洞热力学起源于美国物理学家惠勒（John A. Wheeler）提出的疑问。既然黑洞只吸收物质，不吐出物质，于是就产生了一个问题：如果一组带负熵的物体（这是很正常的情况）和黑洞共同组成孤立的系统，物体被黑洞吞噬后，黑洞不吐出任何的物质，那么物体的负熵消失，这样的单向结果使孤立系统的熵不断减少，这显然和热力学第二定律指出的孤立系统的熵只能增加的结论相矛盾。当时惠勒的学生贝肯斯坦研究了这一问题。1972年，他设想热力学第二定律应该是普适成立的，从信息论的角度出发，认为黑洞应该有一个正比于它的视界面积的熵。

1973年，贝肯斯坦在参考他人研究的基础上，对照热力学四

1　赵峥:《物理学与人类文明十六讲》，第 2 版，271页，北京，高等教育出版社，2016。

个定律形成了黑洞热力学的四条定律，它们之间的对比如表 5 – 1 所示[1]。

表 5 – 1　黑洞热力学的四条定律

	普通热力学	黑洞热力学
第零定律	具有热平衡的物体，具有均匀温度 T	稳态黑洞表面引力加速度（κ）恒定，且与黑洞温度成正比
第一定律	$\delta U = T\delta S + \Omega \delta J + V\delta Q$	$\delta M = \dfrac{\kappa}{4\pi}\delta A + \Omega \delta J + V\delta Q$
第二定律	$\delta S \geqslant 0$	$\delta A \geqslant 0$
第三定律	不能通过有限次操作，使 T 降为零	不能通过有限次操作，使 κ 降为零

其中，U、S、J、Q 分别为热力学中的内能、熵、角动量、电荷数；M、A、J、Q 分别为黑洞的表面积、熵、角动量、电荷数；Ω、V 分别为转动角速度、静电势

从表中可以看出，黑洞热力学四定律确实非常像热力学四定律。不过黑洞热力学四定律是从广义相对论和微分几何得出的，与热性质无关，因此它们二者的高度相似性确实难以解释。如果说它们在方法论上有什么相似地方的话，那就是对物质和黑洞属性的高度抽象化。对黑洞而言，形成黑洞的物质失去了除总质量 M、总角动量 J、总电荷数 Q 之外的所有信息。而对由无数大量不同类型、不同状态的粒子组成的物质而言，其高度抽象化的属性有总内能、总熵、总角动量和总电荷数。

尽管有了黑洞热力学四定律，但前面提到的围绕热力学第二定律的矛盾还没有根本解决。如果黑洞是完全黑的，那么当黑洞温度低于其环境温度时，黑洞自外界吸收能量，这是符合热力学第二定律的，可是当黑洞温度高于其周围环境温度时，若黑洞仍然只能自外界吸取能量，这将违背热力学第二定律。因此只要认为热力学第二定律普遍成立，就必须承认黑洞不是完全黑的，即它要释放能量。这当然又与经典黑洞理论矛盾。为了解决这个矛盾，1974 年，霍金提出了黑洞的热辐射。霍金指出，不论是静态黑洞还是旋转黑洞，黑洞都会发射粒子，黑洞的这种性质与黑体辐射相似，叫作黑洞的热辐射[2]。

2　刘辽，朱培豫:《黑洞热力学》，载《自然杂志》，1980，3（7），503 ~ 505页。

霍金利用现代量子理论对黑洞的热辐射作了解释。霍金指出，在黑洞表面可能发生真空涨落产生正反粒子对，负能粒子落入黑洞（黑洞内部的时空与外部不同，允许负能粒子存在），使那里的能

量减少，而正能粒子飞向远方。首先这个过程符合能量守恒，即第一定律。其次，飞向远方的正能粒子带有信息，根据信息论，信息相对于负熵，即黑洞增加了正熵，于是对黑洞而言就符合孤立系统熵增加原理了，即符合热力学第二定律了[1]。为了纪念霍金的功绩，人们把黑洞辐射称为霍金辐射。

1　赵峥：《物理学与人类文明十六讲》，第 2 版，272页，北京，高等教育出版社，2016。

霍金辐射颠覆了人们以往对黑洞的认知（即代表了"孤独""沉寂""死亡"），由此黑洞不再是死亡了的星体，不再是恒星演化的终态，黑洞不断地吸收周围的能量和物质，同时不断地向周围发出热辐射，黑洞成为一个活动的、具有生命力的星体。

黑洞质量越大，温度越低，越吸收外界辐射。质量越小，温度越高，越向外发出辐射。黑洞的负热容量使它与外界热辐射很难达到稳定的热平衡。当黑洞与外界热辐射温度相同时，它们处于热平衡状态。这时如果出现一个微扰，使黑洞温度略低于外界，黑洞就会吸收外界的热辐射，负热容使得吸收后的黑洞温度进一步降低，这将导致它吸收更多的热辐射，温度进一步降低。如果微扰使黑洞温度略高于外界，黑洞将对外界给出热辐射，负热容又使放热的黑洞升温，导致给予外界更多的热辐射，黑洞将进一步升温，最后导致黑洞爆炸消失[2]。从黑洞的上述特征来看，黑洞越大，或许越容易长期存在，黑洞越小，或许越不易存活。宇宙中大的星系中心往往都存在着巨大的黑洞，因此也就相对稳定。当然，从更大的视觉看，目前宇宙在快速的膨胀中，而膨胀使得宇宙的背景温度进一步降低。是否存在这样的一天：当宇宙的背景温度低于一些星系中心黑洞的温度时，扰动出现了，使得这些巨大的黑洞开始爆炸最后乃至消失，新的宇宙格局和现象又将呈现。这些猜想和想象或许就是黑洞热力学带给我们的宝贵财富吧，它使我们认识了有生命力的黑洞和有生命力的宇宙。

2　同上，273页。

5.4.5　低熵与热力学第三定律

实际上，前面提到的能斯特定理与绝对零度不能达到原理是等效的，即"不可能实行有限的过程使系统的熵达到零点熵"，此为热力学第三定律的又一表述方式。

1911 年，普朗克（Max Karl Ernst Ludwig Planck）又提出了所有的晶体在绝对零度时熵都相等的理论。因而可把零点熵规定为零，即把 0 K 时的态取做标准态，于是任意态的熵就唯一确定了（按这种方式定义的熵，有时称为绝对熵）。

1. 零点能和量子理论解释

按照经典的分子动力学理论，气体分子的平均动能和晶格振动的平均能量是与绝对温度成正比的。以此类推，在绝对零度时，气体分子运动的动能和晶格振动的能量都趋向于零。但这个推论却和后来实验测得的固体温度和能量的曲线不符。如图 5 – 18 所示，在高温区，能量曲线是一条斜率为恒定值的直线；但在低温区，能量曲线斜率逐渐降低，直至在 $T = 0$ 时与水平线相切。换言之，零点熵等于零，而零点能却不为零，这个值就是零点能。

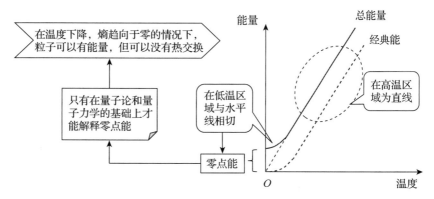

图 5 – 18　零点能示意

只有在量子论和量子力学的基础上才能解释零点能，从这个意义上，第三定律架设了从经典理论通向量子理论的桥梁，同时也可能开辟了一些新的领域。

根据波粒二象性原理，粒子的动量 p 和波长 λ 存在以下关系：

$$p = \frac{h}{\lambda}$$

按照海森堡（Werner Karl Heisenberg）提出的不确定关系，位置坐标的不确定度 Δx 与动量的不确定度 Δp 应满足

$$\Delta p \Delta x \geqslant h$$

如果我们将某一粒子限制在尺寸为 l 的立方盒子中，此时粒子位置的不确定性为 l 对应的动量的不确定性约为

$$mv \approx \frac{h}{l}$$

将等式两边平方、再乘以 $\frac{1}{2}$、除以 m 得

$$\frac{1}{2}mv^2 \approx \frac{1}{2}\frac{h^2}{ml^2}$$

这个值就对应于粒子不能释放出的零点能，不参加热交换[1]。这样就意味着在温度下降、熵趋向于零的情况下，粒子可以有能量，但

1　冯端，冯少彤：《溯源探幽：熵的世界》，修订版，166 页，北京，科学出版社，2016。

可以没有热交换，这或许与低温、低熵条件下一些奇妙的、富有戏剧性的物理现象有关。

2. 超导性和超流性

这些奇妙的现象中，首先要说的是超导性。1911 年，荷兰莱顿大学的昂内斯（Heike K. Onnes）意外地发现，将汞冷却到 − 268.98 ℃时，汞的电阻突然消失。后来他又发现许多金属和合金都具有与上述汞类似的低温下失去电阻的特性，由于它的特殊导电性能，昂内斯称之为超导态。

人们把处于超导态的导体称为超导体。超导体的直流电阻率在一定的低温下突然消失，被称作零电阻效应。导体没有了电阻，电流流经超导体时就不发生热损耗，电流可以毫无阻力地在导线中形成强大的电流，从而产生超强磁场。

这些奇妙的现象中，还有超流性。超流性是指流体在一定的临界温度下具有零阻力（或零黏度）。具有超流性的物质称为超流体，超流体完全缺乏黏性，如果将超流体放置于环状的容器中，由于没有摩擦力，它可以永无止境地流动。例如液态氦在 2.17 K 以下时，内摩擦系数变为零，液态氦可以流过半径为 10^{-5} cm 的小孔或毛细管。

如果从熵的角度看，或许可以解释超导现象和超流现象在理论上的逻辑性。由于这时熵为零，意味着没有热能转化，即不能有任何的热产生，而电阻现象是电流流过导体产生热的过程，阻力现象是相互接触的物体表面分子间作用产生热的过程。于是，对于超导体，因为电流流过时没有任何热的产生，也就意味着电流流过超导体时就没有电阻的存在，于是电流可以毫无阻力地在超导体导线中形成强大的电流，从而在超导体导线周边产生超强磁场；对于超流体，因为物体流动过程没有任何热的产生，也就意味着超流体接触面上没有阻力的存在。

但在微观层面，如何解释超导性和超流性呢？科学家首先对超流现象做出了微观解释。1938 年，科学家伦敦（Fritz Wolfgang London）将超流性出现的物理原因归结为原子的玻色凝聚。在玻色凝聚后的原子系统中，所有的原子仿佛连锁在一起具有相同的能态和动量，其行为宛如一个硕大无比的原子，因此它和通常流体完全不同，呈现出奇妙无比的超流动性。如果超流体的动量为某一不等于零的值，要改变其动量十分不易，因为所有原子的动量均需作等量的量子跃迁。

随后，伦敦又首次明确指出，超导性与超流性的物理根源是相似的，都是宏观量子现象的体现。于是科学家开始考虑电子如何配对成为准玻色子。最初，一位化学家提出像原子配对分子那样进行电子配对，但这一假设从理论上说不通，强烈的库仑斥力会将它们拆散。1956 年，库珀（L. N. Cooper）提出了正确的配对方式，即在动量空间中，一对自旋相反、动量相反的电子进行配对，这种配对形式可以形象地比喻为一场奇异的交谊舞会：一对对舞伴并不像通常那样相互依偎，而是分散在人群之中遥相呼应，音乐声中翩翩起舞，此进彼退，中规中矩。1957 年，三位美国科学家巴丁（J. Bardeen）、库珀、施里弗（J. R. Schrieffer）提出了 BCS 理论[1]，配对的媒介是电子与晶格振动间的相互作用。这样就成功的从微观上解释了超导现象。由此我们也比较好的理解了为什么超流体和超导体的环状通路里会产生持续电流的现象。因为涉及的不是单个原子或单个分子运动的问题，而是环流及量子磁通的跃变，涉及的能量变化将远远超过低温下的量级，因而持续流动现象十分稳定，不易衰减[2]。

目前，一些由于电声作用引起的低温超导现象可以用 BCS 理论做出解释。而像铜基超导体、重费米子超导体中的超导原因，如今仍在研究之中。

5.4.6　熵与信息

在一般人眼里，很难把新兴学科（信息学）和古老传统学科（热力学）联系在一起。但事实上，二者有着密切的关系。其起因来自物理学上一个著名的命题：麦克斯韦妖（Maxwell's demon）。

麦克斯韦妖是在物理学中假想的妖，它能探测并控制单个分子的运动。1871 年，由英国物理学家麦克斯韦为了说明违反热力学第二定律的可能性而设想的（图 5 – 19）。

1　BCS 理论是解释常规超导体的超导电性的微观理论。该理论以其发明者巴丁（J. Bardeen）、库珀（L. N. Cooper）、施里弗（J. R. Schrieffer）的姓氏的首字母命名。

2　冯端，冯少彤：《溯源探幽：熵的世界》，修订版，180 ~ 181 页，北京，科学出版社，2016。

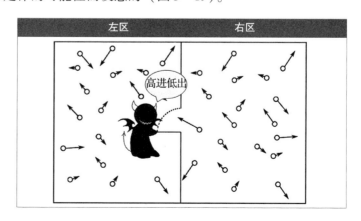

图 5 – 19　麦克斯韦妖示意

麦克斯韦妖的大致思路可以简单地这样描述：一个绝热容器被分成相等的两格，中间是由一个精灵——麦克斯韦妖控制的一扇小"门"，这个生灵，非常机灵，它单凭观察就能通晓所有分子的轨迹和速度，但除了开关一个小孔外，不能做功。于是，它守住容器中间隔板壁上的一个小孔，让较快运动的分子单向穿过小孔进入一格（比如左格），让较慢运动的分子单向穿过小孔进入另外一格（比如右格），这样导致热的部分变得更热，冷的部分变得更冷，无须做功，只用了一个善于观察、手指灵活的生灵所具有的智能。绝热容器孤立系统的整体熵降低了，于是热力学第二定律中"孤立系统的熵只能增加的结论"在这种情况下就不成立了。并且在这个基础上，还可以继续推论出小精灵没有做功，却在容器两侧产生了温差，如果让这个温差驱动热机做功，这会成为第二类永动机的一个范例。

前面我们已经提到，人们已经逐步认识到不可逆过程是自然科学中一个普遍的现象，作为反映不可逆过程的热力学第二定律是一个普遍的规律，第二类永动机也是不存在的。而现在麦克斯韦妖这样一个理想实验中却出现了相反的情况，那么问题出在哪里？1929年，匈牙利物理学家西拉德（Leo Szilard）发表题为《论由智能生灵导致一个热力学系统中的熵的减少》一文，这是一篇很有见地的论文，文中强调精灵在智能方面的作用，如获取信息、存储信息、运用信息的功能是和熵的产生不可分割地联系在一起的。该文通过对小精灵作用的分析，揭示了信息与熵之间存在的密切关系，开创了现代信息论的先河。

1948 年，贝尔实验室的电气工程师香农（Claude E. Shannon）发表了有关信息的数学理论的一系列论文《通信的数学原理》，纯粹就通信的理论进行考虑，定义了信息学的熵为

$$I = -K\ln P$$

其中，I 为信息学的熵；K 为比例常数；P 是可能的情形（概率的倒数）。也可以认为信息熵与热力学标准熵的定义相差一个正负号。信息熵是负熵也是好理解的，因为获得信息就意味着不确定性的减少，即熵的减少。香农公式为信息论奠定了基础。

同在贝尔实验室工作的法国物理学家布里渊（Marcel Brillouin）随即将信息论与统计物理联系起来，他抓住西拉德提供的线索，更加全面地论述了信息和熵的关系，并把这种关系总结在 1956 年出版的《科学与信息论》这一专著中。布里渊进一步将麦克斯韦妖

中的小精灵的行为分为两个步骤。①小精灵对分子信息的获取过程。小精灵想要看得见运动的分子并判断其运动速度，这不可能依赖于腔体内的黑体辐射，因为按照基尔霍夫的辐射定律，腔体内的辐射是均匀的，而且不具有方向性，要看到分子就必须用灯光照在分子上，随后光将被分子所散射，散射的光子再被小精灵的眼睛所吸收，这一步骤涉及热量从高温热源转移到低温热源的不可逆过程，导致系统中熵的增加。②小精灵收到有关分子运动信息后的操纵过程是通过操作闸门将快慢分子分离，在这个步骤中系统的熵是减少的。但由于后一步骤中减少的熵小于前一步骤增加的熵，这两个步骤全过程的总熵还是增加了的。有关熵减的过程是由于信息对小精灵的作用引起的，故信息应视为系统熵的负项，即信息是负的熵。可以看出，以往认为麦克斯韦妖理想实验中热力学第二定律不成立的原因主要是忽视了信息熵的存在和产生的负熵作用。通过以上的分析，也可以看出麦克斯韦妖理想实验实则是一个从外部引入负熵的开放系统，而非孤立系统[1]。

研究表明，信息量等于信息熵的减少，即

$$I = -S$$

目前物理界已普遍接受信息熵是真实熵的观点，认为信息熵与热力学熵本质相同，把它们统称为广义熵，这是信息论的伟大进展，也是物理学的伟大进展[2]。

这里我们又一次体会到想象力在物理学中的重要作用，当初谁能想到一个麦克斯韦妖的小精灵，在物理科学的发展之中扮演了如此重要的角色。它不但以鲜明的图像澄清了热力学第二定律的一些疑团，更重要的是激发人们发现了熵与信息之间的联系，成为信息论这一新学科的先导。不仅如此，它还可能在生命科学的发展之中有用武之地。

1　冯端，冯少彤：《溯源探幽：熵的世界》，修订版，193 页，北京，科学出版社，2016。

2　赵峥：《物理学与人类文明十六讲》，第 2 版，97 页，北京，高等教育出版社，2016。

5.5 哲学思考

5.5.1　热力学与认识论

人类对热力学的认识和应用可以说是充分体现了辩证唯物主义认识论的规律。人类从日常实践中的"热现象"出发，通过抽象思维发现各类经验公式，再在经验公式的基础上通过理想建模发现了四个传统的热力学规律，这可以说是典型的"从实践到理论"的过程。随后人类将这些经典的热力学规律应用于人类的生产、生活，使得人类找到一种新的动力之源，进入蒸汽时代，带来了第一次工业革命，这又是典型的"从理论到实践"的过程。而工业革命和科学实验的实践又促使人类对于传统的热力学规律本质的认识不断加深，在理论上更加深入地认识了熵，特别是负熵的本质和作用，找到了时间之矢的理论依据，创立了突破传统性理论，对未来科学发展具有重要影响的耗散结构论，这是在新的层次上的"从实践到理论"的发展过程。随之而来的是在新的理论下发展起来的现代热力学在物理、化学、生命科学、信息等领域的广泛应用，完成在新的层次上"从理论到实践"的过程。当然，在新的层次上热力学的理论还在发展中，体现出和实践相互促进、交替发展的特征。

5.5.2 热力学与辩证法

在热力学理论中体现着丰富的唯物辩证法的思想。以耗散结构论为例，首先耗散结构把两个意思颇远、甚至有点相悖的概念（耗散和有序）统一起来。在耗散结构中，耗散和有序体现了对立统一的关系；其次，导致耗散结构的非线性动力学机制，集决定性和随机性、必然性与偶然性于一体，体现了决定性和随机性、必然性与偶然性的对立统一的关系。对立统一原理是唯物辩证法中最基本的原理，耗散结构论从概念到过程都是对立统一原理的生动体现。另外，黑洞热力学也解决了黑洞中原来意义上可能只存在矛盾的一个方面的问题。

唯物辩证法中还有一个基本的原理是量变质变原理。在哲学上，对于如何由量变引起质变一般是给出定性化描述，不是特别直观地容易理解。而借助平衡理论和耗散结构论，通过对一个系统变化的全过程进行分析，我们就可以看到一个生动的、直观的、半定量化的量变质变模型。如图 5 - 20 所示，我们假设 x 是影响系统属性的关键参数，λ 是引起 x 变化的量。假定原系统开始的时候处于平衡态，根据平衡态理论，系统的属性保持动态的平衡，即此时微小的涨落对系统的性质没有影响。经过一段时间，系统离开平衡态进入近平衡态，根据前面讨论的理论，系统在近平衡态遵从"最小熵产生原理"，系统对微小涨落有反应，但微小涨落破坏不了系统的稳定性。再经过一段时间，$\lambda > \lambda_c$，系统进入远离平衡态阶段，系统对微小涨落开始变得十分敏感，少量的热涨落就可能使系统进入完全不同的新状态，直到最后一个（或一组）微小涨落引发突变，使系统达到一个新的、稳定的、有序达到结构，即成为一个区别于原系统的新系统。由此，我们不妨把系统变换和演进的过程分为：量变过程（大致相当于平衡态、近平衡态），量变向质变的过渡阶段（大致相当于远离平衡态到没有发生突变形成新的有序稳定状态之前的阶段），最后是质变过程（即一个（或一组）微小涨落引发突变，使系统达到一个有序、稳定的新结构的阶段）。以上三个阶段构成了一个量变不断积累最后引发质变的完整过程。

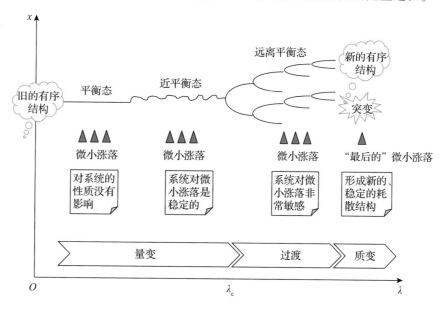

图 5-20　耗散理论与质量互变定律

另外，我们已经提到负熵对事物、系统，乃至自然界、人类社会从低等到高等，从简单到复杂的进化演化过程至关重要。而产生负熵的一个重要原因在于组成事物、系统的粒子间的关系不是"相对孤立"和"无联系"的，而恰恰是"相互结合"和"普遍联系"的，这些结合和联系成为负熵的"载体"，因此负熵的概念也从侧面验证了"事物是普遍联系的"这个唯物辩证法的基本观点。

第6章 从量子力学理论到量子技术

　　量子理论的诞生和发展深刻地改变了世界。这里我们讨论量子力学理论所带来的革命性技术。这类革命性技术又可以分为两类。

　　第一类是基于对量子规律的被动观测技术，或者说是应用到量子力学基本原理的经典技术。典型的例子就是晶体管的发明。量子理论给出了能带理论，能带理论告诉我们一个微观的电子是怎么运动的。晶体管工作时依赖许许多多电子组成的电流，由于电流满足的是经典物理学规律，所以这个技术仍然是应用到量子力学基本原理的经典技术。另一个典型例子是激光的发明，激光由很多单个光子组成，光子由受激辐射的过程产生，受激辐射过程是量子过程。而激光是大量光子构成的一个光束，光束符合麦克斯韦方程组规律，也就符合经典规律，因此激光也是应用量子力学基本原理的经典技术。

　　其实，第一类量子技术对人类生产力的贡献已经是巨大的了。可以说，从20世纪上半叶以来，已经深刻改变了人类社会的生产和生活方式。但目前量子技术正走向第二类量子技术，即对量子状态进行主动操纵，直接利用量子的基本特性开发相应的新技术，如量子计算机、量子通信、量子精密测量等新兴技术。本章我们将主要讨论这类量子技术。

　　第二类量子技术依赖的主要是量子独有的量子特性，例如量子态叠加原理和量子纠缠，以及由它们进一步得到的量子态不可克隆定理及量子隐形传态等。这些量子特性来源于量子力学基本理论和基本思想，并且是量子力学理论专业内容的重要组成部分。由于它们都建立在较复杂的数学定义和运算的基础上，所以这里我们尽量避开专业化的数学语言，采用简化的方式，从介绍应用的角度对这些特性进行简单介绍，重点说明这些特性是如何从量子力学最基本的特性——波粒二象性发展而来的，以便能利用前面章节介绍的量子力学理论更好地理解这些特性特殊的表现和原因。之后，再把这些特性组合起来，重点介绍目前量子应用的几个热点方向，特别是量子计算机和量子通信的一些设计思想和进展。

图6-1是我们给出的量子力学理论从基本思想到量子的基本特性再到技术方向的关系示意图。按照这样的逻辑，我们就可以打通从量子力学理论到量子技术应用的完整通道，以量子力学理论为基础，以量子特性为依托（或者说是过渡），更好、更自然地理解量子技术的发展，因为这些量子技术主要都是建立在充分利用和发挥量子特性优势，以及克服量子特性所带来困难的基础之上的。

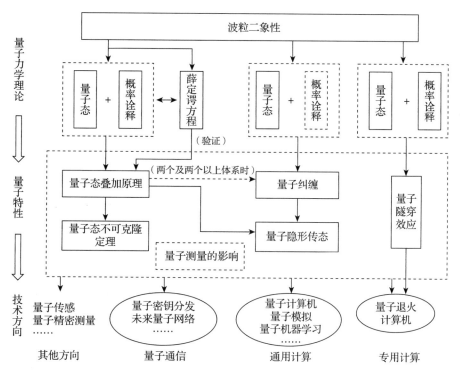

图6-1 从量子力学理论到应用

在图的左边，从量子的波粒二象性出发，对一个量子系统而言，在量子态概念和概率诠释的基础上产生了量子态叠加原理，线性的薛定谔方程佐证了量子态叠加原理；当存在两个或两个以上的量子体系，并且它们之间的量子态发生关系的时候，就可能产生量子纠缠。量子态叠加原理和量子纠缠是量子世界的基本特性，在此基础上又可以导出量子态不可克隆定理和量子隐形传态等特性，在量子世界还有不同于宏观世界的量子测量特性。以上这些特性就构成了量子计算、量子通信的基础。图6-1右边还有一个分支，即从量子的波粒二象性出发，通过量子态概念和概率诠释还生成了量子的另一个重要特性：量子隧穿效应。量子隧穿效应和量子态叠加原理等又构成另一个技术方向：专用计算——量子退火计算机的基础。除此之外，量子技术的发展方向还有量子精密测量、量子传感等。

几个技术方向之下是相应的应用领域，我们将结合具体的技术方向介绍其在相应领域的应用。

6.1
量子特性

量子世界表现出与宏观世界完全不同的特性，最具代表性的是量子态叠加原理和量子纠缠。从这两个特性又发展出量子其他重要特性，如量子态不可克隆定理及量子隐形传态。同时，本节还介绍了量子隧穿效应以及量子测量问题。这些特性或问题都是宏观世界所不具有的。

6.1.1 量子态叠加原理

量子态叠加原理是指，若一个量子力学体系可以处在一系列互异的态上，即

$$\{\psi_1, \psi_2, \psi_3, \cdots\}$$

则态 $\psi = C_1\psi_1 + C_2\psi_2 + C_3\psi_3 + \cdots = \sum_n C_n\psi_n$ 也是该体系的可能态，其中 C_1、C_2、C_3、$\cdots$、C_n 为一组有限复数。

量子态叠加原理是量子力学的一条基本公设。我们大概可以从量子力学最基础的波粒二象性上加以解释。

按照量子的波粒二象性的观点，"粒子性"是指微观粒子的"颗粒性""原子性"，即粒子始终是整体的；"波动性"是指波动现象最本质的要素——波的相干叠加性。在量子力学中，这种波动不是某种实在的物理量的波动（如密度波、压强波等），而是概率波，该波函数模的平方（波的强度）代表粒子（以完整形式）在 t 时刻出现在空间 r 处单位体积中的概率。这样就将微观粒子的"粒子性"和"波动性"统一起来。波函数的统计诠释是目前能把波动 – 粒子两象性统一起来的唯一符合实验的方案。

量子态即一组量子表征，用来表示一个量子力学孤立体系的状态，量子态可以认为是体现"粒子始终是整体的、粒子的要求"的表现。而按照波粒二象性的要求，某一时刻、某一位置下粒子的出现又是有概率的，于是粒子在某一时刻、某一位置下的状态只能是以量子态与概率的组合出现，最简单的形式就是量子态叠加原理所体现的线性叠加关系。也可以说，量子态的叠加原理隐含了不确

1 曾谨言:《量子力学》卷Ⅱ, 第 4 版, 2 ~ 3 页, 北京, 科学出版社, 2007。

定性关系, 它们都是微观粒子波动 - 粒子两象性的表现[1]。

另外, 薛定谔方程被认为是描述粒子波函数的基本方程, 薛定谔方程的解对应着粒子的量子态。由于薛定谔方程是线性方程, 而线性方程的解能满足线性叠加, 因此线性的薛定谔方程也从侧面说明了量子态叠加原理的线性特征。

如表 6 - 1 所示, 如果把经典态和量子态作简单对比的话, 就可以看出它们之间存在显著的区别。

表 6 - 1 经典态和量子态比较

	经典态	量子态
描述	经典粒子在某一时刻只能处于确定的物理状态上	量子态粒子可 (按概率方式) 同时处于各种可能的物理状态上
同时存在的态的数量	只有一个	多个
示例 (双态系统)	经典粒子在某一时刻只能处于 1 或 0 两个状态中的一个	量子态粒子在某一时刻能 (按概率方式) 处于 1 和 0 的叠加态

理解了经典态和量子态的差别, 我们就可以进一步分析经典比特和量子比特的差别。由于比特是信息处理的基础, 也是计算机、通信应用的基础, 因此通过经典比特和量子比特的比较, 我们就可以发现一些经典信息处理和量子信息处理上的重大差别。

当我们把一个双态系统用数字表示的时候, 就产生了比特。一般情况下, 我们把一个双态系统对应一个比特。把多个双态系统连在一起就可以表示多个比特。由于量子粒子具有态叠加性, 使得使用量子双态系统所表示的量子比特和使用经典双态系统表示的经典比特具有不同的效能, 不同的特点。

对于经典双态系统而言, 由于在某一时刻一个经典双态系统只能处于一个确定的物理状态上, 因此所对应的一个经典比特在一个时刻只能表示一个二进制数 (1 或 0); 而对于一个量子双态系统, 在某一时刻可以处于两个不同状态的叠加态, 即 $|\psi\rangle = C_1|0\rangle + C_2|1\rangle$, 一个量子比特在一个时刻可以同时表示两个数 (系数 C_1 和 C_2)。如果把两个双态系统组合在一起, 对经典双态系统而言, 在同一个时刻两个双态系统的状态可以表示两个二进制数; 而对量子双态系统而言, 在同一个时刻两个量子双态系统的状态是四个态的叠加, 即 $|\psi\rangle = C_1|00\rangle + C_2|01\rangle + C_3|10\rangle + C_4|11\rangle$, $C_1 \sim C_4$ 四个系数可以表示 4 个数。

即

$\begin{cases}1 \text{ 个经典比特：在一个时刻只能表示一个二进制数。} \\ 1 \text{ 个量子比特：在一个时刻可以同时表示两个数。}\end{cases}$

$\begin{cases}2 \text{ 个经典比特：在一个时刻只能表示 } 2 \text{ 个二进制数。} \\ 2 \text{ 个量子比特：在一个时刻可以同时表示 } 4 \text{ 个数。}\end{cases}$

$\begin{cases}3 \text{ 个经典比特：在一个时刻只能表示 } 3 \text{ 个二进制数。} \\ 3 \text{ 个量子比特：在一个时刻可以同时表示 } 8 \text{ 个数。}\end{cases}$

……

$\begin{cases}n \text{ 个经典比特：在一个时刻只能表示 } n \text{ 个二进制数。} \\ n \text{ 个量子比特：在一个时刻可以同时表示 } 2^n \text{ 个数。}\end{cases}$

如果我们以双态系统的个数为横坐标，以在同一时刻能表示的数 N 为纵坐标，作出 n 个经典双态系统能表示的数的个数（满足函数 $N = n$）和 n 个量子双态系统能表示的数的个数（满足函数 $N = 2^n$）的对比图像（图 6 - 2），就会马上看出二者的效能所存在的巨大差异，图中系列 2 表示的是经典双态系统的变化曲线，系列 1 表示的是量子双态系统的变化曲线。

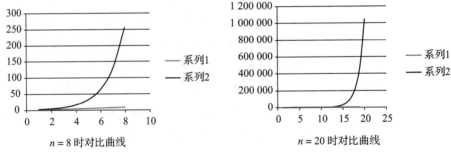

$n = 8$ 时对比曲线　　　　　　$n = 20$ 时对比曲线

图 6 - 2　经典双态系统和量子双态系统

可以看出，从理论上而言，量子比特表示的数的数目的优势是经典比特根本无法比拟的。在图 6 - 2 中，只是给出了 $n = 8$ 和 $n = 20$ 两种情况，随着比特数（亦即双态系统数目）的增加，经典比特可表示的数的个数基本趴在横坐标轴上，而量子比特可表示的数的个数以指数级增长，二者的差异随比特数的增加越发显著。300 个量子比特在理论上能同时存储 2^{300} 个数字，据推断这个数字比宇宙中所有的原子数目还要大。

量子比特的优势不仅体现在数据存储的高效上，同时还体现在数据可并行处理的能力上。量子比特表示的数体现在量子态的系数上。由于量子态具有线性叠加性，使得量子态的系数自然地具有了并行性，即这些系数可以实现并行输入、输出，这样为并行处理提供了第一个必要条件。

　　需要说明的是，上面所说的量子比特是指逻辑量子比特，不是物理量子比特。由于实际的量子比特对周围环境、有关操作非常敏感，目前技术水平下为准确表示和操作一个逻辑量子比特，需要实现纠错机制，这样可能需要使用数百、数千个物理量子比特表示一个逻辑比特。因此尽管量子态叠加原理所赋予量子比特存储的潜能非常巨大，但要把这种潜能转化为有效的实现还有很长的路要走。

6.1.2　量子纠缠

　　量子纠缠也是量子世界最重要特性之一。量子纠缠具有严格的数学定义形式[1]，但这里我们采取一个定性化描述方式，即把两个或两个以上系统存在的量子非定域性关联称为量子纠缠。

　　非定域性是对定域性的否定性解释。因此，我们可以从定域性入手了解非定域性的含义。

　　定域性又称局域性，是指一个对象在某一时刻在空间中占有明确位置的事实或性质。爱因斯坦给出的定域性假设是：如果两个体系没有相互作用，其中一个体系发生的任何变化不会导致另一个体系发生变化（或者说作用和位置相关）。按照定域性的要求，任何物理效应（包括信息传递）都不可能以大于光速的速度传递[2]。

　　按照量子理论，量子可以具有非定域性。量子的非定域性是指属于一个系统中的两个粒子（即使你把它们分开），如果把其中的一个粒子放在距离另一个粒子非常遥远的地方，当对任意一个粒子进行扰动时，另一个粒子会立刻知道并做出相应反应。这种反应是瞬时的，超越了我们的四维时空，也就是非定域性的。

　　按照上述定义，发生量子纠缠的粒子就具有量子的非定域性。不过在后面我们会分析，如果没有经典信息的传递（不会超过光速），这样的反应是不能传递信息的，也就是说量子纠缠现象并没有违背信息传递不能以大于光速的速度进行的基本准则。

　　量子纠缠所表现出的诸多性质与宏观世界（或者说人们日常生活）的经验格格不入，往往引起人们极大的困惑。除了上面提到的作用的非局域性（和距离无关），还有非独立性也是量子纠缠所表现出的性质之一。非独立性是指当两个量子粒子相互作用之后，一般而言，它们不可以再被独立描述，即对一个的测量会立即引起另一个的变化。另外，量子纠缠态还隐含了作用响应的并行性，即对处于纠缠态的其中一个粒子的作用（无论是测量还是来

[1]　设定子系统 A、B 的量子态分别为 $|\alpha\rangle_A$ 和 $|\beta\rangle_B$，假若复合系统的量子态 $|\psi_{AB}\rangle$ 不能写为张量积（直积）$|\alpha_A\rangle \otimes |\beta_B\rangle$，则称这个复合系统为子系统 A、B 的纠缠系统，两个子系统 A、B 相互纠缠。

[2]　吴今培：《量子概论：神奇的量子世界之旅》，48～49 页，北京，清华大学出版社，2019。

自环境的影响），会瞬时（同时）影响另外处于纠缠态的其他粒子。也正是量子纠缠具有的非定域性、非独立性、并行性等量子世界特有的特点，为人们利用这些神奇的特点实现不同以往的量子计算机、量子通信等革命性技术提供了广阔的空间。

在实验和实践中已经验证，在多粒子体系或多自由度体系中，纠缠态是普遍存在的一种状态。例如，占据同一轨道的量子态的两个电子，它们的自旋态就构成了纠缠态，这对电子就构成了量子纠缠对：它们的自旋必须是一个向上，一个向下，但又不能明确指出哪个向上，哪个向下。当经过测量确认一个电子的自旋态，比如向上的时候，那么就可以马上确认另外一个电子的自旋态为向下，反之亦然。

关于量子纠缠在内在机理上更深层次的解释，当前的理论还难以给出。这里，我们还是从量子粒子的波粒二象性出发，利用量子态和概率诠释的概念，对量子纠缠发生的可能性依据作简单剖析。前面已经提到，对一个体系而言，实现量子粒子波粒二象性的"唯一"的可行方案是量子态叠加原理，即一个量子粒子在某一时间、某一位置所处的状态是其所有本征状态按出现概率的一个线性叠加。这样，对于由两个或两个以上体系构成的更大的体系而言，量子粒子对的某些状态在同一时间和位置就可能出现重叠，形成新的组合，产生量子态之间的关联和约束，构成一个统一的系统，这时就发生量子态纠缠，相应的粒子成为量子纠缠粒子。以上的分析至少表明，量子纠缠的发生还是来源于量子粒子的波粒二象性的要求，是多个具有波粒二象性的量子粒子在空间发生重叠时可能出现的特殊要求和现象。

我们可以通过一个典型的量子纠缠态的产生过程来体会这样的解释。光子的偏振态在实际中最容易被操纵和处理。目前人们已经比较成功地利用偏硼酸钡（BBO）晶体来产生光子偏振纠缠态。如图 6-3 所示，BBO 晶体是一种非线性双折射晶体，它可以将角频率为 2ω 的泵波转化为两束角频率为 ω 的出射波（即所谓的下转换）；其中一束为寻常光（o 光），另一束为非常光（e 光），二者的偏转方向互相垂直。这两束出射光都是空心的光锥。在一定条件下两光锥相交于 A、B 两处，从这两处射出的光子就处于纠缠态[1]。

量子纠缠特性在应用上最大的优势是它所提供的并行处理能力，这种能力和前面介绍的量子态叠加原理提供的数据并行输入输

1 赵凯华，罗蔚茵：《量子物理》，第 2 版，395 页，北京，高等教育出版社，2003。

出能力一起构成了量子计算机工作的基础。同时，量子纠缠特性在量子通信上也有广泛应用，这在后面我们再具体介绍。

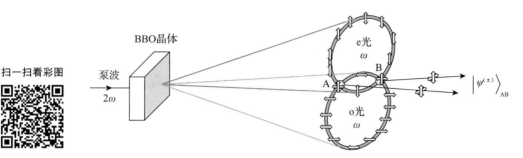

扫一扫看彩图

图 6-3　利用晶体非线性双折射产生纠缠态的示意

6.1.3　量子态不可克隆定理

量子态不可克隆定理是指一个未知的量子态不可能被完全精确复制。这个定理被认为是量子态叠加原理的一个重要推论。量子态不可克隆定理可以利用反证法进行证明，但涉及专业的数学运算[1]。

这里我们利用量子态叠加原理并结合波粒二象性作简单论证。假定被克隆前一个量子力学体系可以处在一系列的本征态上，各本征态可由克隆前力学体系对应的薛定谔波方程求解得到，设为 $\{\psi_1, \psi_2, \psi_3, \cdots\}$。根据量子态叠加原理，被克隆前一时刻（假设为 t_0）该量子力学体系的状态可设为

$$\psi = C_1\psi_1 + C_2\psi_2 + C_3\psi_3 + \cdots = \sum_n C_n\psi_n$$

当该未知量子态被克隆时，必然要引入必要的设备，而引入的设备哪怕再小也是由物质粒子构成的。根据前面波粒二象性章节中的描述，任何物质粒子的引入都会对被克隆粒子的可能路径产生影响。换句话说，这时的量子力学体系应该由被克隆粒子和引入的设备（粒子的集合）共同构成。针对这个改变以后的力学体系，根据薛定谔方程求解得到的本征态也一定不同于原来只有被克隆粒子力学体系的本征态。自然，克隆后被克隆粒子的量子态也就不再能用

$$\psi = C_1\psi_1 + C_2\psi_2 + C_3\psi_3 + \cdots = \sum_n C_n\psi_n$$

来表示。即一个未知的量子态在被克隆后不能再用原有的量子叠加态表示，亦即一个未知的量子态不可能被完全精确复制。

在实际应用时，量子态不可克隆特性是一把"双刃剑"。比如，它为量子通信防止被窃听提供了理论依据，但在量子计算机应用中，对数据的输入和输出带来了困难。

1　曾谨言:《量子力学》卷 Ⅱ，第 4 版，63~64 页，北京，科学出版社，2000。

6.1.4 量子隧穿效应

量子隧穿效应仍来源于量子的波粒二象性以及对应的概率幅解释。由于波粒二象性的存在，使得微观粒子的运动应当用波函数（在某一时刻粒子出现在某个位置上的概率幅）来描述。如果出现障碍物，波函数会削弱，但一般不会完全消失。因此在障碍物的另一边，会存在很小的、有限的概率，即这个物体有很小的概率出现在障碍物的另一边，这种现象称为量子隧穿效应。量子隧穿效应是量子世界特有的一种现象，它可以使量子粒子有一定的概率穿过障碍物，即使从传统意义上来说，这个粒子没有足够的能量来跨越障碍。

量子隧穿效应是美国物理学家卡莫夫（G. Gamow）在研究阿尔法（α）衰变理论时提出的。如图 6-4 所示，阿尔法衰变是原子核衰变分裂后，释放出阿尔法粒子射线的现象。原本根据原子核的结构，会发现原子核的边缘有一道能量的壁垒，阿尔法粒子按说无法穿越这道壁垒释放到外部，即无法发射出来。但实际上，阿尔法粒子却发射出来了。这样按照传统理论就无法解释。但如果我们使用薛定谔方程，按照量子理论计算阿尔法粒子的位置，那么能够发现阿尔法粒子有穿过能量壁垒、存在于壁垒外侧的概率。也就是说，原来不应该穿越能量壁垒的阿尔法粒子，存在一定的概率像挖隧道一样穿越了这道壁垒。

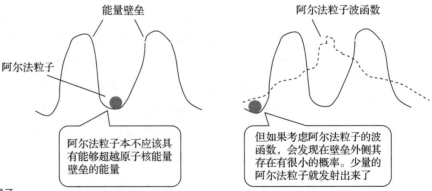

能量壁垒　　　　　　　阿尔法粒子波函数

阿尔法粒子

阿尔法粒子本不应该具有能够超越原子核能量壁垒的能量

但如果考虑阿尔法粒子的波函数，会发现在壁垒外侧其存在有很小的概率。少量的阿尔法粒子就发射出来了

图 6-4　阿尔法粒子的量子隧穿效应示意[1]

1　[日] 佐藤胜彦：《有趣的让人睡不着的量子论》，孙羽译，173 页，北京，人民邮电出版社，2016。

量子隧穿效应是微观世界下不同于宏观世界的典型效应，除后面我们介绍的人为开发的应用（电子隧穿显微镜、灭火量子专用计算机等）外，即使在自然界环境下也有重要的应用。例如，有观点认为量子隧穿效应对恒星里发生的核聚变起到关键作用。这是因为恒星中心的温度大约为 10 K，对应的原子核的平均热动能大约为 1 keV，而要实现核聚变，原子核必须具有足够的能量来克服库仑位势垒，使得原子核与原子核之间的距离小于 10 nm，对应的能量大约为 1 MeV，即约为原子核平均热动能的 1 000 倍。因此单独热动能并不能克服库仑位势垒来促成核聚变，而量子隧穿效应使得一些原子核穿越库仑位势垒促成了核聚变。

6.1.5 量子隐形传态

量子隐形传态是量子粒子具有的特殊能力。它是利用量子态叠加原理和量子纠缠，经过巧妙设计而实现的。图 6 - 5 为一个实现量子隐形传态的原理示意。

图 6 - 5 量子隐形传态的原理示意

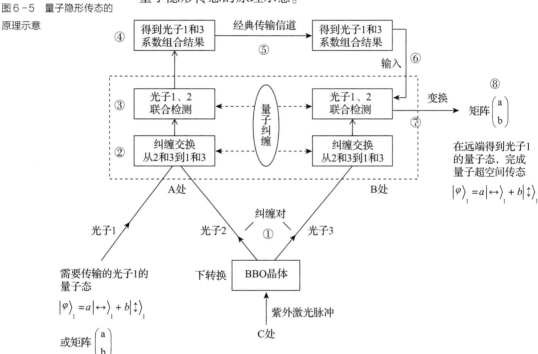

假设在 A 处有光子 1，其量子态为 $|\varphi\rangle_1 = a|\leftrightarrow\rangle_1 + b|\updownarrow\rangle_1$，即水平偏振和垂直偏振的叠加，系数分别是 a 和 b，用矩阵表示为 $\begin{pmatrix} a \\ b \end{pmatrix}$。现在希望把光子 1 的量子态传到遥远的 B 处，实现量子隐形传态。整个过程可以分为以下八个步骤。

步骤①在 C 处利用 BBO 晶体产生纠缠粒子对（光子 2 和光子 3），并且把这对纠缠的光子分发到 A 处和 B 处。

步骤②在 A 处将光子 1 和光子 2 进行直积，完成纠缠交换，即从原来的光子 2 和光子 3 的纠缠转为光子 1 和光子 3 的纠缠。由于原来存在光子 2 和光子 3 的量子纠缠，这样的直积也可以看作是在 A 处对光子 2 的操作。根据量子纠缠效应，在 B 处也从原来的光子 2 和光子 3 的纠缠转为光子 1 和光子 3 的纠缠（图中用虚线框显示）。

步骤③、④在 A 处，光子 2 和光子 3 解除了纠缠关系，并对光子 1 和光子 2 进行联合检测。检测的结果可能有多个，但每一个系数都对应一组光子 1 和光子 3 量子态系数的组合[1]，即根据检测的结果就可以得到一组已知的光子 1 和光子 3 量子态系数的组合关系。由于这时光子 1 和光子 3 存在纠缠，所以上述的检测可以看作是在 A 处对光子 1 的一种操作。根据量子纠缠效应，检测的操作在 B 处也同时发生（同样用虚线框显示），只是在 B 处无法知道具体的检测结果和对应的组合关系（因为任何的检测操作都将破坏这时的状态）。

步骤⑤在 A 处将光子 1 和光子 2 的联合检测的结果通过经典传输信道传递到 B 处。在 B 处根据发来的检测结果确定一组已知的光子 1 和光子 3 量子态系数的组合关系。

步骤⑥～⑧根据这组已知的光子 1 和光子 3 量子态系数的组合关系，在 B 处进行对应的变换，分离出光子 1 的量子态信息 $\begin{pmatrix} a \\ b \end{pmatrix}$，即在远端得到光子 1 的量子态，完成量子隐形传态。

从以上的过程中可以看出量子隐形传态具有以下特点。

（1）超空间，非局域。量子隐形传态理论上不受空间距离大小的影响，这来源于量子纠缠的特性。

（2）由于实现量子隐形传态必须依赖通过经典信道中的传输的有关的检测状态信息才能完成，而信息在经典信道中的传输不能超过光速，因此量子隐形传态并不能实现超光速传输，也就是相对论的因果律并未遭到破坏。

（3）在量子隐形传态过程中，由于要进行检测，因此被传送粒子的量子态在被传送到新的目的地的同时，在传送地已经被破坏。

（4）在量子隐形传态过程中，需要同时向发生传态的两地发送纠缠粒子对。而纠缠粒子的发送会受到发送距离和发送条件的限制，所以量子隐形传态过程还会受到纠缠对粒子发送情况的影响。

曾经有人设想，是不是可以利用量子隐形传态来进行星际旅游，即把构成旅行者的全部粒子的量子态信息进行扫描记录，用量

1 数学计算的结果，具体可参见赵凯华，罗蔚茵：《量子物理》，第 2 版，398 页，北京，高等教育出版社，2003。

子隐形传态发送到某个星球上。在当地，用当地的材料（同类的分子、原子、电子等）将这位旅行者复制出来。如果按照上面的分析，则会存在以下难以跨越的障碍。一是难以获得旅行者的全部粒子的量子态信息。因为对旅行者一个（或一部分）粒子的量子态信息的检测，会影响旅行者另一个（或另一部分）粒子的量子态。二是量子隐形传态也要以破坏原来的量子态为代价（这也符合前面提到的量子态不可克隆定理）。因此就目前的认识看，利用量子隐形传态来进行星际旅游还只是一个美好的想象。但无论如何，量子特性确实可以为我们提供丰富多彩的想象空间，值得我们去进行创造性的探索和开发。

6.1.6　量子测量的影响

量子测量和传统测量具有不同的特点，这也是由量子微观粒子的特点带来的。在传统的宏观测量中，测量设备对被测量体的影响很多时候可以忽略。如图6-6所示，假设用一把尺子去测量一个宏观物体的长度，如我们前面介绍的，按照现代量子理论，空间中（即使真空中）充满了各种微观粒子对，但它们这时对于宏观的尺子和被测物体几乎是没有影响的，因此它们的存在可以认为是不影响测量精度的。

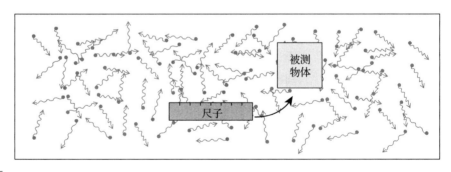

图6-6　宏观世界下测量

如果我们把被测的对象换作是一个微观粒子（图6-7），假设用一把精度足够高的尺子去测量一个微观粒子的长度，这时情况就不同了。首先尺子微观上是由粒子构成的，由于空间中（即使真空中）充满了各种微观粒子对，此时构成尺子的粒子通过空间中粒子的作用将对被测的粒子产生影响，而且这种影响已经不能被忽略。也就是说，对量子微观粒子的测量，测量设备对被测的量子微观粒子的影响是不可避免的。这是量子条件下的测量和宏观条件下测量最大的不同。

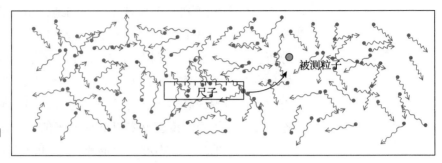

被测粒子

尺子

图6-7 微观世界下测量的影响

6.2 量子计算机及相关方向

目前量子力学理论和量子特性在应用上的主要方向是量子计算机及相关方向的开发。在本节我们将主要从"不得不做""值得去做""如何去做"三个方面对量子计算机的内容进行介绍。"不得不做"是指传统计算机（电子计算机）遇到发展中的瓶颈，如摩尔定律能否延续、体积问题、能耗问题等；"值得去做"是指量子特性为量子计算机带来革命性突破的潜能优势，如数据的并行输入和并行处理将带来巨大的增益等；"如何去做"是指由于量子计算机和传统计算机差异巨大，需要大致经历从宏观世界到微观量子世界、完成处理后再回到宏观世界的过程。而宏观世界的规律和微观世界的规律具有完全不同的特点，因此实现量子计算机的过程比传统计算机的实现过程要复杂得多，目前很多领域还处于开放式探索阶段。为此，在本节我们简单回顾了传统计算机（电子计算机）发展的主要历程和关键的技术领域，通过对比分析，大致对当前量子计算机发展所处的阶段以及今后所要进行的工作有了更加直观的判断。随后，我们具体分析了量子计算机目前在硬件、软件、当前应用领域等方面的进展。

6.2.1 传统计算机面临来自摩尔定律能否延续的巨大挑战

如前所述，目前传统计算机硬件依赖的是大规模集成电路。大规模集成电路依据的是来自量子力学的能带理论，但实现上依赖的是众多电子组成的电流，属于利用量子力学理论的经典技术。

1965年时任仙童半导体公司研究开发实验室主任的摩尔（Gordon E. Moore）应邀为《电子学》杂志35周年专刊写了一篇观察评论报告，题目是《让集成电路填满更多的元件》。在这篇报告，通过对数据的分析，摩尔发现了一个惊人的趋势：每个新芯片大体上包含其前任两倍的容量，每个芯片的产生都是在前一个芯片产生后的18~24个月内，后来又补充了价格同时下降一半的内容。

这就是著名的摩尔定律。

按照摩尔定律，计算机的芯片能力相对于时间周期将呈指数式上升。在摩尔定律应用的 50 多年里，计算机从神秘不可近的庞然大物变成多数人都不可或缺的工具，走进了人们的生产和生活，人类社会享受了摩尔定律为我们带来的巨大"红利"。

但传统计算机芯片这种性能上指数式的上升主要来自"光刻"精度的不断提高所带来的元器件的密度的提高，即主要来自"工艺"，而不是来自基础理论。

随着集成度的增加，芯片面临工艺提高上的天花板，即随着芯片上线路密度的增加，其复杂性和差错率也将呈指数增长，使全面而彻底的芯片测试几乎成为不可能。而且更为致命的是，如果芯片上线条的宽度足够小，如达到 1nm（10^{-9}m，这已相当于分子的大小），那么集成电路中电子的量子效应将会显现，如电子发生量子隧穿效应，现行工艺的半导体器件不再能很精准表示 0 和 1，其工作机制将被破坏，从而使芯片不能正常工作。这样，传统计算机可能将无法继续支撑摩尔定律带给人类社会的"红利"。

面对这种挑战，就需要从基础理论出发寻找新的机制、新的出路。在这种背景下，量子计算机被提出。

6.2.2 量子计算机的潜在优势

首先，量子计算机的潜在优势体现在性能上。依赖量子态叠加原理和量子纠缠，量子计算机可以实现数据的并行输入和并行处理。从理论上讲，量子计算机的计算能力大体是传统电子计算机的 2^n 倍，n 是量子比特位数。以下通过对传统计算机和量子计算机基本工作机制的比较对此进行一个大致的说明。

传统计算机采用的典型机制是串行处理机制（图 6 - 8），每次输入一个数据，进行一次操作[1]。我们不妨把其计算效能定义为 1×1，在 $n \times \Delta t$ 内处理完 n 个输入数据，其中 Δt 为每次处理的时间。

而对量子计算机而言，如图 6 - 9 所示，依赖特有的量子态叠加原理可以实现 2^n 个数据的并行输入，同时利用量子纠缠每一次都可以实现对 2^n 个输入数据的并行操作，也就是量子态叠加原理和量子纠缠的完美结合实现了量子计算机的并行处理机制。

1 这里为分析简单，我们把一次输入的数据简化为一个比特。

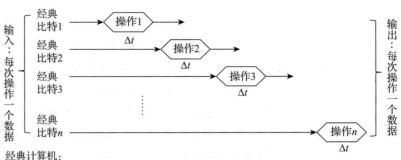

图6-8 传统计算机的
串行处理原理示意

经典计算机：
每次输入一个数据，每次操作一个，计算效能定义为1×1，处理n个输入数据时长为$n \times \Delta t$

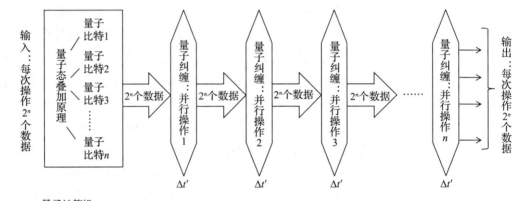

量子计算机：
利用量子态叠加原理每次输入2^n个数据，并且利用量子纠缠一次完成2^n个数据并行处理，
计算效能定义为$2^n \times 1$，在$n \times \Delta t'$内可以完成$2^n \times n$次处理

图6-9 量子计算机的
并行处理原理示意

由此我们可以得出，在理论上量子计算机的计算能力大体是传统电子计算机的2^n倍，n是量子比特位数。当然，这只是理论上的比较。实际中由于量子计算机自身也要克服一些困难，例如量子的不可克隆性使得量子计算机的数据输出遇到困难，往往需要采用很多次重复测量的方法弥补，或者为克服外部环境干扰带来的误差需要设计纠错机制，这样都会使量子计算在优势上打一些折扣。因此，当操纵的量子比特数目不大（比如10以下）时，量子计算机相较于传统计算机的优势有限，但当操纵的量子比特数目为几十个时，由于并行运算的性能是随量子比特数呈指数量级增长的系，两者的差异就非常巨大了（可参考图6-2）。例如，当量子计算机操纵的量子比特数为50时，对应的计算能力是1 000万亿次，此时被称为具有了"量子优越性"。而根据报道，在不久的将来人类就可以操纵上百个、上千个处于纠缠态的量子比特，它为量子计算机所提供的潜能将是当今最快的超算计算机所根本无法比拟的。同时，量子计算机所具有的并行处理能力将催生一些专业领域极其高效的算法，这部分我们将在后面量子计算机的应用领域中进行介绍。

其次，由于目前量子计算机平台需要在苛刻的环境下工作，且体积庞大，但当未来技术成熟时，在理论上其体积可以远远小于传统计算机。比如，如果未来半导体量子点技术得以实现，也就是一个晶体管电路单元单路可以由一个电子的操控代替的时候，而且晶体管单元数量又由于量子计算机的并行处理机制而极大压缩。或许在未来，几个微米大小的量子芯片就可以实现目前大型计算机才能实现的处理能力。

再次，热能耗是传统计算机不可避免的问题。如图 6 - 10 所示，经典计算机是不可逆过程，不可避免地会有热损耗。比如在经典计算机运算中，0 和 1 的乘积是零，0 和 0 的乘积也是零。这样，如果反过来，结果是 0，我们就无法推测是来自何种乘积。也就是说，这个过程是不可逆的。假如在乘积中一个比特的信息丢失了，根据兰道尔（Landauer）原理，信息的丢失必然有一部分会以热量的形式散发掉，这样就产生了热能耗和热极限问题。而量子计算机从理论上说是完全可逆的，因此就可以避免（至少是减少）热能耗，超越这个热极限。热能耗问题在常规环境和条件下或许并不突出，但如果是在一些相对极端的环境下，比如未来在外太空长时间飞行的飞行器中，或者未来植入人体的极小的生命器官中，量子计算机在避免或减少热能耗上的优势将得以显现。

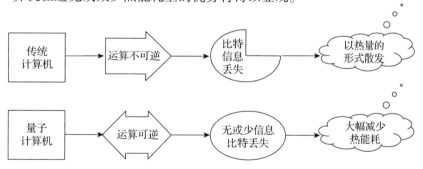

图 6 -10　量子计算机在热能耗上的优势

6.2.3　当前量子计算机所处阶段

量子计算机的巨大潜能优势使得我们有信心认为它是未来计算机最有可能的发展方向。但现在，我们还要保持足够的耐心。如同一切革命性创新技术一样，量子计算机走向完全的成熟和通用化还有很长的路要走。

我们回顾一下电子计算机的发展历程，图 6 -11 中列出了电子计算机在发展中所经历的主要阶段、技术趋势、重要里程碑等。同时，在回顾中我们也会结合量子计算机的情况，对量子计算机和电子计算机在原理、结构、硬件、软件和应用模式方面作一些初步的对比分析。尽管量子计算机的发展路径和历程与电子计算机会有不同，但也有很大相似性，所以这样的分析会有助于我们理解量子计算机当前所处的阶段，理解量子计算机当前和未来需要开展工作的领域。

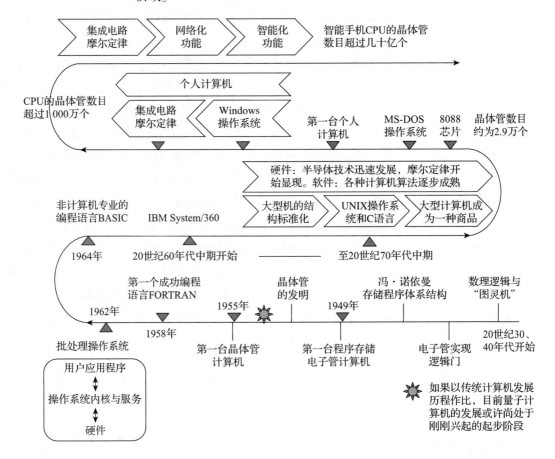

图6-11 电子计算机发展历程

1 [英]马丁·坎贝尔-凯利, [美]威廉·阿斯普雷, [美]内森·恩斯门格等:《计算机简史》，蒋楠译，第3版，64页，北京，人民邮电出版社，2020。

首先，我们看一下原理方面。一般认为，计算机的最原始的理论依据是图灵原理和他提出的"图灵机"概念。图灵原理的内容是：存在一台抽象的通用计算机，其全部本领包括任何物理上可能的对象所能完成的任何计算。图灵还提出了一个更有力的论断：通用计算机不仅能解决数学问题，也可以解决人类知识领域中的任何问题[1]。在此基础上，图灵提出"图灵机"概念。"图灵机"是一种思想实验：包括一个扫描头，能在接近无限长的纸带上读写符号，通过指令表（如今称为程序）进行控制。简言之，图灵机体现了现代计算机的所有逻辑功能。目前认为，量子计算机也遵循图灵原理，不过应该有所变化和发展。

其次，我们看一下体系结构方面。电子计算机完成体系结构设计的主要标志是 1945 年冯·诺依曼（John von Neumann）提出的"存储程序概念"（冯·诺依曼体系结构）。如图 6 – 12 所示，计算机在结构上应该包括以下五个部分：控制器、运算器、存储器、输入元件、输出元件[1]。

1 [英] 马丁·坎贝尔 - 凯利，[美] 威廉·阿斯普雷，[美] 内森·恩斯门格等：《计算机简史》，蒋楠译，第 3 版，80 页，北京，人民邮电出版社，2020。

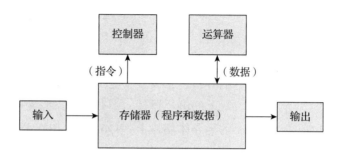

图 6 – 12　存储程序计算机体系

根据冯·诺依曼体系结构构成的计算机，必须具有如下功能：①把需要的程序和数据送至计算机中；②必须具有长期记忆程序、数据、中间结果及最终运算结果的能力；③能够完成各种算术运算、逻辑运算和数据传送等数据加工处理的能力；④能够根据需要控制程序走向，并能根据指令控制机器的各部件协调操作；⑤能够按照要求将处理结果输出给用户。

冯·诺依曼体系结构贯穿了电子计算机发展的整个历程，即从第一台程序存储电子管计算机到目前最新的计算机。计算机经历了多次的更新换代，但不管是最原始的计算机，还是最先进的计算机，使用的仍然是冯·诺依曼最初设计的这种程序存储的计算机体系结构。

根据冯·诺依曼体系结构构成的计算机在计算机各个单元间需要进行频繁的数据读取、交换以及存储。在电子计算机中，这种频繁的数据读取、交换以及存储操作是没有什么困难的。但对于量子计算机而言，由于量子态具有不可克隆性，这样频繁的数据读取、交换以及存储操作就不是很方便了。所以未来量子计算机在体系结构上是否继续延用冯·诺依曼体系，或者进行相应的优化目前看还是一个开放性的问题。

再次，在硬件方面，在过去的几十年间电子计算机经历了从电子管到晶体管，到集成电路，再到大规模集成电路，最后到超大规模集成电路几个阶段。

1949 年，第一台使用电子管，采用二进制，且采用冯·诺依曼体系结构的具有现代意义的通用计算机在美国诞生。整台计算机共使用大约 6 000 个电子管和大约 12 000 个二极管，功率为 56 kW，占地面积为 45.5 m²，质量为 7 850 kg，使用时需要 30 个技术人员同时操作。

1955 年，美国贝尔实验室用晶体管代替电子管，制成了世界上第一台全晶体管计算机。与第一代电子管计算机相比，晶体管计算机体积小，质量轻，速度快，逻辑运算功能强，可靠性大大提高。

1958 年，基尔比（Jack Kilby）发明了集成电路，它是一种把晶体管、三极管、电阻、电容、电感及布线都加工到一片小小的硅片上的电子器件。不久科学家们又把更多的电子元件集成到了单一的半导体晶片上。1962 年，IBM 公司研制成功世界上第一台采用集成电路的通用计算机 IBM 360 系统。

随后，集成电路的集成度以每 3 ~ 4 年提高一个数量级的速度增长。在单片硅片上集成 1 000 ~ 2 000 个及以上晶体管时，进入大规模集成电路时代。之后，集成电路的集成度比较稳定地以摩尔定律进行增长。在单片硅片上集成的元件数超过 10 万个时，进入超大规模集成电路时代。目前一个智能手机 CPU 芯片集成的晶体管数目已经过亿。

回到量子计算机，现在实现量子计算机硬件方案仍在探索中。可能的技术路线有多条，目前采用比较多的是超导量子比特和半导体量子点等（后面再简要介绍）。因此，对比电子计算机，就硬件而言，或许可以形象地打个比方，即目前量子计算机还处于寻找自己的"晶体管技术"阶段，即如图 6 - 11 中所示的大致位置。

下面我们再通过对比的方式从以下三个方面看一下软件的情况：一是计算机程序设计方面；二是操作系统方面；三是开发设计语言方面。

在计算机程序设计方面，为实现通用性功能，它包括了两个转化过程：第一个转化是把实际问题转化为一系列可供计算机执行的步骤，即所谓的算法；第二个转化是将上述的算法转化为计算机使用的特定指令，即机器可读的代码。电子计算机主要采用串行处理机制，这种机制使数据的存储、操作都很方便。总体上看，在实现把一般性实际问题转化为可供计算机执行的算法方面相对容易些[1]。因此已经开发出很完善和很成熟的一系列算法，如各种查询和排列算法、各种函数计算算法、各种数值计算算法、各种工程计算算法等。这些算法为利用电子计算机实现实际问题的数据计算、过程分

1　具有量子化特征的、随机性很强的适合并行处理的一些实际问题除外。

析、模拟仿真等提供了基础性支撑。同样，根据冯·诺依曼存储程序执行设计，把算法转化为计算机使用的特定指令也比较自然简单。在量子计算机中，如果还是延续这样的程序设计思路的话，由于前面提到的并行运算的优势和数据读取操作不便的劣势的叠加，以上两个方面的转化都会遇到困难，需要重新设计。目前看，量子计算机在算法方面还主要集中在特定问题和领域的开发上（后面会简要介绍），对"通用性功能"的开发可能还处于探索阶段。

　　操作系统和开发设计语言对于计算机系统的发展也具有重要意义。从电子计算机发展的历史看，在计算机走向商用的道路上，通用操作系统和通用编程语言的出现是软件成熟的重要标志。最初的电脑没有操作系统，人们通过各种按钮来控制计算机，后来出现了汇编语言，有了各自的操作系统，但也只能由制作人员自己在各自的操作系统上编写程序来运行，这样就限制了计算机的共用和推广。通用操作系统的出现使软件开发人员脱离具体硬件平台的限制方便地实现对底层资源的使用以及对外的输入输出。通用的编程语言可以使普通的开发者具备软件编程能力。这样就大大扩展了计算机的商用化规模。以电子计算机发展为例，1958 年诞生了第一个成功的通用编程语言——FORTRAN；1962 年，诞生了通用的批处理操作系统；1964 年，又诞生了非计算机专业的编程语言 BASIC。在这些成果的基础上，1964 年诞生了首个指令集可兼容计算机（IBM System/360），它的问世则让单一操作系统适用于整个系列的计算机，可以运行简单易用的 BASIC 编程系统。这些都对 System/360 的成功以及后续计算机产业的发展发挥了积极作用。

　　对量子计算机而言，通用操作系统和通用编程语言的开发都是未来量子计算机规模化商用所必需的。通用操作系统应该建立在相对稳定和成熟的硬件平台上。如前所述，目前量子计算机的硬件平台还在探索中，因此目前阶段量子计算机主要还是处于各自硬件平台控制系统的开发阶段。例如，2018 年 12 月中国首款国产量子计算机控制系统已经诞生[1]。尽管目前开发量子计算机通用操作系统条件还有待成熟，但也有报道声称在这方面已取得重大进展[2]。在量子编程方面，量子编程的概念最早在 1996 年提出。在之后的 20 多年里，丰富的研究成果也不断出现。但总体而言，量子编程仍然

1　http://www.81.cn/gnxw/2018-12/06/content_9370918.htm

2　https://www.qtumist.com/post/12270

1 应明生：《量子编程基础》，张鑫，向宏，傅鹂等译，前言，北京，机械工业出版社，2019。

是一个不成熟的课题，它的知识基础呈现高度碎片化和不连贯性，量子编程仍处于初级发展阶段[1]。量子编程的最大挑战还是来自我们前面提到的量子系统中存在的奇异特性。如何最大化地利用这些特性带来的量子计算的特有能力——并行性，同时克服这些特性带来的不利因素（如量子信息的读写难度），还要尽量重用传统计算机编程领域取得的成功技术，这些都是具有挑战性的工作。因此，通用编程语言的开发也需要花费一定的时日。

最后，我们再从计算机应用模式的发展作一些分析。在应用模式方面，电子计算机的发展大致经历了从专用到通用，从大型化到小型化，从小型化到个人化，从功能的单一化到网络化，以及智能化五个阶段。这种计算机应用模式发展阶段的划分对量子计算机应该有很好的借鉴作用。目前量子计算机的开发应该处于第一个阶段即从专用到通用阶段。

总之，目前量子计算机的发展还处于刚刚起步的阶段。但任何一个新生的技术都要经历孕育、成长、成熟的历程。这就如同当年第一代电子计算机刚刚诞生的时候，占地面积是几十平方米，质量有几吨，使用时需要几十个技术人员同时操作，集成的晶体管数目不过万个，性能也低得可怜，每秒只能执行几千次操作。谁又能想到70年以后，一个指甲大小的智能手机 CPU 芯片上集成的晶体管数目超过几十亿个，每秒可以执行几亿次操作。尽管前进的路还很漫长，但量子计算机所拥有的巨大潜能，使我们有理由相信，在未来几十年内它一定会完成从新生婴儿到青春少年，再到成熟壮年的不断蜕变。图6－13是我们参考电子计算机发展历程，并结合量子技术的特点，对量子计算机发展的一个大胆展望：在未来10年，会迎来专用性大型量子计算机的规模应用，完成通用型大型量子计算机（含云平台量子计算机）的试商用；之后的10年，会是通用性大型量子计算机的规模应用以及小型化过程；其后的10～20年，个人量子计算机（个人量子终端）出现并逐步普及，同时，还与量

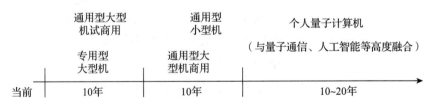

图6－13 量子计算机发展展望

子通信技术、人工智能技术等高度融合，实现个人量子终端的极其高度的超算化、网络化、智能化。

6.2.4 目前量子计算硬件平台主要技术路线

如果说处理器是传统计算机的心脏，那么量子计算机的心脏就是实现量子相关操作的硬件平台。

最早期量子计算机的原理性验证是利用技术成熟的核磁共振平台完成的。该方案是利用液态有机分子原子核自旋作为量子比特。但该方案具有明显的劣势，就是集成性差，一般只能作为量子方案的演示平台。

目前在开发的量子计算机硬件平台技术路线主要有光学、离子阱、超导、半导量子点以及量子拓扑等方向。其中，前四种路径均已制作出物理原型机，但量子拓扑方向尚无物理层面的实现。

在当前阶段，量子计算机在硬件上还主要侧重于功能实现上。消相干过程是目前量子计算机硬件实现上面临的最大挑战，这可以从量子理论上得到解释。在前面 4.2.3 关于粒子的波粒二象性章节中，我们指出空间中的粒子实际是处于周围各种粒子所构成的"粒子海洋"之中。任何一个物理系统无论如何设计，都不可能与周围环境完全隔绝开，即处于工作状态的量子比特一定会受到周围实际环境中各种物质粒子的影响[1]。由于量子比特单元与周围环境相互作用的存在，带来两方面的影响：一是量子比特的相位信息逐步消失；二是量子纠缠的相关性逐步丢失[2]。这一过程称为消相干过程，消相干出现之前的时间称为消相干时间。无论是量子比特相位信息的消失，还是量子纠缠相关性的消失，量子计算机都将无法工作。量子计算机需要在消相干时间内完成自己的完整的计算工作。

目前，人们在量子计算机硬件上要实现的主要功能有量子比特的生成和稳定保持、纠缠量子对的形成和相干保持、对量子比特的操作以及对量子比特的测量等。主要的性能衡量指标是消相干时间、保真度等，其次还要充分考虑量子及纠缠数量的可扩展性、可集成性实现的难易程度（条件）以及对现有技术的继承性等因素。

以下对目前主要的量子计算机硬件平台的技术路线作简单介绍。

1. 光学量子计算与模拟

人们对光学一直有持续的研究，而且量子理论也是从 1900 年

1 按照量子理论，周围电荷噪声、电磁干扰等因素的影响也可以看作是粒子间作用。

2 其实，量子比特和量子纠缠的相干保持是相关联的。发生纠缠的量子中任何一个量子状态的改变就会引发和该量子存在纠缠的其他量子的状态的改变，进而削弱量子纠缠的相干性。

普朗克提出光量子开始发展的。在 100 多年后的今天，人们自然想到了用产生、操纵、测量光子的方式来构造量子计算和量子模拟。

一方面，利用光子的方式来构造量子计算和量子模拟至少有以下三点优势：一是光子有众多自由度，例如偏振、路径、时间信息、频率轨道角动量等，利用这些自由度可以提供多种量子编码手段；二是光子与环境几乎没有相互作用，如果光子不被吸收或散射的话，它的相干性能一直保持，退相干时间可以做的很长，且易于传播，因此光子被称为"飞行的量子比特"；三是光学有比较成熟的线性光学实验基础，可以为采用线性光学手段实现光子的操控提供途径。例如，利用 45° 的半波片实现光子偏振比特的反转，利用光子在分束器上的干涉制备多个光子的纠缠态等[1]。

另一方面，利用光子的方式来构造量子计算和量子模拟也有以下几方面的困难或不利因素：一是高纯度、高效率的单光子源难以获得。传统的光子源大多是基于非线性晶体的自发参量下转换过程产生（图 6-3），这种实验技术成熟，但可能一次不发射或发射多个光子，从而造成计算准确度下降并且可扩展性较差；二是随着量子比特数目的增加，线性光学网络会变得非常庞大，对试验操作与稳定性的要求会越来越高，可扩展性也稍差；三是对低能量的单光子的探测非常困难。

针对单光子源的困难，人们提出了半导体量子点光源的产生方法，即是把量子点放在微腔结构里。这种方法光源稳定、产率高，但通常需要在低温下工作。

针对线性光学网络的困难，人们着眼开发基于波导的光量子计算。它可以把光学干涉网络集成为波导芯片，集成度高，但由于器件表面不是绝对光滑而造成散射以及光纤的衰减，所以效率又不够高[2]。

在单光子探测方面，人们正在开发超导单光子探测器，其原理是通过单光子能量局域超导薄膜或纳米线的边缘加热，将局部的超导态转化为非超导态，实现电流或电压的突变。

我国"九章"专用量子计算机采用的就是光学量子计算与模拟技术路线。

2. 离子阱量子计算与模拟

该方案的设计思想是将离子与环境隔离开来，使其成为一个纯净的量子系统。在低温、高真空下利用线性阱将离子排成一列，利

1　陈宇翱，潘建伟：《量子飞跃：从量子基础到量子信息科技》，107 页，合肥，中国科学技术大学出版社，2019。

2　同上，105 页。

用激光控制各个离子，以受限离子的基态和激发态的两个能级作为
量子比特。

该方案的优点是相干时间长，基于离子的量子比特相干时间已
经超过 10 min，可以实现超高保真度的普适量子逻辑门。该过程的
难度在于：第一，如何把大量离子在小范围内囚禁起来；第二，如
何控制高精度高能量的激光；第三，需要工作在极低温度和超高真
空条件下，受影响因素多，不易集成。

3. 超导电路量子计算与量子模拟

超导电路量子计算与模拟技术路线是一个人造的宏观量子系
统。当采用零电阻的超导体把外界的噪声扰动和温度降至远小于电
路的零点能时，电路将呈现出适合量子计算的量子特性，利用约瑟
夫森结的宏观量子效应构成超导量子比特。

超导电路量子计算与模拟技术路线具有以下优势：超导量子电
路是一种有很高设计自由度的电路；超导量子比特的操控使用工业
上广泛应用的微波电子学设备；超导量子计算机芯片的制造工艺是
基于成熟的半导体芯片加工技术，易于实现从实验样品到芯片产品
的扩展[1]。其缺点是：因为它是一个宏观量子系统，因此极易受到
外界噪声干扰而性能大幅下降；电子和其他物质耦合强，对任何附
加场、热噪声敏感；消相干快，相干保持性差；要工作在极低的温
度下。

谷歌量子 AI 团队开发的可编程量子处理器采用的是典型的超
导电路量子计算与模拟路线。

4. 半导体量子点量子计算

半导体量子点量子计算是科学家利用单电子晶体管上的量子效
应，即利用半导体量子点中电子的量子特性编码量子比特，以期能
够研制出实用化的量子计算机的技术路线。

目前，除了利用单电子的自旋作为量子比特外，研究者们还开
发出了如空穴编码量子比特、电荷量子比特等新的比特形式，并
且利用多电子操控开发出了包括杂化量子比特、自旋单态 – 三重态
量子比特、交换量子比特等新型编码量子比特[2]。

当前，制约半导体量子点量子计算的最大障碍是量子退相干时
间太短，难以实现高保真度逻辑门操控。原因主要有两点：一是由
于半导体量子点体系本身与周围的环境有相互作用（如环境中的光
子、声子、核自旋等），使得基于半导体量子点的电荷和自旋量子

1　陈宇翱，潘建伟：《量子飞跃：从量子基础到量子信息科技》，121 页，合肥，中国科学技术大学出版社，2019。

2　张鑫，李海欧，王柯等：《基于半导体量子点的量子计算》，载《中国科学: 信息科学》，2017（10），1255~1276 页。

比特的量子退相干时间太短；二是现有半导体材料生产工艺针对量子比特器件研究来说还不够完美，材料性能的不完美极大地降低了量子比特的退相干时间。

总的来说，当前量子计算机主要的四条硬件技术路线在当前阶段下可以说是互有优劣。另外，围绕这几个技术方向还不断有一些新的变化和新的改进方式出现。因此，目前量子计算机硬件平台的发展呈现"多路并进""你追我赶"的竞争局面。从中长期看，理想的量子计算机硬件平台应该是可以编码量子比特，能够有效地被外界精确控制、操纵，能与环境有很好的隔离，不会使系统很快退相干而失去量子特性，并且具有良好的可扩充性、可集成性、可继承性的物理系统。这样的量子计算机硬件平台还在探索中。

在当前半导体技术非常成熟而量子计算机硬件平台还不成熟的情况下，能否发挥和验证量子计算机所具有而电子计算机不具备的处理优势就显得很重要。如果证明这种优势是当前的电子计算机所无可比拟的，那么量子计算机无疑就拥有了光明的未来，即能否显示量子技术的"独门绝技"就显得更加重要，目前这方面的探索主要表现在两个方向。一是利用量子特性开发新的高效算法。尽管目前已经开发出来的适合量子计算机并行处理优势发挥的算法还不多，但带来的冲击却是巨大的。我们将重点介绍两个典型的算法：Shor 大数质因子分解算法，Grover 无结构查询算法。二是在开发难度大的通用计算机之前先开发难度相对小的专用计算机，在这方面我们将重点介绍量子模拟、量子机器学习与人工智能以及灭火理论与灭火量子计算机。

6.2.5　Shor 大数质因子分解算法

当前，利用量子计算机并行处理优势设计的一个最为著名的算法是 Shor 算法。因为它有效地解决了大数质因子分解问题，从而可能颠覆目前在各种通信系统中被广泛应用的不对称密码体系（如 RSA）设计的基础，促使带来通信安全领域的革命性变革。以下就重点介绍 Shor 算法的主要设计思想，重点关注它是如何利用量子的量子态叠加特性和量子纠缠特性完成设计的，并且对 Shor 算法所能取得的革命性的效率提升作一下说明。

在 Shor 算法出现之前，人们认为以 RSA 为代表的不对称加密机制是安全的。原因是，经过估算，当采用两个几百位（二进制）的质数 p 和 q 搭建这套公钥密码体系时，要从公钥 $n = p \times q$ 经过因子分解反向得到质数 p 和 q，即使以现有最快的超算电子计算机的处理速度计算，大概也要上百年才能破解密码，因此不对称加密机制被认为是充分安全的。它是现代计算机和信息通信安全的基石，保证了加密数据不会被破解。

Shor 算法的出现将可能改变这一切。由于 Shor 算法本身涉及一些数论的知识，我们采取接受这些结论并聚焦量子处理部分分析的方式对该算法进行介绍。对量子处理部分的分析，我们尽量避开专业化的数学描述，主要采用过程思想描述的方式，突出量子特性的应用说明。

如图 6 - 14 所示，Shor 算法的第一步是利用数论理论，将大数 N 的因子分解问题转化为求一个周期函数 $f(x)$ 的周期 T 的问题。选用的周期函数是余函数

$$f(x) = a^x \bmod N$$

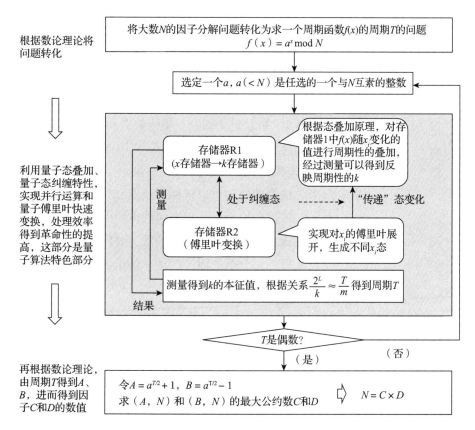

图 6 - 14 Shor 算法主要思想图示

用二进制表示的 N^2 为 L，即 $N^2 < 2^L < 2N^2$，这里 $a(<N)$ 是任选的一个与 N 互素的整数，x 取 $0 \sim 2^L$ 的整数值，$\bmod N$ 表示取前面的数被 N 除的余数。显然 $f(x)$ 所取的值是小于 N 的正整数，并

1 赵凯华，罗蔚茵：《量子物理》，第 2 版，401 页，北京，高 等 教 育 出 版 社，2003。

且是一个周期性函数[1]。

选定一个 a，随后进入利用量子特性和量子计算处理的过程。

取两组各有 L 量子比特的存储器 R1、R2。存储器 R1 设置为等权叠加态，存储器 R2 完成对 x 的量子傅里叶展开，两个存储器通过幺正变换实现纠缠态。这样，存储器 R2 对 x 进行傅里叶变换的时候生成不同的 x_i 态。根据量子纠缠特性，存储器 R2 中 x 态的变化就同步带来存储器 R1 中 $f(x)$ 态的变化，而且根据量子态叠加原理，$f(x)$ 态的变化又反映为存储器 R1 中 $f(x)$ 态的叠加。考虑 $f(x)$ 的周期性，不难想象少数周期重叠的值经过叠加后系数会得到加强，而大部分周期不重叠的值经过叠加后会消失或近似消失[2]。即只有 k 取下列各值时系数（概率幅）明显不为零。

2 这种叠加效果或许可以类比为光波干涉形成明暗相间的条纹那样的情形。

$$k = \left[m\frac{2^L}{T} \right] \quad (m = 0,\ 1,\ \cdots,\ T-1)$$

于是，存储器 R1 这时变为了 k 存储器，原则上对存储器 R1 进行测量，就可以得到 k 的本征值，根据 k 的本征值就可以推得函数 $f(x)$ 的周期 T。

需要说明的是，在上面的处理过程中，由于量子特性的使用，处理效率非常的高（后面我们有和传统计算机的详细比较）。在存储器 R1 中，量子的并行输入能力和并行运算能力允许在一次运算中计算所有 x 的函数 $f(x)$，利用态叠加特性"自动"实现系数（概率幅）的叠加。为保证存储器 R1 中系数（概率幅）叠加的效果，根据理论又可以推断存储器 R2 运行的次数大概为 m^2 次。

根据数论理论，只有偶数值的周期才有效。因此在给定一个 a 并完成一次量子计算和测量后，要作一次判断。只有 T 为偶数，才进入后面对分解的因子的计算过程，否则本次过程作废，回到前面 a 取值的阶段，再次重新取值。重复以上的处理过程，直到出现偶数 T。

当得到的周期 T 为偶数值时，我们就可以利用数论理论，根据周期 T 计算得到生成 N 的两个质数 p、q，从而完成大数 N 的因子分解。具体过程是：令 $A = a^{T/2} + 1$，$B = a^{T/2} - 1$，求得 $(A,\ N)$ 和 $(B,\ N)$ 的两个最大公约数，这两个最大公约数就是质数 p、q，即 $N = p \times q$。

3 传统计算机也可以考虑将大数的因子分解问题转化为求一个周期函数的周期的问题，但因为不具备量子特性带来的优势，所以从计算效能上没有改变。

以下我们就对大数质因子分解的基于量子的 Shor 算法和传统计算机算法的性能作比较。传统计算机算法在进行大数质因子分解时没有好的方法，一般是用小于 $\sqrt{N}$ 的素数逐个去除[3]。当 N 的位数很多的时候，这样的素数非常的多，以 RSA 为代表的不对称加密机制就是利用了大数质因子分解的巨大难度来保证信息加密的安全性。迄今为止，传统计算机采用的最好经典算法——数域过滤法，需要 $\exp(O(n^{1/3}(\log n)^{2/3}))$ 次操作，经估算，Shor 算法需要 $O(n^2\log n\log\log n)$ 个基本逻辑门操作[1]。

如果我们把上面的比较结果做成图形曲线，二者的差距就更加直观了。如图 6-15 所示，以 N 的二进制位数为横坐标，以算法所需的操作数为纵坐标，图中两条曲线分别表示在 N 取不同二进制位数条件下，实现大数 N 因子分解时传统计算机采用的最好经典算法所需要的操作数和量子计算机 Shor 算法所需要的操作数。我们取三个典型值作粗略比较。取第一个对比值在二进制位数为 200 位附近（十进制位数大概为 60 以上），这时传统计算机采用的最好经典算法所需要的操作数约是量子计算机 Shor 算法所需要的操作数的 10^5 倍。如果我们假定传统计算机和量子计算机每个操作的时长大致相同，10^5 大致对应 1 d 的秒数（86 400 s），那么如果传统计算机完成 200 位的大数质因子分解需要 1 d 的话，量子计算机需要 1 s。这时的差异还不显著。取第二个对比值在二进制位数为 800 位附近（十进制位数大概为 240），这时传统计算机采用的最好经典算法所需要的操作数约是量子计算机 Shor 算法所需要的操作数的 10^{12} 倍。我们仍假定传统计算机和量子计算机每个操作的时长大致相同，由于 1 年约为 3×10^7 s，由于 $10^{12}\div(3\times10^7)\approx3\times10^4$，也就是如果传统计算机这时需要 3 万年的话，量子计算机只需要 1 s。这时二者的巨大差异就完全显现出来了。也就是按照传统计算机性

1　［意］Benenti Giuliano, Casati Giulio, Strini Giuliano 等：《量子计算与量子信息原理 第一卷：基本概念》，王文阁，李保文译，125 页，北京，科学出版社，2011。

扫一扫看彩图

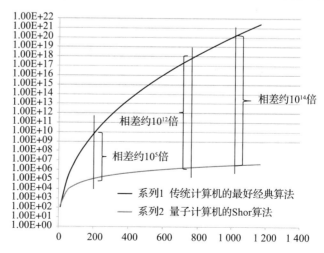

图 6-15　传统计算机最好经典算法和量子计算机 Shor 算法的运算量比较

能估计的绝对安全的加密机制在量子计算机面前经典可能瞬间瓦解。同样，1 024 位是目前业界认为完全不可能破解的位置，而这时传统计算机采用最好经典算法所需要的操作数已经与量子计算机 Shor 算法所需要的操作数相差到 10^{14} 倍，基于大数质因子分解所建立的安全加密机制将完全失效。所以，Shor 算法的提出震惊了整个安全通信领域。

当然，目前量子技术业界还不具备实现大数 Shor 算法的硬件条件。如前所述，实现 Shor 算法的量子纠缠的存储器的位数是 L（N^2 的二进制位数），以前面的 $n = 800$ 位的情况为例，L 就是 1 600 位，即在硬件上要求实现 1 600 对量子纠缠，而目前可以实现的量子纠缠规模大概为 53 对，因此在硬件上还有比较大的差距。但也有报道称，未来几年内人们就可能实现上千对量子纠缠的规模。

6.2.6　无结构搜索 Grover 算法

无结构搜索问题是指在有 $N = 2^n$ 个条目的无结构数据库中搜索一个被贴了标签的条目。例如，假设我们有一本随机编撰的电话簿和一个已知的号码，希望从电话簿中找出相应的名字。写成数学函数的形式就是

$$N = 2^n \text{ 个} \begin{cases} f(1) = 0, \\ f(2) = 0, \\ f(3) = 0, \\ f(k) = 1, \quad \Longleftarrow \text{选出这一个} \\ \cdots\cdots \\ f(N) = 0, \end{cases}$$

经典解法很简单，就是把每一个都看一遍，如果只有一个 x 对应的 $f(x) = 1$，那么平均要看一半才能找到那个 x（示例中的 k），时间复杂度是 $O(N)$。

利用量子特性，在量子计算机上可以对无结构搜索问题实现 Grover 算法，时间复杂度是 $O(\sqrt{N})$。

尽管量子计算机所取得的增速是平方式的而不是指数式的，但改进还是显著的。这如同经典计算中的快速傅里叶变换算法，它比标准傅里叶变换快二次方倍，但这一增速已足以对信号处理及其他应用产生重大影响[1]。

以下我们对 Grover 算法的原理作简要介绍。如图 6-16 所示，我们同样是侧重解释量子特性在 Grover 算法中的体现。

1　[意] Benenti Giuliano, Casati Giulio, Strini Giuliano 等：《量子计算与量子信息原理 第一卷：基本概念》，王文阁，李保文译，112 页，北京，科学出版社，2011。

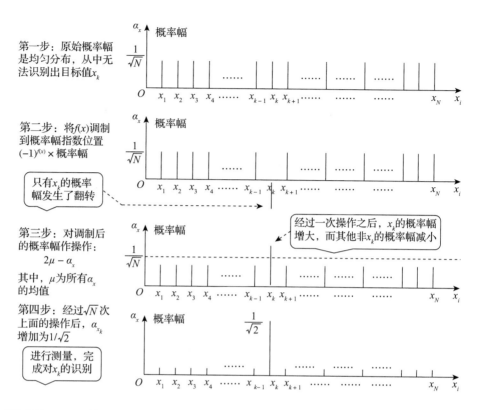

第一步：原始概率幅是均匀分布，从中无法识别出目标值x_k

第二步：将$f(x)$调制到概率幅指数位置$(-1)^{f(x)} \times$概率幅

只有x_k的概率幅发生了翻转

第三步：对调制后的概率幅作操作：$2\mu - \alpha_x$其中，μ为所有α_x的均值

经过一次操作之后，x_k的概率幅增大，而其他非x_k的概率幅减小

第四步：经过$\sqrt{N}$次上面的操作后，α_{x_k}增加为$1/\sqrt{2}$

进行测量，完成对x_k的识别

图6-16 Grover算法的原理示意

第一步：将$n (n = \log N)$个量子比特制备在等权叠加态上，这时产生原始概率幅分布。原始概率幅是均匀分布的，每个x对应的概率幅都相等，都是$1/\sqrt{N}$，因此我们从中无法识别出目标值x_k。

第二步：将$f(x)$调制到概率幅指数位置，生成$(-1)^{f(x)} \times$概率幅[1]。在$f(x)$调制到概率幅指数位置时，只有x_k对应的概率幅值发生了翻转（因为$f(x_k) = 1 \rightarrow (-1)^{f(x_k)} = -1$），其余$x$对应的概率幅值都不变（因为$f(x) = 0 \rightarrow (-1)^0 = 1$）。

第三步：通过量子线路对调制后的概率幅作以下操作：$2\mu - \alpha_i$，其中μ为所有概率幅α_x的均值。经过操作$2\mu - \alpha_i$后，x_k对应的概率幅值α_{x_k}翻转为正，且只有α_{x_k}的值获得增大。对应地，其余α_x的值都同等减小。

第四步：不断重复第三步的过程，数学上可以证明在经过$\sqrt{N}$次第三步的过程后，x_k对应的概率幅α_{x_k}将增大至$\frac{1}{\sqrt{2}}$，与其他x对应的概率幅值α_x已显著拉开差距。这时对n个量子比特进行测量就可以完成对x_k的识别，即经过$O(\sqrt{N})$次操作，从N个完全无序的对

[1] 这时是将上面的n个量子比特和一个辅助量子比特（设定好一个特定的状态）进行一次特定操作。

象中选出满足搜索要求的那一个对象。

从上面的过程我们可以看出，Grover 算法最大的特征是利用了量子态叠加原理，把搜索问题转化为概率幅问题，并通过一种相对简单的变换改变概率幅分布，使目标值的概率幅增大，使非目标值的概率幅减小，最后达到从概率幅上识别出目标值的目的。

对比 Grover 算法和前面的 Shor 算法可以看出，Grover 算法基本上只用了一组量子比特处理，而 Shor 算法使用了两组相关联的量子比特处理，并且充分利用了量子纠缠带来的并行处理增益，因此并行处理的效率要比 Grover 算法高得多，这或许就是相比于经典算法，Shor 算法的增益是指数式，而 Grover 算法的增益是平方式的原因。

但即使这样，相比经典算法，Grover 算法在性能上的提高还是很明显的。特别是考虑到搜索操作是计算机许多高级算法和功能的基本操作，往往会多次重复，这样就会使效率提升累计相乘，取得非常显著的累计效果。另外，Grover 算法只需要 $\log N$ 级别个量子比特，比如 50 个以上的量子比特理论上就可以实现对 2^{50} 个无结构对象的搜索算法，因此在硬件实现上的门槛要低得多。

6.2.7　量子模拟

随着计算机技术的发展，人类利用计算机来模拟现实世界的能力越来越强大，这样就让人产生了一个错觉：只要我们现有的超级计算机处理能力足够强，我们就能模拟现实的客观世界。而实际上，当这些超级计算机进入微观领域模拟、用于研究微观世界的量子问题的时候，原来强大的计算能力马上就远远不够了。原因其实很简单：量子态叠加原理和量子纠缠特性等大致确定了微观的量子世界在机制上是一个"并行处理"的世界。我们现在的计算机还主要是建立在"串行处理"的基本机制上[1]，用"串行处理"的机制去模拟"并行处理"的世界，这几乎就是前面我们对比的量子计算机和传统计算机处理能力的"反变换"，可能是以指数级的速度降低计算性能。根据推算，目前人类最强大的计算机只能计算 30 多个两能级粒子所构成的系统[2]。

1981 年，美国著名物理学家费曼（Richard Phillips Feynman）指出，理论上量子计算机可以精准地模拟分子或物质，而不仅仅是近似模拟。也就是说，既然微观世界的底层规律是符合量子力学

1　现在的超级计算机可以通过增加处理单元来实现"并行处理"，但实际上还难以算是真正的"并行处理"。而且增益随处理单元的增长是线性增长的，而非指数增长。

2　郭光灿：量子十问之七，http://lqcc.ustc.edu.cn/index/info/760

的，我们就可以创造一个人工的、符合量子规律的有效系统，通过控制这个人工的量子力学系统的实验达到我们的既定目标。以上思想就大致形成构建通用量子模拟器的思路。

量子模拟在学界和业界都是非常具有前景的应用领域，很多棘手的问题在应用量子模拟方案时就会简单得多。在理论研究方面，量子模拟可以模拟目前尚没有办法求解的强关联多体系统。而这个问题是困扰多个学科分支（如凝聚态物理、量子统计力学、高能物理、原子物理、量子化学等）的拦路虎[1]。在具体应用方面，量子模拟可以作为开发新药、催化剂和材料的工具。它可以精确地模拟"化学物质"和"材料"的量子结构以及行为，这样可以大大缩短产品开发的周期。

一般认为，相比前面介绍的量子计算机的实现，量子模拟在难度上相对低一些，在现有量子硬件平台和技术水平下更有可能实现。比如，当可控量子粒子数达到 50 以上时，量子模拟就可以完成目前超级计算机都难以应付的模拟应用。

6.2.8 量子机器学习与人工智能

机器学习是指通过计算的手段、学习经验来改善系统的性能。近年来，机器学习快速崛起，已经成为大数据时代人工智能的重要技术支撑，影响到了科技、社会及人类生活的方方面面。当前传统机器学习中面临的困难主要是数据量巨大、训练过程缓慢等。而量子计算机的优势在于能够利用量子态叠加原理、量子纠缠特性等实现数据的并行输入和并行处理，从而革命性地提升对数据的处理能力。有人说，人工智能和量子计算机两个看似截然不同但又影响深远的学科，将"天然地"走在一起，给我们未来的世界带来深刻的变化。

机器学习和量子计算结合的研究在量子计算的发展初期便有人已经开始进行，但是限于实验条件和当时学术界对量子计算发展前景的困惑而没有得到长足的发展。但近年来，随着量子计算机在计算规模和稳定性上的突破，基于量子算法的机器学习重新得到关注，并成为一个迅速发展的研究方向。

如表 6-2 所示，从经典-量子二元概念出发，可将机器学习问题按照数据和算法类型分为四类。

1 郭光灿：量子十问之七，http://lqcc.ustc.edu.cn/index/info/760

表 6-2　机器学习类型分类

简称	数据类型	算法类型	说明
C - C	经典	经典	传统机器学习算法
Q - C	量子	经典	用传统机器学习解决量子多体物理问题等
C - Q	经典	量子	用量子算法加速机器学习过程
Q - Q	量子	量子	用量子数据类型和量子算法重构机器学习过程

> 重点分析

　　类型 C - C 是利用传统机器学习算法处理经典数据，即为传统机器学习算法。类型 Q - C 是利用传统机器学习算法处理量子问题，例如将机器学习算法应用于量子力学系统的优化控制。类型 C - Q 是利用量子算法处理经典问题，也称为量子增强机器学习，是当前研究的热点，也是我们本节重点介绍的内容。类型 Q - Q 是用量子数据类型和量子算法来重构机器学习过程，是目前一个很开放的领域，我们暂不作讨论。

　　对于类型 C - Q 而言，一个量子机器学习的基本流程如图 6-17 所示。经典样本数据经过量子态制备转为量子数据，量子数据经过实现机器学习的量子算法处理（一般是并行处理）再以量子数据形式输出，输出的量子数据经过量子态测量产生经典数据结果。

图 6-17　量子机器学习的基本流程

　　目前，实现机器学习的量子算法主要涉及相位估计算法、Grover 查询算法、内积计算、求解线性方程、主成分分析以及梯度算法等。由于量子特性的作用，这些量子算法一般较对应的经典算法都有性能上的提升，且大部分是指数式提升。一个粗略的估计如表 6-3 所示[1]。

1　陆思聪，郑昱，王晓霆等：《量子机器学习》，载《控制理论与应用》，2017，34（11），1429 ~ 1436 页。

表 6-3　机器学习的经典算法和量子算法复杂度比较

项目	经典算法（复杂度）	量子算法（复杂度）
相位估计算法	$O(N\log N)$	$O(\log^2 N)$
Grover 查询算法	$O(N)$	$O(\sqrt{N})$
内积计算	—	—
求解线性方程	$O(N^2) \sim O(N^3)$	$O(N\sqrt{c})$
主成分分析	$O(N^2)$	$O(\log^2 N)$
梯度算法		

注：式中 c 是条件数。

总的来看，相对于在经典计算平台上执行的经典算法而言，量子机器学习算法有如下显著优势：利用量子态叠加性量子算法可以实现并行计算。在此基础上利用量子相位估计、Grover 查询等算法，可以实现相对于完成同样功能的经典算法的二次甚至指数加速；同时，利用量子态叠加性将经典数据编码为量子数据实现数据并行存储，可实现指数级节省存储硬件需求。

当然，相对于在经典计算平台上执行的经典算法，量子机器学习算法也遇到以下的技术挑战。例如在训练过程中，往往需要高效地根据访问地址调用所需数据，这在经典计算平台上不是问题，但在量子平台上，由于量子态不可克隆的性质，中间过程中地址和存储数据的读取都是不方便的，这对量子机器学习算法的设计提出了新的要求，需要在设计算法时充分考虑。

当前，量子计算机硬件平台支持的量子数规模和稳定性不断取得突破，并且借助量子计算云平台的推出，在人工智能应用场景和需求快速增加的推动下，量子机器学习在算法研究、量子机器学习和人工智能结合方面可能会迎来新的发展机遇。

6.2.9 退火理论及量子退火机

以上关于量子计算机的介绍都是通用型的。同传统计算机相似，通用型量子计算机基于量子门的设计和操作，遵循预先规定的详细算法，依照步骤，经过运算，最后得到答案。如前所述，由于研发通用量子计算机的难度非常大，一部分科学家另辟蹊径，开始研发一类技术难度相对较低的专用量子计算机，它不依赖于量子门的设计和操作，不需要指定中间步骤的运算方法，而是直接利用量子力学原理和量子特性求解，这就是量子退火机。它不再是通用型量子计算机，而成为解决组合优化问题的专用机器。

以下我们以一个具体而简单的例子说明量子退火机处理组合优化问题的工作过程。这个例子就是流动推销员问题，它也是组合优化问题的代表性示例。在这个示例中，我们要求推销员必须依次走访多个城市，每个城市走访一遍，求解推销员移动距离之和为最短（最低成本）的路线。

表 6-4 给出了配送城市个数、路线组合数、超级计算机计算耗时估计的一组计算数据[1]。

1 [日] 西森秀稔，大关真之：《量子计算机简史》，姜婧译，13 页，成都，四川人民出版社，2020。

表 6 – 4 超级计算机计算耗时估计随配送城市个数的变化关系

配送城市个数	路线组合数	计算机计算耗时估计
5	120	1.2×10^{-14} s
10	3.6×10^6	3.6×10^{-10} s
15	1.3×10^{12}	1.3×10^{-4} s
25	1.6×10^{25}	49 年
30	2.7×10^{32}	8.4 亿年
…	…	…

可以看出，在配送城市个数小（如 15 个以下）的时候，对应的路线组合数利用传统计算机还可以处理。但由于路线组合数基本是随着配送城市个数呈指数级增加，在超过 15 个城市以后就非常困难。达到 30 个城市的时候，目前的超级计算机需要数亿年的时间才能计算出结果，即是不可能的。

退火机制源于金属退火，即将金属的温度提高到一定程度后，再慢慢地进行冷却，从而去除内部的形变，实现均质化的处理过程。经典的退火算法是从一个初始态出发，施加一个外部的作用（类似加热升高温度），然后利用绝热可逆过程互变的性质，依据最小作用量原理，在系统自身作用下缓慢克服外部作用（冷却下来），回到初始态，而自然形成的最优路径被保留下来。

量子退火机制是利用了量子原理和量子特性实现的退火机制。一是用量子比特代替了经典比特，依靠态叠加获得处理上的增益；二是利用量子隧穿效应获得处理上的增益。

下面看量子退火机的基本工作过程，我们以一个具体的示例来说明。如图 6 – 18 所示，我们假定参与路线组合优化的城市有 8 个，在横向上分别是 A ~ H。同时在纵向一列表示依次访问城市的顺序，这样纵横组合就需要 8×8 个量子比特，组成 8×8 的阵。假设我们用数值 1 表示访问该城市，数值 0 表示不访问该城市。根据量子比特的量子态特性，阵中每个量子比特的态都是 1 和 0 的叠加态。

假定开始时推销员从城市 C 出发，并且从所有量子比特处于 1 和 0 的叠加态启动。例如采用施加横向磁场的方式，此时量子比特间的作用处于关闭状态。而后，我们把城市间的相互距离定义为对应量子比特间的相互作用，并开始将这种作用缓慢引入系统。之后随着时间的延续，逐渐减弱横向磁场，同时增强量子比特间的相互作用。这样，路线特征（城市间的距离信息）被输入系统，系统开始寻找最短路径。这期间需要借助微弱的横向磁场的作用，在

1 [日] 西森秀稔, 大关真之:
《量子计算机简史》, 姜婧
译, 52 页, 成都, 四川人民出
版社, 2020。

1 和 0 的涨落之间找出答案。最后, 横向磁场归零, 每个量子比特
都变为确定的 1 和 0 的状态, 代表了最短路线的方案[1]。

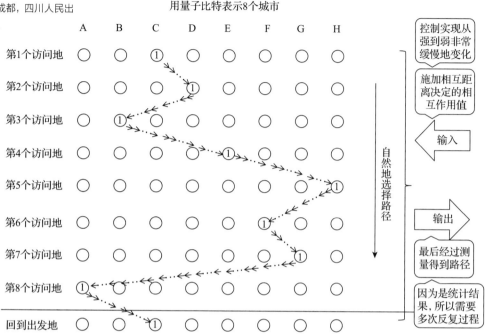

图 6-18 量子退火机过程
示意[2]

2 同上, 50 页。

可以看出, 正是因为量子比特的叠加态使得路径的选择和标识具
有了 1 和 0 的并行性。在这一过程中, 量子比特的参与有两点好处:
一是为一个完整过程通过概率选择最优路径提供了方便; 二是存储路
径过程的阵是随节点数增加呈线性增加的, 而不是随节点数增加呈指
数增加的。

以下我们再看量子隧穿效应带来的好处。一般情况下, 退火过
程可以看作是在不同的状态间寻找最小势能的过程。如图 6-19 所
示, 在不同的状态点上势能值起伏很大。比如在图中的 W 点, 经
典退火过程中就会碰到困境, 经典算法只能靠攀登翻越, 代价很
大。而量子退火过程可以依靠量子隧穿效应通过, 当计算到 W 点
时, 由于量子隧穿效应, 量子退火算法会有一定的概率直接穿过 W
点, 这样就可以继续向后寻找合适的解而脱离 W 点的困境, 这样
代价就小得多了。可以说, 在势能的地形图上, 量子隧穿效应可以
轻松地穿过山体, 从一个盆地抵达另外一个盆地, 寻求正确的解。

不过, 需要说明的是通过量子退火过程得到的结果是统计结
果, 或者说是对最优解的逼近, 因此如果要得到正确的结果, 往往
需要重复执行很多次 (如千次以上) 该过程。

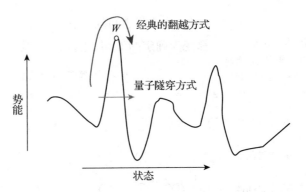

图6-19 量子隧穿效应的优势

另外，量子退火机是基于绝热量子计算，不需要操作量子逻辑门，因此不能发展为通用计算机模式。对其性能的评估也有一些争议。但由于量子退火机没有用到传统量子算法中所用的量子纠缠，它可以在不那么严格的错误控制下完成工作，而在一些特殊的场合下会取得远超经典计算机的性能，因此也受到一定的关注。目前，量子退火机的典型代表是 D – Wave 公司推出的 D – Wave 系列量子计算机。

6.2.10　小结：从理论到应用

如图 6 – 20 所示，以下我们对量子计算机及相关技术部分的内容分四个层面作个小结。

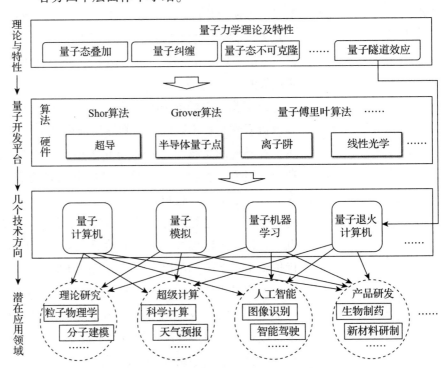

图6-20 量子力学从理论到应用

量子理论与特性：在前面量子理论内容的基础上，引出了量子的主要特性，如量子态叠加、量子纠缠、量子态不可克隆、量子隧穿效应等。这是后面量子计算机设计的基础。

量子开发平台：包括目前正在开展的硬件平台和软件算法。目前在研的硬件平台有超导、量子点、离子阱、线性光学等，处于诸多硬件平台齐头并进的局面。软件主要体现在挖掘量子特性的算法的设计上，目前有 Shor 算法、Grover 算法等。

几个技术方向：由于技术难度和硬件平台成熟度等原因，目前量子计算机的发展分为几个相关的方向，如量子计算机、量子模拟、量子机器学习以及量子灭火机等。原则上，不同的硬件平台都可以支持不同的技术方向。

潜在应用领域：大致可以分为服务理论研究，如应用于粒子物理学、分子建模等；超级计算，应用于科学计算、天气预报等；人工智能，应用于图像识别、智能驾驶等；产品研发，应用于生物制药、新材料研制等。

另外需要说明的一点是，在本节前面关于量子计算机相关内容的描述中使用的比特概念是逻辑量子比特。在实际中为实现纠错功能，一个逻辑量子比特往往需要 80～10 000 个物理量子比特实现。

总之，量子理论与特性为量子计算机相关技术发展提供了光明的未来，提供了创新机遇和大有可为的空间，但量子计算机相关技术的发展还面临着众多的挑战。为了解决这些挑战需要我们既要有信心，还要有耐心。

6.3　量子通信

量子通信是指以量子比特为载体传输信息的技术，主要包括量子密钥分发（QKD）和量子隐形传态（QT）两类。量子隐形传态在经典通信的辅助下能够实现量子态信息直接传输，目前还处于实验研究和验证阶段，距离实用化还有很大距离。基于量子密钥分发的保密通信称为量子保密通信，目前已进入初步实用化阶段，并有一定数量的试点应用和网络建设。我们本节主要对量子保密通信的有关内容进行介绍。

6.3.1　保密通信的回顾

随着现代通信技术、网络技术、智能终端技术等的高速发展，信息化已经深刻影响着人类的社会生活、生产。网络和信息化给人们带来便捷、高效的同时，也带来了安全性风险。当今，信息安全已经成为构建信息化社会的基石。信息通信的安全性，或者说保密通信越来越受到人们的重视。

在介绍量子保密通信之前，我们先回顾一下保密通信的由来、演进和发展历程，这对我们理解量子保密通信是很有意义的。顾名思义，保密通信是实现传递信息的安全保密性的通信。实现信息的保密性有两个基本手段：一是通过加密信息，保障即使信息被截取，窃听者也无法正确读出信息；二是能及时发现被窃听，采取措施以免被继续窃取或其他补救措施。在当前及之前通信技术阶段，发现被窃听并不容易，所以信息的保密性主要是靠信息的加密来实现的。这样就产生了密码学。于是，自古以来密码学就在设计密码与破译密码的博弈中发展。下面，我们简单回顾一下密码学演进的历史。

如图 6-21 所示，人们在战争和外交以及后来的商业中使用密码具有悠久的历史，发展至今经历了多个阶段。罗马时代出现了恺撒密码。据文献记载，它是由罗马的恺撒大帝提出的。虽然恺撒密码很简单，但很有利于我们了解关于密码的基本思想和概念。它的设计是：英文中有 26 个字母，它们具有明确的排列顺序。在发送信息的一方，将明文中每个字母用排在它后面第三位的字母来替代，这样就得到了密文。在接收到信息的一方，只要将收到的密文中每个字母再换回往前三位数字的字母，就可得到明文。这就是单

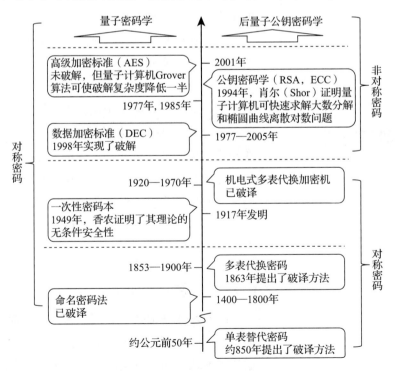

图 6-21　密码学发展历程[1]

[1]　王建全，马彰超，孙雷等：《量子保密通信网络及应用》，5 页，北京，人民邮电出版社，2019。

表替代密码。移动位数可设为 1 至 25 中的任何一个数字。但发方与收方必须预先共同约定好移动位数，这个双方约定好的移动位数就称为密钥。后来，为了使加密方法更加复杂，可以设定不同位置的字母移动位置不都一样，即一个密钥决定一个位置字母的移动，这就是维吉尼亚密码（多表代换密码）。维吉尼亚密码在 18 世纪被广泛使用，但在 1863 年人们找到了破译方法。

1917 年，弗纳姆（Vernam）发明了一次性密码本（One-Time Pad，OTP），被认为是"绝对安全"的密码方案。1949 年，信息论的创立者香农证明了 OTP 密码具有无条件安全性，或称信息理论安全性。OTP 算法的实现需要满足三个条件：密钥必须随机产生，密钥不能重复使用，密钥需要与明文等长。在满足以上要求下的绝对安全性并不难理解，因为与明文等长的同一密钥加密的密文只出现一次，这使得在无法获知明文的情况下，任何算法即使穷尽也无法破译出该密钥。而且密钥使用一次即被丢弃，因此即使破译者得到了部分的密钥，也无法用于破译其他密文。OTP 密码最大的不足是需要大量的密码本，其印刷和分发在实际操作中会有很大困难。一旦发送方和接收方用尽了预先共享的安全密钥，其安全通信将不得不中断，直到再次获得新的密钥。这种巨大的缺陷限制了 OTP 密码在实际中的使用。

在第二次世界大战期间，德国军队使用了恩格玛密码机，这实际上是一种机械编码的机电式多表代换加密机。由于每日都更换不同的密码本，尽管达不到 OTP 所要求的每次都使用新密码的要求，但更换已经很频繁了，因此曾一度被称为"牢不可破"的系统。但后来被盟军破译了。原因是恩格玛密码机机械产生的密码不是真正的随机序列，即不能真正满足香农对 OTP 提出的第一个条件。在盟军收集到足够的样本，并拿到一些密码本之后，通过数学的方法找到了密码序列变换的规律。另外一个原因是德军在一些时候由于偷懒而没有严格做到每日更换密码本，即在香农对 OTP 提出的第二个条件上又打了折扣。

随着计算机的出现，人类社会进入数字时代，密码学也进入了一个全新时期。计算机不仅是生成密码的超级工具，也是攻击密码的超级工具。密码的设计采用更简单易行的基于数学算法的方法，密码的安全就归结为破译密码所需要的计算复杂度问题。即将信息处理安全要求放松为基于计算复杂度的安全性，也就是假设敌手拥有的计算能力在有限的前提下无法将密码破解。

同时，为了减少随机密钥量的消耗以及简化密钥分发过程，大多数现代加密系统中使用短密码来加密很长的消息，例如 DES（Data Encryption Standard）、AES（Advanced Encryption Standard）等算法。一种典型的应用场景是在手机 SIM 卡中预置长期不变的 128 位根密钥，用于控制 SIM 卡整个生命周期中的数据加密[1]。

这种方案要求信息的发送方用于加密和接收方用于解密的密钥完全相同。通常称这种密码为对称密钥密码。

对称密钥密码大大减少了随机密钥的消耗，但没有解决密钥分发的问题。因为对称密钥密码的密钥只能通过人工预制的方式进行分发，这在现代通信中有时是很不方便的。为了解决密钥分发问题，人们提出了非对称的密钥算法方案。例如，RSA[2] 就是使用最广泛的非对称的密钥算法中的一种，即加密和解密采用两个密钥，其中一个密钥加密的信息仅能通过唯一对应的另外一个密钥进行解密。大致过程如下：消息接收方将其中一个密钥作为私钥保存起来，将另一个密钥作为公钥（每一次都可以改变），通过公共信道广播给消息发送方。发送方即可用接收方发来的公钥对消息进行加密发送，然后接收方通过其私钥对收到的加密信息进行解密。这样，非对称的密钥算法方案可以实现每一次加密使用的公钥可以不同，而解密使用的私钥始终不需要在公共信道上发送，在提高加密性能的同时，最大限度地保护了解密用私钥的安全。

公钥算法方案克服了密钥分发问题，但计算量大，加密效率较低，因此通常用于加密（或称分发）对称密码的密钥。于是形成"利用公钥算法分发对称密钥，然后基于对称密钥进行加密解密"的混合方案，这种方案在当今的密码系统中得到广泛使用。"非对称公钥密码 + 对称密码"的混合方案的原理如图 6 - 22 所示。

1 王建全，马彰超，孙雷等：《量子保密通信网络及应用》，8 页，北京，人民邮电出版社，2019。

2 三个发明人 Ronald Rivest、Adi Shamir、Leonard Adleman 姓氏首字母的组合。

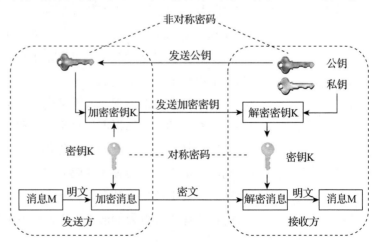

图 6 - 22 "非对称公钥密码 + 对称密码"的混合方案

随着量子技术研究的深入，目前密码学主要沿两个方向发展：第一个方向是量子密码学方向，研究利用量子特性设计加密功能，这是我们后面主要讨论的内容；另一个方向是后量子公钥密码学。在后面的分析中我们会看到，现有的量子算法还不具有通用性，往往只对特定的数学问题相对传统密码算法有指数加速作用，而并不是对所有数学问题都有这种作用。因此人们期望设计出可对抗量子计算攻击的新型公钥算法，这些研究称为后量子密码学，这里我们不作具体介绍。

6.3.2 现代保密通信面临的挑战

从前面的介绍中，我们可以看出现代保密通信几乎将全部安全保障系于算法的复杂性，这在传统计算机时代是成立的。比如，按照 RSA 的设计能力，即使以现有最快的超算电子计算机的处理速度计算，要解密大概也要上百年，因此 RSA 密码被认为是安全的。

但随着量子技术的出现，特别是量子计算机的研究和提出，人们发现无论是现代的非对称密码还是对称密码都遇到了严峻挑战。其根本原因是人们设计出了特定的量子计算算法，可以针对目前加密算法所依赖的数学问题，通过发挥量子计算机的并行处理能力，获得相比于传统计算机处理指数级或显著级的加速能力。这样传统计算机无法承受的算法复杂性在量子计算机面前变得不堪一击或者严重削弱。尽管大规模量子计算机的实现还可能需要一定的时间，但现代通信体系在信息安全上将面临的系统性风险和潜在威胁已不容忽视。

以下我们以 RSA 和 AES 为例，分别说明量子计算机对非对称密钥密码和对称密钥密码所带来的威胁。

RSA 是最流行的非对称加密算法之一。RSA 公钥密码体系目前广泛应用于经济、政府和军队等机构中。其数学支撑是利用两个大素数的乘积难以分解作为安全性依据。这是因为长期以来，人们普遍认为大数质因子分解不存在经典的多项式算法，因此当素数足够大时，利用传统计算机无法进行破译。RSA 加密算法的原理如图 6–23 所示。在 A 方（数据的接收方）存储两个大的质数 p 和 q，根据 p 和 q 求得 $n(n = p \times q)$，随机取整数 $e(1 < e < (p-1)(q-1))$，组成公钥 (n, e) 发送给 B 方（数据的发送方）。根据数论理论，由 (p, q, e) 求得私钥 d 用于后续解密数据。在 B 方（数据的发送方），利用 A 方发来的公钥 (n, e)

对待发送 A 方的数据 m 进行加密，设生成的加密数据为 c，将 c 发往 A 方。A 方得到 B 方发来的加密数据 c 以后，利用只在 A 方生成的私钥 d 对 c 进行加密得到数据 m，这样就实现了 A 和 B 之间利用非对称密码加解密的数据发送。

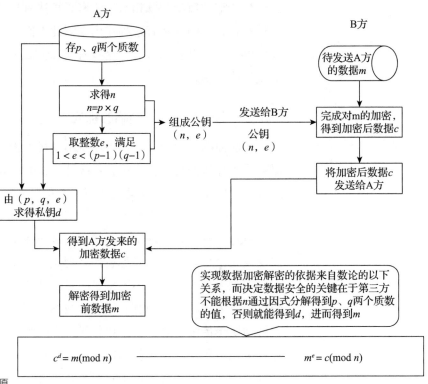

图 6-23　RSA 加密算法原理示意

RSA 能在发送端利用公钥加密和在接收端利用私钥解密的关键是，根据数论理论公钥、私钥和原始数据、加密数据间有以下关系。

$$c^d = m(\bmod\ n)\quad m^e = c(\bmod\ n)$$

而决定数据安全的关键是在接收端事先存放的两个大的质数 p 和 q。公钥和私钥都是由 p 和 q 随机产生的，一般来说，只要第三方不能根据公钥 (n, e) 反推出 p 和 q，RSA 密码就是安全的。反之，只要第三方能根据公钥 (n, e) 在较短时间内反推出 p 和 q，根据 p，q 和公钥信息 e 求得私钥 d，再利用私钥 d 去解密截获的加密数据 c，得到原始数据 m，这样就实现了窃密过程。

在原理上，RSA 利用了一个数学问题，即大数的质数因子分解问题。根据传统计算机算法上运算复杂度的估计，当采用两个几百位（二进制）的质数 p 和 q 搭建这套公钥密码体系时，要从公钥 $n = p \times q$ 经过因子分解反向得到质数 p 和 q，即使以现有最快的超级计算机的处理速度计算，大概也要上百年，这就是 RSA 加密算法设计的依据。

如前面 6.2.5 节所讨论的，当量子计算机的概念提出以后，Shor 算法十分巧妙地把大数的质数因子分解问题转化为了求一个周期函数的周期问题。特别是更加巧妙地利用量子态叠加原理和量子纠缠特性，通过两个量子寄存器的配合，充分发挥了量子计算机并行处理的巨大优势，实现了算法复杂性上指数级的降低，从而把处理时间从当前超级计算机所需的数百年降低到在量子计算机上只需秒级的时间。这样就动摇了 RSA 加密算法和加密体制赖以成立的根基。

在对称密码方面，基于量子计算机的 Grover 算法同样也对现有的对称密码提出了挑战。如前面 6.2.6 节所讨论的，Grover 算法能够加速数据搜索过程，可以把在数据量大小为 N 的无规则数据库中搜索一个指定数据的计算复杂度从 $O(N)$ 降低为 $O(\sqrt{N})$，这样就降低了对称密钥算法的安全性。例如，对于算法 AES – 128，其 128 位长度的密钥具有 2^{128} 种可能性，而在采用 Grover 算法后，则仅需要搜索 2^{64} 种可能性，这相当于将 AES-128 的破解复杂度降低为 AES-64 的级别[1]。

针对现有密码算法受到量子计算影响的程度，美国国家标准与技术研究院、欧洲电信标准协会等组织进行了一些评估，其结论如表 6 – 5 所示。

1 王建全，马彰超，孙雷等：《量子保密通信网络及应用》，15 页，北京，人民邮电出版社，2019。

表 6 – 5　量子计算机对经典密码的影响

密码学算法	类型	使用目的	受到量子计算机的影响程度
AES	对称密码	加密	需增加密钥长度
SHA-2，SHA-3	—	哈希散列函数	需增加密钥长度
RSA	公钥	数字签名 密钥分发	不再安全
ECDSA，ECDCH （Elliptic Curve Cryptography）	公钥	数字签名 密钥分发	不再安全
DSA （Finite Field Cryptography）	公钥	数字签名 密钥分发	不再安全

6.3.3　量子保密通信的优势

一方面，基于量子力学理论和量子特性设计的量子计算机越来越威胁着现代保密通信体系；另一方面，在这之前人们又已经发现利用量子力学理论和量子特性可以设计出更加安全的量子保密技术。量子保密通信具有当前传统保密系统所不具备的优势。

如前所述，实现信息的保密性有两个基本手段：一是加密信息，并且保证密码不被破解；二是能第一时间发现被窃听，采取防范和补救措施。除此之外，窃密还要一个必要条件，即需要在信息传输信道上完成数据的窃取。因为只有拿到数据，无论是加密的数据还是传递的密钥，才有可能进行破译。以下我们就从以上三个方面来分析量子保密通信所具有的优势。

手段一主要是通过密码学来完成的。为此香农对无条件安全算法提出需要满足的三个条件：密钥必须随机产生，密钥不能重复使用，密钥需要与明文等长。在现代保密通信系统中，要同时实现这三个条件基本是不可能的。相比之下，量子保密通信具有以下优势：在产生随机数方面，量子保密通信具有当前保密通信所无法具备的优势。一般来说，经典物理学具有确定性的本质，这使得在经典的物理过程中不可能产生真正的随机数。但在量子力学物理中，物理过程本身就是概率和统计的过程，真正的随机数可以通过基本的量子物理过程生成。另外，量子保密通信也具有实现后两个要求的条件。比如，目前最常用的量子是光子，单光子源可以做到吉赫兹的速率，这样的速率可以满足密码的一次一用以及与明文等长。只是在实际系统中，由于考虑到实现的条件、难度、成本等因素，同时满足以上三个条件非常困难，特别是在目前数据通信传输速率越来越高的趋势下，可能有所取舍。

从保密通信发展的历史看，在第一时间发现被窃听也是非常有意义的。从理论上讲，由于量子场论的特殊性，第三方的窃听会造成短时间内误码率的急速上升，使得发送方可以在第一时间就察觉到第三方在传输链路上的窃听行为，从而采取必要的应对措施，如终止数据发送或者改变发送路径等。

而且，根据量子态的不可克隆性，第三方的窃听行为会改变系统的量子态，从而使传输的信息失效，窃密者将无法拿到正确的加密数据，自然破译也就无从谈起了。

所以，从以上事关保密通信的三个方面看，相比现在的保密通信，量子保密通信具有显著的优势。

不过，上面讨论的都是在理想化的量子力学理论条件下成立的。在实际中，一些理想化的量子力学理论条件是难以达到的，这样就产生了一些非理想情况下的方案。同时，窃密者又会利用非理想情况所带来的"漏洞"对量子保密通信系统进行攻击。因此，保密与窃密的斗争在量子保密通信时代将继续延续。

6.3.4　BB84 量子密钥分发协议

　　目前，量子保密通信协议的设计主要体现在量子密钥分发上。主要的原因是，由于量子态的脆弱性，目前直接使用量子传递信息时机还不成熟。因此，人们采用了先利用量子信息技术生成密钥，再把生成的密钥用于保护通信数据的方案。这样，实现通信过程保密性的关键是通信双方之间建立起不为他人所知、所窃的密钥，这项技术称为"密钥的分发"。如果选择的编码载体是量子态，通常称为"量子密钥分发"。目前著名的量子密钥分发协议有 BB84 协议，E91 协议和连续变量协议等。

　　BB84 协议是由本内特（Charles H. Bennett）和布拉萨德（Gilles Brassard）在 1984 年提出的，是目前已经实用化的量子密钥分发协议。利用前面介绍的量子力学特性，我们就可以理解该协议设计的基本思路和有关特点。

　　光子有两个相互垂直的偏振态（水平方向偏振和竖直方向偏振）。光子的偏振态可以用来传递信息，比如用水平方向偏振代表 1，用竖直方向偏振代表 0。但用这种直接的编码方式传递信息，构不成量子比特，是不能体现出量子特性的。因为按照量子力学理论，量子态需要具有叠加性，即一个量子比特既要一定的概率为 1，还要有一定的概率为 0。为此，BB84 协议又引入了"基"的概念，有两种基矢："垂直正交基"，用"＋"表示，发送方用 0°偏振表示 0，90°偏振表示 1；"斜对角基"，用"×"表示，发送方用＋45°偏振表示 0，－45°偏振表示 1。于是，偏振和基矢组合起来，在不知道所使用的正确基矢的情况下，实际上就形成了"叠加态"的效果。比如对于攻击者而言，在不能确定接收方选择的测量基矢的情况下，发送的比特既有可能是 1，也有可能是 0，也就是 1 和 0 的"叠加态"。例如，发送方和接收方采用斜对角基进行制备和测量，而攻击者使用了垂直正交进行探测，结果是偏振光子具有相同的机会被投射到水平或垂直偏振状态上，于是可能就会产生错误。

　　BB84 协议规定，在发送方和接收方各使用一个随机数来控制基矢的选择。在接收方接收处理完所有信息后，发送方和接收方通过传统通信通道将所用的基矢信息发送给对方，接收方将发送方使用的基矢信息与自己使用的基矢信息进行比对，只选择双方使用相同的基矢处理的信息位作为有效信息，而将双方使用不同的基矢处理的信息位丢掉。这其实是一个解"叠加态"的处理。经过基矢比对筛选后留下的信息位即可构成密钥[1]。

BB84 协议实现过程示例如图 6 - 24 所示。

1　在发送方和接收方之间建立完全对称的安全密钥还需要纠错和隐私放大等处理过程，生成一个缩短的最终密钥。

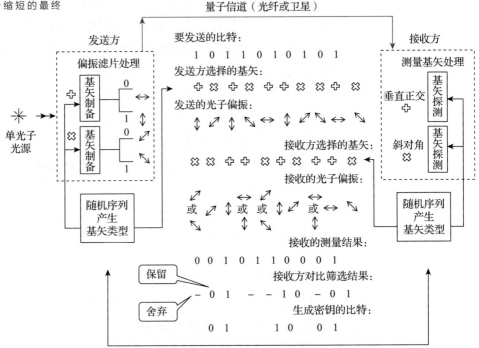

图 6 - 24　BB84 协议实现过程示例

以下我们分析一下 BB84 协议的保密性能。对比香农对无条件安全算法提出需要满足的三个条件（密钥必须随机产生，密钥不能重复使用，密钥需要与明文等长），单光子光源产生的光子序列可以认为具有很好的随机性。利用 BB84 协议生成一组密钥，如果用这组密钥通过一次一密的方式对原文加密，并且做到密钥与原文等长，按照香农对无条件安全算法提出的三个条件看，理论上 BB84 协议可以实现最高等级的保密通信。但在实现过程中，BB84 协议要求接收方和发送方通过经典信道，互相分享各自使用的基矢序列，而经典信道是不安全的，这样会带来一些隐患。对这个问题，我们在介绍完 BB84 协议具有可以在第一时间发现被窃听的能力后再作些讨论。

我们假定有攻击者发起一个截取和重发攻击的情况，即对于每个来自发送方的光子，攻击者都利用一个随机选择的基矢进行测量，并且根据测量结果重新发送一个新的光子给接收方。有两种可能：一是攻击者恰好使用了正确的测量基，那么攻击者和接收方都可以正确解码，不产生"额外的"错误；二是攻击者使用了错误的测量基，这样对这个光子判断错误的概率为 1/2，而且发送以后，被接收方接收判断发生错误的概率也是 1/2。于是在发送方和接收方采用相同基矢的情况下，获得不同结果的概率或者说发生"额外的"错误的概率是 $1/2 \times 1/2 = 1/4$。

因此想知道是否存在攻击者，发送者和接收者只需要拿出一小部分密码来对照，如果发现互相有 1/4 的不同，那么就可以判定信息被攻击截获了。因此 BB84 协议可以有效地发现窃听，从而关闭通信，或切换信道重新进行量子密钥分发[1]。

1　张文卓：《大话量子通信》，119 页，北京，人民邮电出版社，2020。

我们再回到前面提到的那个隐患。如果攻击者同时在传统信道上截获了发送方和接收方互换的基矢信息，攻击者至少会获得部分的密钥信息。因此，在第一时间及时发现被攻击就显得至关重要了。好在 BB84 协议提供了这样一个机制。

总之，在理论上 BB84 协议可以提供非常高的信息安全保障。另外，采用单光子源时可以做到产生吉赫兹速率的密钥，从而适应现代高速数据传输的需要。因此，世界上很多国家都相继建成了使用 BB84 协议的量子密钥分布网络。

不过，在 BB84 协议的实用化上会出现一系列的困难和问题，包括精准的单光子光源难以获得、光子在信道中的传播存在着各种限制等。这些困难使得 BB84 协议在实用化时采取了以弱激光光源代替单光子光源，以及为增加传播距离也需要引入新的技术（如量子中继等），这些非理想化因素和实际问题又引入了新的攻击手段。有关 BB84 协议实用化方面的相关技术和问题我们在 6.3.7 中具体介绍。

6.3.5　E91 量子密钥分发协议

E91 协议进一步引入量子的另一个重要特性——量子纠缠，来实现一些场景下更高级别的密钥分发的安全性。

E91 协议的实现过程如图 6-25 所示。在 E91 协议中，以纠缠光子对光源代替原来的单光子光源。在发送方产生的一对纠缠光子，一个被送入发送方进行测量，另一个通过量子信道发送到接收方进行测量。在发送方和接收方各使用一个随机数来控制测量基矢的选择。发送方和接收方通过经典信道公布自己测量所使用的测量基矢，丢弃掉双方或任何一方没有测量到的光子的部分。然后将剩

1 裴昌幸，朱畅华，聂敏：《量子通信》，74 页，西安，西安电子科技大学出版社，2013。

余部分分为两类：使用相同基矢测量得到的结果和使用不同基矢测量得到的结果。对测量结果进行组合分类，一般可以分为三类：第一类组合的结果用来建立密钥；第二类组合的结果用来检验有没有窃听者；第三类组合的结果直接丢弃[1]。

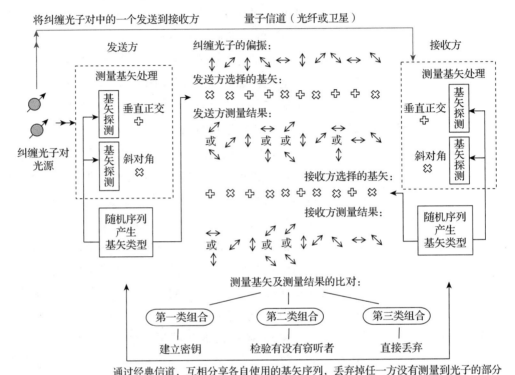

图 6-25　E91 协议实现过程示意

得益于量子纠缠特性，E91 协议在安全性方面有以下特点。一是窃听只能起到拦截通信的作用，无法截获密码信息。窃听者只能在通信线路上拦截发送者发给接收者的纠缠光子。这样窃听者和发送者产生了量子纠缠。接收者就接收不到光子了，因而测量不到任何结果，那么这些被截获的纠缠光子也就成不了密码信息。二是发送者和接收者可以快速发现窃听者的存在。假设窃听者在测量截获光子的同时，伪造一个相同偏振的光子发送给接收者，但窃听者发出的这个光子和发送者的光子之间是没有量子纠缠的，由于发送者和接收者通过选取一些测量结果就可以检验量子纠缠是否存在，于是发送者和接收者就可以马上发现存在窃听者[2]。

2 利用检验贝尔不等式的方法。

因此相比于 BB84 协议，E91 协议的优势在于受窃听的影响不同。对 BB84 协议而言，为避免窃听者获得部分密码信息，在检测到窃听者之后，需要切换线路或关闭通信。而对 E91 协议而言，窃听只能起到拦截通信的作用，只要不被完全拦截，在存在窃听者的情况下仍可以继续通信，所受的影响只是被窃听过的纠缠态失效而已。

从理论上讲，E91 协议比 BB84 协议具有明显的优势，即可以提供更高等级的密钥分发机制。但目前受到的限制主要来自实现。目前最快的量子纠缠光源，只能做到兆赫兹的速率（每秒发射百万量级的光子），即使不存在窃听者，也只能有部分光子形成密钥信息。如果采用一次一密的加密方式，这个速率显然是远远无法满足当前的高速数据通信需要的。另外，纠缠光子的时间脉冲幅度也远远没有单光子容易控制。

因此，现阶段的 E91 协议还远远无法和 BB84 协议竞争。或许在未来，全新的物理系统能够产生吉赫兹速率的纠缠光子对，而且脉冲宽度更容易控制。那时，E91 协议就会成为 BB84 协议有力的竞争者[1]。

1 张文卓：《大话量子通信》，123 页，北京，人民邮电出版社，2020。

6.3.6 连续变量量子密钥分发协议

BB84 协议和 E91 协议都是以单光子作为信息载体，用光子的偏振作为编码信息 0 或 1，即以离散量构成比特的叠加态。经过近 30 年的发展，单光子量子密钥分发技术发展已经较为成熟，却依然存在如下局限性。第一，单光子量子信号产生困难。实际系统中一般采用微弱激光脉冲来代替单光子，该方法效率较低，而且有一定概率产生多光子，存在潜在的安全漏洞，必须结合诱骗协议等手段才能抵御光子数分离攻击。第二，通信波段单光子检测成本高，这意味着量子密码分发系统的成本无法降低到经典通信水平。

于是人们想到是否可以利用光的宏观量子特性来构造叠加态。根据不确定原理，一个光子在坐标空间和动量空间是不能同时被确定的，即具有两个不确定度，两个不确定度的乘积符合海森堡（Heisenberg）不确定原理。如果把一个光子的坐标和动量调制在一起，比如在一个波形的振幅和相位中，就可以构成一个叠加态，二者同时存在于一个波形中，但如果测量，一次只能准确地测量到其中的一个值。由于这种编码所用的坐标、动量、振幅以及相位等是可连续取值的，因此，通常将这类协议称为连续变量量子密钥分配协议。对应地，BB84 和 E91 等以离散量编码的协议称为离散量子密钥分配协议。

当坐标空间和动量空间的不确定度一样大的时候称为相干态。单个光子一般情况下都处于相干态，而激光就是大量光子组成的相干态。2001 年，法国科学家提出了利用相干态实现连续变量量子密钥分发的方案。这个相干态的方案，用普通的激光就可以实现。从此连续变量量子密钥分发开始得到了重视。

图 6 - 26 为连续变量量子密钥分发的原理示意。在发送方，从一个高斯函数中随机选取 x_A、p_A 两个数。利用这两个数对从激光器中发射的信号光同时进行相位和振幅的调制，使调制后的信号光为相干态 $|x_A + p_A\rangle$。通过量子信道（如光纤），将发送方调制的光信号发送到接收方。在接收使用平衡零拍探测方法对信号光进行测量，同样是使用随机控制机制选择使用的测量基。通过调制参考光的相位实现的要么是对 x 分量的测量，要么是对 p 分量的测量。通过经典信道，接收方告诉发送方每次测量所选择的测量基。经过多次的公开对基后，收发双方之间就建立了一组相关的十进制密钥元素。双方对经典信道公开的一部分密钥元素进行比较，估算误码率、信道传输率等参数，得到收发双方之间的互信息量以及可能泄漏的信息量。再利用一些处理机制（如纠错和保密放大等）将共享的十进制密钥元素编码为二进制的密钥，完成纠错、去除被窃听信息等处理后得到安全的二进制密钥[1]。

1 陈进建，韩正甫，赵义博等：《连续变量量子密码术》，载《物理》，2006，35（9），785～790 页。

通过量子信道（光纤），将发送方调制的光信号发送到接收方

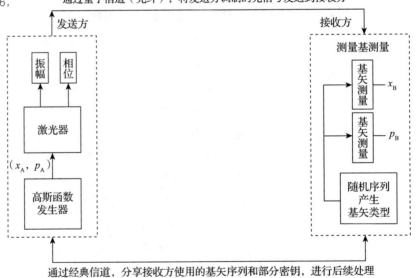

通过经典信道，分享接收方使用的基矢序列和部分密钥，进行后续处理

（1）经过多次的公开对基，发送方和接收方之间就建立了一组相关的十进制密钥元素。
（2）对经典信道公开的一部分密钥元素进行比较，估算误码率、信道传输率等参数，得到收发双方之间的互信息量以及可能泄漏的信息量。
（3）将共享的十进制密钥元素编码为二进制的密钥，并进行纠错、去除被窃听信息得到安全的二进制密钥。

图 6 - 26 连续变量量子密钥分发的原理示意

总的来看，连续变量量子密钥分发协议可直接采用经典激光通信所使用的各类器件，能直接与激光通信系统无缝对接，无须单光子源和单光子探测器，相比 BB84 协议在成本上具备优势[1]，但是现阶段该协议还没有 BB84 协议成熟，有许多技术难题有待解决，主要表现在以下两个方面。第一，安全码率、性能和传输距离有待提高。经过长距离传输后，接收方接收到的量子态幅度很弱，信噪比降低，误码率增高。不仅传输距离受到限制，还必须选取比较特殊和复杂的纠错算法进行纠正，造成纠错所需计算资源增加，极大影响了后处理的实时性。第二，实际安全性有待进一步提升。连续变量量子密钥分发协议面临更多环节上的量子黑客攻击，需要设计更多的防御手段。比如，攻击者针对发送端信源器件可以进行木马攻击，即主动生成光信号，打入系统发送端，该光信号在发送端被处理出来以后，就携带了发送端的调制信息，利用这些信息，攻击者就可以进行针对性攻击设计。再比如截取 – 重发攻击，攻击者对发送端发送的数据进行截取并测量，然后根据测量结果重新制备量子态发送给接收端；另外，还有其他针对实际非理想器件条件下的攻击手段。一般认为，如果上述问题能得到有效解决，那么连续变量量子密钥分发协议有可能成为 BB84 协议的竞争者。

1　张文卓：《大话量子通信》，125 页，北京，人民邮电出版社，2020。

6.3.7　诱骗态量子密钥分发

由于 BB84 协议是截至目前唯一实现实用的量子密钥分发协议，因此我们这里主要讨论 BB84 协议在实用化方面遇到的问题和解决的技术方案。

这些问题主要体现在安全性、传输距离以及密码生成码率上，这里我们讨论前两个方面。如图 6 – 27 所示，在安全性方面，BB84 协议非理想化的实现条件为量子黑客的攻击提供了机会，这里我们主要讨论两种典型攻击手段——在发送端的光子数分离攻击和在接收端的强光照致盲攻击，并介绍与这两种攻击手段对应的实用化技术——诱骗态量子密钥分发和测量设备无关量子密钥分发的基本思想和过程。在量子密钥分发的传输距离方面，我们介绍可信中继、量子中继和量子卫星的概念。可信中继、量子中继对应光纤量子信道下传输距离的增加，而量子卫星是在自由空间量子信道下传输距离的极大增加。

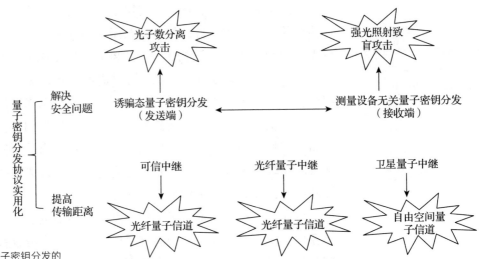

图6-27 量子密钥分发的
实用化方面

在量子保密通信协议的实用化上，首先是发送端的光源问题。当前并不存在可以实用化的单光子源。因此，实际中经常用弱光子技术光源来代替。弱光子技术光源的使用带来了量子密钥分发协议的安全性问题。

弱光子技术光源所产生的光子既有单光子脉冲，也有双光子脉冲以及多光子脉冲，还有真空态，而且一般情况下单光子的比例不是很高。在多光子脉冲存在的情况下，由于发送方对每个光子脉冲进行制备的时候，只能统一地编制偏振态，于是一个多光子脉冲中的每个光子会具有完全相同的偏振信息。这样就为窃听者提供了机会，例如窃听者可以使用一种"光子数分离攻击"技术来破坏BB84协议的安全性。

光子数分离攻击的基本思路是：窃听者分析每一个脉冲的光子数态，拦截并舍弃所有单光子脉冲，而对所有多光子脉冲进行分离，自己保留其中的一个光子，而把其余的部分继续发往接收方。这样，窃听者和接收者手中所具有的光子将完全一致。如果再利用接收方和发送方公布比对的信息，就可以自然地获取收发双方确定的密钥信息。并且，在实际通信中，当距离达到几十公里，甚至几百公里的时候，信道损耗非常大，窃听者丢弃全部单光子脉冲所带来的脉冲幅度削弱会被淹没在信道的损耗之中而难以被简单区分，从而窃听行为难以被轻易发现。此时，收发双方的量子密钥分发就完全不安全了。

诱骗态量子密钥分发（Decoy-State QKD）是目前解决光子数分离攻击问题的有效方法。其基本思想是：在发送方，除信号源外，还引入诱骗源，诱骗源和信号源具有不同的平均光子数，即含有单光子的比例不同，一般是诱骗源的平均光子数小于信号源的平均光子数，即诱骗源含有单光子的比例小于信号源的单光子的比例。将诱骗源脉冲按照一定概率随机插入到信号源脉冲序列中。这样在发送方实际上是发出了两种（或多种[1]）含不同单光子比例的混合脉冲序列。如果传输过程中没有窃听者拦截单光子脉冲，接收方检测到的两种（或多种）光源的脉冲的通过率应该大致符合发送方发送出来的比例（暂时假设信道情况相同）。但如果存在窃听者，由于窃听者无法区分哪些是诱骗源脉冲，哪些是信号源脉冲，就会对所有的单光子脉冲进行拦截。由于信号源和诱骗源所发出的单光子脉冲比例不同，但拦截准则相同，窃听者的拦截行为就造成信号源和诱骗源被拦截下的单光子脉冲数量不同，于是这种不同就会反映在接收方检测到的信号源和诱骗源的脉冲通过率上，即接收方检测到的信号源和诱骗源的脉冲通过率不再是预期的比例。据此，系统发现存在窃听者。

　　下面我们避开相对复杂的数学的描述，采用以几何光学的透射和折射作类比，对典型的诱骗态量子密钥分发方案作简要说明。

　　我们先看只有信号源、没有诱骗源的情况。如图 6 – 28 所示，我们以光穿过一个矩形晶体代表光经过损耗在信道中的传播。如果没有窃听者，信号源发出的光在穿过代表信道的晶体后既有透射，又有折射。在有窃听者时，我们以一个薄的晶体代表其作用，按照前面的描述，窃听者主要是拦截掉单光子脉冲，一般来说信道损耗远大于窃听损耗，所以窃听损耗可以"隐身"在信道损耗的遮挡下而不被发现。

1　还可以有其他光源，如后面介绍的 3 – 亮度诱骗态量子密钥分发协议包含真空态、诱骗态和信号态。

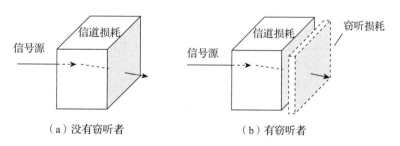

（a）没有窃听者　　　　　　　　（b）有窃听者

图 6 – 28　只有信号源、没有诱骗源的类比示意

　　我们再看有信号源和一个诱骗源的情况。如图 6 – 29（a）所示，我们把窃听者对单光子脉冲的拦截定义为光信号通过窃听晶体的折射。按照我们前面的描述，信号源和诱骗源的区别在于产生单光子脉冲的比例不同，于是我们就可以把窃听者对信号源和诱骗源单光子脉冲的拦截看作是两束不同频率的光通过同一个晶体后发生

的折射，会产生不同的折射角。原则上通过折射角的差异，我们就可以确定存在窃听者，只是这时产生的折射角的差 $\Delta\theta$ 比较小，比较难观察。

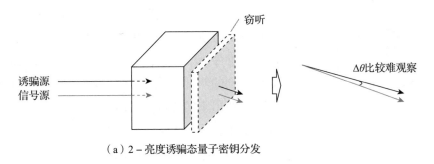

（a）2－亮度诱骗态量子密钥分发

扫一扫看彩图

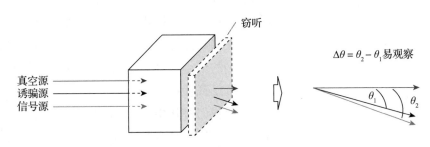

（b）3－亮度诱骗态量子密钥分发

图 6－29　诱骗态量子密钥分发类比示意

1　周飞，王向斌：《实用化量子通信技术》，载《信息安全研究》，2017，3（1），80～85 页。

于是，人们又提出 3－亮度诱骗态量子密钥分发的方案。如图 6－29（b）所示，在这种方案中，使用了三种不同亮度（或称为平均光子数）的光源，通常称为真空源、诱骗源和信号源[1]。其中，真空源的单光子数为 0，意味着窃听者没有拦截，对应类比于在穿过窃听晶体时没有折射。诱骗源的单光子数小于信号源的单光子数，对应类比于在穿过窃听晶体时诱骗态的折射小于信号源的折射。于是我们就可以以真空源没有折射的直线为参照，观测诱骗源和信号源发生折射的差异。显然，3－亮度诱骗态方案的精度要大于 2－亮度诱骗态方案。

诱骗态量子密钥分发的方案可以把量子密钥分发的安全距离从原始 BB84 协议的 10 km 大幅度提高到 100 km。它打开了量子保密通信的大门，使得量子保密通信从实验室演示开始走向实用化和产业化[2]。

2　张文卓：《大话量子通信》，134 页，北京，人民邮电出版社，2020。

6.3.8　测量设备无关量子密钥分发

如前所述，在实际使用过程中由于设备的不完美性，量子密钥系统还存在着较多的漏洞。针对这些漏洞量子黑客可以对系统进行攻击。在接收端，致盲攻击就是一种常见的攻击手段。这主要是因为量子密钥分发系统需要使用大量测量单光子的探测器，这些探测器对光非常敏感，无法承受较强的光强。当攻击者的目标不是窃取密钥，而是单纯的破坏量子密钥分发的时候，他就可以在接收端附近的信道上增加光源，照射单光子探测器，使接收方无法正常工作，这就是强光致盲攻击。在接收端，还有其他一些攻击手段。

为解决这类在接收端可能遭受的攻击，人们提出测量设备无关量子密钥分发（Measurement Device Independent QDK，MDI-QDK），将探测器搬离接收端，让量子密钥的生成不受探测者的限制。并且，测量设备无关量子密钥分发一般都和前面介绍的诱骗态量子密钥分发同时进行。

图 6 - 30 为是测量设备无关量子密钥分发过程示意。在发送端和接收端之间选择一个第三方设备，从发送者发出的光子不再发向接收者，接收者也不再接收光子，而是将调制好的光子发往第三方设备，并在那里作处理。具体来说，发送方和接收方独立地制备弱相干光源，发出的弱相干激光脉冲先在偏振调制器进行偏振编码，再通过强度调制器制备生成诱骗态。完成以上操作后，发

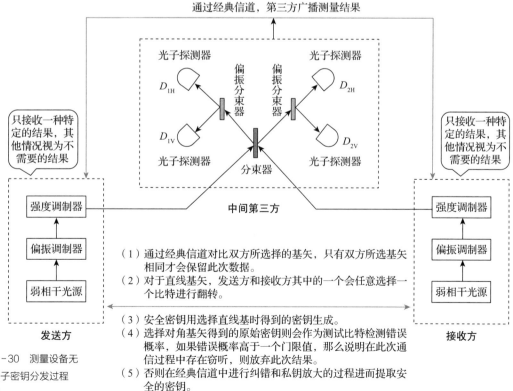

图 6 - 30　测量设备无关量子密钥分发过程示意

送方和接收方通过信道独立地将自己的信号发送给一个处于中间位置的第三方设备。在这里，双方的信号脉冲首先进入一个50:50的分束器中发生纠缠，之后分别进入两个偏振分束器中将输入光子投射成水平的（H）或垂直的（V）偏振态。随后将执行一个贝尔态测量来将接收到的信号变成贝尔态，四个光子探测器用来探测结果。

通过经典信道，第三方设备广播测量结果。发送方和接收方都只接收一种特定的结果，将其他情况视为不需要的结果。通过经典信道，发送方和接收方对比双方所选择的基矢，只在双方所选基矢相同时才会保留数据。对于直线基矢，发送方和接收方其中的一个会任意选择一个比特进行翻转，这时生成的密钥是原始密钥。把原始密钥分成两部分：对角基矢得到的原始密钥则会作为测试比特，用于检测错误概率。如果错误概率高于一个门限值，那么说明在此次通信过程中存在窃听，则放弃此次结果；否则，利用直线基时得到的原始密钥，在经典信道中进行纠错和私钥放大的过程最终生成安全密钥[1]。

按照这套机制，发送者和接收方可以根据情况选择多个第三方。即使其中一个第三方的单光子探测器遭遇强光致盲攻击，信道还可以随时切换到其他的第三方上，这样就比较有效地解决了强光致盲攻击的难题。此外，测量设备无关量子密钥分发方案具有可以弱化所有的探测器侧信道攻击的优势。再者就是当第三方处于发送者和接收方的中间时，原则上增加了一倍的传输距离。

测量设备无关量子密钥分发方案也存在一些不足，例如它需要假设发送方和接收方拥有几乎完美的量子态制备，这在实际系统中难以实现。再比如在标准的 MDI-QKD 协议中假设使用的是对称信道，但在实际应用中非对称信道比对称信道更加常见。另外，脉冲形状不匹配、时间跳动以及两个激光间的频率不匹配、偏振不匹配等因素也都影响测量设备无关量子密钥分发的效果。因此，测量设备无关量子密钥分发协议还在持续完善中。

6.3.9 量子中继

在实用过程中，信道的损失往往是限制量子通信效率的主要因素。例如，光脉冲信号在光纤信道中随着传输距离的增长呈指数衰减。在经典通信中，信道损耗可以通过在传输通道中放置放大器（或中继器）来克服。但对于量子传输而言，由于量子态不可克隆

1　李宏欣，王相宾，刘欣等：《测量设备无关量子密钥分发方案安全性研究》，载《现代物理》，2017（6），257～268 页。

性的限制，对量子态量子传输无法直接采用经典通信中的"恢复－放大"中继过程。

幸运的是量子还有另外一个重要特性——量子纠缠。量子纠缠具有非局域性，即两个发生纠缠的量子会同时发生变化，无论它们之间的距离有多远。而且，人们还利用量子纠缠的特性设计出量子密钥分发协议 E91（见 6.3.5）。于是，人们就"另辟蹊径"，想到利用量子纠缠跨越长距离信道传输损耗的"障碍"，再利用基于量子纠缠的 E91 协议，在通信的收发两端产生密钥，实现量子密钥的分发。这样，问题的焦点转移到如何在距离遥远的两点建立量子纠缠。一般来说，有以下两种方式。一是通过地面通道。以光子为例，就是通过光纤通道，在光纤通道上一段一段地"传递"量子纠缠。二是通过空间自由信道。利用卫星直接在距离遥远的两点建立量子纠缠。前一种技术是光纤量子中继，后一种技术是卫星量子中继。当然，除具有上述的量子密钥分发功能外，量子中继和量子卫星还具有量子隐形传态、密集编码等其他功能。三种中继的不同工作模式如图 6－31 所示。

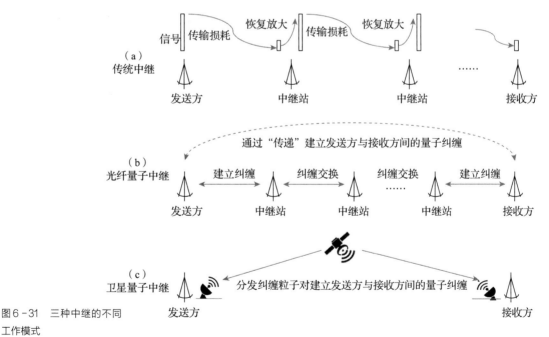

图6-31 三种中继的不同工作模式

下面我们先介绍量子中继的概念，关于量子卫星中继的概念我们在后面再作介绍。

从前面已经可以看出，相比传统通信中中继的概念，量子中继是利用量子特性，特别是纠缠特性实现的一种"新"的中继方式。

根据量子力学理论，量子纠缠具有可交换性。一个量子中继实现的原理示意如图 6 - 32 所示。假设粒子 A、B 之间有一个纠缠态，粒子 C、D 之间也有一个纠缠态，则通过对 B、C 纠缠粒子的一个贝尔态联合测量，可使粒子 A、D 之间产生纠缠，即使 A、D 之间从来没有过相互作用。这就使得原来不相邻的两个粒子产生了纠缠，通过 B、C 提供的纠缠交换，产生量子纠缠的粒子间的距离得到扩大。

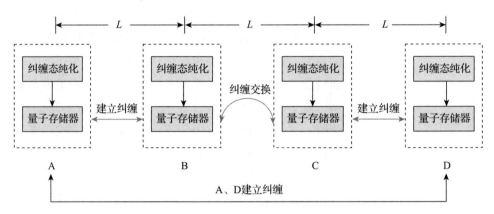

图 6 - 32　量子中继实现原理示意[1]

1　尹浩，韩阳：《量子通信原理与技术》，342 页，北京，电子工业出版社，2013。

在实际实现量子中继时，目前有两个严重的问题难以克服。一是各节点都需要量子存储器。原因是在建立相邻两节点的纠缠态时，由于信道损耗不可避免，纠缠只能以一定概率被制备，这样不同节点之间的纠缠态就需要被各自保存足够长时间，以等待它的相邻节点的纠缠态也被制备出来，才能进行纠缠交换。在目前阶段，制造可靠的量子存储器是非常困难的事。二是纠缠态在存储中可能出现纠缠度下降的情况，需要采用纠缠提纯对纠缠态进行纯化和恢复，而纠缠纯化技术目前同样不成熟。

2　张文卓：《大话量子通信》，150 页，北京，人民邮电出版社，2020。

因此在当前技术阶段下，量子中继离实用化还有一段距离，一个实用化的量子中继器的实现难度堪比实现一台量子计算机[2]。

目前，在光纤信道下量子中继的一个折中和替代方案是可信中继技术。

6.3.10　可信中继

目前的商用产品通过光纤可以实现 100 km 的诱骗态量子密钥分发和设备无关量子密钥分发。在现有条件下，如果要实现更长距离（如千公里级别）的密钥分发，可以通过增加可信中继节点来实现。可信中继与量子中继的原理有所不同。如图 6 - 33 所示，在可信中继中，用户密码往往在发送方和第一个节点间生成（如图中 Key 1），而相邻的可信中继节点间通过量子密钥分发协议（如诱骗态量子密钥分发协议或设备无关量子密钥分发协议）生成相邻的、可信中继节点间通信使用的量子密钥（如图中 Key 2、Key 3、…）。这样，用户密钥就可以作为明文，通过上述各相邻中继节点间的量子密钥在节点间依次进行加密传输。为增加保密性，可以采用"一次一密"的传输方法。最后，经过逐级传递以后，用户密码被传递到接收方。

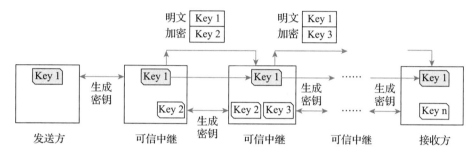

图6-33　可信中继原理示意

可信中继避开了量子中继目前难以实现的技术难题。不过，由于用户密码需要在中继节点进行保存，这样就对中继节点的"可信"提出要求。对于高级别的应用，可以把可信中继节点设在专人值守的机房内，结合人员管理和技术手段来保障"可信"。对于商用通信应用，可以采用更多技术手段保障无人值守中继节点的安全可信，消除中继节点密钥泄漏造成的风险[1]。

1　张文卓：《大话量子通信》，137 页，北京，人民邮电出版社，2020。

6.3.11　卫星量子中继和量子卫星

从地面光纤中继可以看出，当发送方和接收方距离很远的时候，无论是未来的量子中继还是现在的可信中继都存在很大的不便性。这是因为在该过程中需要很多个可信中继站进行转发，时延、成本、安全隐患等都会增加。而如果是采用卫星中继，则链路要简单得多。

我们看可信中继的情况，一个实现示例如图6-34所示。卫星在卫星量子信道与发送方通过采用诱骗态的 BB84 协议生成密钥 Key 1 作为发送方和接收方通信的用户密钥，同样与接收方通过采用诱骗态的 BB84 协议生成密钥 Key 2。随后，卫星在卫星量子信道把 Key 1 经 Key 2 加密后发送到接收方。这样，只经过卫星中继的一次转发，接收方就获得了用户密钥 Key 1。利用 Key 1，发送方和接收方就可以在经典信道上进行安全通信了。

如果卫星具有量子纠缠对的分发功能，这时可能就具有了生成量子密钥的灵活性和更多样化的选择。

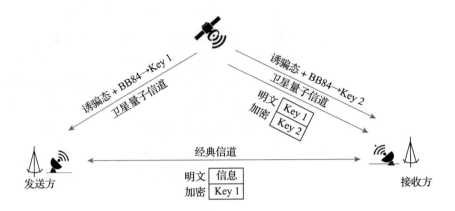

图6-34 卫星量子中继
示例

例如，图6-35显示了利用卫星发送量子纠缠对实现量子密钥分发的一个示例。卫星将产生的量子纠缠对分别发送到发送方和接收方，在地面经典信道的支撑下，理论上发送方和接收方就可以通过 E91 量子密钥分发协议生成双方加密信息可用的密钥，实现保密通信。

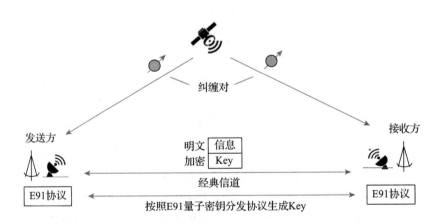

图6-35 利用卫星发送量子纠缠对实现量子密钥分发的示例1

又例如，如图6-36所示，卫星将纠缠光子对中的一个光子留在卫星上作测量，将另一个光子发送到发送方，通过 E91 量子密钥分发协议生成密钥 Key 1。卫星再利用诱骗态下的 BB84 协议与接收方生成密钥 Key 2。以卫星作为可信中继，利用密钥 Key 2 加密密钥 Key 1，把 Key 1 发送到接收方。接收方和发送方就可以通过密钥 Key 1 作为用户密钥实现保密通信。不过由于目前技术的限制，E91 量子密钥分发协议的成码率要远低于 BB84 协议，可能只有几个比特每秒，所以这种方式还处于探索阶段。

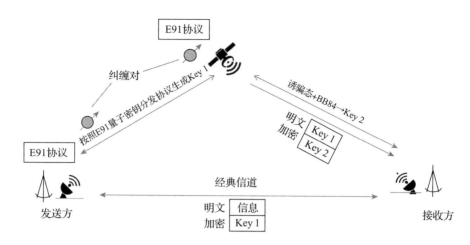

图 6-36　利用卫星发送量子纠缠对实现量子密钥分发的示例 2

如果卫星可以提供两个量子纠缠对发送源的话，还可以采取以下的方式。如图 6-37 所示，卫星利用一组量子纠缠对与发送方通过 E91 量子密钥分发协议生成密钥 Key 1，利用另外一组量子纠缠对与接收方通过 E91 量子密钥分发协议生成密钥 Key 2，再以卫星为可信中继，利用密钥 Key 2 加密密钥 Key 1，再把 Key 1 发送到接收方。接收方和发送方就可以通过密钥 Key 1 作为用户密钥实现保密通信。

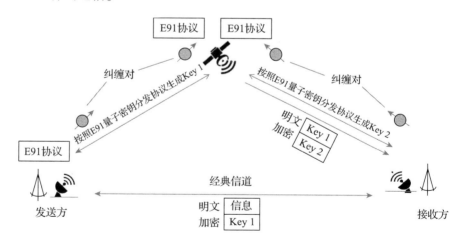

图 6-37　利用卫星发送量子纠缠对实现量子密钥分发的示例 3

以上几个示例都是侧重在理论上的讨论，实际中实现量子卫星中继要复杂得多。

另外，量子卫星除可以完成量子密钥分发、量子卫星中继的功能外，还可以完成量子纠缠分发、量子隐形传态以及其他科学实验等功能。

"墨子号"量子科学实验卫星是我国发射的人类历史上第一颗量子卫星，实现了多个人类首次[1]。

1　张文卓：《大话量子通信》，164～167 页，北京，人民邮电出版社，2020。

1. 星地量子密钥分发

我国的"墨子号"量子科学实验卫星其中的一个实验就是实现星地量子密钥分发，并以此为基础，再将卫星作为可信中继，实验在距离遥远的两地间的密钥共享。"墨子号"星地量子密钥分发实验采用卫星发射，地面接收的方式。墨子号卫星过境时与河北兴隆地面光学站建立光链路，通信距离从 645 km 到 1 200 km。卫星上量子诱骗态光源平均每秒发送 4 000 千万个信号光子，一次过轨对接实验可产生 300 kbit 的安全密钥，平均成码率为 1.1 kbit/s。利用"墨子号"作为可信中继，北京和维也纳之间演示了跨洲的量子加密视频电话。

2. 星地量子纠缠分发实验

采用卫星产生纠缠光子，两个地面站分别接收的方式。卫星上纠缠源每秒产生 800 万个纠缠光子对，超过 1 200 km 的两个站之间可以 1 对/s 的速度建立量子纠缠。

3. 基于纠缠的星地量子密钥分发

"墨子号"在星地量子纠缠分发的基础上，实现了卫星到地面的量子密钥分发。在 530 km 到 1 000 km 的范围内，量子密钥的最终成码率平均为 3.5 bit/s。这为星地量子密钥分发实验了新的方向。

4. 地星量子隐形传态

采用地面发射纠缠光子、天上接收的方式，实验距离从 500 km 到 1 400 km，6 个待传送态的置信度均大于 99.7%。

5. 引力诱导量子纠缠退相干实验检验

有物理学家提出探讨引力可能导致的量子退相干效应，"墨子号"率先对穿越地球引力场的量子纠缠光子退相干情况展开了测试。

在实际中，量子卫星的实现是非常困难的事。至少要先解决以下两大困难。

一是克服光子穿越大气层带来的高损耗问题。因为量子卫星在理论上依据的是自由量子信道上的传输，但实际情况是地球周围有十几公里的大气层，之外才是自由空间，光子只有能穿过大气层，才具备量子卫星的基本条件。2003 年，中国科学家提出了一种自由空间量子通信的构想。2004 年，通过实验验证了光子在穿透大气层后能有效地保持。2012 年，验证了在衍射极限情况下，尽管光斑由于衍射极限的影响会慢慢地变大，变大以后损耗会越来越大，这种高损耗可高达 80 dB，但仍然保留希望。

　　另一个困难是在太阳光的强烈背景下光子的探测问题。由于单颗卫星无法直接覆盖全球，这就不可避免地使星地通道暴露在太阳光的强烈背景下。量子通信的传输载体是单光子，能量非常微弱，而太阳光含有大量的光子，每次探测能进入探测器内部的大概有 10^{18} 个光子。这相当于要从 10^{18} 个光子中捕捉到其中想要的那一个，技术难度可想而知。这需要选择在太阳辐射相对较弱的波段进行量子通信，需要发展对应波长的频率转换技术。

　　后来中国科学家发展了超高灵敏度和能量分辨率的技术，这如同在月球上画一根火柴，利用这个机器也可以清晰地看到。在解决了上述一系列技术难题之后，2016 年，中国终于发射了首颗量子科学实验卫星"墨子号"，开始开展相关的实验任务[1]。

　　总之，首颗量子科学实验卫星"墨子号"是一项了不起的成就。

1　未来论坛：《神奇的量子世界》，12 页，北京，科学出版社，2018。

6.3.12　未来的量子通信

　　如前所述，量子保密通信主要有两种方式：量子密钥分发和量子隐形传态。量子密钥分发是目前被广泛研究的技术，被认为是量子通信领域最有可能率先投入商用的技术。量子隐形传态则是量子通信领域引人注目的研究方向。量子密钥分发力图利用量子力学特性来保证密钥形成和分发的安全性。它所传递的并非通信信息本身，而是加密解密信息的密钥，是经典信息。而量子隐形传态传递的可以不再是经典信息，而可以是量子态携带的量子信息。在 6.1.1 中，我们对量子比特与经典比特所能携带的信息已经作过比较，在一个时刻 n 个量子比特理论上可以同时表示 2^n 个 2^n 位（二进制）的数，而在一个时刻 n 个经典比特理论上只能表示 1 个 2^n 位（二进制）的数。在 n 比较大的时候，量子比特所能携带的信息将是惊人的大。

　　假设未来，我们能利用量子隐形传态，把编码有经典信息的诸多量子比特的量子态从 A 地传到 B 地，而且保证没有任何"形变"，就可以实现数据信息的超大容量传送。而且由于量子隐形传态是基于量子纠缠实现的，安全性也会得到极大的保证，这样就能形成超大容量、超级安全的通信方式。不过，这种设想在目前看还是比较遥远的，它需要一定数量的粒子同时完成众多自由度下的量子隐形传态。目前的进展是在 2015 年完成的单光子多自由度的量子隐形传态。但无论怎样，量子隐形传态为未来实现量子信息的传输提供了广阔的想象空间。

从网络的角度看，目前量子保密通信还处于物理层技术的开发、提升和成熟阶段，解决的主要是点到点的量子密钥分发。下一步要建立量子密钥分发网络，功能也需要从提供量子密钥分发到更广泛的应用。这就需要除物理层开发和增强外，还要完成在协议层和应用层的开发和增强。同时，还要考虑与现有成熟通信网络的融合，以及在更远的未来支持量子计算机、量子感应等量子设备走向量子互联网时代。

我们不妨大胆地预测，如图 6-38 所示，未来几十年量子通信或许将经历以下三个大的阶段。

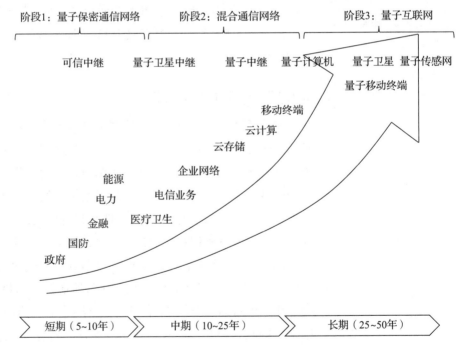

图6-38　未来量子通信网络演进预测[1]

[1] 王建全，马彰超，孙雷等：《量子保密通信网络及应用》，206 页，北京，人民邮电出版社，2019。

第一个阶段是当前正在开展的量子保密通信网络，是短期目标，大概是在今后 5～10 年内建立起服务政府、国防、金融、电力、能源等重大国计民生领域的"专用型"量子保密通信网络。长距离下的量子密码成码率能从当前千比特率量级大幅提升，例如提升至兆比特率量级。在网络结构上，形成卫星解决全球，可信中继解决广域，直接的点到点解决城域的多层次、共同优化的量子密钥分发系统。

第二阶段是中期目标，在未来 10 ~ 25 年内，将量子安全通信应用到企业、电信、卫生医疗公共服务、云计算、云存储等领域。提供高速量子密钥分发、量子云计算、量子云存储等量子应用服务。并且充分利用现有网络的通信资源、量子网络与现有光网络融合发展，通过高效、灵活的网络架构及资源管理技术，为社会、为企业提供量子安全通信、量子云计算、量子云存储等公共服务。

第三阶段是长期目标，即在未来 25 ~ 50 年内，伴随着量子卫星、量子中继、量子计算机、量子终端、量子传感器等众多纯量子技术的成熟，通过可远距离传输组成灵活高效的"量子互联网"。除安全和通信功能外，还可以提供诸如量子时钟同步、量子望远镜、量子引力波探测等新功能。

6.4 量子精密测量与量子传感

除量子计算机和量子通信外，另外一个重要的量子技术领域是量子精密测量以及与之密切相关的量子传感。

6.4.1　测量的意义

测量与人类的进步发展息息相关，或者说测量水平也是人类科技文明水平的一个体现。测量有各式各样，但它们都建立在对时间、长度（空间）、质量、频率、温度等最基本物理量的测量上。不同时期这些基础物理量的测量是基于不同物理学理论的。这些基础物理量的测量精度既是所处时代科技水平的体现，又代表了基础物理学理论的发展水平。

人类进步要求对基础物理量测量精度的不断进步，而且永无止境。下面我们仅以长度的测量为例，简要回顾长度的测量精度、使用的物理学理论以及与人类工业技术革命的关系。

如图 6 - 39 所示，基于机械运动、经典光学的测量精度可以达到 10^{-7} m，以各种机械加工的机床和光学显微镜为代表，依据的物理学理论是牛顿力学和经典光学，在这个量级上的测量为人类的第一次工业革命做出了贡献。同时，光学显微镜使得人们观察到微小颗粒、细胞、染色体等，促进了近代化学、生物学的发展。随后，在经典电磁场理论创立后，人们发现了电子，利用电子的波动性，人们发明了电子显微镜，它的测量精度可以达到 10^{-10} m，利用电子显微镜，人们可以观察组织细胞、生物大分子、病毒、细菌等结构，带动了现代生物学的发展，在这个量级上的测量为人类的第二次工业革命做出了贡献。

在原子尺寸以下（10^{-10} m 以下），量子效应开始显现。在这个尺度以下的长度测量，经典物理学理论下的测量手段已经无能为力了。人们开始发展基于量子理论和量子效应的测量手段。首先，人们利用量子隧穿效应，发明了扫描隧道显微镜，扫描隧道显微镜可以让科学家观察和定位单个原子，精度达到 0.1 Å（10^{-11} m），使人类第一次能够实时地观察单个原子在物质表面的排列状态和与表面电子行为有关的物化性质，在表面科学、材料科学、生命科学等领域的研究中有着广泛的应用，为第三次工业技术革命发挥促进作用。

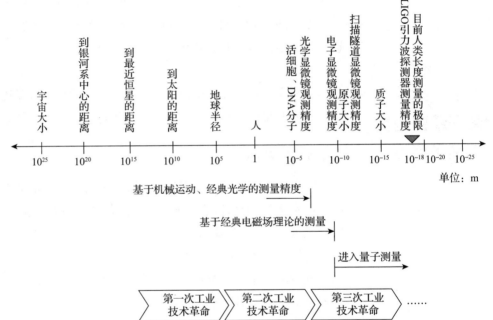

图 6-39　测量精度、使用的物理学理论以及与人类工业技术革命的关系

当前，人类面临着向更高测量精度迈进的需求。例如，如果需要进行质子内部，乃至夸克的测量，可能就需要 10^{-18} m 级别的精度，目前人类对引力波最先进的探测设备 LIGO 也需要 10^{-18} m 级别的测量精度。

其实，不仅是长度测量，人类社会的发展对时间、磁力、重力等基础性测量都提出相似等级的要求。这就需要发挥量子测量上的优势，开发量子精密测量。

6.4.2　量子精密测量的基本原理

一些基础量（如时间、长度）的计量标准（如 s、m）是测量的基础。量子技术首先用于产生量子计量基准。它用量子现象复现量值的计量基准统称为量子计量基准。第一个付诸实用的量子计量基准是 1960 年国际计量大会通过的采用 ^{86}Kr 光波长度基准。其原理是利用 ^{86}Kr 原子在两个特定能级之间发生量子跃迁时所发射的光波的波长作为长度基准。第二个量子计量基准，也是最著名和最成功的一种量子计量基准，是 1967 年在国际上正式启用的铯原子钟。此种基准用铯原子把在两个特定能级之间的量子跃迁所发射和吸收的无线电微波的高准确频率作为频率和时间的基准，以代替原来用地球的周期运动导出的天文时间基准。经过不断完善，近年来铯原子钟的准确度已达到 10^{-14} 量级，比地球运动的稳定性高了 5 到 6 个数量级。

相比实物基准，量子计量基准具有以下优越性：一是物体中微观粒子的量子跃迁过程与物体的宏观参数，如形状、体积 、质量等并无明显关系，利用量子跃迁现象来复现计量单位，就可以从原则上消除各种宏观参数不稳定产生的影响，即使物体的宏观参数随时间发生了缓慢变化，所复现的计量单位也不会发生缓慢漂移，计量基准的稳定性和准确度可以达到空前的精度；二是量子跃迁现象可以在任何时间、任何地点用原理相同的装置重复产生，而实物基准是特定的物体，一旦由于事故而毁伤，就不可能再准确复制[1]。

不仅如此，人们又开始探索利用量子的其他特性（不确定原理、量子态、量子纠缠等），通过量子系统对外界物理量的灵敏响应，实现高精度测量，这样就形成量子精密测量技术。其过程大致是：制备特定的量子粒子体系（如原子、离子、光子、电子等），使制备的特定的量子粒子体系与待测体发生相互作用，使测量体系粒子的量子态发生变化，通过对测量体系粒子最终量子态的读取及数据处理，实现对被测物理量的高精度测量。

通过构建各类量子态和量子过程来减小系统测量噪声，就可能突破标准量子极限的限制，显著提高测量精度。

根据经典测量理论，为了得到较为精确的测量结果，一般需要进行多次测量并将测量结果进行平均。但统计学的"中心极限定理"告诉我们，测量所能达到的测量精度将最终受限于标准量子极限 $\frac{1}{\sqrt{N}}$（其中 N 为测量次数），也叫经典极限。人们把 $\frac{1}{N}$ 的测量极限称为海森堡极限。进一步，如果引入多体量子效应，利用粒子之间的量子关联，将有可能突破经典极限，达到甚至突破海森堡极限。这样就把精度极限比标准量子极限提高了 $\sqrt{N}$ 倍。

1 张钟华：《量子计量基准与基本物理常数》，载《工业计量》，2001，11（5），4～7 页。

下面我们看两个利用量子特性提高测量精度的典型思路。

第一个思路是利用量子力学的不确定原理设计压缩态光场，并使用该压缩态光场进行测量，提高测量精度。根据量子力学不确定原理，存在一个使光场的相位和振幅两个可测量囿于一个不可同时测准的极限区。在以光波作为信息载体的光学测量系统中，这种量子起伏噪声是限制灵敏度提高的根本原因。散粒噪声极限是在光学物理中经常碰到的量子极限。它代表一对共轭场变量起伏的最小不确定乘积，且两个共轭量的起伏相等。真空态或相干态光场具有上述起伏特性，称为真空噪声或相干态噪声，即为标准量子噪声极限。压缩态光场是将光波场的共轭量之一的起伏，压缩到相应的真空起伏以下，虽然受不确定原理制约另一场变量起伏增加，但当我们将光学信号编码于起伏被压缩的场分量时，对目标光学信号的测量灵敏度将提高到高于散粒噪声极限水平。从原理上讲，某一场变量的起伏可以被压缩趋近于零，实验上也已获得超过90%的压缩态光场，并应用于量子精度测量[1]。

第二个思路是利用量子纠缠特性提高测量的精度。在输入无纠缠态时，假设输入 N 个量子比特，每个比特只用一次，N 个量子比特之间相互独立，等价于 N 次独立参数测量，测量误差大概是以 $\dfrac{1}{\sqrt{N}}$ 的速度衰减。当输入纠缠态时，假设也输入 N 个量子比特，但 N 个量子比特之间相互作用，存在相关性，理论上可以使输入信号放大 N 倍，测量误差大概是以 $\dfrac{1}{N}$ 的速度衰减。当然，这种情况往往对接收端提出更高要求，需要采用更复杂的方法（如使用多个探测器）来测量纠缠态光子[2]。

6.4.3　量子精密测量的硬件系统及应用示例

和前面的量子计算机的开发相似，当前实现量子精密测量的关键在硬件系统。目前，开展量子精密测量的硬件系统主要有超冷原子量子体系、单光子源体系、金刚石氮－空位色心体系等。人们对量子精密测量应用的探索也非常广泛，我们接下来就按照以上三个典型硬件系统的分类和介绍，相应地说明三个硬件系统下开发的主要应用。

1. 超冷原子量子体系

光的相干性（干涉或衍射）因其现象明显、易于测量等特点

1　彭堃墀：《压缩态光场产生与应用实验研究进展》，载《中国科学基金》，1998，12（2），130～133页。

2　一个例子：http://www.cas.cn/xw/kjsm/gjdt/201406/t20140608_4133183.shtml

一直以来都被作为测量使用的重要手段。在物质波的概念提出以后，人们想到是否可以利用物质波的相干性进行测量。根据物质波的特点，微观粒子的动量越小，波长就越长，相干性越明显。另外，物质波的相干性很容易被纷乱嘈杂的外部环境所破坏。于是，人们想到了超冷原子技术，该技术是在临界温度以下，利用激光磁场等与原子的相互作用在超高真空装置里将原子冷却囚禁起来。因为原子的动量很小，所以在波粒二象性中更多地呈现出波动的一面，波长变长，多个原子的波开始相互重叠并相互关联。而且，原子的温度接近绝对零度，速度趋近于零，其干涉变得明显和易于调控。原子的超精细态和原子之间的相互作用可以通过电场、磁场、微波或激光等外场进行精确地操控[1]。原子被囚禁在特定的空间范围之内，由于几乎处于没有其他杂质存在的空间中，除被测的对象外，体系与环境的其他相互作用可以忽略，因而体系具有超长的量子相干时间，因此可以用于重力、磁力、惯性等物理量的量子精密测量，开发如原子重力仪、原子磁力仪、原子陀螺仪、原子加速器仪等设备。理论分析表明，原子干涉重力仪和陀螺仪的灵敏度可以比传统的绝对重力仪和光学陀螺仪高 10^3 倍。原子重力仪、原子磁力仪、原子陀螺仪、原子加速器仪的应用领域可以包括基础科学研究、军事国防、航空航天、能源勘探、交通运输、灾害预警等。

2. 单光子源体系

单光子源是光量子信息技术中的关键器件，不仅可以应用于量子通信、量子计算，同时也是量子精密测量的重要资源。近期，中国科学家和国外同行合作，在同时具备高纯度、高效率的单光子源器件上观察到了强度压缩，为基于单光子源的量子精密测量奠定了基础[2]。

3. 金刚石氮 – 空位色心体系

金刚石氮 – 空位色心体系是金刚石内部的一种特殊的固态电子自旋，其最大的特点是在室温下具有优异的光探测磁共振性质。在室温条件下，既能实现电子自旋状态的初始化、读出和相干操控，又具有较长的相干时间。而且其电子自旋的量子态对于外部环境非常敏感。于是作为理想的量子探针，其稳定的量子相干、灵活的光学读出方法，使其能够在宽松的温度条件、压力条件和各种不同化学环境甚至生物体中保持优异的表现，能够完成从纳米到微米尺度下，兼容磁、电、力、热等多种物理量的精密测量。同时，金刚石

1　陈宇翱，潘建伟：《量子飞跃：从量子基础到量子信息科技》，226～227 页，合肥，中国科学技术大学出版社，2019。

2　新华社 2020 – 10 – 19：http://www.xinhuanet.com/tech/2020-10/19/c_1126629737.htm

是自然界导热性能极好的晶体之一，作为温度探针具有低温度偏差和高时间分辨率的特点。配合扫描探针技术，可以实现导热率的纳米尺度成像。通过与光纤耦合的纳米金刚石能够进行单细胞精度的定向热控制和温度测量。此外，还可以实现固态可便携原子钟和陀螺仪[1]。

1 陈宇翱，潘建伟：《量子飞跃：从量子基础到量子信息科技》，143～155页，合肥，中国科学技术大学出版社，2019。

例如，有研究基于金刚石氮–空位色心对精确测量微弱静磁场进行了探索。弱磁探测，如地磁场的精确测量，在航天、航空、航海导航以及远程精确制导等方面有重要意义。我们前面提到利用超冷原子量子体系开发的原子磁力仪可以进行弱磁探测，但需要在特定条件（如低温和高真空度）下进行测量，成本较高。我们在2.6.3节中曾提到在自然界中候鸟可以利用体内自由基对的量子控制和纠缠作用实现对地磁场的"测量"感知。由于金刚石氮–空位色心的电子基态就是一种自旋三重态系统，而且金刚石氮–空位色心电子自旋的退相干时间高度依赖于外磁场。这些都为研究基于金刚石氮–空位色心对精确测量微弱静磁场提供了条件。

6.4.4 量子传感器

按照传感器的一般定义，传感器是一种检测装置，能感受到被测量的信息，并能将感受到的信息进行信息输出，以满足后续的处理、存储、显示、记录和控制等要求，通俗地说就是测量加传输。对量子传感器而言，核心和基础在于实现量子精密测量。因此，量子传感器大致也可以按照量子精密测量硬件系统分为以下几类：基于超冷原子的量子传感器，基于单光子源的量子传感器和基于金刚石氮–空位色心的量子传感器等。

目前利用量子传感器已经可以测量重力、磁场、加速度、时间、压力、温度等精确性参数。在将来，基于量子纠缠特性，还可以开发出更加高效、更高精度的量子传感器。

后　记

　　四年前，当自己打算启动一下物理学研究、写一点东西的时候，曾记录下支持自己的理由。那时，美国对中国的科技战、人才战刚刚图穷匕见。由于在曾经的工作中多次去过美国，且在工作中和他们在技术领域有过一些博弈，深知他们来者不善。于是就激发了自己的一个梦想："如果我们的工程师再优秀些，我们的优秀工程师再多些，我们的竞争力将会怎样？世界将会怎样？我们将何惧霸凌主义大国的明枪暗箭？"这也就成为自己准备写这本书的主因。当然，由于孩子教育的问题，自己也接触到了国内教育的一些现状，看到了一些需要我们全社会共同努力去一起克服的问题。这些构成了自己准备写这本书的次因。现在看来，四年前写的、关于写书的初衷的内容或许现在不完全成立了，但感觉大致的初衷仍然保留了下来。特别是考虑到当时写下的所思所想更能真实反映自己的初衷，于是将这部分内容基本完整地保留下来，这就构成后记的第一部分：为什么写这本书。后记的第二部分是记录了当时写这本书的一些基本构想，现在看，基本上算是实现了。考虑到以上这些原始内容的真实性，或许一些有相似经历的人士能产生共鸣，所以就一并收在后记中，供参考斧正。

一、为什么写这本书？

　　说到写这本书的缘由，是一个从感觉到明确，从模糊到清晰的过程。总结起来，有一个主因和三个次因。主因是圆一个梦想：中国应该有更多优秀的工程师。次因有现实还有一些不令人满意的现象，需要全社会的共同努力；减少焦虑，减少教育的社会成本，提高教育的投入产出值；教育需要人人都贡献力量。

1. 一个梦想：中国应该有更多优秀的工程师

　　我不是物理行业的专业人士，尽管30年前本科学习的是应用地球物理，但后来读了北京邮电大学的研究生，随后在移动通信领域干了 20 年，从事了产品开发、系统设计、自主创新和国际标准制定等工作，赶上了 3G、4G 和 5G 前期移动通信领域国家创新、国际博弈的大舞台并参与其中，在个人阅历上算是见得了国际场面，具备了一些国际阅历。

我的这个梦想是 2017 年前后清晰起来的。当时来自一条消息的刺激：美国一家著名软件公司的总裁在美国公开演讲中提到不能让中国的工程师超过美国，并且采取了实际的裁员行动以兑现该观点。其实，这也从侧面反映出我们国家近些年巨大发展和进步的一个重要原因是我国工程师群体的快速增长。在世界上目前唯一的超级大国把中国列为战略性竞争对手以后，不仅政府层面开始出台措施限制中国高水平工程师的生成机会，而且一些领先的跨国公司也开始出台措施限制中国高水平工程师的生成机会。面对该超级大国的霸凌主义和已经没有底线的打压，生死性的竞争已经难以避免。而国家竞争的核心首先是人才的竞争。所以，我的一个梦想是："如果我们的工程师再优秀些，我们优秀的工程师再多些，我们的竞争力将会怎样？世界将会怎样？我们将何惧霸凌主义大国的明枪暗箭？"

我想起前些年的一次经历。几年前，我作为一名成员到美国参加国际电联的一次会议，我和代表团的几位成员一起乘坐城市公交车去会场，在车上，我们注意到车载的大屏幕正在播放竞猜节目，题目竟然是三个 20 以内十进制数的加减运算，开始大家都感觉好笑，戏言这种级别的竞赛在中国恐怕只能在幼儿园层次上开展了，而在美国竟然冠冕堂皇地登上公共场合的成人竞猜节目。其间不知是谁说了一句，可是我们现在的孩子却只是擅长做题啊。一阵短暂的沉默后，大家原来不屑的脸上开始有了一些忧虑，大家开始了一些深层次的探讨。是啊，美国的孩子可能不擅长做题，但他们擅长出题，出了题，可以让世界上会做题的孩子帮他们做，我们的孩子可能更会做题，但却不擅长出题，只能帮会出题的人做题。如果我们的孩子始终只会做题，不会出题，我们将始终处于给别人打工，给别人出苦力，并且受制于人的低端水平。我们要在中高端产业上突围、崛起，我们的孩子就一定既要会做题，又要会出题。一句话，我们需要大量高水平的优秀工程师，这就是我上面的梦。

高水平的优秀工程师应该具备什么样的条件呢？我认为，以下方面不是全部，但可能是需要的。

（1）掌握一个学科的真正知识体系，了解知识间内在的、根本性的联系。

（2）拥有开放、可持续增长的知识体系。

（3）创新意识，创新能力，创新技巧。

（4）扎实的基本功训练。

（5）较高的科学素养、工程学素养和思维素养。

（6）还应具备一些哲学素养，掌握先进的世界观和方法论。

如果我们未来的工程师具备了上述的素质，他们将不仅能进行大量的一般性创新、创造，他们还将能进行基础性、原始性的创新、创造；不仅是中低端的创新、创造，而且还可以是高端、尖端的创新、创造；他们不仅会做题，而且会出题，还会出大题。如果是这样，面对来自霸凌主义大国的明枪暗箭，我们何所惧！我们又何所忧！

于是，我开始思考为了这个梦想，自己可以选择什么学科去做些工作？一番思考后，我选择了物理学。物理学是近代科学的带头学科，它对于近代科学技术的发展及其在生产过程中的应用起了主导性作用，人类截至目前的三次工业革命几乎都是建立在物理学的基础性突破上的。而且物理学的学习对于培养上面提到的高水平的优秀工程师的六项要求有直接的作用，再有就是物理学也是自己更熟悉的学科。

2. 现实还有一些不令人满意的现象，需要全社会的共同努力

我写这本书的第二个原因是在现实中围绕我们的基础教育还有一些不令人满意的现象，而这些问题的解决需要全社会的共同努力。

几年前，我和众多家长一样，开始抽出一些时间陪伴孩子读书、备考。在这个过程中，感受到我们的基础教育尽管已经有了比较大的发展，但现实中确实还有一些不令人满意的现象，一些现象给了我很大的触动。最突出的问题是过于重视短期成绩，而忽视长期发展。在过度追求成绩的导向下，原本充满魅力、活力和乐趣的课程，对一些孩子而言，只剩下冷冰冰的做题和考试。长此以往，其潜在和长期的危害也就不可避免地出现了。一些孩子在高考后曾发誓今生不再碰某门学科，甚至出现学生在高考后在学校集体撕书这样令人心痛的场面，而且这种情形被传递到一些高校里。如果以前面提到的成为高水平工程师的标准看，我们的这些孩子能达到什

么样的水平呢？我自己想想是不寒而栗的。改变这种状况的方法是要把各个课程从冷冰冰的做题和考试中解放出来，恢复知识原本具有的魅力和乐趣。其实，每门课程都是人类文明的智慧之花，魅力和乐趣应是它们的一种本色。当然，要让我们的孩子领略到课程所包含的魅力和乐趣，离不开好的引导，好的书籍就可以起到好的引导作用。

关于教育的第二个问题是如何减轻学生家长们的焦虑，减少教育的社会成本。当下的中国家庭，可能比历史上的任何时期都重视教育、投入教育，但教育又日益成为每个家庭头疼的事情、担心的事情、焦虑的事情，甚至成了影响国民幸福指数的一个重大民生问题。广大家长对孩子教育的焦虑情绪实际上还是一种社会成本，占用了社会资源，影响了社会产出，是国家社会资源的巨大浪费。相关数据显示，68%的家长对孩子教育感到"比较焦虑""非常焦虑"，在引发家长对孩子教育感到焦虑的因素中，学习成绩排在首位。

按照心理学的描述，当我们周围正发生的某件事以某种方式威胁着某个目标和规则，或使我们想起过去发生的会引起严重后果的经历时，就会触发焦虑，而加剧焦虑的一个重要原因是循环焦虑。

根据我的观察，学习成绩引发家长焦虑情绪的过程往往是这样的：在缺乏中长期成长评估目标的情况下，家长只能选择眼前的即时考试成绩作为评判孩子进步、退步的依据，而目前学生的各类考试是很多的，除了常规的期中考、期末考，各个学科可能还有月考、段考，甚至周考，在毕业年级，还有各类的模拟考试。孩子的考试成绩出现短期波动本是正常的现象，但当家长把即时考试成绩作为评判孩子进步、退步的依据时，家长的焦虑情绪就随着孩子考试成绩的短期波动而波动，在不断的周期性重复中加剧，焦虑成为日常生活的常态。

因此，减轻学生家长们对考试成绩的焦虑的关键在于改变选择眼前的即时考试成绩作为目标的规则，建立中长期评判标准，而中长期评判标准的成果必须是家长能看得到的、实实在在的中长期效益。试想，如果孩子按前面提出的高素质人才的标准，能成为掌握学科知识体系，拥有开放、可持续增长的知识体系空间，具有创新意识、创新能力，具有扎实基本功，具备较高科学素养、工程学素养和思维素养，具备一些哲学素养，掌握先进的世界观和方法论，即具备高层次人才的潜力，家长也许就不会再随着孩子短期考试成绩的波动而产生焦虑情绪了。

　　关于教育的第三个问题是关于家庭教育的问题。中国现代教育的先驱梁启超先生在其教育思想中提到三方面的教育：注重普及教育，注重趣味教育，注重家庭教育。其中专门提到了注重家庭教育。梁启超先生也是注重家庭教育的亲身实践者。在前后 15 年间，他共给子女写了 400 余封家书，造就了中国少见的"满门俊秀"的家庭。在当今情况下，我认为注重家庭教育的观点还是非常具有现实意义的。在知识和科技大发展的今天，学校教育作为教育的主体没有变，但家庭教育作为学校教育的一个补充手段也不可或缺。家长对孩子的帮助不仅体现在对孩子的人格教育上，还体现在一些具体学科的引导和关键性的帮助上。在现有条件下，要求学校教育完全关注到每个孩子在学习上的个性化需求是不现实的，这方面的工作需要由家庭教育作补充。如果家长们也能根据自己的所长出把力，在现有的教育体制下力所能及地作些贡献，或许就能帮助我们很多孩子走出某个课程学习的困境，为他们终生的成长多保留下一扇窗、一扇门。改善家庭教育需要人人贡献力量，每个家长的经历有其独特处，经验有其独到处，如果能把每个人的力量和贡献汇集起来，或许就能集腋成裘，成为现有教育体系和教育资源的一种有益的补充。

二、重点写什么？

　　本书考虑了以下的定位：本书不是通常的科普书，也不是教科书，而是对目前物理学习过程中容易被忽视问题的针对性补充和充实。

1. 充实系统化分析，构建基础物理学的整体体系

　　基础物理学理论经历了 300 多年的发展，成为包含牛顿力学、电磁学、热力学、狭义相对论和广义相对论、量子理论、现代热力学等众多理论的大集合。而每个物理学理论又都有庞大的分支体系。也可能是这个原因，造成在介绍各个物理学理论时的相对独立。

　　而基础物理学理论回答着关于物质世界的共同问题，应该是一个有机的整体。在基础教育阶段，采用还原论的分解方法是合适的，即把一个复杂的事物分解为简单的事物，把一个整体分解为一个一个的部分，分别对每一部分进行介绍，这是符合认识规律的，也基本还原物理理论的认识过程。但在还原法学习之后，如果增加

一个整体论的补充，将会是一个非常有益的补充和提高。笔者自己长时间从事系统研究，具有一定的系统论实践经验，可以做些尝试和探索。

2. 助力青年一代跨进近现代物理的门槛，适应人类文明海拔的提高

知识没有过时，知识却在更新，一个时代所对应的、与人类社会发展相适应的平均知识海拔在上升。作为体现 17 世纪的物理概念、2 000 年前的几何观、近代形而上学与机械论哲学观成果的经典牛顿力学成为一个当代人脚下知识云梯的第一个台阶。在 21 世纪，人类社会发展知识高度的海平面已经从经典牛顿力学的高度上升到近现代物理学的高度。对于我们未来的工程师，在物理学习上将面对两方面的挑战。一是首先学好经典牛顿力学。这是物理学的起点和基础，这已经很有难度了。因为经典牛顿力学也是至少百年人类自然科学成果的积累，已经具备一个相对完整的体系。二是在完成第一个台阶后，还要从经典牛顿力学的"思想束缚"中走出来，走近到近现代物理的视野高度，这一步更有挑战性。因为这是对几百年甚至上千年传统观念的一种跨越，是一种质变。但却需要他们达到，因为人类社会发展的海平面已经上升到了这样的高度。如果只停留在经典牛顿力学这个高度，对我们已经成型的过来人，也许只是一个遗憾，但对我们未来的工程师，将可能是一个缺陷。

因此，需要探索某种方式，比如借助哲学的灯塔来更好、更容易地理解相对论和量子理论，保证我们的工程师能站在属于他们时代的、人类社会发展的知识海平面之上，以保证在他们的时代，无论他们从事什么样的工作，在知识水平上都不存在大的缺陷。

3. 在学习知识的同时，培养科学、工程、思维素养

一个优秀的工程师，除了具备必要的知识外，还应具备必要的科学素养、工程素养、思维素养。物理学作为一个理论和实验、实践和应用密切结合的学科，也是培养优秀工程师各种素养的沃土。

4. 与哲学的密切结合，助力科学世界观和方法论的形成

麦家在小说《解谜》中提到主人公在破译密码时采用的不同寻常的方法："如果密码是一座山，破译密码就是探寻这座山的秘密，一般人通常首先是在这座山上寻找攀登的道路，有了路再上山，上了山再探秘。但他不这样，他可能会登上相邻的另一座山，

登上那座山后，他再用探照灯照亮对面那座山，然后用望远镜细细观察那座山上的秘密。"物理学作为解释广袤而充满未知的物质世界及其运动的科学，在其探索路上有很多理论是很难理解的，这些难关也成为学习物理学科的障碍。对攀登物理学科而言，就有另一座山峰可以借鉴，那就是哲学，特别是马克思主义的唯物辩证法。从历史上看，哲学和物理学的关系就很密切，哲学在物理学研究的探索过程中就曾发挥过显著的作用。爱因斯坦（Albert Einstein）在回忆发现相对论的过程时就提到过，他对一个要点所需要的批判思想是在阅读了休谟（David Hume）和马赫（Ernst Mach）的哲学著作之后而得到决定性进展的。而我国的著名科学家钱学森更是指出"没有科学的哲学是跛子，没有哲学的科学是瞎子"。于是，我们在遇到物理学方面难题的时候，可以自觉、不自觉地先攀上哲学这座高峰，打开唯物辩证法这盏探照灯，去看清物理学关卡的轮廓和大致路径，然后再登山，哲学或许就可以成为跨越一些大的障碍（如量子理论、相对论等）的利器。而反过来，哲学与物理学的结合又可以促进我们科学世界观和方法论的形成，为我们的学习和实践活动提供指导。

在过去的几年里，自己真真体会了王国维曾提出治学的三境界。第一境界："昨夜西风凋碧树。独上高楼，望尽天涯路。"第二境界："衣带渐宽终不悔，为伊消得人憔悴。"第三境界："众里寻他千百度，蓦然回首，那人却在，灯火阑珊处。"

在这样的境界中，一次一次地感悟，一步一步地前行。现在，将灯火阑珊处所见的处处美好风光与喜爱物理学的朋友分享、讨论岂不是一件有意义的事情！

致　谢

　　坚持做成一件有意义的事并不容易。当初在我决定投身为教育做点事的时候，我不知道自己能走多远。所幸我得到许多曾经的同事、同学，朋友，还有家人的理解和支持，现在终于完成自己的这本处女作。这里特别感谢中国信息通信科技集团副总裁、专家委主任陈山枝博士，他是我在原大唐电信集团时的领导，也是我的益友，他在我写作的各个阶段都给予我很多的鼓励和帮助，并为本书作序；特别感谢天津大学的刘洪波，她对于初稿提出诸多宝贵意见，并在关键时刻雪中送炭；特别感谢哈尔滨师范大学的尹剑锋、黑龙江大学的王君林、大连理工大学的刘洁，在本书完稿之时，给予了建设性的意见和支持；特别感谢天津大学出版社的宋雪峰总编，他在本书成稿之初，在百忙中给出诸多指导性意见；特别感谢天津大学出版社的李金花主任，编辑李源、邰欣萌、常红、郭阳，她们对本书完成非常细致而且专业的策划、审校、编辑和版面设计等工作，她们的辛勤付出使得本书得以顺利出版。

　　我要感谢我的家人，没有他们的理解和支持，就不可能有本书的诞生。特别是我的夫人陈晖，她的理解是我坚持到底的精神之源，她的付出使我能心无旁骛地写作，她还是我志同道合的同路人，一些灵感常常来自与她的讨论。还有我的女儿，她和我的夫人是我这本书的忠实读者，我常常把写好的内容拿给她们看、讲给她们听，检验内容是否容易懂，很多内容在根据她们的意见完成修改后，变得更加易懂、易读。

　　我要感谢的人很多，实在来不及一一提及，这里对所有帮助过我的人一并致谢了！